技工学校机械类通用教材

电工与电子基础

（第5版）（含习题集）

技工学校机械类通用教材编审委员会　编

机械工业出版社

本书全面系统地介绍了电工与电子基础理论及其应用知识。全书共分十三章，分别论述了直流电路、磁与电磁的基本知识、正弦交流电路、电气照明及安全用电、变压器与交流电动机、电力拖动的基本知识、可编程序控制器、晶体二极管及其基本电路、晶体管及其基本电路、晶闸管与单结晶体管及其基本电路、稳压电路、集成运算放大器和集成数字电路等内容。本书除每章后面附有复习题外，还另编有《电工与电子基础习题集》与本教材配套使用。

本书是技工学校机械类的通用教材，也可作为职工培训或自学用书。

图书在版编目（CIP）数据

电工与电子基础：含习题集/技工学校机械类通用教材编审委员会编. —5 版. —北京：机械工业出版社，2013.5（2022.1重印）
技工学校机械类通用教材
ISBN 978-7-111-41612-8

Ⅰ.①电… Ⅱ.①技… Ⅲ.①电工技术—技工学校—教材②电子技术—技工学校—教材 Ⅳ.①TM②TN

中国版本图书馆 CIP 数据核字（2013）第 035311 号

机械工业出版社（北京市百万庄大街 22 号 邮政编码 100037）
策划编辑：林运鑫 责任编辑：林运鑫
版式设计：霍永明 责任校对：丁丽丽 肖 琳
封面设计：姚 毅 责任印制：张 博
涿州市京南印刷厂印刷
2022 年 1 月第 5 版第 4 次印刷
184mm×260mm · 25.25 印张 · 596 千字
11001–12900 册
标准书号：ISBN 978-7-111-41612-8
定价：45.00 元

前　　言

技工学校机械类通用教材自1980年出版以来，经过了1986年第2版、1991年第3版、2004年第4版的三次修订，内容不断充实和完善，在技工学校、职业技术学校的教学，工矿企业工人的技术培训等方面发挥了很大的作用，取得了较好的社会效益，受到了广大读者的欢迎和好评。

但随着时间的推移，现代科学技术不断发展，教学内容不断完善，新的国家职业标准和行业技术标准也相继颁布和实施，本套教材的部分内容已不能适应教学的需要。为保证教学质量，我们决定组织第4版各门课程的大部分原作者，并适当吸收教学一线的教师，对第4版部分教材进行修订，以更好地满足目前技工学校、职业技术学校教学的实际需要。

为保持本套教材的延续性和原有的读者层次，本次修订在原有教材风格和特点的基础上，根据教学实践，针对原教材的不足进行了改进。如对原教材中结构安排不合理之处进行了一些调整，对不切实际或过时的技术内容与错误进行了订正，并删繁就简，使教材内容更具科学性和实用性；同时根据教学需要，补充了部分新知识、新技术、新工艺和新方法，使内容更具先进性。本套教材还全面采用了新的技术标准、名词术语和法定计量单位。

本次共修订五门基础课和四门专业课的教材，具体包括：《机械制图》、《机械基础》、《工程力学》、《金属工艺学》、《电工与电子基础》、《车工工艺学》、《钳工工艺学》、《焊工工艺学》、《电工工艺学》及相应的习题集。

参加本书第1版编写的有康益龄、朱家葆、汪恩虎、刘万慈，张智明参加审稿并做了适当修改，王松涛、王金福、严银妹、陈立人参加审稿。参加本书第2版修订的有罗忠陵、林和明、杨玉娟，陈国春、施小侬、金士信参加审稿。参加本书第3版修订的有陈国春、杨玉娟，罗忠陵、金士信参加审稿。参加本书第4版修订有陈国春、秦金生，刘光源负责审稿。参加本书第5版修订的是王振国。

由于修订时间仓促，编者水平有限，调查研究不够深入，书中难免仍有缺点和错误，我们恳切希望读者批评指正。

技工学校机械类通用教材编审委员会

目　　录

前言

第一章　直流电路 ……………… 1

第一节　电路的基本概念 …………… 1

一、电路 ………………………… 1

二、电路中的几个基本物理量 …… 1

第二节　电阻和欧姆定律 …………… 4

一、电阻 ………………………… 4

二、部分电路欧姆定律 …………… 5

三、全电路欧姆定律 ……………… 5

第三节　电功与电功率 ……………… 7

一、电功 ………………………… 7

二、电功率 ……………………… 7

三、负载的额定值 ………………… 8

第四节　电阻的串联、并联和混联 … 9

一、电阻的串联 …………………… 9

二、电阻的并联 ………………… 10

三、电阻的混联 ………………… 12

第五节　基尔霍夫定律 …………… 13

一、基尔霍夫第一定律 ………… 14

二、基尔霍夫第二定律 ………… 14

第六节　复杂直流电路的分析方法 … 15

一、支路电流法 ………………… 15

二、回路电流法 ………………… 17

三、电压源和电流源的等效变换 … 19

四、叠加原理 …………………… 22

五、戴维南定理 ………………… 24

六、Y网络和△网络的等效变换 … 26

第七节　负载获得最大功率的条件 … 28

第八节　电容器 …………………… 30

一、电容器和电容量 …………… 30

二、电容器的主要指标 ………… 31

三、电容器的并联、串联和混联 … 31

四、电容器的种类和选用 ……… 34

五、电容器的充电和放电 ……… 35

复习题 ……………………………… 37

第二章　磁与电磁的基本知识 …… 41

第一节　磁场及其基本物理量 …… 41

一、磁场 ………………………… 41

二、磁场的基本物理量 ………… 42

第二节　磁场对电流的作用 ……… 45

一、磁场对通电直导体的作用 … 45

二、磁场对通电线圈的作用 …… 46

第三节　铁磁材料 ………………… 47

一、铁磁材料的磁化 …………… 47

二、磁滞回线 …………………… 48

三、铁磁材料的磁性能、分类和用途 … 49

第四节　磁路欧姆定律 …………… 50

第五节　电磁感应 ………………… 51

一、直导体中的感应电动势 …… 52

二、楞次定律 …………………… 53

三、法拉第电磁感应定律 ……… 54

四、自感 ………………………… 56

五、互感 ………………………… 58

复习题 ……………………………… 60

第三章　正弦交流电路 ………… 65

第一节　交流电的基本概念 ……… 65

一、概述 ………………………… 65

二、正弦交流电动势的产生 …… 65

三、正弦交流电的三要素 ……… 66

四、正弦交流电的相位和相位差 … 68

五、正弦交流电的有效值 ……… 69

第二节　正弦交流电的表示方法 … 70

一、解析法 ……………………… 70

二、图形法 ……………………… 71

三、旋转矢量法 ………………… 71

四、符号法 ……………………… 72

第三节　单相交流电路 …………… 76

一、纯电阻电路 ………………… 76

二、纯电感电路 ………………… 78

三、纯电容电路 ………………… 81

四、电阻与电感的串联电路 …… 83

五、电阻与电容的串联电路 …… 86

六、电阻、电感和电容的串联电路 … 87

七、电感性负载与电容的并联电路 …… 89

八、谐振电路 ……………………… 90
第四节　三相交流电路 …………… 92
一、三相交流电动势的产生 ……… 93
二、三相四线制 …………………… 93
三、三相负载的联结方式 ………… 95
四、三相负载的电功率 …………… 99
第五节　涡流 …………………… 101
实验　单相交流电路 …………… 102
复习题 …………………………… 103

第四章　电气照明及安全用电 …… 106
第一节　电气照明 ……………… 106
一、白炽灯照明电路 …………… 106
二、荧光灯照明电路 …………… 107
三、荧光高压汞灯 ……………… 109
四、高压钠灯 …………………… 110
第二节　安全用电 ……………… 111
一、低压配电系统的接地方式 … 111
二、安全用电的基本知识 ……… 112
三、触电急救 …………………… 117
四、电气火灾常识 ……………… 118
实验　白炽灯和荧光灯照明电路 … 118
复习题 …………………………… 119

第五章　变压器与交流电动机 …… 121
第一节　变压器 ………………… 121
一、用途与种类 ………………… 121
二、工作原理 …………………… 121
三、损耗与效率 ………………… 124
四、基本结构 …………………… 125
五、常用变压器 ………………… 127
六、型号和额定值 ……………… 130
第二节　三相笼型异步电动机 … 131
一、基本结构 …………………… 132
二、工作原理 …………………… 133
三、转差率 ……………………… 138
四、机械特性和额定转矩 ……… 138
五、起动、调速和反转 ………… 140
六、铭牌 ………………………… 141
第三节　单相异步电动机 ……… 142
一、结构和工作原理 …………… 142
二、分类 ………………………… 144
复习题 …………………………… 145

第六章　电力拖动的基本知识 …… 147

第一节　低压电器 ……………… 147
一、低压开关 …………………… 147
二、熔断器 ……………………… 149
三、按钮 ………………………… 150
四、接触器 ……………………… 150
五、中间继电器 ………………… 152
六、热继电器 …………………… 153
七、时间继电器 ………………… 155
八、低压断路器 ………………… 156
九、行程开关 …………………… 158
第二节　电气控制电路原理图基本知识 … 160
一、电气控制电路图 …………… 160
二、电气原理图的组成 ………… 160
三、电气原理图的绘制规则 …… 160
第三节　三相笼型异步电动机的全压
　　　　起动 …………………… 165
一、手动正转控制电路 ………… 165
二、接触器点动正转控制电路 … 165
三、接触器自锁控制电路 ……… 166
四、具有过载保护的接触器正转自锁控制
　　电路 ………………………… 167
五、正反转控制电路 …………… 168
第四节　三相笼型异步电动机的减压
　　　　起动 …………………… 172
一、定子绕组串联电阻减压起动 … 172
二、星形—三角形（丫—△）减压
　　起动 ………………………… 173
第五节　三相笼型异步电动机的制动 …… 176
一、机械制动 …………………… 177
二、电力制动 …………………… 178
第六节　生产机械的行程控制 …… 180
一、行程控制电路 ……………… 180
二、自动往返循环控制 ………… 181
第七节　两台电动机的联锁控制 … 182
一、主电路联锁控制 …………… 183
二、控制电路联锁控制 ………… 184
第八节　典型机床的电气控制与检修 …… 185
一、CA6140 型卧式车床的电气控制与
　　检修 ………………………… 185
二、M7130 型平面磨床的电气控制与
　　检修 ………………………… 187
三、Z35 型摇臂钻床的电气控制与
　　检修 ………………………… 190

实验 三相笼型异步电动机的全压起动
控制电路 …………………… 195
复习题 ………………………………… 195

第七章 可编程序控制器 ……………… 199
第一节 可编程序控制器概述 ……… 199
一、PLC 及其特点 …………………… 199
二、PLC 的基本结构 ………………… 199
第二节 PLC 的工作原理 …………… 200
一、PLC 的等效电路 ………………… 200
二、PLC 的工作过程 ………………… 201
三、PLC 的编程语言 ………………… 202
第三节 FX2N 系列 PLC 简介 ……… 203
一、FX2N 系列 PLC 的型号和基本技术
性能 ……………………………… 203
二、FX2N 系列 PLC 的内部可编程
元件 ……………………………… 205
第四节 FX2N 系列 PLC 的基本指令 … 209
第五节 编程实例 …………………… 216
一、编程的基本规则 ………………… 216
二、典型编程实例 …………………… 216
复习题 ………………………………… 218

第八章 晶体二极管及其基本电路 …… 219
第一节 半导体的基本知识 ………… 219
一、半导体及其特性 ………………… 219
二、P 型和 N 型半导体 ……………… 220
三、PN 结及其单向导电性 ………… 220
第二节 晶体二极管 ………………… 221
一、结构和分类 ……………………… 221
二、伏安特性和主要参数 …………… 222
三、型号命名 ………………………… 223
四、简易判别 ………………………… 223
第三节 整流与滤波电路 …………… 224
一、单相整流电路 …………………… 224
二、滤波电路 ………………………… 229
复习题 ………………………………… 232

第九章 晶体管及其基本电路 ………… 233
第一节 晶体管 ……………………… 233
一、基本结构 ………………………… 233
二、电流分配与放大作用 …………… 233
三、特性曲线 ………………………… 234
四、主要参数 ………………………… 236
五、型号命名 ………………………… 237

第二节 晶体管放大电路 …………… 237
一、低频小信号电压放大电路 ……… 237
二、晶体管功率放大电路 …………… 247
第三节 晶体管正弦波振荡电路 …… 252
一、振荡现象 ………………………… 253
二、振荡条件 ………………………… 253
三、几种 LC 振荡器的基本电路 …… 254
实验 单管低频交流小信号电压放大器的
安装和调试 …………………… 256
复习题 ………………………………… 257

第十章 晶闸管与单结晶体管及其基本
电路 ………………………… 259
第一节 晶闸管及其整流电路 ……… 259
一、工作原理 ………………………… 259
二、型号和主要参数 ………………… 260
三、简单的晶闸管整流电路 ………… 261
第二节 单结晶体管及其振荡电路 … 262
一、单结晶体管 ……………………… 262
二、单结晶体管振荡电路 …………… 263
三、单结晶体管触发可控整流电路 … 264
复习题 ………………………………… 265

第十一章 稳压电路 …………………… 266
第一节 硅稳压二极管稳压电路 …… 266
一、硅稳压二极管 …………………… 266
二、稳压电路 ………………………… 267
第二节 串联型晶体管稳压电路 …… 267
一、串联型稳压电路的工作原理 …… 268
二、简单的串联型稳压电路 ………… 268
三、带有放大环节的串联型稳压
电路 ……………………………… 269
实验 串联型稳压电源的安装 ……… 270
复习题 ………………………………… 271

第十二章 集成运算放大器 …………… 272
第一节 集成运算放大器简介 ……… 272
一、集成运算放大器的组成 ………… 272
二、集成运算放大器的主要参数 …… 273
三、理想运算放大器及其分析依据 … 273
第二节 基本运算电路 ……………… 275
一、比例运算电路 …………………… 275
二、加法运算电路 …………………… 276
三、减法运算电路 …………………… 277
第三节 集成运算放大器的基本应用 … 278

一、有源滤波器 ……………………… 278
二、电平比较器 ……………………… 279
三、振荡器 …………………………… 282
复习题 ………………………………… 287

第十三章　集成数字电路 ………… 289
第一节　门电路 ……………………… 289
　　一、基本逻辑门电路 ………………… 289
　　二、三态门与集电极开路与非门 …… 295
第二节　组合逻辑门电路 …………… 297
　　一、编码器 …………………………… 297
　　二、译码器与数字显示 ……………… 298
　　三、数据选择器 ……………………… 303
　　四、加法器 …………………………… 303
第三节　集成触发器 ………………… 306

一、RS 触发器 ……………………… 306
二、JK 触发器 ……………………… 309
三、D 触发器 ………………………… 310
四、T 触发器 ………………………… 311
五、集成触发器的结构 ……………… 312
第四节　计数器与寄存器 …………… 314
　　一、计数器 …………………………… 314
　　二、寄存器 …………………………… 322
复习题 ………………………………… 325

附录 ………………………………… 326
附录 A　电阻器的型号 ……………… 326
附录 B　几种常见电阻器的外形 …… 326
参考文献 …………………………… 327

第一章　直　流　电　路

第一节　电路的基本概念

一、电路

电路就是电流通过的路径。图 1-1 所示为最简单的电路。一般电路都是由电源、连接导线、负载和开关等部分组成的。另外，对电源来说，电源内部的通路称为内电路；连接导线、负载和开关等组成的通路称为外电路。

（1）电源　在电路中，电源是把其他形式的能量转换成电能的设备。例如：蓄电池把化学能转换为电能；发电机把机械能转换为电能；光电池把光能转换为电能等。

（2）负载　负载是把电能转换为其他形式能量的元器件或设备。例如电动机把电能转换为机械能；电灯把电能转换为光能和热能；电炉把电能转换为热能等。

（3）开关　开关是控制电路接通或断开的器件，连接导线在电路中起着输送和分配电能的作用。

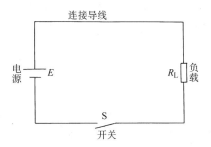

图 1-1　最简单的电路

（4）连接导线　它将电源、负载和开关连接起来，并承担电能的传输和分配。

二、电路中的几个基本物理量

1. 电流

电流是电荷定向移动。金属导体中的电流是自由电子在电场力作用下做有规则的运动而形成的；而在电解液或气体中，电流则是带正电和带负电的离子在电场力作用下做有规则运动而形成的。

电流在数值上等于单位时间内通过导体横截面的电量，即

$$I = \frac{Q}{t} \tag{1-1}$$

式中　I——电流（A）；

　　　Q——通过导体横截面的电量（C）；

　　　t——时间（s）。

在国际单位制中，电流的单位是安培，简称安（A）。"安培"的定义是：在真空中相距 1m 的两根无限长平行直导线内，通以稳恒电流，若这两根导线在每米长度上产生的力是 2×10^{-7}N，则导线中的电流规定为 1A。据式（1-1）可知，若导体中的电流是 1A，则 1s 内通过导体横截面的电量是 1C。

常用的电流单位还有千安（kA）、毫安（mA）、微安（μA），它们之间的换算关系如下：

$$1kA = 10^3 A$$

$$1mA = 10^{-3} A$$

$$1\mu A = 10^{-3} mA = 10^{-6} A$$

电流这一词不仅代表一种物理现象，而且也代表一个物理量。

习惯上规定以正电荷的运动方向为电流方向，所以负电荷在作定向运动时形成的电流方向和负电荷的实际运动方向正相反。例如，金属导体中的电流方向和实际形成电流的电子流方向是相反的。

电流可分为直流电流和交流电流两大类。凡方向不随时间变化的电流都称为直流电流。其中，大小和方向都不随时间变化的电流称为稳恒直流电流；凡大小和方向都随时间变化的电流称为交变电流，即交流电流。

在分析电路时，常需要对实际方向不清楚的电流先假设一个方向，称为电流的参考方向，然后依据电路的基本定律列出有关的方程进行求解。当解出的电流为正值时，表示其实际方向与参考方向一致；反之，当解出的电流为负值时，表示电流的实际方向与参考方向相反，如图 1-2 所示。

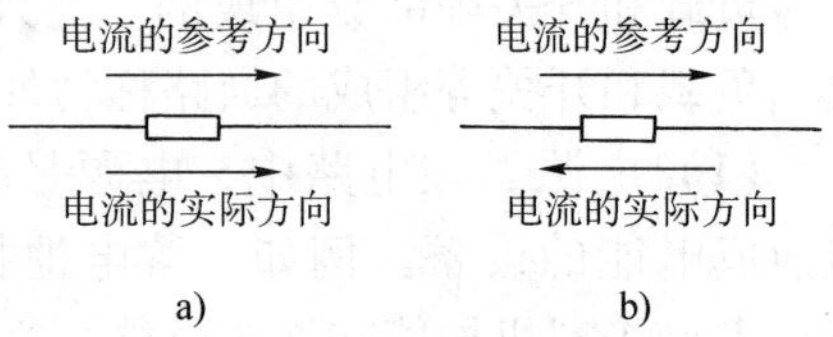

图 1-2　电流的参考方向

a) $I > 0$　b) $I < 0$

2. 电位和电压

单位正电荷在电场中某点所具有的电位能叫做该点的电位。电位用符号 V 表示，其下标为电场中某点的位置，如 A 点的电位记作 V_A。在国际单位制中，电位的单位是伏特（V）。

电压是描述电场做功本领大小的物理量。电场力把正电荷从 A 点移到 B 点所做的功 W_{AB} 与被移动的电量 Q 的比值称为 A、B 两点间的电压，用符号 U_{AB} 表示，即

$$U_{AB} = \frac{W_{AB}}{Q} \tag{1-2}$$

由于电场力把正电荷从 A 点移到 B 点所做的功等于正电荷从 A 点移到 B 点时所减少的电位能，所以

$$W_{AB} = Q(V_A - V_B)$$

移项得

$$\frac{W_{AB}}{Q} = V_A - V_B$$

即

$$U_{AB} = V_A - V_B \tag{1-3}$$

式（1-3）表示电路中某两点的电压就是该两点电位的差值，故电压也称为电位差。

电压的单位也是伏特。若电场力将 1 库仑（C）的电荷从电路中的 A 点移到 B 点所做的功为 1 焦耳（J），则 A、B 两点间的电压就是 1 伏特（V）。

常用的电压单位还有千伏（kV）、毫伏（mV）、微伏（μV），它们之间的换算关系如下：

$$1kV = 10^3 V$$

$$1mV = 10^{-3} V$$

$$1\mu V = 10^{-3} mV = 10^{-6} V$$

电压的方向规定为由高电位端（+）指向低电位端（-）。对负载而言，电压的实际方

向与电流方向是一致的，如图 1-3 中 U_{AB} 的指向与电流 I 的方向一致，即电流从电压的"+"端经负载流向"−"端。在分析电路时还常需要对实际方向不清楚的电压先假设一个参考方向，再根据计算所得数值的正、负来确定其实际方向。

在进行电路分析时，还常要研究电路中各点电位的高低，为了求得电路中各点的电位值，必须在电路中选择一个参考点，参考点的电位规定为零。在实际电路中常以机壳或大地作为公共参考点，即以机壳或大地作为零电位。零电位的符号为 ⊥（表示接大地）和 ⊥（表示接机壳）。

由于参考点的电位规定为零，所以电路中某点的电位值就等于该点与参考点之间的电位差，即等于该点与参考点之间的电压。这是计算或测量电路中某点电位的基本依据。

电路中各点电位的大小和正负与参考点的选择有关，选择不同的参考点，电路中各点电位的大小和正负也就不同；而电路中任意两点之间的电压却与参考点的选择无关。

例 1-1　如图 1-4 所示，已知 $E_1 = 5\text{V}$（即 E_1 正极电位比负极高 5V），$E_2 = 10\text{V}$，试分析 A、B、C 三点的电位及任意两点间的电压大小？

解　图 1-4a 中以 A 点为参考点，则

$$V_A = 0, \quad V_B = +5\text{V}, \quad V_C = +15\text{V}$$

$$U_{AB} = V_A - V_B = 0\text{V} - 5\text{V} = -5\text{V}, \quad U_{BC} = V_B - V_C = 5\text{V} - 15\text{V} = -10\text{V}$$

图 1-4b 中以 B 点为参考点，则

$$V_B = 0, \quad V_A = -5\text{V}, \quad V_C = +10\text{V}$$

$$U_{AB} = V_A - V_B = -5\text{V} - 0\text{V} = -5\text{V}, \quad U_{BC} = V_B - V_C = 0\text{V} - 10\text{V} = -10\text{V}$$

可见选择不同的参考点，A、B、C 三点的电位是不同的，而 A、B、C 任意两点的电压却是相同的。

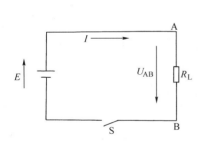

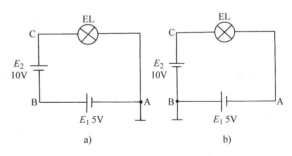

图 1-3　电压和电动势的正方向　　　图 1-4　电路中各点的电位与参考点的选择有关

　　　　　　　　　　　　　　　　　　a）A 为参考点　b）B 为参考点

3. 电动势

为了使电路中能维持一定的电流，在电源内部必须要有一种外力能持续不断地把正电荷从电源的负极（低电位处）移送到正极（高电位处）去，以保持两极具有一定的电位差。例如：在电池中，这种外力是电极和电解液进行化学反应时所产生的化学力；在发电机中，这种外力是电磁感应产生的电磁力。电源中外力移送电荷的过程也就是电源将其他形式的能量转换为电能的过程。

为了表示电源将非电能转换成电能的本领，这里引入了"电动势"这个物理量。在电源内部，外力把正电荷从负极移到正极所做的功 W 与被移动的电量 Q 的比值，称为电源的

电动势，用符号 E 表示，即

$$E = \frac{W}{Q} \tag{1-4}$$

电动势的单位也是伏特。若外力把1C电量从电源的负极移到正极所做的功是1J，则电源的电动势等于1V。

电动势的方向规定为：在电源内部由低电位端指向高电位端，即由电源的负极指向正极，如图1-3所示。**这里需要注意与电压方向的区别。**

第二节 电阻和欧姆定律

一、电阻

电阻是表示导体对电流起阻碍作用的物理量。在外电路中，电阻以 R 表示，而内电路的电阻以 r 表示。

在国际单位制中，电阻的单位是欧姆，简称欧（Ω）。若导体两端的电压为1V，导体中通过的电流是1A，则该导体的电阻就是1Ω。常用的电阻单位还有千欧（kΩ）、兆欧（MΩ）等，它们之间的换算关系如下：

$$1k\Omega = 10^3 \Omega$$

$$1M\Omega = 10^3 k\Omega = 10^6 \Omega$$

导体的电阻是客观存在的，即使导体两端没有电压，但导体仍有电阻。实验证明，当温度不变时，导体的电阻与它的长度 l 成正比，与它的横截面积 S 成反比，且与导体的材料有关，即

$$R = \rho \frac{l}{S} \tag{1-5}$$

其中，ρ 表示导体的电阻率，由导体的材料决定，在国际单位制中，电阻率的单位为欧·米（Ω·m）。表1-1列出了几种常用材料在20℃时的电阻率。

表1-1 几种常用材料在20℃时的电阻率

材 料 名 称	电阻率/Ω·m	用 途
银	1.6×10^{-8}	导线镀银
铜	1.7×10^{-8}	导线，主要的导电材料
铝	2.9×10^{-8}	导线
铂	10.6×10^{-8}	热电偶或电阻温度计
钨	5.5×10^{-8}	白炽灯的灯丝，电器的触头
锰铜（w_{Cu} 为 85%、w_{Mn} 为 12%、w_{Ni} 为 3%）[①]	44×10^{-8}	标准电阻
康铜（w_{Cu} 为 54%、w_{Ni} 为 46%）	50×10^{-8}	标准电阻
铝铬铁合金	$(130 \sim 140) \times 10^{-8}$	电炉丝
镍铬铁合金	112×10^{-8}	电炉丝

① w 为物质的质量分数。

实验证明，导体的电阻与温度有关。金属导体的电阻随着温度的升高而增大，如220V、

40W 的白炽灯，当它不发光时灯丝的电阻约为 100Ω，而正常发光时灯丝的电阻却高达 1200Ω。半导体材料和电解液的电阻，通常都是随温度的升高而减小的，所以在电镀工作中常采用加热的方法来减小电镀液的电阻，而在电子工业中常用半导体制造能灵敏反映温度变化的热敏电阻。

有的导电材料其电阻随温度的改变很小，如康铜、锰铜，常用它们来制造标准电阻；有的导电材料其电阻随温度的变化很大，如铂，可用它来制造电阻温度计。例如：把铂电阻温度计放在待测的电气设备中，通过测量铂的电阻变化就可以知道电气设备的工作温度。

二、部分电路欧姆定律

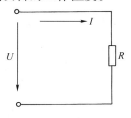

部分电路欧姆定律是德国物理学家欧姆在研究了一段电阻电路中电流、电压和电阻三者关系后，于 1826 年得出的实验结论。其结论是：在一段不包含电动势的电路中，流过导体的电流 I 与这段导体两端的电压 U 成正比、与这段导体的电阻 R 成反比。如图1-5 所示，I、U、R 三者之间的关系为

$$I = \frac{U}{R} \qquad (1\text{-}6)$$

图 1-5 只含有电阻的部分电路

式中　I——导体中的电流（A）；

　　　U——导体两端的电压（V）；

　　　R——导体的电阻（Ω）。

式（1-6）也可以写成

$$U = IR \qquad (1\text{-}7)$$

$$R = \frac{U}{I} \qquad (1\text{-}8)$$

由式（1-6）~式（1-8）可知，如果已知电流、电压和电阻三个物理量中的任意两个，就可以求出第三个量的数值。但必须注意的是，部分电路欧姆定律所表达的电流、电压、电阻三个物理量的关系是对同一段无源电路而言的。

例 1-2　某工地需要安装照明线路，负载至电源的距离为 200m，采用横截面积为 $4mm^2$ 的铝导线，如果线路上流过的电流为 5A，试问线路上的电压降为多大？

解　由表1-1 可知铝的电阻率为 $2.9 \times 10^{-8}\Omega \cdot m$，线路的电阻为

$$R = \rho\frac{l}{S} = 2.9 \times 10^{-8} \times \frac{200 \times 2}{4 \times 10^{-6}}\Omega = 2.9\Omega$$

其电压降为

$$U = IR = 5A \times 2.9\Omega = 14.5V$$

三、全电路欧姆定律

图 1-6 是最简单的全电路，它是一个含有电源的闭合电路，其中 R 是外电路上的负载电阻，点画线框中部分表示一个实际电源，它可以看作是一个电动势 E 和一个内电阻 r 的串联组合。

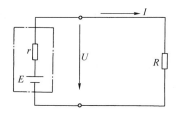

全电路欧姆定律的内容是：全电路中的电流 I 与电源的电动势 E 成正比，与整个电路的电阻（$R + r$）成反比，即

图 1-6 最简单的全电路

$$I = \frac{E}{R + r} \qquad\qquad (1\text{-}9)$$

式中　I——电路中的电流（A）；

　　　E——电源的电动势（V）；

　　　R——外电路电阻（Ω）；

　　　r——内电路电阻（Ω）。

由式（1-9）可得

$$E = IR + Ir = U + U_r \qquad\qquad (1\text{-}10)$$

式（1-10）中 U 是外电路上的电压降，也就是电源两端的电压，称为路端电压，简称端电压。U_r 为内电路上的电压降。所以，电源的电动势等于端电压与内电路电压降之和。

由式（1-10）可得

$$U = E - Ir \qquad\qquad (1\text{-}11)$$

下面讨论一下端电压在电路处于三种不同状态时的工作情况。

1. 通路

当开关接通后电路处于闭合状态，此时电路中就有电流流过，称为通路。通路时，由于 $U = E - Ir$，所以 $U < E$。

对确定的电源来说，可认为电动势 E 和内电阻 r 是基本不变的。因此当外电阻 R 增大时，从式（1-9）可知，电路中的电流 I 要减小，内电路电压降 Ir 也要减小。从式（1-11）可知，此时端电压 U 将增大。可见，端电压 U 随外电阻 R 的增大而增大，随 R 的减小而减小。

2. 断路（或开路）

当开关分断或电源两端不接负载时，电路处于不闭合状态，称为断路（或开路）。断路时 R 为 ∞，故电路中电流 $I = 0$，因此 $Ir = 0$，根据式（1-11）可知，此时 $U = E$，即电源的开路电压等于电源的电动势。

3. 短路

当电源两端被电阻为零的导线接通时，称为电源短路。此时外电路电阻 $R = 0$，端电压 $U = IR = 0$。

电源短路时，短路电流 $I_k = E/r$，由于 r 一般很小，所以 I_k 很大，这样将使电源严重发热而烧毁，甚至可能引起火灾；如果外电路部分负载被短路，也将使总电流增加，也可能引起过热而造成事故。

为了迅速切断短路电流，通常在电路中接入作为短路保护用的熔断器。熔断器将在后续章节介绍。

例 1-3　如图 1-7 所示，若不计电压表和电流表内阻对电路的影响，试求开关 S 在图示三个位置时，电压表和电流表的读数各为多少？

解　1）开关在位置 1 时，电路处于短路状态，所以电压表的读数为零；电流表中流过的是短路电流，其读数为

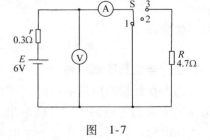

图　1-7

$$I_k = \frac{E}{r} = \frac{6\text{V}}{0.3\,\Omega} = 20\text{A}$$

2）开关在位置 2 时，电路处于断路状态，电压表的读数等于电源的电动势，即 6V；电流表中无电流流过，即 $I = 0$。

3）开关在位置 3 时，电路处于通路状态，电流表读数为

$$I = \frac{E}{R + r} = \frac{6}{4.7 + 0.3}A = 1.2A$$

电压表的读数为

$$U = IR = 1.2A \times 4.7\Omega = 5.64V$$

第三节　电功与电功率

一、电功

电流通过负载（如电灯、电炉、电动机等）时能够做功，这时电能将转换为其他形式的能量（如光能、热能、机械能等）。电流所做的功简称电功，用符号 W 表示。

电流在一段电路上所做的功，与这段电路两端的电压、电路中的电流以及通电时间成正比，即

$$W = IUt \tag{1-12}$$

如果电路中的负载是纯电阻，根据欧姆定律，式（1-12）可改写为

$$W = I^2Rt \tag{1-13}$$

$$W = \frac{U^2}{R}t \tag{1-14}$$

式（1-12）～式（1-14）中，若电流单位为 A，电压单位为 V，电阻单位为 Ω，时间单位为 s，则电功单位为焦耳，简称焦（J）。

二、电功率

单位时间内电流所做的功称为电功率，以符号 P 表示，即

$$P = \frac{W}{t} = \frac{IUt}{t} = IU \tag{1-15}$$

如果电路中的负载是纯电阻，根据欧姆定律，式（1-15）可改写为

$$P = I^2R \tag{1-16}$$

$$P = \frac{U^2}{R} \tag{1-17}$$

同理，若电功单位为 J，电压单位为 V，电流单位为 A，电阻单位为 Ω，时间单位为 s，则电功率单位为 J/s。J/s 又称为瓦特，简称瓦（W）。

常用的电功率单位还有千瓦（kW）、毫瓦（mW）、微瓦（μW）。它们之间的换算关系如下：

$$1kW = 10^3W$$

$$1mW = 10^{-3}W$$

$$1\mu W = 10^{-3}mW = 10^{-6}W$$

注意：电功的实用单位是千瓦小时（kW·h），俗称"度"。它表示功率为 1kW 的用电

器在 1h 中所消耗的电能，即

$$1kW \cdot h = 1kW \times 1h = 3.6 \times 10^6 J$$

例 1-4　某用电器接在 220V 直流电源上，流过它的电流为 0.4A，试求：1）它的电阻值及消耗的功率是多少？2）若该用电器平均每天使用 2h，那么一个月消耗多少电能（一个月以 30 天计）？

解　1）用电器的电阻为

$$R = \frac{U}{I} = \frac{220V}{0.4A} = 550\Omega$$

用电器消耗的功率为

$$P = UI = 220V \times 0.4A = 88W$$

2）一个月该用电器消耗的电能为

$$W = IUt = 0.4A \times 220 \times 10^{-3} kV \times 2h \times 30 = 5.28kW \cdot h$$

三、负载的额定值

任何电气设备在通过工作电流时都要发热，这时电气设备的温度要升高，如果温度过高，电气设备的绝缘材料就会因过热而老化损坏。为了使电气设备在工作中的温度不超过最高工作温度，必须对通过它的最大工作电流进行限制。通常把这个限定的电流称为该电气设备的额定电流，用 I_N 表示。

为了保证电气设备的安全运行，还必须规定加在它上面的电压不得超过某限定值。因为电气设备的工作电流是由工作电压决定的，同时过高的工作电压会使电气设备的绝缘材料被击穿，从而失去绝缘性能而损坏。通常把允许加在电气设备上的最高电压叫做该电气设备的额定电压，用 U_N 表示。

电气设备在安全运行时所允许的最大电功率称为额定功率，用 P_N 表示。对电阻性负载而言，额定功率等于它的额定电流和额定电压的乘积，即

$$P_N = I_N U_N$$

一般电气设备的额定电流、额定电压和额定功率都标注在明显的位置或铭牌上，也可从产品目录中查得。

电气设备所消耗的实际功率与它们的工作条件有关，如额定电压 220V、额定功率 100W 的白炽灯，只有接到 220V 电源上时，它的功率才是 100W；当电源电压高于 220V 时，白炽灯的实际功率将超过 100W，此时白炽灯可能烧毁；当电源电压低于 220V 时，它的实际功率就小于 100W，白炽灯发暗光甚至不能发光。

电气设备在额定功率下的工作状态称为额定工作状态，也叫做满载；低于额定功率的工作状态叫做轻载；高于额定功率的工作状态叫做过载或超载。由于过载很容易使电气设备烧毁，所以应尽量避免。

例 1-5　有一个电阻值为 100Ω，额定功率为 1W 的电阻，其额定电压为多大？

解　根据 $P_N = \dfrac{U_N^2}{R}$，所以

$$U_N = \sqrt{P_N R} = \sqrt{1 \times 100}V = 10V$$

第四节 电阻的串联、并联和混联

一、电阻的串联

在电路中，几个电阻依次连接，中间没有分岔支路的连接方式叫做电阻的串联。图 1-8 所示为三个电阻的串联电路。

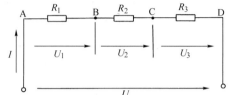

电阻串联电路具有以下特点：

1）流过各串联电阻的电流为同一电流，即

$$I = I_1 = I_2 = \cdots = I_n \qquad (1\text{-}18)$$

2）串联电路两端的总电压等于各电阻两端分电压之和，即

图 1-8 电阻的串联电路

$$U = U_1 + U_2 + \cdots + U_n \qquad (1\text{-}19)$$

式（1-19）表示串联电路的总电压大于任何一个分电压。

若 n 个阻值相等的电阻串联，则

$$U_1 = U_2 = \cdots = \frac{U}{n}$$

3）串联电路的总电阻等于各串联电阻之和，即

$$R = R_1 + R_2 + \cdots + R_n \qquad (1\text{-}20)$$

式（1-20）表示串联电路的总电阻大于任何一个分电阻。

若 n 个阻值相等的电阻串联，则

$$R = nR_1 = nR_2 \cdots = nR_n$$

4）各串联电阻两端的电压与其电阻的阻值成正比。

根据欧姆定律，$I_1 = \dfrac{U_1}{R_1}$，$I_2 = \dfrac{U_2}{R_2}$，$\cdots$，$I_n = \dfrac{U_n}{R_n}$，又 $I_1 = I_2 = \cdots = I_n$，则

$$\frac{U_1}{R_1} = \frac{U_2}{R_2} = \cdots = \frac{U_n}{R_n} = \frac{U}{R} = I \qquad (1\text{-}21)$$

即

$$\frac{U_1}{U_n} = \frac{R_1}{R_n}, \quad \frac{U_n}{U} = \frac{R_n}{R} \qquad (1\text{-}22)$$

式（1-22）也表明阻值越大的电阻分到的电压越大。由式（1-22）可得

$$U_n = \frac{R_n}{R} U = \frac{R_n}{R_1 + R_2 + \cdots + R_n} U \qquad (1\text{-}23)$$

式（1-23）表示了各电阻的分电压与串联电路总电压的关系，称为电阻串联电路的分压公式。式中 $\dfrac{R_n}{R_1 + R_2 + \cdots + R_n}$ 称为分压系数。

5）各串联电阻消耗的功率与电阻的阻值成正比，即

$$\frac{P_1}{R_1} = \frac{P_2}{R_2} = \cdots = \frac{P_n}{R_n} = I^2 \qquad (1\text{-}24)$$

说明：电阻的串联相当于加长了电阻的长度，在实际工作中应用十分广泛。例如，利用电阻的串联可获得较大阻值的电阻；利用串联电阻构成的分压器，可使一个电源能供给几种不同的电压，或从信号源中取出一定数值的信号电压；利用串联电阻的分压作用，可将额定

电压较低的用电器连接到电压较高的电路中使用；在电工测量中，也可以利用串联电阻的方法来扩大电压表的量程等。

例 1-6　图 1-9 所示为电阻分压器，A、B 两端电压 $U = 100\text{V}$，$R_1 = 100\Omega$，$R_2 = 200\Omega$，$R_3 = 300\Omega$，$R_4 = 400\Omega$。试求当 S 置于 1 ~ 4 各位置时的输出电压 U'。

解　开关 S 在 1 ~ 4 各位置的输出电压分别为

$$U'_1 = \frac{R_1}{R_1 + R_2 + R_3 + R_4}U = \frac{100}{100 + 200 + 300 + 400} \times 100\text{V} = 10\text{V}$$

$$U'_2 = \frac{R_1 + R_2}{R_1 + R_2 + R_3 + R_4}U = \frac{300}{1000} \times 100\text{V} = 30\text{V}$$

$$U'_3 = \frac{R_1 + R_2 + R_3}{R_1 + R_2 + R_3 + R_4}U = \frac{600}{1000} \times 100\text{V} = 60\text{V}$$

$$U'_4 = \frac{R_1 + R_2 + R_3 + R_4}{R_1 + R_2 + R_3 + R_4}U = \frac{1000}{1000} \times 100\text{V} = 100\text{V}$$

二、电阻的并联

在电路中，将几个电阻的一端共同连接在电路的一点上，把它们的另一端共同连接在另一点上，这种连接方式叫做电阻的并联。图 1-10 所示为三个电阻的并联电路。

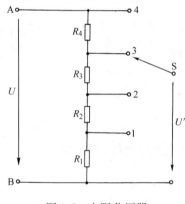

图 1-9　电阻分压器

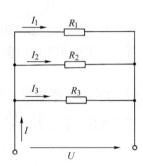

图 1-10　电阻的并联电路

电阻并联电路具有以下特点：

1）加在各并联电阻两端的电压相等，且等于电路两端的电压，即

$$U_1 = U_2 = \cdots = U_n = U \tag{1-25}$$

2）电路的总电流等于各并联电阻分电流之和，即

$$I = I_1 + I_2 + \cdots + I_n \tag{1-26}$$

式（1-26）说明并联电路的总电流大于任何一个分电流。

若 n 个阻值相等的电阻并联，则

$$I_1 = I_2 = \cdots = I_n = \frac{I}{n}$$

3）并联电路总电阻的倒数等于各电阻的倒数之和，即

$$\frac{1}{R} = \frac{1}{R_1} + \frac{1}{R_2} + \cdots + \frac{1}{R_n} \tag{1-27}$$

式（1-27）表示并联电阻的总电阻比任何一个并联电阻的阻值小。

若两个电阻并联，则

$$R = \frac{R_1 R_2}{R_1 + R_2}$$

若 n 个阻值均为 R 的电阻并联，则

$$R = \frac{R_1}{n} = \frac{R_2}{n} = \cdots = \frac{R_n}{n}$$

4）流过各并联电阻上的电流与其阻值成反比。根据欧姆定律，在电阻并联电路中，由于 $U_1 = I_1 R_1$，$U_2 = I_2 R_2$，$\cdots$，$U_n = I_n R_n$，又 $U_1 = U_2 = \cdots = U_n = U$，则

$$I_1 R_1 = I_2 R_2 = \cdots = I_n R_n = IR = U \tag{1-28}$$

即

$$\frac{I_1}{I_n} = \frac{R_n}{R_1}, \ \frac{I_n}{I} = \frac{R}{R_n} \tag{1-29}$$

式（1-29）表明，阻值越大的电阻分配到的电流越小。

若两个电阻并联，则 I_1 和 I_2 与总电流 I 的关系分别为

$$\left. \begin{array}{l} I_1 = \dfrac{\dfrac{R_1 R_2}{R_1 + R_2}}{R_1} I = \dfrac{R_2}{R_1 + R_2} I \\[4mm] I_2 = \dfrac{\dfrac{R_1 R_2}{R_1 + R_2}}{R_2} I = \dfrac{R_1}{R_1 + R_2} I \end{array} \right\} \tag{1-30}$$

式（1-30）被称为两个并联电阻的分流公式，其中 $\dfrac{R_2}{R_1 + R_2}$ 和 $\dfrac{R_1}{R_1 + R_2}$ 叫做分流系数。

5）各并联电阻消耗的功率与电阻的阻值成反比，即

$$P_1 R_1 = P_2 R_2 = \cdots = P_n R_n = U^2 \tag{1-31}$$

说明： 电阻并联相当于扩大了电阻的横截面积，在实际工作中，应用也十分广泛。例如，利用电阻的并联可获得较小阻值的电阻；将工作电压相同的负载并联使用，可使任何一个负载的工作情况不会影响其他负载；在电工测量中，也可用并联电阻的方法来扩大电流表的量程等。

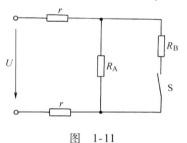

图 1-11

例 1-7 如图 1-11 所示，线路的电压 $U = 240\text{V}$，每条输电线的电阻 r 是 5Ω，电炉 A 的额定电压是 220V、额定功率是 1000W，电炉 B 的额定电压是 220V、额定功率是 500W。试求：1）当 S 分断时，电炉 A 消耗的功率；2）当 S 闭合时，电炉 A 和电炉 B 各消耗的功率。

解 电炉 A 的电阻

$$R_A = \frac{U_{AN}^2}{P_{AN}} = \frac{(220\text{V})^2}{1000\text{W}} = 48.4\Omega$$

电炉 B 的电阻

$$R_B = \frac{U_{BN}^2}{P_{BN}} = \frac{(220\text{V})^2}{500\text{W}} = 96.8\Omega$$

1）当 S 断开时，线路的总电阻为

$$R = R_A + r + r = (48.4 + 5 + 5)\Omega = 58.4\Omega$$

线路中电流

$$I = \frac{U}{R} = \frac{240\text{V}}{58.4\Omega} \approx 4.1\text{A}$$

电炉 A 两端电压　　　　$U_A = IR_A = 4.1A \times 48.4\Omega \approx 198.4V$

电炉 A 消耗的功率　　　$P_A = U_A I = 198.4V \times 4.1A = 813.4W$

2) 当 S 闭合时，R_A 和 R_B 构成并联电路，R_A 和 R_B 的等效电阻为

$$R_{AB} = \frac{R_A R_B}{R_A + R_B} = \frac{96.8 \times 48.4}{96.8 + 48.4}\Omega = \frac{4685.12}{145.2}\Omega \approx 32.27\Omega$$

线路的总电阻　　　$R = R_{AB} + r + r = (32.27 + 5 + 5)\Omega = 42.27\Omega$

线路中的电流　　　$I = \dfrac{U}{R} = \dfrac{240V}{42.27\Omega} \approx 5.68A$

电炉 A 和 B 两端的电压为

$$U'_A = U'_B = IR_{AB} = 5.68A \times 32.27\Omega \approx 183V$$

电炉 A 消耗的功率　　　$P'_A = \dfrac{U'^2_A}{R_A} = \dfrac{(183V)^2}{48.4\Omega} \approx 692W$

电炉 B 消耗的功率　　　$P'_B = \dfrac{U'^2_B}{R_B} = \dfrac{(183V)^2}{96.8\Omega} \approx 346W$

三、电阻的混联

电路中电阻元件既有串联又有并联的连接方式叫做混联。常见的电阻混联电路如图1-12 所示。

计算电阻混联电路的总电阻（又称为等效电阻），应先求出每条支路的等效电阻，然后再求各并联支路的等效电阻，最后计算混联电路的总等效电阻。

为了清楚地表明混联电路中各电阻之间的串并联关系，可采用画等效电路的方法。其步骤是：先在电路中各电阻的连接点上标一字母，然后从电路的一端开始按顺序将各字母在水平方向排列起来，并将各电阻接入相应的字母之间，最后依次画出化简过程中的各等效电路。图 1-13 为图 1-12 的等效电路简化过程。

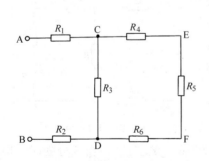

图 1-12　常见的电阻混联电路

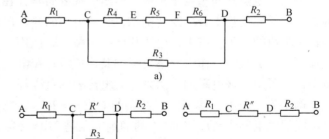

图 1-13　等效电路简化过程

例 1-8　在图 1-12 中，$R_1 = R_2 = R_3 = R_4 = R_5 = R_6 = 100\Omega$，试求 A、B 间的等效电阻 R_{AB} 为多少？

解　按图 1-13 所示的各等效电路进行计算。在图 1-13a 中，R_4、R_5、R_6 依次相接，中间无分支，则它们是串联关系，其等效电阻为图 1-13b 中的 R'，即

$$R' = R_4 + R_5 + R_6 = (100 + 100 + 100)\Omega = 300\Omega$$

由图 1-13b 可看出 R' 和 R_3 都接在 CD 两点之间，它们是并联关系，其等效电阻为图

1-13c中的 R''，即

$$R'' = R' \mathbin{/\!/} R_3 = \frac{300 \times 100}{300 + 100} \Omega = 75\Omega$$

由图 1-13c 看出 R_1、R''、R_2 依次相联，中间无分支，则它们串联后的等效电阻为

$$R_{AB} = R_1 + R'' + R_2 = (100 + 75 + 100)\,\Omega = 275\Omega$$

第五节 基尔霍夫定律

串并联及混联电路是简单直流电路，只要运用欧姆定律和电阻的串并联特点及其计算公式，就能对它们进行分析和计算。

但是，实际电路往往比较复杂，仅用欧姆定律和电阻的串并联特点及其计算公式还不能加以简化和求解。例如：图 1-14a 是两组电源并联对负载供电的电路，其中，E_1 和 E_2 分别为两个电源的电动势，R_1 和 R_2 分别为两个电源的内电阻，且 $E_1 \neq E_2$，$R_1 \neq R_2$。因此，无法用前面学过的知识把这两组并联的电源用一个等效电源来代替，从而组成由一个电动势、一个内电阻、一个外电阻相串联的简单直流电路。又如：图 1-14b 是常用的电桥电路，R_1、R_2、R_3、R_4 为桥臂的四个电阻，R_g 为检流计的内阻。它们之间既不是串联也不是并联关系，因此，不能用电阻串并联的方法把电路简化为一个简单的等效直流电路。这类不能单纯用欧姆定律和电阻串并联方法来简化的电路，称为复杂电路。

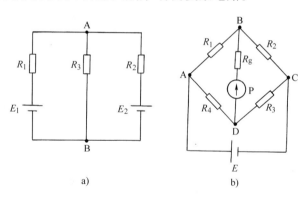

图 1-14 复杂直流电路

复杂电路的计算方法很多，但其计算依据是电路的两条基本定律——欧姆定律和基尔霍夫定律。基尔霍夫定律既适用于直流电路，也适用于交流电路和含有电子元器件的非线性电路。因此，它是分析与计算电路的基本定律。

在讲解基尔霍夫定律之前，先介绍电路中几个常用的术语。

（1）支路 由一个或几个元件首尾相接构成的无分支电路叫做支路。在同一支路内，流过所有元件的电流都相等。如图 1-14a 中的 R_1 和 E_1 构成一条支路，R_2 和 E_2 构成一条支路，R_3 却是一个元件构成一条支路。

（2）节点 三条以上支路的交汇点。图 1-14b 中的 A、B、C、D 四个点都是节点。

（3）回路 电路中任一闭合路径都叫做回路。一个回路可能只含一条支路，也可能包含几条支路。如图 1-14b 中的 A—R_1—B—R_g—D—R_4—A 和 A—R_1—B—R_2—C—E—A 都是

回路。凡是不可再分的回路，即最简单的回路又称为网孔。

一、基尔霍夫第一定律

基尔霍夫第一定律也叫做节点电流定律。它的内容是：流进一个节点的电流之和恒等于流出这个节点的电流之和；或者说流过任意一个节点的电流的代数和为零。其数学表达式为

$$\sum I = 0 \qquad\qquad (1\text{-}32)$$

基尔霍夫第一定律表明电流具有连续性。在电路的任一节点上，不可能发生电荷的积累，即流入节点的总电量恒等于同一时间内从这个节点流出去的总电量。

根据基尔霍夫第一定律，可列出任意一个节点的电流方程。在列节点电流方程前，首先要标定电流方向，其原则是：对已知电流，按实际方向在图中标定；对未知电流，其方向可任意标定。在电流方向标定好后，就可列出节点电流方程来进行计算，最后根据计算结果来确定未知电流的方向。当计算结果为正值时，未知电流的实际方向与标定方向相同；当计算结果为负值时，未知电流的实际方向与标定方向相反。图 1-15a 表示有 5 个电流交汇的节点，根据图中标出的电流方向及式（1-32），可列出该节点的电流方程式为

$$I_1 - I_2 - I_3 + I_4 - I_5 = 0$$

基尔霍夫第一定律还可以推广应用于任意假定的封闭面。如图 1-15b 所示，由于可以把晶体管看成一个封闭面，所以根据基尔霍夫第一定律可得到该晶体管的发射极电流 I_E 等于基极电流 I_B 加上集电极电流 I_C，即 $I_E = I_B + I_C$。事实上不论电路怎样复杂，总是通过两根导线与电源相连接。而这两根导线是串接在电路中的，所以流过它们的电流必然相等，如图 1-16 所示。显然，若将一根导线切断，另一根导线中的电流一定为零。

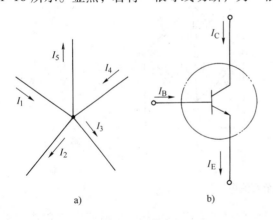

a)　　　　　　　b)

图 1-15　节点

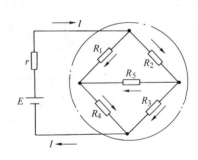

图 1-16　流进和流出封闭面的电流相等

二、基尔霍夫第二定律

基尔霍夫第二定律也叫做回路电压定律。它是说明回路中各电压间的相互关系的。它的内容是：在任意回路中，电动势的代数和恒等于各电阻上电压降的代数和。其数学表达式为

$$\sum E = \sum IR \qquad\qquad (1\text{-}33)$$

根据这一定律所列出的方程式叫做回路电压方程式。在列方程式前，首先要确定电动势及电压降极性的正负。具体方法是：先在图中选择一个回路方向，其方向原则上可以任意选取，但通常选数值大的电动势的正方向为回路方向。回路方向一旦选定后，在解题过程中就不得改变，并以这个回路方向来确定电动势和电压降的正负号。其原则是：当电动势的正方

向与回路方向一致时，该电动势取正号，反之取负号；当电阻上的电流方向与回路方向一致时，则此电阻上的电压降为正号，反之取负号。在图 1-17 中，选定虚线所示方向为回路方向后，E_2 的方向与回路方向一致，所以 E_2 取正号；E_1 的方向和回路方向相反，故 E_1 取负号。而 R_1 及 R_2 上的电流方向与回路方向一致，所以电压降全部取正号。

在电动势和电压降的正负确定好后，就可以根据基尔霍夫第二定律列出回路电压方程式。对于图 1-17 所示回路的电压方程式为

$$E_2 - E_1 = IR_1 + IR_2$$

则该回路的电流为

$$I = \frac{E_2 - E_1}{R_1 + R_2} = \frac{15 - 12}{(20 + 10) \times 1000} A = 0.1 \times 10^{-3} A$$

基尔霍夫第二定律不仅适用于由电源及电阻等实际元件组成的回路，也适用于不全由实际元件组成的回路。如图 1-18 中的回路 A－B－R_4－R_2－A，其中 A 与 B 之间虽然断开，没有实际元件存在，但在 AB 间确有一定电压存在。此电压与该回路的其他电压仍满足基尔霍夫第二定律，即

$$0 = U_{AB} - I_1 R_2 + I_2 R_4$$

$$U_{AB} = I_1 R_2 - I_2 R_4 = \frac{R_2 E_1}{R_1 + R_2} - \frac{R_4 E_2}{R_3 + R_4} = \left(\frac{4 \times 12}{8 + 4} - \frac{3 \times 9}{6 + 3} \right) V = 1V$$

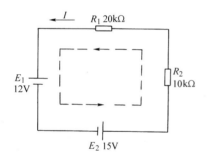

图 1-17　基尔霍夫第二定律

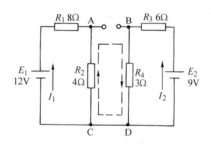

图 1-18　基尔霍夫第二定律也适用于不全由实际元件组成的回路

第六节　复杂直流电路的分析方法

一、支路电流法

对一个复杂电路，先假设各支路的电流方向和回路方向，再根据基尔霍夫定律列出方程式进行计算的方法叫做支路电流法。具体步骤如下：

1）先标出各支路的电流方向和回路方向。回路方向是可以任意假设的，对于具有两个以上电动势的回路，通常取电动势大的方向为回路方向；电流方向也可参照此法来假设。

2）用基尔霍夫第一定律列出节点电流方程式。值得注意的是，一个具有 n 条支路、m 个节点（$n > m$）的复杂电路，需列出 n 个方程式来联立求解。由于 m 个节点只能列出 $m - 1$ 个独立方程式，这样还缺 $n - (m - 1)$ 个方程式，可由基尔霍夫第二定律补足。

3）用基尔霍夫第二定律列出回路电压方程式。

4）代入已知数值，解联立方程式求出各支路的电流，并确定各支路电流的实际方向。其原则是：计算结果为正值时，实际方向和假设方向相同；计算结果为负值时，实际方向和假设方向相反。

例 1-9　图 1-19 所示为两个电源并联对负载供电的电路。已知 $E_1 = 18V$，$E_2 = 9V$，$R_1 = R_2 = 1\Omega$，$R_3 = 4\Omega$，试求各支路电流。

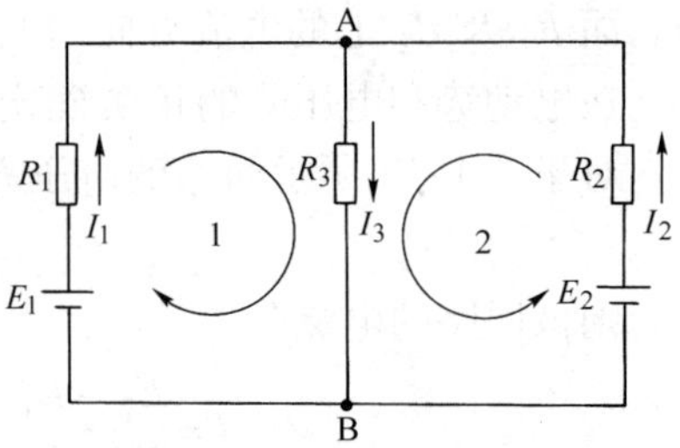

解　1）假设各支路电流方向和回路方向如图 1-19 所示。

2）因为电路中只有两个节点，所以只能列出一个节点电流方程式。对节点 A 有

$$I_1 + I_2 = I_3 \tag{1}$$

图　1-19

3）因为电路中有三条支路，所以需要列出三个方程式。现已有一个节点电流方程式，另外两个方程由回路电压定律列出。对于回路 1 和回路 2 分别列出

$$R_1 I_1 + R_3 I_3 = E_1 \tag{2}$$

$$R_2 I_2 + R_3 I_3 = E_2 \tag{3}$$

4）代入已知数值，解联立方程式

$$\begin{cases} I_1 + I_2 - I_3 = 0 & (4) \\ I_1 + 4I_3 = 18 & (5) \\ I_2 + 4I_3 = 9 & (6) \end{cases}$$

解得

$$I_1 = 6A$$

$$I_2 = -3A$$

$$I_3 = I_1 + I_2 = 6A - 3A = 3A$$

5）确定各支路电流的实际方向。因为 I_1 和 I_3 为正值，所以它们的实际流向与假设方向相同；I_2 为负值，其实际流向与假设方向相反。

例 1-10　图 1-20a 所示为汽车照明电路原理图，其中汽车发电机 G 和蓄电池 E_2 并联以保证汽车能不间断地对照明灯泡供电。若汽车在某一转速时，$E_1 = 26V$，$E_2 = 24V$，发电机内电阻 $r_1 = 0.5\Omega$，蓄电池内电阻 $r_2 = 0.2\Omega$，灯泡电阻 $R = 5\Omega$，试求各支路电流和灯泡两端的电压。

解　假设各支路电流方向和回路方向如图 b 所示（图 b 为图 a 的等效图）。根据基尔霍夫第一定律和第二定律列出有关方程为

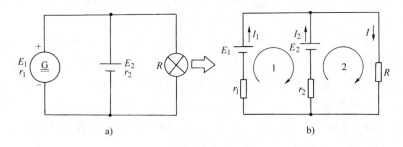

图　1-20

$$\begin{cases} I_1 + I_2 - I = 0 & (1) \\ I_1 r_1 - I_2 r_2 = E_1 - E_2 & (2) \\ I_2 r_2 + IR = E_2 & (3) \end{cases}$$

代入已知数得

$$\begin{cases} I_1 + I_2 - I = 0 & (4) \\ 0.5I_1 - 0.2I_2 = 26 - 24 & (5) \\ 0.2I_2 + 5I = 24 & (6) \end{cases}$$

由式（5）得

$$I_1 = \frac{0.2I_2 + 2}{0.5} \qquad (7)$$

由式（6）得

$$I = \frac{24 - 0.2I_2}{5} \qquad (8)$$

将式（7）、（8）代入式（4）得

$$\frac{0.2I_2 + 2}{0.5} + I_2 - \frac{24 - 0.2I_2}{5} = 0$$

解此方程得　$I_2 \approx 0.56\text{A}$

代入式（7）、（8）得

$$I_1 \approx \frac{0.2 \times 0.56 + 2}{0.5}\text{A} = 4.22\text{A}$$

$$I \approx \frac{24 - 0.2 \times 0.56}{5}\text{A} = 4.78\text{A}$$

照明灯两端电压为

$$U_R = IR \approx 4.78\text{A} \times 5\Omega = 23.9\text{V}$$

I_1、I_2、I 均为正值，其实际方向与假设方向一致。

二、回路电流法

先把复杂电路分成若干个最简单的回路（即网孔），并假设各回路的电流方向，然后根据基尔霍夫第二定律列出各回路的电压方程式来进行计算，这种方法叫做回路电流法。具体步骤如下。

1）先假设各回路的电流方向。为了区别回路电流和支路电流，一般回路电流符号采用双脚标，如 I_{11}、I_{22} 等。

2）根据基尔霍夫第二定律列出回路电压方程式。在列回路电压方程式时，应使在任意一个回路内，所有电动势的代数和等于本回路电流在各电阻上的电压降以及相邻回路电流在公共支路电阻上的电压降的代数和。

电动势的正负方向规定为：当电动势的正方向与回路电流方向一致时为正，反之为负。

电压降的正负方向可分以下两种情况来处理：

① 本回路电流在本回路所有电阻上产生的电压降都为正。

② 若相邻回路电流与本回路电流在通过公共支路时的方向一致，则相邻回路电流在公共支路电阻上的电压降为正，反之为负。

3）代入已知数值，解联立方程式求出各回路电流。

4）选定各支路电流的参考方向，根据单独支路的电流就是本回路电流、公共支路的电流等于相邻回路电流代数和的原则，求出各支路电流（当回路电流的假设方向与支路电流的参考方向一致时，回路电流的符号前取正号，反之取负号）。

5）最后确定各支路电流的实际方向，其原则是当计算结果为正值时，表示实际方向与选定的参考方向相同；计算结果为负值时，表示实际方向与选定的参考方向相反。

例 1-11　如图 1-21 所示，已知 $E_1 = 18V$，$E_2 = 9V$，$R_1 = R_2 = 1\Omega$，$R_3 = 4\Omega$，试用回路电流法求解各支路电流。

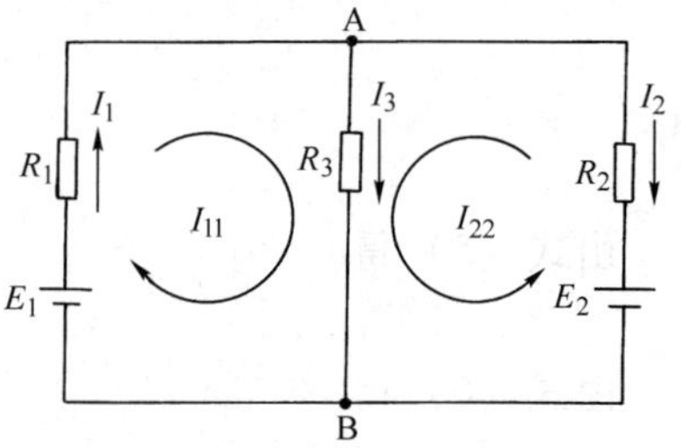

解　1）假设回路电流方向如图 1-21 所示。

2）根据基尔霍夫第二定律列出两个回路电压方程式为

$$(R_1 + R_3)I_{11} + R_3 I_{22} = E_1 \tag{1}$$
$$(R_2 + R_3)I_{22} + R_3 I_{11} = E_2 \tag{2}$$

3）代入已知数值，解联立方程式

$$\begin{cases} 5I_{11} + 4I_{22} = 18 \\ 4I_{11} + 5I_{22} = 9 \end{cases} \tag{3} \tag{4}$$

解得

$$I_{11} = 6A$$
$$I_{22} = -3A$$

4）选定各支路电流的参考方向如图所示，各支路电流为有关回路电流的代数和，即

$$I_1 = I_{11} = 6A$$
$$I_2 = -I_{22} = 3A$$
$$I_3 = I_{11} + I_{22} = 6A - 3A = 3A$$

5）I_1、I_2、I_3 均为正值，表示它们的实际方向与图中假设方向一致。

例 1-12　如图 1-22 所示，已知 $R_1 = R_2 = R_3 = R_4 = 1\Omega$，$E_1 = E_2 = E_3 = E_4 = 1V$，试求各支路电流。

解　由图看出，该电路有五条支路，三个最简单的回路（即网孔）。若用支路电流法求解，需列五个方程式，而用回路电流法只需列三个方程式，所以本题用回路电流法来求解。

1）假设回路电流方向如图 1-22 所示。

2）根据基尔霍夫第二定律列出三个网孔的回路电压方程式为

$$\begin{cases} (R_1 + R_2)I_{11} + R_2 I_{22} = E_1 + E_2 \\ R_2 I_{11} + (R_2 + R_3)I_{22} = E_3 \\ R_4 I_{33} = E_2 + E_4 \end{cases} \tag{1} \tag{2} \tag{3}$$

3）代入已知数值，解联立方程式

图　1-21

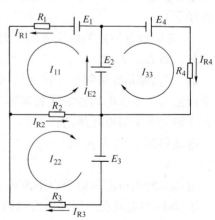

图　1-22

$$\begin{cases} 2I_{11} + I_{22} = 2 & (4) \\ I_{11} + 2I_{22} = 1 & (5) \\ I_{33} = 2 & (6) \end{cases}$$

解得
$$I_{33} = 2\text{A}$$
$$I_{22} = 0$$
$$I_{11} = 1\text{A}$$

4）选各支路电流的假设方向如图所示，因 R_1、R_3、R_4 为单独支路，则它们的电流就是本回路电流；而 R_2 和 E_2 为公共支路，其中电流应为相邻回路电流的代数和，即

$$I_{R1} = I_{11} = 1\text{A} \quad （方向与 I_{R1} 假设方向相同）$$

$$I_{R2} = I_{11} + I_{22} = 1\text{A} \quad （方向与 I_{R2} 假设方向相同）$$

$$I_{R3} = I_{22} = 0$$

$$I_{R4} = I_{33} = 2\text{A} \quad （方向与 I_{R3} 假设方向相同）$$

$$I_{E2} = I_{11} + I_{33} = 3\text{A} \quad （方向与 I_{E2} 假设方向相同）$$

由以上计算可以看出，支路电流法和回路电流法都是计算复杂电路的基本方法。它们都是根据基尔霍夫定律列出方程式来求解的，而且结果完全相同。但支路电流法的缺点是所列方程式较多，运算过程繁琐；而回路电流法是由支路电流法演变而来的，具有运算简便的优点，特别在支路较多时尤为方便。

在运用支路电流法和回路电流法计算复杂电路时应特别注意的是，支路电流并不等于回路电流（除单独支路外），同时，支路电流法中的回路方向与回路电流法中的回路电流方向是两个完全不同的概念，应该加以区别。

三、电压源和电流源的等效变换

在有些多电源并联的复杂电路中，可通过变换电源的等效电路，把复杂电路化简为简单电路，从而使计算过程简便。

1. 电压源

实际电源（如发电机、电池等）都有一个电动势 E 和一个内电阻 r，如图 1-23a 所示。从电路的结构来看，电源的电动势 E 和内电阻 r 是紧密结合在一起的，但在电路分析与计算过程中，可用 E 和 r 的串联电路来代替实际的电源，如图 1-23b 所示。

图 1-24 是电源的端电压与输出电流之间的关系曲线，称为电源的外特性。由图可知，电源的输出电流增大时，其端电压要下降。当外电路电阻 R 变化时，图 1-23b 的外部特性 $U = f(I)$ 与实际电源的外部特性是等值的，所以这个 E 和 r 相串联的电路就称为电源的等值

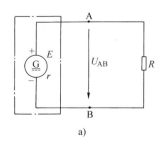 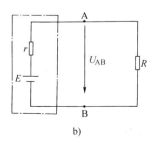

图 1-23　电压源及其等值电路

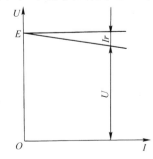

图 1-24　电源的外特性曲线

电路。由于在这个等值电路中，电源用一个定值的电动势和内部电压降来代表，所以这种电路称为电压源等值电路，简称电压源。

在电压源中，若 $r = 0$，则 $U_{AB} = E$。因为 E 通常是恒定值，所以这时电压源的输出电压是固定不变的，而与通过它的电流无关。内阻为零的电压源称为理想电压源，又称为恒压源。

实际电源总有一定的内电阻，所以理想电压源实际上是不存在的。但当电源的内阻 r 远小于负载电阻 R 时，则随着外电路负载电流的变化，电源的端电压基本上保持不变，这时的电源就接近一个恒压源。例如，稳压电源在它的工作范围内，就可以认为是一个恒压源。

2. 电流源

由图 1-23b 可得

$$E = U_{AB} + Ir \tag{1-34}$$

或

$$\frac{E}{r} = \frac{U_{AB}}{r} + I \tag{1-35}$$

式（1-35）中，E/r 是电源的定值电流 I_s；I 是外电路取用的电流；U_{AB}/r 等于 I_s 与 I 的差值，它是在电源内部被 r 分走的电流，因此公式（1-35）可写成

$$I_s = \frac{U_{AB}}{r} + I \tag{1-36}$$

根据式（1-36）可作出电源的另一种等值电路，如图 1-25 所示。这时电源用一个恒定电流和并联内阻上的分流来代表，所以，这种电路称为电流源等值电路，简称电流源。

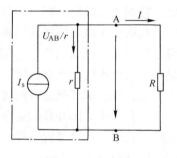

图 1-25　电流源

因为式（1-34）和式（1-36）是同一电源的两种表达式，所以，图 1-23b 和图 1-25 是同一电源的两种等值电路。这两个等值电路中，对外电路来说，其端电压均为 U_{AB}，其电流均为 I，两者是完全一样的。

在电流源中，若 r 为无穷大，则 I_s 在电源内部被分走的电流等于零，因此，$I = I_s$，此时，电源输出的电流为恒定值，且和负载电阻的大小无关，所以，这种电流源称为理想电流源，又称为恒流源。

理想电流源实际上也是不存在的。但当电源的内电阻远大于负载电阻时，则随着外电路负载电阻的变化，电源的输出电流几乎不变，这时的电流源就接近于一个恒流源。

3. 电压源与电流源的等效变换

一个实际的电源既可以用电压源来表示，也可以用一个电流源来表示，因此它们之间是可以进行等效变换的。

当实际电源由电压源表示时，由式（1-34）可得外电路电流为

$$I = \frac{E}{r} - \frac{U_{AB}}{r}$$

当实际电源由电流源表示时，由式（1-36）可得外电路电流为

$$I = I_s - \frac{U_{AB}}{r}$$

通过对比可知，若 $I_s = E/r$，则两式完全一致，这就是电压源与电流源进行等效变换的

条件。电压源与电流源的等效变换如图 1-26 所示。

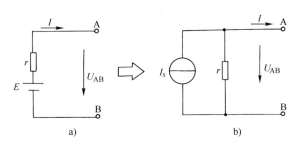

图 1-26　电压源与电流源的等效变换

在进行电源的等效变换时，应注意以下几点：

1）一个电动势为 E、串联内阻为 r 的电压源，可以等效变换为一个恒定电流为 I_s、并联内阻为 r 的电流源，该电流源的恒定电流 $I_s = E/r$ 为实际电源的短路电流。

2）一个恒定电流为 I_s、并联内阻为 r 的电流源，可以等效变换为一个电动势为 E、串联内阻为 r 的电压源，该电压源的电动势 $E = I_s r$，为实际电源的断路电压。

3）电压源中的电动势 E 和电流源中的恒定电流 I_s 在电路中应保持方向一致，即 I_s 的方向从 E 的"－"端指向"＋"端。电流源并联内阻上的分流 U_{AB}/r 和电压源的端电压在电路中也应保持方向一致。

4）恒压源和恒流源之间不能进行等效变换。因为 $r = 0$ 的电压源变换为电流源时，I_s 将变为无穷大；同样把 r 为无穷大的电流源变换为电压源时，E 将变为无穷大，这些都是不可能的。

5）电压源和电流源的等效变换，只是对外电路等效，对内电路则不等效。例如，当电源两端处于断路时，则电源无输出电流，此时电源内部的损耗应等于零，从电压源等效电路来看，其内部损耗为零；而从电流源等效电路来看，r 上有 I_s 流过，电源内部有损耗，显然，这和实际不符。

例 1-13　如图 1-27a 所示，已知 $E_1 = 18\text{V}$，$E_2 = 9\text{V}$，$R_1 = R_2 = 1\Omega$，$R_3 = 4\Omega$。用电压源和电流源等效变换的方法，把电路化为简单电路并计算各支路电流。

解　首先把图 1-27a 中的两个电压源分别等值变换为电流源，如图 1-27b 所示，然后再把两个电流源合并，化为简单电路，如图 1-27c 所示。

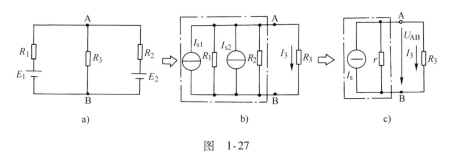

图　1-27

根据电压源和电流源的变换条件可得

$$I_{s1} = \frac{E_1}{R_1} = \frac{18\text{V}}{1\Omega} = 18\text{A}$$

$$I_{s2} = \frac{E_2}{R_2} = \frac{9\text{V}}{1\Omega} = 9\text{A}$$

$$I_s = I_{s1} + I_{s2} = 18\text{A} + 9\text{A} = 27\text{A}$$

$$r = \frac{R_1 R_2}{R_1 + R_2} = \frac{1}{2}\Omega = 0.5\Omega$$

$$I_s = \frac{r}{R_3 + r} I_s = \frac{0.5}{4 + 0.5} \times 27A = 3A \quad (\text{方向从 A 端流向 B 端})$$

$$U_{AB} = I_3 R_3 = 3A \times 4\Omega = 12V$$

由图 1-27a 可得

$$I_1 = \frac{E_1 - U_{AB}}{R_1} = \frac{18 - 12}{1}A = 6A \quad (\text{方向从 } R_1 \text{ 的下端流向上端})$$

$$I_2 = \frac{U_{AB} - E_2}{R_2} = \frac{12 - 9}{1}A = 3A \quad (\text{方向从 } R_2 \text{ 的上端流向下端})$$

本例题所解的结果和例 1-9 用支路电流法所解的结果完全相同。

四、叠加原理

叠加原理是分析线性电路的一个重要原理，它能将复杂电路简化为简单电路，其内容是：线性电路中任一支路上的电流，都可看成是由电路中各个电源单独作用时分别在该支路中所产生的电流的代数和，即各电源单独作用时所产生电流叠加的结果。在考虑各个电源单独作用时，其余电源的电动势应为零，即处于短路状态；若是电流源，则其余电流源应处于断路状态，电路内所有的电阻值（包括电源的内电阻）则保持不变。

下面用叠加原理来计算例 1-9 中电路的各支路电流。

如图 1-28 所示，图 1-28a 为例 1-9 的电路，图 1-28b 为 E_1 单独作用时的电路，图 1-28c 为 E_2 单独作用时的电路。

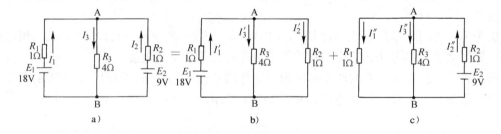

图 1-28　叠加原理

由图 1-28b 可知，R_2 和 R_3 并联后的等效电阻为

$$R' = \frac{R_2 R_3}{R_2 + R_3} = \frac{1 \times 4}{1 + 4}\Omega = \frac{4}{5}\Omega = 0.8\Omega$$

总电阻　　　　　　　$$R'_\Sigma = R_1 + R' = 1\Omega + 0.8\Omega = 1.8\Omega$$

设 E_1 单独作用时，在各支路上所产生的电流分别为 I'_1、I'_2、I'_3，则

$$I'_1 = \frac{E_1}{R'_\Sigma} = \frac{18V}{1.8\Omega} = 10A$$

$$I'_2 = \frac{R_3}{R_2 + R_3} I'_1 = \frac{4}{1 + 4} \times 10A = 8A$$

$$I'_3 = \frac{R_2}{R_2 + R_3} I'_1 = \frac{1}{1 + 4} \times 10A = 2A$$

由图 1-28c 可知，R_1 和 R_3 并联后的等效电阻为

$$R'' = \frac{R_1 R_3}{R_1 + R_3} = \frac{1 \times 4}{1 + 4}\Omega = 0.8\Omega$$

总电阻　$R''_\Sigma = R_2 + R'' = 1\Omega + 0.8\Omega = 1.8\Omega$

设 E_2 单独作用时，在各支路上所产生的电流分别为 I''_1、I''_2、I''_3，则

$$I''_2 = \frac{E_2}{R''_\Sigma} = \frac{9V}{1.8\Omega} = 5A$$

$$I''_1 = \frac{R_3}{R_1 + R_3} I''_2 = \frac{4}{1 + 4} \times 5A = 4A$$

$$I''_3 = \frac{R_1}{R_1 + R_3} I''_2 = \frac{1}{1 + 4} \times 5A = 1A$$

最后，将各电动势单独作用时所产生的各支路电流进行叠加，即可求出原电路中各支路电流。叠加时，图 1-28b 和图 1-28c 中各支路电流分量与图 1-28a 中原支路电流假设方向一致时取正号，反之取负号，即

$$I_1 = I'_1 - I''_1 = 10A - 4A = 6A$$

$$I_2 = -I'_2 + I''_2 = -8A + 5A = -3A$$

$$I_3 = I'_3 + I''_3 = 2A + 1A = 3A$$

I_1、I_2、I_3 的实际方向与支路电流法的规定相同。

以上计算结果表明，用叠加原理计算的结果和用支路电流法所得的结果是完全一致的。

电路中任意两点间的电压，也等于电路中各个电动势单独作用时，在这两点间所产生的各电压的代数和，如图 1-28 中，$U_{AB} = I_3 R_3 = (I'_3 + I''_3) R_3 = I'_3 R_3 + I''_3 R_3 = U'_{AB} + U''_{AB}$。

如果线性电路中有几个电流源同时作用，那么叠加原理仍然适用，此时，任一支路的电流都是电路中各个电流源单独作用时在该支路中产生的电流的代数和，这时，对于暂不考虑的恒流源，应令其处于断路状态。例如，在图 1-27b 中，R_1 和 R_2 的并联电阻为 $R' = 0.5\Omega$，应用叠加原理求解外电路电阻 R_3 上的电流时，若只考虑 I_{s1} 单独作用，则 I_{s2} 应处于断路状态，此时

$$I'_3 = \frac{R'}{R' + R_3} I_{s1} = \frac{0.5}{0.5 + 4} \times 18A = 2A$$

若只考虑 I_{s2} 单独作用，则 I_{s1} 应处于断路状态，此时

$$I''_3 = \frac{R'}{R' + R_3} I_{s2} = \frac{0.5}{0.5 + 4} \times 9A = 1A$$

两个电流同时作用，则

$$I_3 = I'_3 + I''_3 = 2A + 1A = 3A$$

必须指出的是，线性电路中功率与电流的关系，不具有电压与电流那样的线性关系，所以，叠加原理不能用于功率的计算。例如，图 1-27b 中，电阻 R_3 的功率 $P_3 = I_3^2 R_3 = (I'_3 + I''_3)^2 R_3 = (2 + 1)^2 \times 4W = 36W$，而 $I'^2_3 R_3 + I''^2_3 R_3 = 2^2 \times 4W + 1^2 \times 4W = 20W$，两者是不等的。

叠加原理是线性电路的一个重要原理，在分析和论证一些线性电路时常要用到它。另外，叠加原理还具有普遍意义，如在一个系统中，当原因和结果之间满足线性关系时，则这个系统中几个原因共同作用所产生的结果就等于各个原因单独作用时所产生的结果的总和。

五、戴维南定理

在图 1-29a 中，当只需要计算复杂电路的某一条支路 R_3 中的电流时，可先把这个待求电流的支路划出，而后把复杂电路的其余部分看成是一个包含电动势的具有两个输出端的网络称为有源二端网络。于是复杂电路就由有源二端网络和待求支路组成。在电路图中，常用一个具有两个引出端的矩形框来表示有源二端网络，并在上面写明"有源二端网络"字样，如图 1-29b 所示。同样，一个不包含电动势的二端网络则称为无源二端网络。

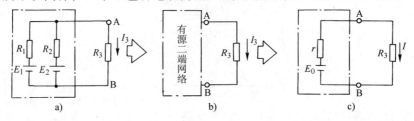

图 1-29　戴维南定理

实际的电力系统往往包括发电机、变压器、输电线及各式各样的用电设备，是一个复杂电路，但对用电者来说，它是一个有源二端网络，相当于一个电源。而任何一个电源都具有一定的电动势和内电阻。所以，任何一个有源二端网络都可以简化成一个具有电动势 E_0 和内电阻 r 的等效电源，如图 1-29c 所示。这个等效电源的电动势 E_0 和内电阻 r 可以用戴维南定理来求出。

戴维南定理又叫做等效发电机定理、等效电源定理或有源二端网络定理。它的内容是：任何一个有源二端线性网络都可以用一个具有恒定电动势和内阻的等效电源来代替，此恒定电动势就等于有源二端网络的断路电压，而内阻等于网络内所有电源都不起作用时的无源二端网络的等效电阻（网络内所有的电动势均应为零，即恒压源处于短路状态，而恒流源应处于断路状态）。用戴维南定理求解某一支路电流的步骤如下：

1）把复杂电路分成待求支路和有源二端网络两部分，如图 1-30a 所示，点画线框内为有源二端网络，R_3 为待求支路。

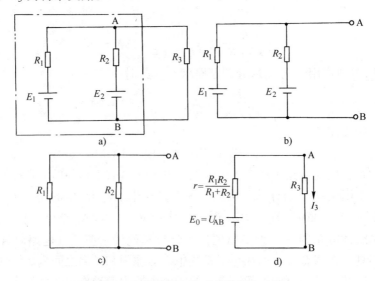

图 1-30　用戴维南定理计算复杂电路

2）把待求支路切断，求出有源二端网络的断路电压 U_{AB}，如图 1-30b 所示。

3）将网络内各电压源短路，电流源切断，求出无源二端网络的等效电阻 R_{AB}，如图 1-30c 所示。

4）画出等效电源。其电动势 $E_0 = U_{AB}$，内阻 $r = R_{AB}$。重新接上待求支路，根据全电路欧姆定律即可求出该支路的电流（见图 1-30d），则

$$I_3 = \frac{E_0}{r + R_3} = \frac{U_{AB}}{R_{AB} + R_3}$$

例 1-14　在图 1-30a 中，已知 $E_1 = 18\text{V}$，$E_2 = 9\text{V}$，$R_1 = R_2 = 1\Omega$，$R_3 = 4\Omega$，试利用戴维南定理求 R_3 中的电流。

解

由图 1-30b 可知，有源二端网络的开路电压为

$$U_{AB} = \frac{E_1 - E_2}{R_1 + R_2} R_2 + E_2 = \left(\frac{18 - 9}{1 + 1} \times 1 + 9 \right) \text{V} = 13.5\text{V}$$

等效电阻为

$$R_{AB} = \frac{R_1 R_2}{R_1 + R_2} = 0.5\Omega$$

故

$$I_3 = \frac{U_{AB}}{R_{AB} + R_3} = \frac{13.5}{0.5 + 4}\text{A} = 3\text{A}$$

由此可见，计算结果与例 1-9 中用基尔霍夫定律求解的结果一样，但计算过程却简便得多。

对于任何一个复杂有源二端网络，也可通过实验方法直接求出它的等效电源的电动势和内阻。具体方法如下：

1）用高内阻电压表测得的有源二端网络的断路电压 U_0，就是等效电源的电动势 E_0，如图 1-31a 所示。

2）用低内阻电流表与一已知电阻 R_0 串联，然后接在有源二端网络两端，测得电流 I_0。根据全电路欧姆定律可得到等效电源的内阻 $r = U_0/I_0 - R_0$，如图 1-31b 所示。

例 1-15　如图 1-32a 所示，用高内阻电压表测得 A、B 两点间的电压 $U_{AB} = 100\text{V}$。用内阻可以忽略的电流表测得电流 $I = 2\text{A}$。若把电阻 $R = 50\Omega$ 的负载接在 A、B 间，A、B 间的电压将是多少？

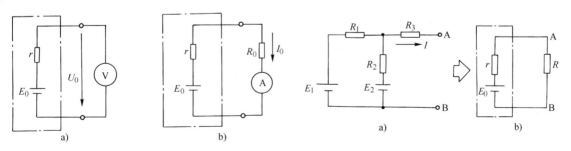

图 1-31　用实验法确定等效电源　　　　　　图　1-32

解　根据已知条件可将此网络化为等效电源，其电动势 $E_0 = U_{AB} = 100V$，$r = \dfrac{U_{AB}}{I} =$ $\dfrac{100}{2}\Omega = 50\Omega$。此时该网络的等效电路如图 1-32b 所示。所以当 $R = 50\Omega$ 的负载接在 A、B 间时，A、B 间的电压可用分压公式求得

$$U_{AB} = \frac{E_0 R}{R + r} = \frac{100 \times 50}{50 + 50}V = 50V$$

必须注意的是，虽然用戴维南定理计算复杂电路中某一支路的电流是比较方便的，但戴维南定理只对外电路等效，即只对切断的支路等效，而对内部并不等效。

六、丫网络和△网络的等效变换

在复杂电路中，常会遇到以下两种情况：一种是三个电阻的一端接在同一个节点上，而另一端分别接在三个不同的端钮上，这时三个电阻所构成的电路称为丫（星形）网络，如图 1-33a 所示；另一种是三个电阻依次接在三个端钮的每两个之间，从而组成一个三角形闭合电路，这时三个电阻所构成的电路称为△（三角形）网络，如图 1-33b 所示。

在计算复杂电路时，如果能把电路中的△网络变换成等效的丫网络，或者把丫网络变换成等效的△网络，往往能简化电路的分析与计算。例如，在图 1-34a 所示的桥式电路中，R_1、R_P、R_4 是△联结，如果把它变换成等效的丫联结，那么，电路就可以简化成简单的串并联电路，如图 1-34b 所示。

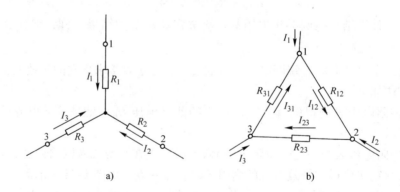

图 1-33　电阻的丫联结和△联结

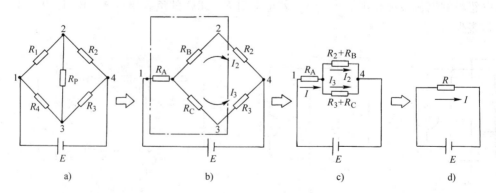

图 1-34　桥式电路的简化

丫网络和△网络等效变换的要求是：变换前后对应端钮之间的电压相同时，通过对应端钮的电流应保持不变，也就是要求它们的外部特性必须相同，根据这个原则求出的丫和△网络的等效变换公式如下：

（1）从△联结求等效丫联结中的电阻值（见图1-33）

$$R_1 = \frac{R_{12}R_{31}}{R_{12}+R_{23}+R_{31}} \\ R_2 = \frac{R_{12}R_{23}}{R_{12}+R_{23}+R_{31}} \\ R_3 = \frac{R_{31}R_{23}}{R_{12}+R_{23}+R_{31}} \Bigg\}$$ 　　　（1-37）

即　　　丫联结电阻 = $\dfrac{\text{△联结相邻电阻的乘积}}{\text{△联结电阻之和}}$

若△网络的三个电阻相等，即 $R_{12}=R_{13}=R_{31}=R_\triangle$（这种情况叫做对称），则等效的丫网络的电阻将是

$$R_丫 = R_1 = R_2 = R_3 = \frac{1}{3}R_\triangle$$

（2）从丫联结求等效△联结中的电阻值（见图1-33）

$$R_{12} = R_1 + R_2 + \frac{R_1 R_2}{R_3} \\ R_{23} = R_2 + R_3 + \frac{R_2 R_3}{R_1} \\ R_{31} = R_3 + R_1 + \frac{R_3 R_1}{R_2} \Bigg\}$$ 　　　（1-38）

即

$$\text{△联结电阻} = \text{丫联结相邻两电阻之和} + \frac{\text{丫联结相邻两电阻的乘积}}{\text{丫联结的另一电阻}}$$

若丫网络的三个电阻相等，即 $R_1=R_2=R_3=R_丫$，则等效的△网络的电阻将是
$$R_\triangle = R_{12} = R_{23} = R_{31} = 3R_丫$$

例1-16 如图1-34所示，已知 $R_1=R_2=R_3=10\Omega$，$R_4=5\Omega$，$R_P=10\Omega$，$E=12\text{V}$。试用丫和△网络的等效变换，求解桥式电路中检流计电流 I_P。

解 按图1-34所示的变换步骤，将图示电桥电路简化。先把由电阻 R_1、R_4、R_P 组成的△网络变换为等效的丫网络。根据式（1-37）可求出 R_A、R_B 和 R_C 分别为

$$R_A = \frac{R_1 R_4}{R_1+R_P+R_4} = \frac{10\times5}{10+10+5}\Omega = 2\Omega$$

$$R_B = \frac{R_1 R_P}{R_1+R_P+R_4} = \frac{10\times10}{10+10+5}\Omega = 4\Omega$$

$$R_C = \frac{R_4 R_P}{R_1+R_P+R_4} = \frac{5\times10}{10+10+5}\Omega = 2\Omega$$

由图1-34b可知

$$R_B + R_2 = 4\Omega + 10\Omega = 14\Omega$$

$$R_C + R_3 = 2\Omega + 10\Omega = 12\Omega$$

于是电路可简化成图 1-34c，由此可求出总电阻为

$$R = R_A + \frac{(R_B + R_2)(R_C + R_3)}{R_B + R_2 + R_C + R_3} = \left(2 + \frac{14 \times 12}{14 + 12}\right)\Omega \approx 8.46\Omega$$

由图 1-34d 可得，总电流

$$I = \frac{E}{R} = \frac{12\text{V}}{8.46\Omega} \approx 1.42\text{A}$$

根据图 1-34c，可求出通过 R_2 和 R_3 中的电流分别为

$$I_2 = \frac{R_3 + R_C}{R_2 + R_B + R_3 + R_C}I = \frac{12}{14 + 12} \times 1.42\text{A} \approx 0.66\text{A}$$

$$I_3 = \frac{R_2 + R_B}{R_2 + R_B + R_3 + R_C}I = \frac{14}{14 + 12} \times 1.42\text{A} \approx 0.76\text{A}$$

再根据图 1-34a 可求出检流计两端的电压为

$$U_{R_P} = U_{23} = U_{24} - U_{34} = I_2 R_2 - I_3 R_3 = (0.66 \times 10 - 0.76 \times 10)\text{V} = -1\text{V}$$

所以检流计支路电流为

$$I_P = \frac{U_{R_P}}{R_P} = \frac{-1\text{V}}{10\Omega} = -0.1\text{A}$$

此时 I_P 值为负，说明电流由 3 点流向 2 点。

第七节　负载获得最大功率的条件

在实际问题中，有时需要研究负载在什么条件下能够获得最大功率，这类问题可以归结为一个有源二端网络向一个电阻电路输送功率的问题。根据戴维南定理，任何一个有源二端网络都可以简化为一个电动势为 E 和内阻为 r 的等效电压源，如图 1-35 所示。图中的负载电阻可以是串联、并联或混联电路的等效电阻。电源输出功率，负载获得功率。负载获得的功率与负载电阻 R 的大小密切相关。当负载电阻 R 很大时，电路接近于断路状态；而当负载电阻 R 很小时，电路接近于短路状态。显然，负载在断路或短路状态下都不会获得功率。因此，负载电阻 R 在从很小逐渐增大到很大的变化过程中，必定有某一电阻值能使负载从电源获得最大功率。

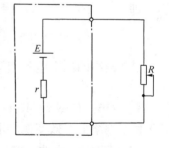

图 1-35　等效电压源

如图 1-35 所示，负载 R 获得的功率为

$$P = I^2 R = \left(\frac{E}{R + r}\right)^2 R = \frac{E^2 R}{R^2 + 2Rr + r^2} = \frac{E^2 R}{(R - r)^2 + 4Rr} = \frac{E^2}{\dfrac{(R - r)^2}{R} + 4r} \tag{1-39}$$

显然，在电源给定的条件下，电源的电动势 E 和内阻均为常量，式（1-39）表示负载获得的功率仅与负载的大小有关，也只有在 $R = r$ 时，分母为最小值，分式为最大值。所以负载获得最大功率的条件是：负载电阻等于电源内阻。这个条件也叫做最大功率匹配。

在 $R = r$ 时，负载获得的最大功率为

$$P_m = \frac{E^2}{4r} \tag{1-40}$$

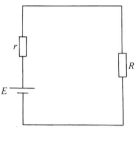

图　1-36

当负载获得最大功率时，由于 $R = r$，因此负载消耗的功率与电源内阻消耗的功率相等。这时电源提供的有效功率（即负载上消耗的功率）仅是电源总功率的 $1/2$，所以这时的效率仅为50%。

通常在传递信号的电子电路中，效率如何往往不是主要问题，而主要问题是如何获得最大功率，这就要求负载与电源（信号源）达到匹配。

例 1-17　如图 1-36 所示，设电源电动势 $E = 11\mathrm{V}$，内阻 $r = 10\Omega$。当负载电阻 R 为 1Ω、10Ω 和 100Ω 时，分别求出相应的负载功率和电源效率。

解　（1）$R = 1\Omega$ 时

$$I = \frac{E}{R + r} = \frac{11}{1 + 10}\mathrm{A} = \frac{11}{11}\mathrm{A} = 1\mathrm{A}$$

$$P = I^2 R = \left(\frac{11}{11}\right)^2 \times 1\mathrm{W} = 1\mathrm{W}$$

$$P_r = I^2 r$$

所以

$$\eta = \frac{P}{P + P_r} = \frac{I^2 R}{I^2 R + I^2 r} = \frac{R}{R + r} \times 100\% = \frac{1}{1 + 10} \times 100\% = 9.09\%$$

（2）$R = 10\Omega$ 时

$$I = \frac{E}{R + r} = \frac{11}{10 + 10}\mathrm{A} = 0.55\mathrm{A}$$

$$P = I^2 R = 0.55^2 \times 10\mathrm{W} = 3.025\mathrm{W}$$

$$\eta = \frac{R}{R + r} \times 100\% = \frac{10}{10 + 10} \times 100\% = 50\%$$

（3）$R = 100\Omega$ 时

$$I = \frac{E}{R + r} = \frac{11}{100 + 10}\mathrm{A} = \frac{11}{110}\mathrm{A} = 0.1\mathrm{A}$$

$$P = I^2 R = \left(\frac{11}{110}\right)^2 \mathrm{A}^2 \times 100\Omega = 1\mathrm{W}$$

$$\eta = \frac{R}{R + r} \times 100\% = \frac{100}{100 + 10} \times 100\% = 90.9\%$$

例 1-18　如图 1-37 所示，负载电阻 R_L 可变，试问：R_L 为何值时负载可得到最大功率？最大功率是多少？

解　根据戴维南定理可得 $E' = \dfrac{R_2}{R_1 + R_2}E = \dfrac{6 \times 5}{4 + 6}\mathrm{V} = 3\mathrm{V}$，$r = \dfrac{R_1 R_2}{R_1 + R_2} + R_3 = \left(\dfrac{4 \times 6}{4 + 6} + 2\right)\Omega = 4.4\Omega$。

当 $R_L = r = 4.4\Omega$ 时，负载 R_L 可获得最大功率，即

$$P_m = \frac{E'^2}{4r} = \frac{3^2 \mathrm{V}^2}{4 \times 4.4\Omega} = 0.51\mathrm{W}$$

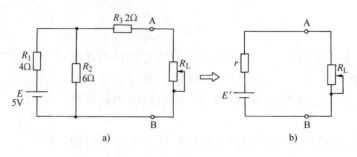

图　1-37

第八节　电 容 器

一、电容器和电容量

由两个用绝缘材料隔开而又互相靠近的导体所构成的装置，称为电容器，用符号 C 表示。通常把组成电容器的两个导体叫做极板。电容器通过与极板相联的引线接到电路中去。极板中间的绝缘材料称为电介质。空气、纸、云母、油、塑料等都可以作为电容器的绝缘介质。

电容器最基本的特性是能够储存电荷，如图 1-38 所示。当电容器 C 的两块极板与一直流电源相连接时，在电场力的作用下，电源负极的自由电子将移动到与它相连接的极板 B 上，使极板 B 带上负电荷。同时电源正极使极板 A 带上等量的正电荷。A、B 两块极板一旦带上等量的异种电荷后，A、B 之间就产生了电压，且 A、B 间的电压随着极板上储存电荷的增加而增加。当 A、B 间的电压等于电源端电压时，电荷就停止移动。

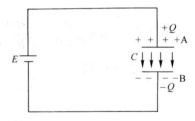

图 1-38　电容器能储存电荷

为了表示电容器储存电荷能力的大小，引入电容量这个物理量。电容量简称电容，也用符号 C 表示。电容器的电容量等于它的任一极板所储存的电量与两极板间的电压的比值，即

$$C = \frac{Q}{U} \tag{1-41}$$

式中　Q ——一个极板上所储存电量的绝对值（C）；

　　　U ——两极板间电压的绝对值（V）；

　　　C ——电容量（F）。

在国际单位制中，电容量的单位是法拉，简称法（F）。实用中常采用较小的单位微法（μF）和皮法（pF），它们之间的换算关系如下：

$$1 \mu F = 10^{-6} F$$

$$1 pF = 10^{-6} \mu F = 10^{-12} F$$

实践证明，电容器电容量的大小取决于其自身的形状、尺寸和介质。当电容器的结构和介质决定后，其电容量就是一个定值。不能认为电容器只有带电后才有电容，或者以为电容量大的电容器一定比电容量小的电容器带电多。

平板电容器是一种最常见的电容器，其电容量的计算公式为

$$C = \varepsilon_0 \varepsilon_r \frac{S}{d} \qquad (1-42)$$

式中　ε_0——真空介电常数，其值为 8.85×10^{-12} F/m；

　　　ε_r——相对介电常数；

　　　S——极板有效面积（m^2）；

　　　d——两极板间的距离（m）；

　　　C——电容量（F）。

必须注意的是，电容器和电容量都可以简称电容，也都可以用 C 来表示，但是，电容器是储存电荷的容器，是一个元件；而电容量则是衡量电容器在一定电压下储存电荷能力大小的物理量。即一个是元件，一个是物理量。

二、电容器的主要指标

电容器的指标有电容量、误差范围、耐压、介质损耗、绝缘电阻和稳定性等。在一般情况下，电容器的主要指标是指电容量和耐压。电容量在上面已经讲过。

耐压也叫做额定工作电压，是指电容器长期工作时所能承受的最大电压。电容器的耐压除与结构、介质性质有关外，还与工作环境有关，如环境温度升高时，电容器的耐压能力将下降。为保证电容器的安全使用，应使加在电容器两端的实际工作电压小于它的耐压。

通常情况下，电容量、耐压和误差范围都标注在电容器的外壳上（体积小的电容器只标注电容量），以便选用。

三、电容器的并联、串联和混联

1. 电容器的并联

两个或两个以上的电容器，接在电路相同两点之间的连接方式叫做电容器的并联，图1-39 所示为两个电容器的并联。

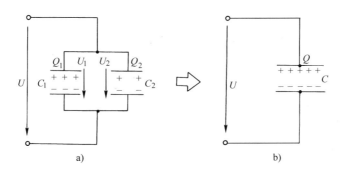

图 1-39　两个电容器的并联

电容器并联有以下特点：

1）所有电容器两端的电压均相同，并等于外加电压 U，即

$$U = U_1 = U_2 = \cdots = U_n \qquad (1-43)$$

2）各并联电容器的等效电容所带的电量 Q 等于各并联电容器所带电量之和，即

$$Q = Q_1 + Q_2 + \cdots + Q_n \qquad (1-44)$$

3）并联电容器的等效电容量 C 等于各并联电容器的电容量之和，即

$$C = C_1 + C_2 + \cdots + C_n \tag{1-45}$$

式（1-45）说明并联电容器的等效电容量总是大于其中任何一个并联电容器的电容量，电容器并联相当于加大了储存电荷的极板面积，所以，在电容量不足的情况下，可将几个电容器并联使用。

并联电容器两端所能承受的最大工作电压（即等效电容的耐压），由其中耐压值最低的一只电容器来决定。如果外加电压大于该电容器的耐压时，它将被击穿，使电路短路。

例 1-19　电容器 $C_1 = 200\mu F$，其耐压为 25V；电容器 $C_2 = 1000\mu F$，其耐压为 100V。试求它们并联后的等效电容量及电路两端允许加的最大工作电压。

解　C_1 和 C_2 并联后的等效电容量为

$$C = C_1 + C_2 = 200\mu F + 1000\mu F = 1200\mu F$$

电路两端的最大工作电压由耐压较低的电容器决定，所以电路两端允许加的最大工作电压为 25V。

2. 电容器的串联

两个或两个以上的电容器依次相联，中间无分支的连接方式叫做电容器的串联，图 1-40 所示为两个电容器的串联。

电容器串联有以下特点：

1）各个电容器上所带的电量都相等，并等于电容器串联后的等效电容器上所带的电量 Q，即

$$Q = Q_1 = Q_2 = \cdots = Q_n \tag{1-46}$$

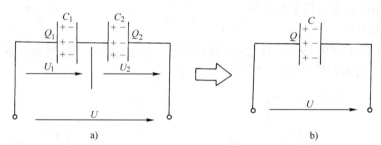

图 1-40　两个电容器的串联

2）串联电容器两端的总电压 U 等于各个串联电容器两端电压之和，即

$$U = U_1 + U_2 + \cdots + U_n \tag{1-47}$$

电容器串联相当于加长了储存电荷的极板之间的距离，所以，当一只电容器的耐压不够大时，可将几只电容器串联使用（这时还需要考虑电容量的改变）。

3）串联电容器的等效电容量的倒数，等于各串联电容器电容量的倒数和。

因为 $U = Q/C$，$U_1 = Q_1/C_1 = Q/C_1$，$\cdots$，$U_n = Q_n/C_n = Q/C_n$，将它们代入式（1-47）可得

$$\frac{Q}{C} = \frac{Q}{C_1} + \frac{Q}{C_2} + \cdots + \frac{Q}{C_n}$$

即

$$\frac{1}{C} = \frac{1}{C_1} + \frac{1}{C_2} + \cdots + \frac{1}{C_n} \tag{1-48}$$

式（1-48）说明串联电容器的等效电容量小于其中任何一个串联电容器的电容量，而

且串联的电容器越多,总的等效电容量越小。

两个串联电容器的等效电容量为

$$C = \frac{C_1 C_2}{C_1 + C_2} \qquad (1-49)$$

4)各串联电容器两端所承受的电压与其电容量成反比,即

$$C_1 U_1 = C_2 U_2 = \cdots = C_n U_n = Q$$

或

$$\frac{C_1}{C_n} = \frac{U_n}{U_1} \qquad (1-50)$$

式(1-50)表明电容器在串联时,电容量越小的电容器承受的电压越高。

两个串联电容器的分压公式为

$$\left. \begin{aligned} U_1 &= \frac{Q_1}{C_1} = \frac{CU}{C_1} = \frac{\frac{C_1 C_2}{C_1 + C_2} U}{C_1} = \frac{C_2}{C_1 + C_2} U \\ U_2 &= \frac{C_1}{C_1 + C_2} U \end{aligned} \right\} \qquad (1-51)$$

例 1-20 现有两个电解电容器,其中 C_1 的电容量为 $2\mu F$,耐压为 $160V$;C_2 的电容量为 $10\mu F$,耐压为 $250V$。若将这两个电容器串联后接在 $300V$ 的直流电源上使用,试问它们的总电容量是多少?这样使用是否安全?

解 总电容量

$$C = \frac{C_1 C_2}{C_1 + C_2} = \frac{2 \times 10}{2 + 10}\mu F = 1.6\mu F$$

电源电压在 C_1、C_2 上的分配为

$$U_1 = \frac{C_2}{C_1 + C_2} U = \frac{10}{2 + 10} \times 300V = 250V$$

$$U_2 = \frac{C_1}{C_1 + C_2} U = \frac{2}{2 + 10} \times 300V = 50V$$

由于 C_1 实际承受的电压为 $250V$,大于其耐压 $160V$,所以很快被击穿。C_1 一旦被击穿,$300V$ 的电源电压将全部加在 C_2 的两端,大于 C_2 的耐压 $250V$(注意这时 U_2 不再是 $50V$),C_2 也被击穿。所以这样使用不安全。

3. 电容器的混联

三个或三个以上的电容器在连接时既有并联又有串联的连接方式,叫做电容器的混联。

计算混联电容器的等效电容时,应根据具体情况分别应用串联和并联的知识来求解。图 1-41 所示的混联电路,实际上是 C_2 和 C_3 并联后再与 C_1 串联,若 $C_1 = C_2 = C_3 = 50\mu F$,则等效电容为

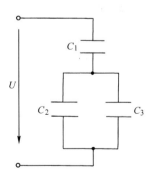

图 1-41 电容器的混联

$$C = \frac{C_1 (C_2 + C_3)}{C_1 + (C_2 + C_3)} = \frac{50 \times (50 + 50)}{50 + (50 + 50)}\mu F = \frac{5000}{150}\mu F = 33.3\mu F$$

四、电容器的种类和选用

电容器按电介质的不同，可分为空气、云母、纸质、陶瓷、涤纶、玻璃釉、电解电容器等；按结构的不同，又可分为固定电容器、可变电容器和半可变电容器三种。

1. 固定电容器

电容量固定不变的电容器称为固定电容器。常用的有介质为云母、纸质、金属化纸质、油浸纸质、陶瓷或有机薄膜的电容器，以及铝电解电容器等。固定电容器是电力工业、电子工业及日常生活中不可缺少的一种元件。部分固定电容器的外形、名称及图形符号如图1-42所示。

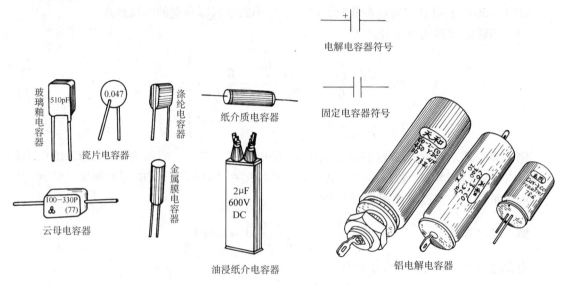

图1-42　部分固定电容器的外形、名称及图形符号

不同的使用场合对电容器的要求是不同的，应正确加以选用。固定电容器中的云母、瓷介电容器的耐压较低，但损耗小，稳定性能和绝缘性能较好，尤其适用于各种高频电路；纸质和涤纶电容器的电容量可以做得较大，但耐压低，稳定性差，多用于要求不高的场合；油浸纸质电容器的绝缘性能良好，耐压较高，电容量也较大，在电力系统及高压滤波中常选用它；电解电容的电容量可以做得很大（可达几千微法），但耐压低，损耗大，被广泛地应用于低频电路中。在使用电解电容时要特别注意其外壳上注明的正、负极性，不可接错。

2. 可变电容器

电容量可以改变的电容器称为可变电容器。常用的可变电容器有空气、固体介质和真空三种，前两种的应用最为广泛。

一般可变电容器由两组铝片组成，不动的一组叫定片，可以转动的一组叫动片。当结构一定时，电容量的大小就取决于动片和定片间的相对面积。当动片旋入定片中，使两组极片的相对面积增大时，电容量增大，反之减小。在收音机调谐回路中，就是使用可变电容器来达到选择电台的目的。

3. 半可变电容器

电容量变化范围较小的可变电容器称为半可变电容器，又称为微调电容器，其介质通常为陶瓷或云母。半可变电容器常用于各式收音机或收录机中。

部分可变和半可变电容器的外形、名称及图形符号如图 1-43 所示。

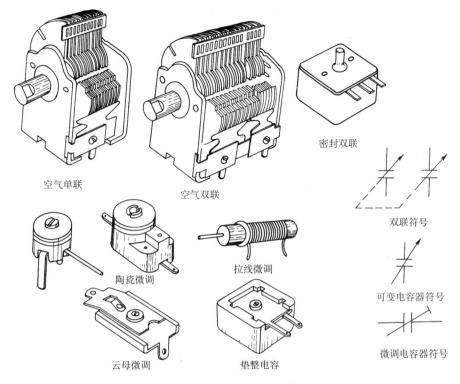

空气单联　　　　空气双联　　　　密封双联

双联符号

陶瓷微调　　　拉线微调

可变电容器符号

云母微调　　　垫整电容

微调电容器符号

图 1-43　部分可变和半可变电容器的外形、名称及图形符号

上面介绍的电容器都是人工制作的，实际上，还存在一些非人工制作的电容器，它们既有有害的一面，又有有利的一面。例如：输电线与大地之间隔着空气，就形成了对地电容，在三相四线制供电系统中，人通过输电线与大地之间的电容就可能触电。又如：电子电路中，连接导线之间、导线与金属底板之间存在着布线电容，这些电容在工作频率很高时会使电路不能工作。人站在绝缘物上与大地也能构成电容，平时用验电器来检测导体是否带电，就是利用人与大地之间的分布电容来点燃验电器中的氖泡的。

五、电容器的充电和放电

电容器在一定条件下可以充电、放电以及起到隔直流的作用。图 1-44 所示为电容器充放电实验电路，图中电流表的零位在中间，指针可左右偏转。

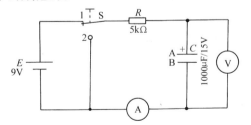

图 1-44　电容器充放电实验电路

1. 电容器的充电

当开关 S 合在位置 1 时，就可以看到电流表的指针一下跳到 1.8mA，紧接着电流开始下降，大约经过 15s 后，电流逐渐减小到零。但电压表上的读数并不能突然跳动，而是从零逐渐上升，当电流减小到零时，电压表读数上升到 9V。此后电路中电流一直为零，电容器两端电压也一直为 9V。

这一过程称为电容器的充电。电容器两块极板上本来没有电荷，当接上直流电源时，在电场力的作用下，电源负极的自由电子将移动到 B 极板上，使 B 极板带上负电荷，同时电源正极从 A 极板上拉走电子，向 A 极板提供正电荷。电荷移动情况如图 1-45a 所示。由于电荷在电路中的移动就形成了充电电流，两块极板由于带上异种电荷出现了电位差。充电电流开始时最大，随着两极板上所带异种电荷的不断增加，极板上的电荷对同种电荷移动的推斥作用也越大，因此充电电流逐渐减小，但两块极板上电荷的增加使电容器两端的电压增高。当电容器两端电压等于电源的电动势时，电路中不再有电荷移动，即充电电流接近为零，充电结束。

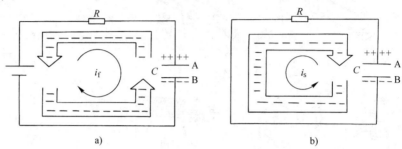

图 1-45　电容器的充放电过程

a）充电过程　b）放电过程

2. 电容器的放电

将开关 S 合到位置 2 时，可以看到电流表的指针反方向一下跳到 1.8mA，紧接着电流开始下降，大约经过 15s 的时间，逐渐下降到零。同时电压表的读数从 9V 逐渐下降到零，并不突然跳动。这个过程称为电容器的放电。放电时，B 极板上的负电荷经导线与 A 极板上的正电荷中和，从而在电路上形成了与充电电流方向相反的放电电流，如图 1-45b 所示。放电电流开始时为最大，随着正负电荷的不断中和，极板上的电荷不断减少，电容器两端的电压也随着下降，放电电流也由大变小。正负电荷完全中和后，两块极板上都不带电荷，此时，电容器电压下降到零，放电电流也为零，放电结束。

根据以上实验可得出如下结论：

1）电容器的充、放电过程就是储存或释放电荷的过程。此时，在电路上将产生充、放电电流。充、放电电流是电荷在电容器外部的电路上移动所形成的，而不是电流从电容器的一个极板穿过其内部绝缘介质到达另一极板。

2）当外加电压大于电容器两端电压，即 $U > U_C$ 时，电容器充电，储存电荷；当外加电压小于电容器两端电压，即 $U < U_C$ 时，电容器放电，释放电荷；当外加电压等于电容器两端电压，即 $U = U_C$ 时，电容器既不充电，也不放电。

3）电容器两端电压随着储存电荷或释放电荷的进行，只能逐渐升高或逐渐减小，不会发生突然变化。

4）电容器充电结束后，电路中虽接有直流电源，但电路中无电流通过，此时电路等于断路。所以，从长时间的观点来看，电容器有隔直流的作用。

5）电容器在储存电荷或释放电荷时，都需要一定的时间来完成。实践证明，这个时间的长短只与电容量 C 和电路中总电阻 R 有关。通常把 $\tau = RC$ 叫做电容器充、放电时间常数。若 R 的单位是欧（Ω），C 的单位是法（F），则 τ 的单位就是秒（s）。一般认为电容器充、放电需要（3~5）τ 的时间就能完成。工程上以 3τ 作为充、放电的结束时间，如图1-44所示电路的时间常数 $\tau = RC = 5 \times 10^3 \times 1000 \times 10^{-6}\text{s} = 5\text{s}$。也就是说，电容器充、放电需经 15 ~ 25s 的时间就能完成。

复 习 题

1. 什么是电路？电路由哪几个基本部分组成？试画出一个最简单的电路。

2. 如果 5s 内通过 A 导体横截面的电量是 1.8C，30ms 内通过 B 导体横截面的电量是 0.012C，试问导体 A 和 B 上的电流哪一个大？在 1min 内通过 A 和 B 横截面的电量各为多少？

3. 电流方向、电压方向、电动势方向是如何规定的？电流方向和电压方向有何关系？电流方向与电动势方向有何关系？

4. 如图1-46所示，已知 $E_1 = 15\text{V}$，$E_2 = 20\text{V}$，$E_3 = 30\text{V}$，试求 A、B、C、D、F、G 各点的电位。

5. 将一根粗细均匀的圆形金属导线，均匀拉长到原长度的两倍，试问该导线的电阻将如何变化？

6. 试求图1-47中电阻 R_3 的阻值。

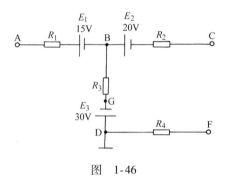

图 1-46

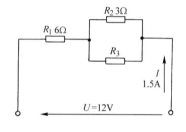

图 1-47

7. 某一电源和 3Ω 的电阻连接，测得路端电压为 6V；当和 5Ω 电阻连接时，测得路端电压为 8V。试求电源的电动势和内电阻。

8. 如图1-48所示，已知 $E = 120\text{V}$，$r = 1Ω$，$R = 999Ω$，求 S 在 1~3 各位置时电流表和电压表的读数各是多少？

9. 测得某电池两端的开路电压为 9V，现在该电池两端接上一个电阻 R，又测得 R 两端的电压为 8.25V，R 中流过的电流为 1.5A，试求电阻 R 的阻值及电池的内电阻 r 各为多少？

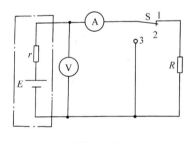

图 1-48

10. 有两只白炽灯额定值分别为 220V、60W 和 110V、40W。试问：（1）哪一个白炽灯的电阻大？（2）把它们并联在 36V 的电源上时，实际消耗的功率各为多少？

11. 一个 1kΩ、10W 的电阻，允许通过的最大电流是多少？该电阻两端允许加的最大电压又为多大？

12. 某人家中使用 40W 荧光灯、25W 台灯、150W 电冰箱、25W 电视机各一个，如每个用电器每天平均使用 2h，问每月应付多少电费？（一月按 30 天计，每度电费为 0.20 元）

13. 标有 220V、100W 的白炽灯接在 220V 电源上时的实际功率为 81W，求线路上的功率损失？

14. 三个电阻串联后接到电源两端，设电源内阻为零，已知 $R_1 = 2R_2$，$R_2 = 4R_3$，R_2 两端的电压为 10V，R_2 消耗的功率为 1W。求电源的电动势为多大？电源提供的总功率又为多大？

15. 三个电阻并联后接到电源两端，设电源内阻为零，已知 $R_1 = 2R_2$，$R_2 = 4R_3$，流过 R_2 的电流是 1A，R_2 消耗的功率为 2W，求电源提供的电流为多大？电源的电动势为多大？电源提供的总功率为多少？

16. 如图1-49所示，已知流过 R_1 的电流 $I_1 = 3\text{A}$，试求总电流 I 等于多少？各电阻消耗的功率等于多少？

17. 图 1-50 是电压电流两用表的电路图，已知电流计 P 的量程是 1mA，内阻是 100Ω，$R_1 = 9.9k\Omega$，$R_2 = 1.01\Omega$。试问：（1）双刀双掷开关接到哪边时作电流表使用，接到哪边时作电压表使用？（2）电流表和电压表的量程各是多少？

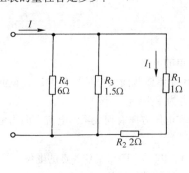 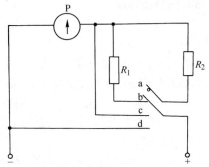

图　1-49　　　　　　　　　　　　　　　图　1-50

18. 如图 1-51 所示，已知 $R_1 = R_2 = R_3 = R_4 = R_5 = R_6 = R_7 = 10\Omega$，求 AB 间的等效电阻 R_{AB} 等于多少？

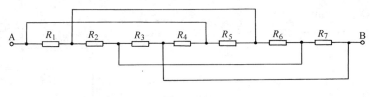

图　1-51

19. 如图 1-52 所示，已知 $E = 26V$，$r = 0.5\Omega$，$R_1 = 7.5\Omega$，$R_2 = 6\Omega$，$R_3 = 3\Omega$，求（1）S 接到 1 和 2 位置时电压表的读数各为多少？（2）S 接到 1 和 2 位置时，R_2 上消耗的功率各为多少？

20. 如图 1-53 所示，由电动势 $E = 230V$，内阻 $r = 0.5\Omega$ 的电源向一只额定电压 220V、额定功率 600W 的电炉和一组额定电压 220V、额定功率 100W 的白炽灯供电。为使这些负载正常工作，问这组灯应并联多少盏？

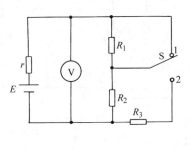 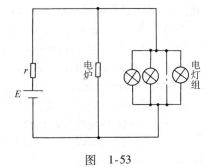

图　1-52　　　　　　　　　　　　　　　图　1-53

21. 试求图 1-54 中各电路中的未知电流。

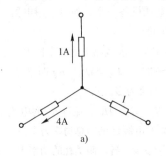 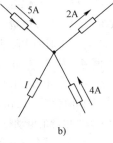 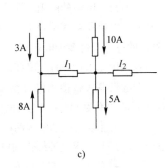

a)　　　　　　　　　　b)　　　　　　　　　　c)

图　1-54

22. 如图 1-55 所示，已知 $I=20\text{mA}$，$I_P=2\text{mA}$，$I_3=12\text{mA}$，试求 I_1、I_2、I_4 的数值和方向。

23. 如图 1-56 所示，已知 $E_1=3\text{V}$，$E_2=18\text{V}$，$R_1=250\Omega$，$R_3=400\Omega$，流过 R_1 的电流 $I_1=4\text{mA}$，求 R_2 的阻值及通过 R_2 的电流大小和方向。

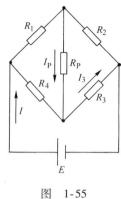

图 1-55

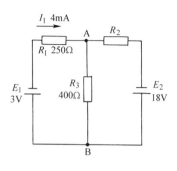

图 1-56

24. 如图 1-57 所示，已知 $E_1=200\text{V}$，$E_2=200\text{V}$，$E_3=100\text{V}$，$R_1=60\text{k}\Omega$，$R_2=20\text{k}\Omega$，$R_3=30\text{k}\Omega$，试用支路电流法求各支路电流的大小和方向。

25. 如图 1-58 所示，已知 $E_1=300\text{V}$，$E_2=400\text{V}$，$E_3=250\text{V}$，$R_1=20\text{k}\Omega$，$R_2=20\text{k}\Omega$，$R_3=10\text{k}\Omega$，试用回路电流法求各支路电流的大小和方向。

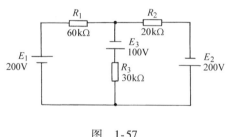

图 1-57

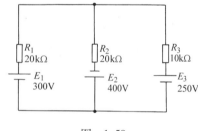

图 1-58

26. 如图 1-59 所示，已知 $R_1=10\Omega$，$R_2=5\Omega$，$R_3=15\Omega$，$E_2=30\text{V}$，$E_3=35\text{V}$，流过 R_1 的电流 $I_1=3\text{A}$，试求 E_1 等于多少？

27. 如图 1-60 所示，已知 $U_1=12\text{V}$，$U_2=18\text{V}$，$R_1=2\Omega$，$R_2=1\Omega$，$R_3=3\Omega$，（1）如果 $E=20\text{V}$，求 R_3 上的电流。（2）欲使 R_3 上的电流为零，E 为何值？

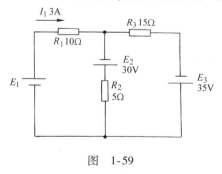

图 1-59

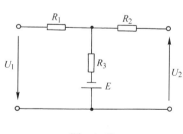

图 1-60

28. 有两个电容器，其中一个电容量大，另一个电容量较小，如果它们两端的电压相等，试问哪一个电容器所带的电荷量较多？如果带电荷量相同，哪个电压高？

29. 将 C_1 为 $10\mu\text{F}/25\text{V}$ 和 C_2 为 $20\mu\text{F}/15\text{V}$ 两个电容器并联后接在 10V 直流电源上，问哪个电容器储存的电荷量多？此时它们的等效电容量为多大？电路允许加的最大工作电压为多少？

30. 如图 1-61 所示，电容器两端的电压为多少？电容器任一极板上所带的电荷量又为多少？

31. 如图 1-62 所示，已知 $C_1 = C_4 = 9\mu F$，$C_2 = C_3 = 4.5\mu F$，试求 A、B 间的等效电容。

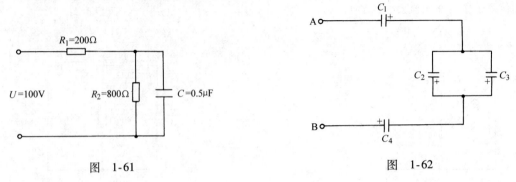

图　1-61　　　　　　　　　　　　　　　　图　1-62

32. 如图 1-63 所示，已知 $C_1 = C_4 = 2\mu F$，$C_2 = C_3 = 1\mu F$，试求：（1）当开关 S 闭合时，A、B 间的等效电容。（2）当开关 S 分断时，A、B 间的等效电容。

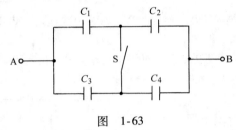

图　1-63

第二章　磁与电磁的基本知识

第一节　磁场及其基本物理量

一、磁场

当一根磁铁的磁极靠近另一根磁铁的磁极时，两根磁铁就会相互吸引或推斥，这是因为在磁铁周围存在着一种特殊的物质，这种物质叫做磁场。磁极间的相互作用力就是通过磁场来传递的。

一个可以自由转动的磁体在静止时，它的 S 极总是指向地球的南极附近，N 极总是指向地球的北极附近。这是因为地球本身是一个大磁体，它具有两个磁极，地磁北极在地理南极附近，地磁南极在地理北极附近。地球周围存在的磁场称为地磁场，指南针所以能指示南北，就是地磁场对它作用的结果。

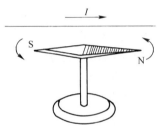

图 2-1　电流周围存在磁场

1820 年丹麦物理学家奥斯特发现，把一根导线水平地放在磁针的上方，当导线通电时，磁针就会发生偏转，如图 2-1 所示。这说明不仅磁铁的周围存在磁场，而且电流也能产生磁场。磁针在电流产生的磁场里受到磁力的作用而偏转。

磁场不仅对磁体产生作用力，而且对电流也能产生作用力。通电导体在磁场中受到的作用力叫做电磁力。例如，悬挂在蹄形磁铁两磁极间的直导体，当有电流通过时，它就会产生运动，这表明蹄形磁铁的磁场对电流产生了电磁力的作用。又如，两根平行直导体通以同向电流时，它们会互相吸引，而通以反向电流时，它们会互相推斥，这是因为每一个通有电流的导体都处在另一个导体所通电流产生的磁场里，也就是一个电流处在另一个电流所产生的磁场里，因而相互受到电磁力作用的缘故。

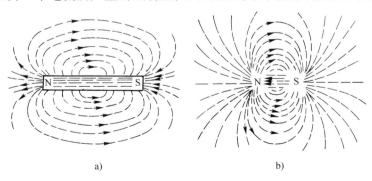

a)　　　　　　　　　　　　　　b)

图 2-2　条形磁铁磁场的磁力线

综上所述，在磁体或电流的周围存在着磁场。磁场是一种物质，它具有力和能的性质。磁场的最基本特性是对处于它里面的磁极或电流具有磁力的作用。

用磁力线可以形象地描述磁场。磁力线是在磁场中画出的一些有方向的曲线。图 2-2 所示为条形磁铁磁场的磁力线。磁力线具有以下特点：

1）磁力线是一组互不交叉的闭合曲线，在磁体内部，磁力线由 S 极指向 N 极，在磁体外部则由 N 极指向 S 极。

2）离磁极越近，磁力线越密，磁场越强；离磁极越远，磁力线越疏，磁场越弱。

3）磁力线上任意一点的切线方向，就是该点的磁场方向，也就是该点小磁针 N 极所指的方向。

下面讨论几种最基本的电流磁场。

1. 直线电流的磁场

直线电流磁场的磁力线是一些以导线各点为圆心的同心圆，这些同心圆都在和导线垂直的平面上，且离圆心越近，磁力线越密，如图 2-3a 所示。

直线电流的方向与它的磁力线方向之间的关系可以用安培定则来判定，即用右手握住直导线，让伸直的大拇指所指的方向与电流的方向一致，那么弯曲的四指所指的方向就是磁力线的环绕方向，如图 2-3b 所示。

2. 环形电流的磁场

如图 2-4a 所示，环形电流磁场的磁力线是一些围绕环形导线的闭合曲线，在环形导线的中心轴线上，磁力线和环形导线的平面垂直。环形电流的方向与它的磁力线方向之间的关系也可用安培定则来判定，即让右手弯曲的四指所指的方向和环形电流的方向一致，那么伸直的大拇指所指的方向就是环形导线中心轴线上磁力线的方向，如图 2-4b 所示。

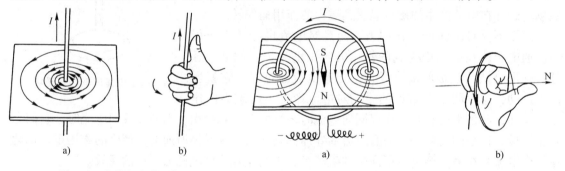

图 2-3 直线电流的磁场
a）磁力线 b）安培定则

图 2-4 环形电流的磁场
a）磁力线 b）安培定则

3. 通电螺线管的磁场

通电螺线管可以看成是许多环形电流的组合。它的磁场与条形磁铁的磁场相似，如图 2-5a 所示。在通电螺线管的外部，磁力线从 N 极出发，进入 S 极。通电螺线管内部的磁力线与螺线管的轴线平行，方向由 S 极指向 N 极，并和外部磁力线连接，形成闭合曲线。

通电螺线管的电流方向与其磁力线方向之间的关系也能用安培定则来判定，即用右手握住通电螺线管，让弯曲的四指所指的方向与电流的方向一致，那么大拇指所指的方向就是螺线管内部磁力线的方向，即大拇指指向螺线管的北极，如图 2-5b 所示。

二、磁场的基本物理量

1. 磁感应强度

磁感应强度也叫做磁通密度。实验证明，处于磁场中某点的一小段与磁场方向垂直的通

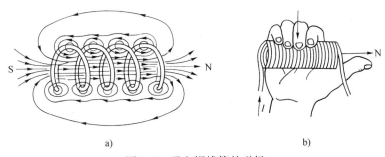

图2-5　通电螺线管的磁场

a）磁力线　b）安培定则

电直导体，若通过它的电流为I，其有效长度（即垂直磁力线的长度）为l，则它所受到的电磁力F与Il的比值是一个恒量。当导线中的电流I或有效长度l变化时，此导体受到的电磁力也要改变。但对磁场中确定的点来说，不论I和l如何变化，比值F/Il始终保持不变。这个比值就叫做磁感应强度，它是定量描述磁场中各点磁场强弱和方向的物理量。磁感应强度用符号B来表示，即

$$B = \frac{F}{Il} \tag{2-1}$$

式中　B——磁场的磁感应强度（T）；

　　　F——通电导体受到的电磁力（N）；

　　　I——导体中的电流强度（A）；

　　　l——导体在磁场中的有效长度（m）。

在国际单位制中，磁感应强度的单位是特斯拉，简称特（T），即

$$1\text{T} = 1\frac{\text{N}}{\text{A} \cdot \text{m}}$$

也就是说，一根与磁力线垂直的1m直导线，若通过1A的电流时，所受到的电磁力为1N，则磁感应强度就是1T。

磁感应强度是矢量，它的方向就是该点小磁针N极所指的方向。

若磁场中各点磁感应强度的大小和方向都相同，则称为均匀磁场。均匀磁场的磁力线是一些均匀分布的平行直线。

2. 磁通

磁感应强度B是描述磁场中各点性质的物理量，当需要考虑磁场中某个面上磁场的强弱时，还必须引入另一个物理量——磁通。磁通是描述磁场在某一范围内分布情况的物理量，用符号$\varPhi$来表示。它的定义是：磁感应强度B和与它垂直的某一截面积S的乘积，就是通过垂直于磁场方向的某一截面积的磁力线条数。

在均匀磁场中，因为B为常数，则

$$\varPhi = BS \tag{2-2}$$

在国际单位制中，磁通的单位是韦伯，简称韦（Wb）。

由式（2-2）可得

$$B = \frac{\varPhi}{S} \tag{2-3}$$

所以均匀磁场中的磁感应强度B就等于垂直穿过单位面积上的磁力线条数，因此也常

把磁感应强度叫做磁通密度。

由式（2-3）可得

$$1T = 1Wb/m^2$$

必须注意的是，式（2-2）和式（2-3）只适用于均匀磁场，而且面积一定要垂直磁力线。在均匀磁场中，当平面与磁力线不垂直时，如果使用式（2-2）求 Φ，必须先求出与平面垂直的磁感应强度的分量 B_n，如图 2-6 所示。因 $B_n = B\sin\alpha$，则求磁通的公式为

$$\Phi = BS\sin\alpha \tag{2-4}$$

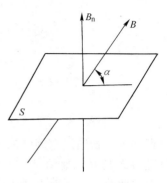

图 2-6　B 与 S 不垂直的情况

例 2-1　在 $B = 1T$ 的均匀磁场中，有一面积为 $0.01m^2$ 的平面，试求平面与 B 的夹角分别为 $0°$、$30°$、$60°$、$90°$时通过此平面的磁通。

解　因为 $\Phi = BS\sin\alpha$，所以

1）当 $\alpha = 0°$时，$\Phi = 1 \times 10^{-2} \times 0 = 0$。

2）当 $\alpha = 30°$时，$\Phi = 1 \times 10^{-2} \times 0.5Wb = 5 \times 10^{-3}Wb$。

3）当 $\alpha = 60°$时，$\Phi = 1 \times 10^{-2} \times \dfrac{\sqrt{3}}{2}Wb = 8.7 \times 10^{-3}Wb$。

4）当 $\alpha = 90°$时，$\Phi = 1 \times 10^{-2} \times 1Wb = 0.01Wb$。

3. 磁导率

观察如下实验：先用一个通电的螺线管去吸引某铁块，然后在螺线管中插入一根铜棒去吸引同一铁块，最后把铜棒换成铁棒。可以发现，前两种情况螺线管对铁块的吸力都不大，而插入铁棒的螺线管吸力要比前两种情况大得多。

如果改变螺线管的匝数和电流的大小，重复上述实验，可以发现螺线管对铁块的吸力与匝数及电流成正比。

由此可以看出，螺线管的磁性强弱，即磁感应强度的大小，不但与电流、匝数有关，而且与磁场中的媒介质有着密切的关系。我们用磁导率这个物理量来表征媒介质磁化的性质，磁导率用符号 μ 来表示，对于不同的媒介质，其磁导率不同，磁导率的单位是亨利/米（H/m），即 $\Omega \cdot s/m$。由实验测得，真空中的磁导率 $\mu_0 = 4\pi \times 10^{-7}H/m$。

任一媒介质的磁导率与真空中磁导率的比值叫做相对磁导率，用 μ_r 表示，即

$$\mu_r = \frac{\mu}{\mu_0} \tag{2-5}$$

相对磁导率的物理意义是：在其他条件相同的情况下，媒介质中的磁感应强度是真空中磁感应强度的若干倍。

自然界中绝大多数物质对磁感应强度的影响很小。根据物质磁导率的大小，可以把物质分成三类：第一类叫做反磁物质，它们的相对磁导率略小于1，如铜、银等；第二类叫做顺磁物质，它们的相对磁导率稍大于1，如空气、锡、铝等；第三类叫做铁磁物质，它们的相对磁导率远大于1，如铁、镍、钴及其合金等。

由于反磁物质和顺磁物质的相对磁导率都近似等于1，所以，可把它们的 μ_r 都看成等于1。而铁磁物质的 $\mu_r \gg 1$，在其他条件不变的情况下，铁磁物质中产生的磁场要比真空中

产生的磁场强几千甚至上万倍。如最常用硅钢片的 μ_r 为 7500，而玻莫合金的 μ_r 则高达几万到十万以上。所以，利用铁磁物质来制造电磁器件（如变压器、电机等），将会使其体积大大缩小，重量大为减轻。

4. 磁场强度

从上面的分析可以知道，当同一个通电螺线管内的媒介质不同时，虽然通入的电流和线圈的匝数保持不变，但螺线管内磁场的强弱是不同的。也就是说，在其他条件相同的情况下，不同媒介质中的 B 是不同的，这就使磁场的计算变得比较复杂。为了讨论问题的方便，需要引入一个计算磁场的辅助量，称为磁场强度，用符号 H 来表示。

磁场强度的大小等于磁场中某点的磁感应强度 B 与媒介质磁导率 μ 的比值，即

$$H = \frac{B}{\mu} \tag{2-6}$$

或
$$B = \mu H$$

由此可见，H 在均匀介质中的数值与媒介质的性质无关。即在同一螺线管的匝数和流过它的电流不变时，若螺线管内的媒介质不同，则磁感应强度 B 是不同的，而螺线管内的磁场强度 H 却相同。

磁场强度的单位是 A/m。

磁场强度 H 也是一个矢量，磁场中某点的磁场强度的方向，就是该点的磁感应强度 B 的方向。

第二节　磁场对电流的作用

一、磁场对通电直导体的作用

如图 2-7 所示，把一根水平直导体 AB 悬挂在竖直方向的磁场中，当通以方向从 B 向 A 的电流时，通电直导体 AB 就从静止开始向右运动。这个实验表明，处在磁场中的通电导体要受到电磁力的作用，而且电磁力的方向是与电流方向及该处的磁场方向垂直的。

通电直导体在磁场中所受到的电磁力的方向可用左手定则来判断：平伸左手，使拇指和其余四指垂直，让磁力线垂直进入手心，并以四指指向表示电流方向，则拇指的指向就是通电直导体所受电磁力的方向，如图 2-8 所示。

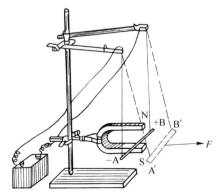

图 2-7　通电导体在磁场中受到电磁力作用

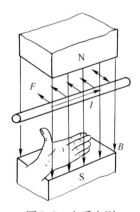

图 2-8　左手定则

必须注意的是，左手定则只适用于电能转变成机械能的情况。

在均匀磁场中，通电直导体所受电磁力的大小可用下式计算，即

$$F = BIl\sin\alpha \tag{2-7}$$

式中　α——直导体与磁力线的夹角；

$l\sin\alpha$——直导体在磁场中的有效长度。

说明：当 $\alpha = 0°$ 时，直导体与磁力线平行，电磁力 $F = 0$；当 $\alpha = 90°$ 时，直导体与磁力线垂直，此时电磁力为最大，$F_m = BIl$。

例 2-2　在 $B = 1T$ 的均匀磁场中，有一根 10m 长的直导体，若直导体上通以 5A 的电流，并且直导体和磁力线相交成 30°，试问直导体所受的电磁力为多大？

解　该通电直导体在磁场中所受的电磁力为

$$F = BIl\sin\alpha = 1 \times 5 \times 10 \times 0.5N = 25N$$

二、磁场对通电线圈的作用

由于磁场有力作用在通电导体上，因此磁场能使通电线圈发生转动。如图 2-9 所示，在磁感应强度为 B 的均匀磁场中，放一矩形通电线圈 abcd，已知 ad = bc = l_1，ab = dc = l_2。当线圈平面与磁力线平行时，因 ab 和 dc 边与磁力线平行，不受力；ad 和 bc 边与磁力线垂直而受到力的作用，由式（2-7）得 $F_1 = F_2 = BIl_1$，根据左手定则可知 ad 和 bc 边的受力方向是一上一下而构成一对力偶，通电线圈在力矩的作用下将绕轴线 OO' 顺时针转动。

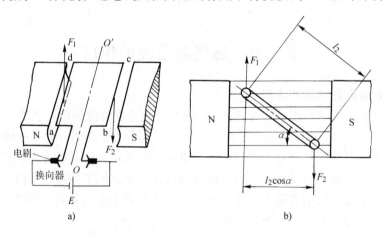

图 2-9　磁场对通电线圈的作用

由图 2-9a 可以看出，使线圈转动的转矩为

$$T = F_1 \times \frac{ab}{2} + F_2 \times \frac{ab}{2} = F_1 ab = BIl_1 l_2$$

即

$$T = BIS \tag{2-8}$$

式中　B ——磁感应强度（T）；

　　　I ——流过线圈的电流（A）；

　　　S ——线圈的面积（m^2）；

　　　T ——电磁转矩（N·m）。

当线圈平面与磁力线的夹角为 α 时，如图 2-9b 所示，则线圈受到的转矩为

$$T = BIS\cos\alpha \tag{2-9}$$

对于 N 匝线圈，线圈受到的转矩为

$$T = NBIS\cos\alpha$$

式（2-9）为线圈转矩的一般表示式。当 $\alpha = 0°$ 时，$\cos 0° = 1$，即线圈平面与磁力线平行时，式（2-9）变为式（2-8），此时线圈受到的转矩为最大值；当 $\alpha = 90°$ 时，$\cos 90° = 0$，即线圈平面与磁力线垂直时，线圈受到的转矩为零。可见，**通电线圈在磁场中，磁场总是使线圈平面转到与磁力线相垂直的位置上。这一结论对非均匀磁场也适用。**

图 2-9 就是一个单匝线圈的直流电动机原理图（实际上的直流电动机是很复杂的）。

例 2-3 在图 2-9 中，如果矩形线圈 ad 和 bc 的边长各为 120cm，ab 和 cd 的边长各为 100cm，均匀磁场的 $B = 1$T，线圈中的电流为 4A。求线圈平面与磁力线呈 60°时的转矩。

解 线圈平面与磁力线呈 60°时的转矩为

$$T = BIS\cos\alpha = 1 \times 4 \times 1.2 \times 1.0 \times 0.5 \mathrm{N \cdot m} = 2.4 \mathrm{N \cdot m}$$

第三节 铁 磁 材 料

一、铁磁材料的磁化

奥斯特发现电流周围存在着磁场后不久，法国物理学家安培又确定了通电导体周围磁场的情况。这样，人们对磁的本质有了进一步的认识。磁起源于电这种设想是安培提出的，他认为：在原子、分子或它们构成的原子团、分子团的微粒内部，存在着一种环形电流（又叫做分子电流或安培电流）。由于电流周围存在着磁场，所以这种环形电流也就相当于一个极小的磁体，如图 2-10 所示。

环形电流是由原子中的电子一方面绕核旋转，另一方面本身又自旋而引起的。但铁磁物质的磁单元不是环形电流，而是由很多很多个环形电流组成的磁性区域，这些天然的磁性区域叫做磁畴（即磁的小单位的意思）。磁畴虽然极小（体积为 $10^{-10} \sim 10^{-11} \mathrm{m}^3$），但每一磁畴却包含 $10^{12} \sim 10^{15}$ 个原子。在每个磁畴内各环形电流的磁场方向是一致的，因而具有一定磁性。通常，这些磁畴是任意取向、杂乱无意地排列着，因而它们的磁性趋于互相抵消，对外不显示磁性。

在外磁场作用下，铁磁物质内部的磁畴方向都会旋转，并倾向于与外磁场的磁场方向基本一致，从而产生了附加磁场，使外磁场大大加强。这种原来没有磁性，在外磁场作用下而产生磁性的现象叫做磁化，凡铁磁物质都能被磁化，如图 2-11 所示。

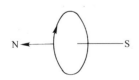

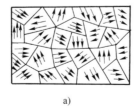
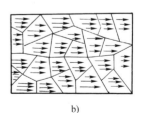

a)   b)

图 2-10 环形电流产生的磁场

图 2-11 铁磁物质的磁化

a）未被磁化时磁畴杂乱无章，磁性趋于互相抵消

b）磁化后磁畴定向排列产生附加磁场

用铁磁物质做成的材料叫做铁磁材料。铁磁材料的某些磁性能是在磁化过程中表现出来的。图 2-12 所示研究铁磁材料磁化过程的装置和磁化曲线。

图中，环形线圈内是待研究的铁磁材料。通过改变电阻器 RP 来改变线圈中的电流 I，从而改变磁场强度（$H = NI/l$），并实测出磁感应强度 B，然后通过描点法得到 $B - H$ 曲线（即磁化曲线），如图2-12b 所示。

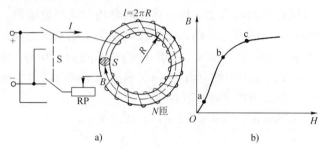

图 2-12　研究铁磁材料磁化过程的装置及磁化曲线
a）装置　b）磁化曲线

由磁化曲线可以看出，当 I 为零时，H 为零，B 也为零；当 I 增大时，H 随之增强，B 也随之增强，但 B 与 H 是非线性关系，即铁磁材料在磁化过程中，磁导率 μ 不是常数。磁化曲线大致可分为四段：

（1）Oa 段　此段曲线变化较缓。这是由于磁畴具有惯性，当 H 增加时 B 不能立即很快地上升。

（2）ab 段　此段曲线较陡，几乎呈直线上升。这说明磁畴方向在不太大的外磁场作用下就能转到外磁场方向。因磁畴产生的附加磁场和外磁场方向一致，所以使 B 大大增强。

（3）bc 段　此段曲线变化平缓。这说明大部分磁畴方向都已转向外磁场方向。

（4）c 点以后　此段曲线变得比较平坦。这是由于磁畴方向几乎全部转到外磁场方向上来了。所以，尽管 H 增加，B 几乎不再增加，此时的磁感应强度已经达到饱和。

每一种铁磁材料都有自己的磁化曲线。图 2-13 所示为三种常见的铁磁材料（铸铁、铸钢和硅钢片）的磁化曲线。由图可见，在相同的外磁场 H 作用下，硅钢片的导磁性能最好，所以变压器和电机的铁心多采用硅钢片。

二、磁滞回线

图 2-14 所示为典型的磁滞回线，它可由图 2-12 中的磁化装置获得。图中 Oa 是起始磁化曲线，它的含义和图 2-13 所示的磁化曲线一样。铁磁材料被磁化后，再把电流减小到零，则外磁场就变为零，但磁感应强度 B 并不立刻为零而维持着一定的数值，即 Ob。这个数值就是剩磁。剩磁的大小随铁磁物质的不同而不同。剩磁形成的原因是：被磁化的铁磁材料的内部磁畴已经形成了定向排列，不会立即恢复到原来杂乱无章的状态。为了消除剩磁，必须在原线圈中通以反向电流。随着反向电流逐渐增大，剩磁才逐渐降为零。使剩磁为零的反向磁场强度叫做矫顽力，即图 2-14 中的 Oc 段。

若剩磁为零后继续增大反向电流，则铁磁材料将被反向磁化，随后减小反向电流到零，反向的磁感应强度也不立即为零；要使反向磁感应强度为零，又必须在线圈中通以正向电流。如此循环往复，铁磁材料将被反复磁化。由于铁磁材料在反复磁化过程中，B 的变化总是滞后于 H 的变化，所以称这一现象为磁滞，所得的 $B - H$ 曲线 abcdefa 叫做磁滞回线。

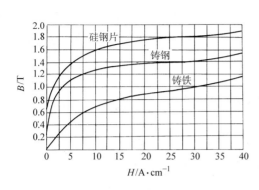

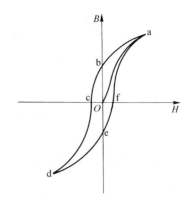

图 2-13　铸铁、铸钢和硅钢片的磁化曲线　　　　　图 2-14　典型的磁滞回线

由于存在磁滞效应的原因，铁磁材料在反复磁化过程中要消耗一部分电能，使铁磁材料发热，这部分损耗叫做磁滞损耗。为减少磁滞损耗，对于需要在反复磁化情况下使用的铁磁材料，应选用磁滞回线窄的铁磁材料。

三、铁磁材料的磁性能、分类和用途

1. 铁磁材料的磁性能

铁磁材料的磁性能如下：

（1）磁化性　铁磁材料在外磁场的作用下能被磁化，并产生远大于外磁场的附加磁场。

（2）高导磁性　铁磁材料的磁导率 μ 在一般情况下远比非铁磁材料大，而且不是常数。

（3）剩磁性　铁磁材料经磁化后，若除去外磁场，在铁磁材料中仍保留一定的剩磁。

（4）磁滞性　在反复磁化过程中，磁感应强度 B 的变化总滞后于磁场强度 H 的变化，而且有磁滞损耗。

（5）磁饱和性　铁磁材料的磁感应强度有一饱和值 B_m。

2. 铁磁材料的分类和用途

不同的铁磁材料有不同的剩磁和矫顽力，因此它们的磁滞回线也各不相同。根据铁磁材料的磁滞回线的形状及其在工程上的用途，大致可把它们分为三大类：

（1）软磁材料　指磁滞回线很窄的铁磁材料，其特点是磁导率很大，剩磁和矫顽力都很小，容易磁化，也容易去磁，因而磁滞损耗小，如硅钢片、坡莫合金、铁淦氧等。

1）硅钢片：主要用于电机、变压器、电磁铁中，按含硅量分为低硅钢片和高硅钢片两种。硅钢片又分为无取向硅钢片和晶粒取向硅钢片两大类。

2）坡莫合金（主要是铁、镍合金）：不但矫顽力很小，而且磁导率很高，起始相对磁导率可达几十万。所以常用来做小型元器件，如高精度的交流仪表、小型变压器等。

3）铁淦氧磁体（铁氧体）和磁介质（铁粉心）：主要用在高频电路中，所引起的磁滞损耗比金属磁性材料低得多，而且具有高电阻性，如铁氧体的电阻率比金属磁性材料要大几百万甚至几亿倍以上，所以被广泛用于无线电电子工业和计算机技术方面。日常生活中使用的收音机中的磁性天线（磁棒）、电视机中偏转线圈的磁心以及中周的磁心都是这种材料。

（2）硬磁材料　指磁滞回线较宽的磁性材料，如碳钢、钴钢、铝镍钴合金以及钡铁氧体、锶－钙铁氧体等，特点是必须采用较强的外磁场才能使它们磁化。但一经磁化，取消外磁场后磁性不易消失，具有很强的剩磁和较大的矫顽力。它们主要用于制造各种形状的永久

磁铁和恒磁（如扬声器磁钢）。

（3）矩磁材料　指磁滞回线呈矩形的磁性材料，其特点是在很小的外磁场作用下就能磁化，并达到饱和；去掉外磁场后，磁性仍然保持与饱和时一样，它们主要用来做记忆元件（如电子计算机中的磁心），是电子计算机和远程控制设备中的重要元器件。

第四节　磁路欧姆定律

铁磁材料不但在被磁化后能产生附加磁场，而且还能够把绝大部分磁力线约束在一定的闭合路径上，如图2-15所示。其中，磁力线所通过的闭合路径叫做磁路。

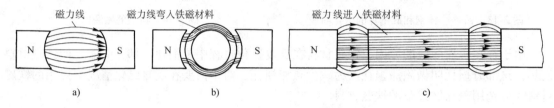

图2-15　磁力线被约束在铁磁材料中

图2-16所示为简单的无分支磁路及其等效磁路。假设绕在铁心上的线圈匝数为N，通以恒定电流I，铁心横截面积为S，磁路的平均长度为l，则

$$H = \frac{NI}{l} \tag{2-10}$$

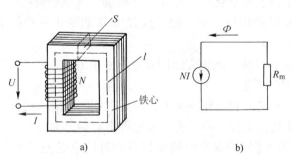

图2-16　简单的无分支磁路及其等效磁路

a）无分支磁路　b）等效磁路

其中，NI是产生磁通的原动力，叫做磁动势，单位是安（A）。

因为

$$\Phi = BS, \quad B = \mu H$$

则

$$\Phi = \mu \frac{NI}{l} S = \frac{NI}{\dfrac{l}{\mu S}} \tag{2-11}$$

令磁阻R_m为

$$R_m = \frac{l}{\mu S} \tag{2-12}$$

可得

$$\Phi = \frac{NI}{R_m} \tag{2-13}$$

即

$$磁通 = \frac{磁动势}{磁阻}$$

式 (2-13) 说明，磁路中的磁通与磁动势成正比，与磁阻成反比。这和电路中的欧姆定律很相似，所以式 (2-13) 叫做磁路欧姆定律。把磁路欧姆定律与电路欧姆定律相比较，不难看出，磁路中的磁通 Φ 相当于电路中的电流 I，磁动势 NI 相当于电路中的电动势 E，磁阻 R_m 相当于电阻 R。

由式 (2-12) 可看出，磁阻的大小不但与磁路长度、横截面积有关，而且与磁场中媒介质的磁导率有很大关系。当 l 和 S 一定时，μ 越大，则磁阻 R_m 越小；μ 越小，则 R_m 越大。铁磁材料的 μ 一般很大，所以磁阻很小；空气、纸的 μ 接近为 1，所以它们的磁阻很大。这在实际工作中是很有意义的，因为实际应用时，很多电磁设备内的磁通往往要通过几种不同的物质，其中就有空气隙。图 2-17a 所示为电磁铁的磁路，当衔铁还没被吸住时，磁通不但要通过铁心，而且还要两次通过宽度为 δ 的空气隙，其等效磁路如图 2-17b 所示。由磁路欧姆定律可得

$$\Phi = \frac{NI}{R_{m1} + R_{m2} + R_{m气}} \tag{2-14}$$

由于 $R_{m气} \gg (R_{m1} + R_{m2})$，则想要获得一定的磁通时，磁路中有气隙时所需要的磁动势将远大于没有气隙时的磁动势，所以，当磁路的长度和横截面积已确定时，为了减少磁动势（即减小励磁电流），除了选用磁导率高的铁磁材料制做铁心外，还应尽可能地缩短磁路中不必要的气隙长度。

以上讨论的是理想状态，事实上，铁磁材料虽然能将绝大部分磁力线约束在一定的闭合路径上，但还是有一部分磁力线没有通过铁磁材料，而是经过空气或其他材料而闭合的，如图 2-18 所示。铁心中的磁通称为主磁通，铁心外的磁通称为漏磁通。一般情况下，漏磁通比主磁通小得多，所以通常情况下可把漏磁通忽略。

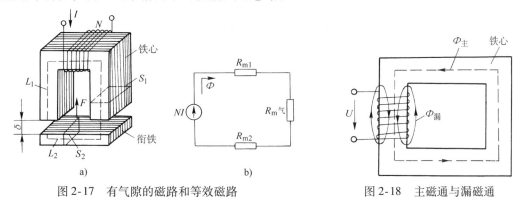

图 2-17　有气隙的磁路和等效磁路　　　　　图 2-18　主磁通与漏磁通

由于铁磁材料的磁导率 μ 不是常数，它是随铁磁材料的磁化状况的不同而变化的，因此，磁路欧姆定律通常不能用来进行磁路计算，但在分析电机、变压器的工作情况时，常要用到磁路欧姆定律的概念。

第五节　电磁感应

英国科学家法拉第于 1831 年发现，当导体对磁场作相对运动而切割磁力线时，或线圈

中的磁通发生变化时，在导体或线圈中都会产生电动势；若导体或线圈是闭合电路的一部分，则导体或线圈中将产生电流。以上两种现象产生电动势的条件虽然不同，但从本质上讲，它们都是由于磁场的变化而引起的。这种利用变化的磁场在导体中产生电动势的现象称为电磁感应，也称为"动磁生电"。由电磁感应引起的电动势叫做感应电动势；由感应电动势引起的电流叫做感应电流。

一、直导体中的感应电动势

如图 2-19 所示，当导体在磁场中静止不动或沿磁力线方向运动时，检流计指针都不发生偏转；而当导体向右以垂直 B 的方向作切割磁力线运动时，检流计指针向右偏转一下；而当导体向左以垂直 B 的方向作切割磁力线运动时，检流计指针向左偏转一下，而且导体切割磁力线的速度越快，指针偏转的角度越大。这说明感应电流方向与磁场方向及导体切割磁力线的运动方向有关，而感应电流的大小与导体切割磁力线的运动速度有关。

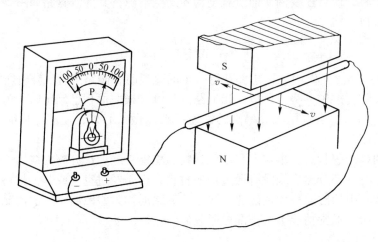

图 2-19　闭合导体的一部分切割磁力线运动时产生感应电动势和感应电流

感应电动势是产生感应电流的必要条件。由实验可知，直导体中产生的感应电动势的大小为

$$e = Bvl\sin\alpha \tag{2-15}$$

式中　B ——均匀磁场的磁感应强度（T）；

v ——导体切割磁力线的速度（m/s）；

l ——导体在均匀磁场中的有效长度（m）；

α ——导体运动方向 v 与磁场方向 B 之间的夹角；

e ——导体中的感应电动势（V）。

在式（2-15）中，若 v 是指某一段时间内的平均速度，则求得的 e 为该段时间内的平均感应电动势；若速度 v 指某一时刻的即时速度，则求得的 e 就是该时刻感应电动势的瞬时值。

当直导体垂直切割磁力线时，感应电动势为最大，即

$$e_{m} = Bvl \tag{2-16}$$

直导体中产生的感应电动势方向可由右手定则来判断：伸开右手，让拇指与其余四指垂直，并且都和手掌处在同一个平面上，让磁力线从手心垂直进入，拇指指向导体的运动方

向，则其余四指的指向就是感应电动势的方向，如图2-20所示。

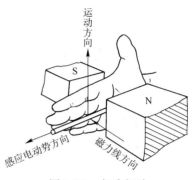

为了判别感应电动势的极性，可把直导体看成一个电源，在直导体内部，感应电动势的方向由感应电动势极性的"－"极指向"＋"极，感应电流的方向与感应电动势方向相同，即由感应电动势的"－"端流向"＋"端；在直导体外部，感应电流则由感应电动势的"＋"端经负载流回"－"端。

当切割磁力线运动的直导体不形成闭合回路时，那就只产生感应电动势而不产生感应电流。

图 2-20　右手定则

二、楞次定律

如图 2-21 所示，将一根条形磁铁的 N 极向下插入线圈时，检流计的指针向右偏转，见图 2-21a；当磁铁在线圈中静止时，检流计指针不偏转，见图 2-21b；当把磁铁从线圈中拔出时，检流计指针向左偏转，见图 2-21c。若用条形磁铁的 S 极重复上述实验时，检流计指针的偏转方向与图 2-21a 和图 2-21c 相反，当 S 极插入线圈后不动时，检流计指针则不偏转。

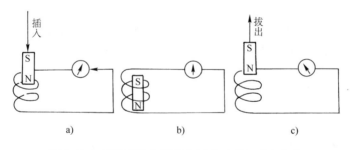

图 2-21　条形磁铁在线圈中运动而引起感应电流

以上实验表明：当穿过线圈的磁通发生变化时，闭合线圈中要产生感应电流，而且磁铁插入线圈及从线圈拔出磁铁时，所产生的电流方向相反。

再观察另一个实验：如图 2-22 所示，弹簧线圈放在磁场中，它的两端和检流计相联，线圈不动时，检流计指针不动；而把线圈拉伸或压缩时，检流计指针都会发生偏转，而且两种情况下偏转方向相反。此实验表明，弹簧线圈所组成的导电回路的面积发生变化时，穿过此回路（可以看成一个单匝线圈）的磁通也要发生变化，这时由弹簧线圈组成的闭合回路中就有感应电流产生。

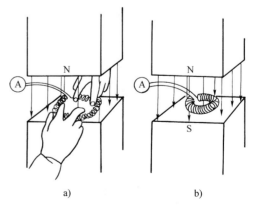

通过大量实验可得出以下两个结论：

第一，当导体相对磁场作切割磁力线运动或线圈中的磁通发生变化时，导体和线圈中就

图 2-22　由于磁场中闭合电路的面积变化而引起感应电流

产生感应电动势，若导体和线圈是闭合电路的一部分，就会产生感应电流。

第二，感应电流的磁场总是要阻碍原磁场的变化，即当线圈中的磁通增加时，感应电流就要产生一个磁场去阻碍它的增加；当线圈中的磁通减少时，感应电流所产生的磁场就要阻碍它的减少。这个规律是由俄国物理学家楞次于 1834 年发现的，所以称为楞次定律。

在运用楞次定律时必须注意的是，感应电流产生的磁场是阻碍原磁场的变化，而不能理解为阻碍原磁场；当原磁场不变时，感应电流为零。

利用楞次定律可判断线圈（或任意导电回路）中感应电动势和感应电流的方向，具体步骤如下：

1）首先判定原磁通的方向及其变化趋势，是增加还是减少。

2）根据感应电流产生的磁场要阻碍原磁场变化的原则，确定感应电流的磁通方向。

3）根据感应电流的磁通方向，利用安培定则，即可判断出感应电动势和感应电流的方向。

在判别线圈两端感应电动势的极性时，必须把线圈看成是一个电源。在线圈内部，感生电流从线圈的"－"端流到"＋"端；在线圈外部，感应电流由线圈的"＋"端经负载流回"－"端。因此，在线圈内部感应电流的方向和感应电动势的方向相同。

例 2-4　试判别图 2-23 所示两种情况下线圈感应电动势的极性。

解　在图 2-23a 中，当磁铁插入线圈时，线圈中的磁通将增加，根据楞次定律，感应电流所产生的磁通与原磁通方向相反；再根据安培定则，确定感应电流的方向如图 2-23a 所示，并由此判断出感应电动势极性是上正下负。

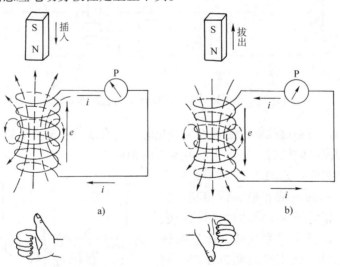

图 2-23　磁铁插入和拔出线圈时感应电流的方向

a）磁铁插入线圈　b）磁铁拔出线圈

用同样的方法可判断出图 2-23b 中感应电动势的极性是下正上负。

三、法拉第电磁感应定律

重做图 2-21 所示的实验可以发现，磁铁插入或拔出线圈的速度越快，检流计指针的偏转角度越大，反之越小。磁铁插入或拔出线圈的速度，正好反映了磁通变化的快慢，所以，线圈中感应电动势的大小与线圈中磁通的变化速度（即变化率）成正比。这个规律叫做法拉第电磁感应定律。

若用 $\Delta\phi$ 表示在时间间隔 Δt 内一个单匝线圈中的磁通变化量，则该单匝线圈中产生的感应电动势为

$$e = -\frac{\Delta\phi}{\Delta t} \tag{2-17}$$

对于 N 匝线圈，其感应电动势为

$$e = -N\frac{\Delta\phi}{\Delta t} = -\frac{\Delta\Phi}{\Delta t} \tag{2-18}$$

式中　e——在 Δt 时间内感应电动势的平均值（V）；

　　　N——线圈的匝数；

　　　$\Delta\Phi$——N 匝线圈的磁通变化量（Wb）；

　　　Δt——磁通变化 $\Delta\Phi$ 所需要的时间（s）。

式（2-18）是法拉第电磁感应定律的数学表达式，式中负号表示了感应电动势的方向永远和磁通变化的趋势相反。

在实际应用中，常用楞次定律来判断感应电动势的方向，用法拉第电磁感应定律来计算感应电动势的大小（取绝对值），所以这两个定律是电磁感应的基本定律。

当穿过不闭合线圈的磁通量发生变化时，只产生感应电动势而不产生感应电流。

例 2-5　图 2-24 所示为简单交流发电机的工作原理。能够产生感应电动势的线圈 abcd 叫做转子，接在转子两端并随之一起转动的金属圆环叫做汇流环，两个汇流环间相互绝缘。紧压在汇流环上的是由石墨制成的电刷，转子产生的感应电动势由它引出。在图示瞬间，用右手定则和楞次定律都可判断出感应电流从左端流进电表。

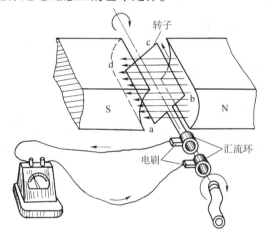

图 2-24　简单交流发电机的工作原理

若线圈 abcd 是边长为 0.2m 的正方形，且线圈平面的起始位置与磁力线垂直，均匀磁场的 B 为 0.6T，线圈的转速 $n = 900\text{r/min}$。试问线圈转过 90°时，感应电动势的最大值和平均值各为多大？

解　因为在起始位置时，线圈中的磁通不发生变化，即导体不切割磁力线，所以感应电动势为零。当线圈转过 90°时，线圈中磁通的变化率最大，即导体垂直切割磁力线，所以感应电动势最大，可由式（2-15）求得

因为　　　　　　　　　$E_\text{m} = 2Bvl \qquad v = \pi ln$

则　　　　$E_\text{m} = 2\pi Bl^2 n = 2 \times 3.14 \times 0.6 \times 0.2^2 \times \frac{900}{60}\text{V} = 2.26\text{V}$

感应电动势的平均值用式（2-18）求解较为方便，因为在起始位置时，穿过线圈平面的磁通 $\Phi_1 = BS = Bl^2 = 0.6 \times 0.2^2\text{Wb} = 0.024\text{Wb}$；线圈转过 90°时，线圈平面与磁力线平行，穿过线圈的磁通为零，即 $\Phi_2 = 0$。线圈中磁通的变化为

$$\Delta \Phi = | \Phi_2 - \Phi_1 | = 0.024 \text{Wb}$$

又因为线圈转过 90° 所需的时间是线圈转一周所需时间的 1/4，即

$$\Delta t = \frac{1}{4} \times \frac{1}{n} = \frac{1}{4} \times \frac{1}{\frac{900}{60}} \text{s} = \frac{1}{60} \text{s}$$

所以，线圈转过 90° 时，感应电动势的平均值为

$$e = \left| -\frac{\Delta \Phi}{\Delta t} \right| = \frac{0.024}{\frac{1}{60}} \text{V} = 1.44 \text{V}$$

例 2-6　如图 2-25 所示，在磁感应强度为 B 的均匀磁场中，有一长度为 l 的直导体，通过平行导电轨道与检流计组成闭合回路。若导体以速度 v 垂直 B 匀速向左运动，试分别用楞次定律和法拉第电磁感应定律确定导体中感应电动势的方向和大小。

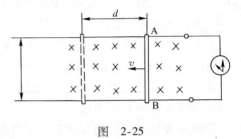

图　2-25

解　1）用楞次定律判断导体中感应电动势的方向。因为导体向左运动时，导电回路中的磁通将增加，根据楞次定律可知，导体中感应电动势的极性是 A 端为负、B 端为正。这与用右手定则判断的情况相同。

2）用法拉第电磁感应定律计算导体中感应电动势的大小。假设导体在 Δt 时间内向左移动的距离为 d，则导电回路中磁通的变化量为 $\Delta \Phi = B \Delta S = Bld = Blv\Delta t$，所以导体中感应电动势的绝对值为 $|e| = \frac{\Delta \Phi}{\Delta t} = \frac{Blv\Delta t}{\Delta t} = Blv$。这个结论与式（2-16）相同。

从此例可以看出，**直导线是线圈不到一匝的特殊情况；右手定则是楞次定律的特殊形式；$e = Blv$（及 $e = Blv\sin\alpha$）是法拉第电磁感应定律的特殊形式。**

例 2-7　如图 2-26 所示，矩形线圈 ABCD 在无限大均匀磁场中以速度 v 向右运动，试问线圈中的感应电动势为多大？

解　先从导体切割磁力线的角度来分析。矩形线圈只有 AB 和 CD 两条边切割磁力线，根据右手定则可知，AB 上感应电动势的方向由 B 指向 A，CD 上感应电动势的方向由 C 指向 D。在闭合电路中，这两个感应电动势大小相等、方向相反，所以总的感应电动势和感应电流为零。

从穿过闭合回路 ABCD 的磁通量没有发生变化来分析，可直接得出矩形线圈中感应电动势等于零的结论。

由此可见，一个闭合的导电回路中是否产生感应电动势和感应电流只取决于穿过这个闭合回路的磁通量是否变化。因为右手定则是楞次定律的特殊形式，有时用右手定则解题较为方便。在具体问题中，究竟采用楞次定律还是右手定则，应根据具体讨论的对象来决定。

四、自感

1. 自感现象

如图 2-27a 所示，调节变阻器 RP 使两个规格完全相同的白炽灯 EL1 和 EL2 发光的明亮程度相同，然后切断电路；当再次合上开关 S 时，可以看到 EL2 立即正常发光，而与有铁心的线圈 L 串联的 EL1 却是慢慢地明亮起来。为什么 EL1 不能立即正常发光呢？这是因为

在接通电路瞬间，电路中的电流将增大，穿过线圈 L 的磁通也要增大，根据楞次定律可知，此时线圈将产生感应电动势和感应电流，感应电流与外电流方向相反，因此流进线圈的电流不能很快上升，EL1 只能慢慢变亮。

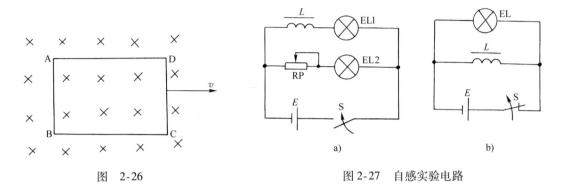

图 2-26   图 2-27 自感实验电路

再做如图 2-27b 所示的实验，把 EL 灯和电阻值较小的铁心线圈 L 并联在直流电路里，先接通电路，当 EL 正常发光后再断开电路，这时可以看到在断电的一瞬间，白炽灯 EL 突然闪亮一下再熄灭。这是由于电路切断的瞬间，通过线圈的电流突然减弱，穿过线圈的磁通量也很快地减少，因而线圈将产生感应电动势。由于电源切断后，线圈 L 和白炽灯 EL 组成闭合回路，所以 EL 上有感应电流流过，这个感应电流往往比原来的电流还大，故 EL 在熄灭前瞬间发出比原来更强的光。

这种由于通过线圈本身的电流发生变化而引起的电磁感应现象，叫做自感现象。由自感产生的感应电动势叫自感电动势，用 e_L 表示，由此产生的电流叫自感电流，用 i_L 表示。

2. 自感系数

线圈中的自感电动势 e_L 是由于通过线圈本身的电流 i 发生变化而引起的。为了找出 e_L 和 i 之间的关系，引入自感系数这个物理量。线圈中每通过单位电流所产生的自感磁通数叫做自感系数，也称为电感量，简称电感，用 L 表示，其数学表达式为

$$L = \frac{\Phi}{i} \tag{2-19}$$

式中 Φ ——流过线圈的电流 i 所产生的自感磁通（Wb）；

i ——流过线圈的电流（A）；

L ——电感（H）。

电感是衡量线圈产生自感磁通本领大小的物理量。若一个线圈通过 1A 的电流，能产生 1Wb 的自感磁通，则该线圈的电感就叫做 1H（亨利），简称亨。在实际工作中，特别在电子应用技术中，常采用较小的单位：mH、μH，它们之间的换算关系如下：

$$1H = 10^3 mH$$

$$1mH = 10^3 \mu H$$

一个线圈电感的大小与它的匝数、几何形状、媒介质有关。 结构一定的空心线圈，其 L 为常数；铁心线圈的电感 L 则不是常数。在其他条件相同的情况下，线圈的匝数越多，电感 L 就越大；有铁心线圈的电感比空心线圈的电感大。常把电感 L 为常数的线圈称为线性电感，把线圈统称为电感线圈，有时也称为电感器或电感。

3. 自感电动势

根据法拉第电磁感应定律 $e = -\dfrac{\Delta \Phi}{\Delta t}$ 及 $L = \dfrac{\Phi}{i}$ 可得线性电感中的自感电动势为

$$e_{\mathrm{L}} = -L \frac{\Delta i}{\Delta t} \tag{2-20}$$

其中　$\Delta i / \Delta t$ 为电流的变化率（A/s），负号表示自感电动势的方向永远和外电流的变化趋势相反。

自感电动势的方向可用楞次定律来判断。如图 2-28a 所示，当开关 S 闭合的瞬间，外电流 i 流过线圈，产生一个增大的磁通 Φ，根据楞次定律，自感磁通 Φ_{L} 的方向应与磁通 Φ 的方向相反，运用安培定则可确定自感电流 i_{L} 的方向与外电流 i 方向相反，并由此可判断出线圈的自感电动势的极性是下端为"$-$"，上端为"$+$"。

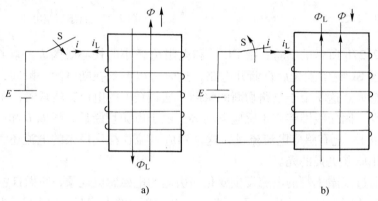

a)　　　　　　　　　　　b)

图 2-28　自感电流方向与外电流的关系

a）开关 S 闭合　b）开关 S 断开

同样，可判断当 S 断开的瞬间，i_{L} 与 i 同方向，线圈的自感电动势极性是上端为"$-$"，下端为"$+$"，如图 2-28b 所示。

由以上的讨论可知：当外电流增加时，自感电流的方向与外电流方向相反；当外电流减小时，自感电流与外电流方向相同。即自感电流总是阻碍外电流的变化，如图 2-29 所示。以后可直接运用这个结论来判断自感电动势的极性。

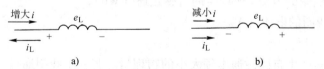

a)　　　　　　　　　　　b)

图 2-29　自感电动势的极性

a）外电流增加　b）外电流减小

自感既有利又有弊，例如荧光灯是利用镇流器中的自感电动势来点燃灯管的，同时也利用它限制灯管的电流。但在含有大电感元件的电路被切断的瞬间，因电感两端的自感电动势很高，在开关刀口的断口处会产生电弧，容易烧坏刀口，或者损坏设备的其他元件。

五、互感

1. 互感现象

如图 2-30 所示，A 和 B 是两个管轴平行的线圈，当开关 S 闭合或切断的瞬间，或者线圈 B 接通电源后改变可变电阻的阻值时，均可以看到和线圈 A 连接的检流计指针会发生偏转。这是因为线圈 B 中的电流所产生的磁通穿过了线圈 A，当 B 中的电流发生变化时，穿过 A 的磁通也要发生变化，这个变化的磁通就在 A 中引起了感应电动势而使检流计指针发生偏转。

这种由于一个线圈中的电流发生变化而使其他线圈产生感应电动势的电磁感应现象叫做互感现象。由互感产生的电动势称为互感电动势，变压器、互感器就是根据互感原理制成的。

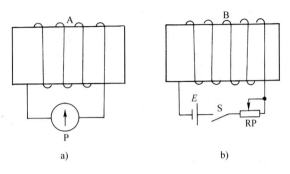

图 2-30　互感现象

互感现象中，一般把通入外电流的线圈称为一次线圈，产生互感电动势的线圈称为二次线圈。

2. 互感电动势

互感电动势的大小正比于穿过二次线圈磁通的变化率，或正比于一次线圈中电流的变化率。一般地，当一次线圈的磁通全部穿过二次线圈时，产生的互感电动势最大；当两个线圈互相垂直时，互感电动势为零。

互感电动势的方向或极性，仍可用楞次定律来判断，如图 2-31a 所示。当开关 S 闭合的瞬间，一次线圈 A 电流 i 将增大，并将产生增大的磁通 Φ，Φ 不仅穿过一次线圈，而且还穿过二次线圈 B 和 C，根据楞次定律，B 和 C 中将产生一个与 Φ 方向相反的互感磁通 Φ_M，运用安培定则即可确定线圈 B 和 C 中互感电动势的方向，线圈 B 中互感电动势的极性是端点 3 为 "－"，端点 4 为 "＋"；线圈 C 端点 5 为 "＋"，端点 6 为 "－"。

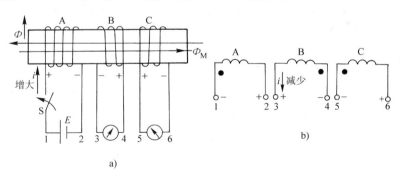

图 2-31　互感线圈的同名端
a) 开关 S 闭合　b) 开关 S 断开

用同样的方法也能判断出当开关 S 断开的瞬间，二次线圈 B 和 C 上互感电动势的极性。

3. 同名端

互感电动势的方向不仅与磁通的变化趋势有关，而且还与线圈的绕向有关。图 2-31a 中一次线圈 A 中的电流 i 增大时，A 中的自感电动势的极性是端点 1 为 "＋"，端点 2 为 "－"。因此，1、4、5 三个端点感应电动势的极性都为 "＋"，而端点 2、3、6 的极性都为 "－"；当 A 中的电流 i 减小时，则端点 1、4、5 的极性一起变为 "－"，而端点 2、3、6 的极性一起变为"＋"。

这种由于绕向一致而使感应电动势的极性始终保持一致的端点称为同名端，反之则称为异名端。同名端用符号"·"表示。标出同名端后，每个线圈的具体绕法和各线圈间的相对位置都不必在图中表示出来，如图 2-31b 所示。

对于一台已经制造好的变压器和互感器，从外面看不出线圈的绕向，因而，在制造时对线圈绕向一致的端点加上一定的标记，以帮助使用者识别同名端。

根据线圈的绕向判别同名端的方法是：从同名端各流进一个电流，它们所产生的磁通应互相加强。

知道同名端后，只要根据一次线圈中外电流的变化趋势，先判别出一次线圈中的自感电动势的极性，那么，互感电动势的极性就能很方便地判断出来。如图 2-31b 所示，假设电流 i 由端点 3 流出并减小，根据自感电动势的判别法可知，端点 3 为正；再根据同名端的定义，立刻就可判断出端点 2 和 6 的感应电动势的极性也为正。

互感现象也是既有利又有弊。在工农业生产中应用广泛的变压器、电动机都是利用互感原理工作的。而在电子电路中，若线圈的位置安放不当，各线圈产生的磁场就会互相干扰，甚至会使电路无法工作。为此，常把互不相干的线圈的间距拉大或把两个线圈垂直安放；在某些场合还把线圈或其他元件用铁磁材料封闭起来进行磁屏蔽，以消除互感的有害影响。

例 2-8　如图 2-32 所示，A 为通电的一次线圈，T 为铁心，B 为二次线圈（其中导体 EF 段置于蹄形磁铁中）。当开关 S 切断的瞬间，试在图中用"＋"、"－"号标出 B 中感应电动势的极性，并指出导线 EF 段的运动方向。

解　(1) 判断线圈 B 中感应电动势的极性　由图看出，因为两个线圈的 1、3 端绕向相同，是同名端，可用符号"·"在图中标出。当 S 闭合时，i_1 由 1 端流进线圈 A；当 S 切断时，i_1 减小，线圈 A 的自感电动势的极性是 2 端为正，1 端为负。由同名端的定义可知，线圈 B 中的感应电动势的极性是 4 端为正，3 端为负。

如果用物理学中所学过的方法来判断线圈 B 中感应电动势的极性，结果与用同名端判断法完全相同。

(2) 判断导体 EF 段的运动方向　线圈 B 中感应电动

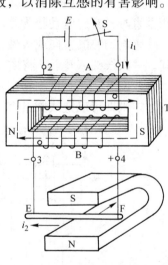

图　2-32

势的方向，决定了导体中的电流 i_2 是由 F 流向 E；再根据左手定则，即可判断出导体 EF 向蹄形磁铁内部运动。

复 习 题

1. 试标出图 2-33a 中放在通电螺线管两端及管内小磁针的 N、S 极，以及图 2-33b 中放在通电直导线正上方和正下方小磁针 N 极所指的方向。

2. 在图 2-34 中标出由电流产生的磁极极性或电源的正、负极性。

3. 如图 2-35 所示，已知均匀磁场的 $B=0.4\text{T}$，平面面积 $S=4\times10^{-2}\text{m}^2$，且平面与 B 的夹角为 30°，求通过面积 S 的磁通。

4. 有两个形状、大小和匝数完全相同的环形螺线管，其一用铜心，另一用铁心。当两螺线管通以大小

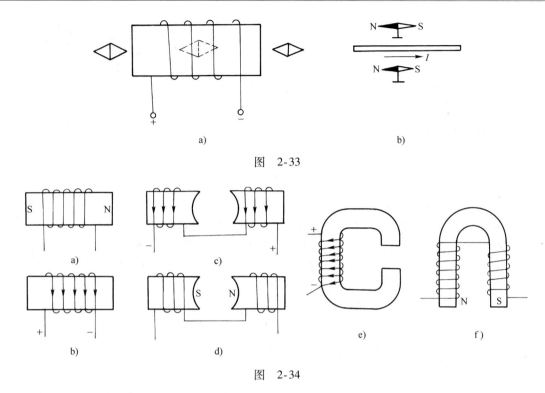

图 2-33

图 2-34

相等的电流时，在铜心和铁心中的 B、Φ、H 值是否相等？为什么？

5. 图 2-36 所示为一通电直导体在磁场中的剖面图。试判断：1）图 2-36a 中载流导体所受的电磁力方向；2）图 2-36b 中的电流方向；3）图 2-36c 中磁极的极性。

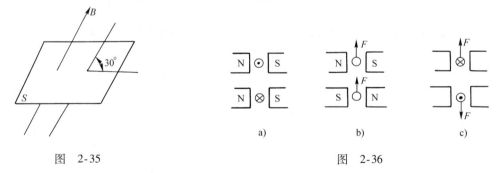

图 2-35   图 2-36

6. 图 2-37 是磁电系电表测量机构的剖面图，图中指针固定在动圈 AB 上。已知动圈的电流方向是由 B 流进、由 A 流出，试判别指针如何偏转？

7. 图 2-38 是最简单的直流电动机的剖面图。定子由软磁材料制成，N_1 和 N_2 是产生定子磁场的励磁绕组，AB 代表转子绕组中的一匝，试根据励磁绕组电源的极性和转子中电流的方向，判别转子的转动方向。

8. 什么是铁磁材料？它具有哪些磁性能？铁磁材料大致可分成几类？它们各有什么用途？

9. 在图 2-39 中，一有效长度 $l = 0.3\mathrm{m}$ 的直导线，在 $B =$

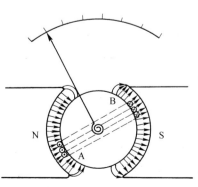

图 2-37

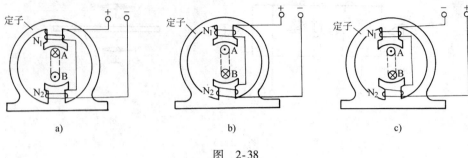

图　2-38

1.25T 的均匀磁场中运动，运动的方向与 B 垂直，且速度 $v = 40\text{m/s}$，设导线的电阻 $r = 0.1\Omega$，外电路的电阻 $R = 19.9\Omega$，试求：1）导线中感应电动势的方向；2）闭合电路中电流的大小和方向。

10. 如图 2-40 所示，长 0.1m 的直导体 MN 在冂形导电框架上以 10m/s 的速度向右作匀速运动，框架平面与磁场垂直，已知 $B = 0.8\text{T}$，导体的等效内阻 $R = 1\Omega$，试求：1）MN 上感应电流的大小和方向；2）要使 MN 作匀速运动，需加多大的外力？其方向如何？

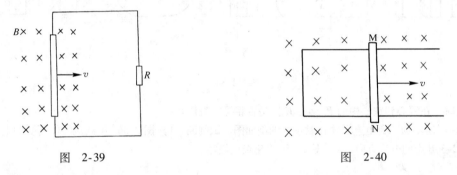

图　2-39　　　　　　　　　　　　　　　　图　2-40

11. 在图 2-41 所示的蹄形磁铁两磁极间，放一个 abcd 线圈，当蹄形磁铁绕 $O'O$ 轴逆时针旋转时，线圈将发生什么现象？为什么？

12. 如图 2-42 所示，矩形导电线圈的平面垂直磁力线。若线圈按箭头方向运动，哪些情况能产生感应电流？试分别画出各线圈中感应电流的方向。

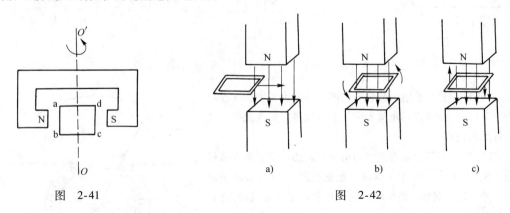

图　2-41　　　　　　　　　　　　　　图　2-42

13. 如图 2-43 所示，矩形线圈平面垂直于磁力线，其面积为 $4 \times 10^{-4}\text{m}^2$，共有 80 匝。若线圈在 0.025s 内从 $B = 1.25\text{T}$ 的均匀磁场中移出，问线圈两端的感应电动势为多大？

14. 如图 2-44 所示，A 和 B 为轻金属环，其中 A 是闭合环，B 是开口环。它们都可在铁心上无摩擦地滑动。试问：S 闭合和切断的瞬间，A 和 B 是否运动？若运动，则方向如何？为什么？

15. 图 2-45 所示是一个特殊绕法的线圈。当开关接通瞬间，线圈中是否产生感应电动势？为什么？

16. 如图 2-46 所示，当线圈 A 通电、电流增强和电流减弱以及断电四种情况下，线圈 B 中能否产生感应电流？方向如何？

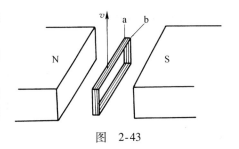

图　2-43

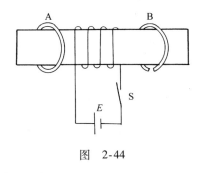

图　2-44

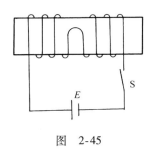

图　2-45

17. 如图 2-47 所示，当条形磁铁插进线圈时，放在导线下面的小磁针如何偏转（只考虑直导线产生的磁场）？检流计中的电流方向如何？

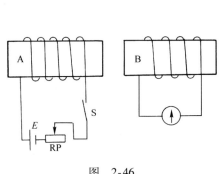

图　2-46

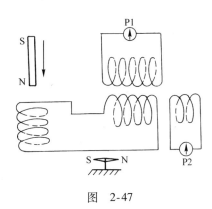

图　2-47

18. 在图 2-48 中，标出各线圈的同名端，并分别标出 S 接通瞬间、线圈 B 和 C 中的感应电动势的极性。

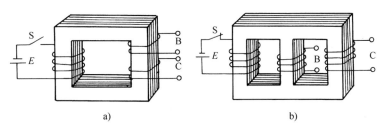

a)　　　　　　　　　　　　　　b)

图　2-48

19. 图 2-49 是两种双线并绕线圈，试在图中标出其同名端。

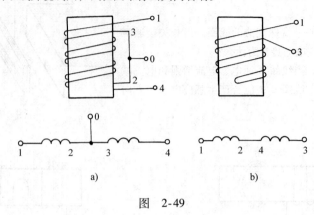

图　2-49

第三章 正弦交流电路

第一节 交流电的基本概念

一、概述

图 3-1 所示为几种电流的波形。所谓波形，就是在平面直角坐标中，用来描述电流（或电压、电动势）随时间变化规律的曲线。

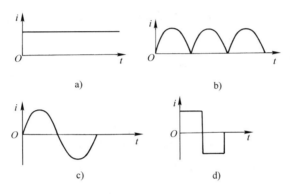

图 3-1 几种电流的波形

a）稳恒直流电 b）脉动直流电 c）正弦交流电 d）非正弦交流电

（1）稳恒直流电 其电流（或电压、电动势）的大小和方向不随时间变化，如图 3-1a 所示。

（2）脉动直流电 其电流（或电压、电动势）的大小随时间作周期性变化，但方向始终不变，如图 3-1b 所示。

（3）交流电 如果大小和方向都随时间作周期性变化的电流（或电压、电动势），则称为交流电。

交流电是交变电流、交变电压、交变电动势的总称。交流电又分为正弦交流电和非正弦交流电两类：

1）正弦交流电是指按正弦规律变化的交流电，如图 3-1c 所示。

2）非正弦交流电则是指不按正弦规律变化的变流电，如图 3-1d 所示。

二、正弦交流电动势的产生

用交流发电机可以得到正弦交流电动势。图 3-2a 所示为最简单的交流发电机。在静止不动的磁极间装着一个能转动的圆柱形铁心，在它的上面紧绕着一个单匝线圈 a′b′b″a″。线圈的两端分别连接两个彼此绝缘的铜环 C，铜环固定在转轴上，且与转轴绝缘。铜环通过电刷 A、B 与外电路连接。由铁心、线圈、铜环等组成的部分叫转子。为使线圈作切割磁力线运动时所产生出来的感应电动势按正弦规律变化，需要把磁极制成特殊的形状，其气隙中磁场分布如图 3-2b 所示，在磁极中心 yy' 处磁极与转子间的气隙最短，磁阻最小，磁感应强度最大；在 yy' 的两侧，气隙逐渐加长，磁阻逐渐增大，磁感应强度按正弦规律逐渐减小；到达磁极的分界面（又叫做中性面）OO' 时，磁感应强度正好减小到零，这样，在转子圆柱面上的磁感应强度不仅处处与转子铁心表面垂直，而且是按正弦规律分布的，即

$$B = B_{\mathrm{m}}\sin\alpha \tag{3-1}$$

式中　B_{m}——磁感应强度的最大值；

　　　α——线圈平面与中性面之间的夹角。

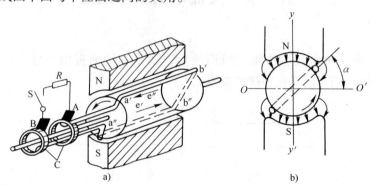

图 3-2　最简单的单相交流发电机

a) 基本结构　b) 磁场分布

当转子以逆时针方向作等速旋转时，线圈的 a′b′边和 a″b″边便分别切割磁力线而产生感应电动势 e_1 和 e_2。因线圈两边的长度相同，切割速度一样，且所在磁场位置处的磁感应强度又相等，所以 a′b′边和 a″b″边两端产生的感应电动势在数值上总是相等的，即

$$e_1 = e_2 = B_{\mathrm{m}}lv\sin\alpha$$

式中　e_1、e_2——线圈每边所产生的感应电动势（V）；

　　　l——线圈 a′b′或 a″b″边的长度（m）；

　　　v——切割磁力线的速度（m/s）；

　　　B_{m}——磁感应强度的最大值（T）；

　　　α——线圈平面与中性面间的夹角（°）。

由右手定则可知，线圈两边所产生的感应电动势的方向始终相反，因此，电刷 A、B 两端的总电动势是线圈两边感应电动势之和，即

$$e = e_1 + e_2 = 2B_{\mathrm{m}}lv\sin\alpha$$

式中 B_{m}、l、v 都是常数，因此 $2B_{\mathrm{m}}lv$ 可用常数 E_{m} 来表示，于是线圈在任意位置上的感应电动势可写成

$$e = E_{\mathrm{m}}\sin\alpha \tag{3-2}$$

式（3-2）表示线圈中的感应电动势是按正弦规律变化的交流电，如图 3-3 所示。

三、正弦交流电的三要素

为了说明正弦交流电是由哪些因素确定的，特引入正弦交流电三要素的概念。

正弦交流电的三要素是指最大值、频率（或角频率、周期）和初相角。

1. 最大值

最大值是用来表示正弦交流电变化范围的物理量。因为正弦交流电是随时间按正弦规律

不断变化的，所以它在某一时刻的数值和其他时刻的数值不一定相同，正弦交流电在任一时刻的数值叫做瞬时值，用小写字母 e、u、i 表示；最大的一个瞬时值称为最大值（或峰值、振幅），正弦交流电动势、电压和电流的最大值分别用 E_m、U_m、I_m 表示。

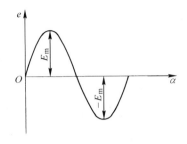

图 3-3　感应电动势变化曲线

2. 频率、周期和角频率

（1）频率　频率是指 1s 内交流电变化的次数，以 f 表示，单位是赫兹，简称赫（Hz）。另外，还有千赫（kHz）、兆赫（MHz）。它们之间的关系如下：

$$1kHz = 10^3 Hz$$

$$1MHz = 10^3 kHz = 10^6 Hz$$

（2）周期　周期是指正弦交流电变化一次所需要的时间，用 T 表示，单位是秒（s），另外，还有毫秒（ms）、微秒（μs）、纳秒（ns），它们之间的关系如下：

$$1ms = 10^{-3}s$$

$$1μs = 10^{-3}s$$

$$1ns = 10^{-9}s$$

根据周期和频率的定义可知周期与频率互为倒数，即

$$f = \frac{1}{T} \quad 或 \quad T = \frac{1}{f} \qquad (3\text{-}3)$$

在我国的供电系统中，交流电的频率是 50Hz（通称为工频），周期是 0.02s。

（3）角频率　在讨论角频率之前先引入电角度的概念。所谓电角度是指正弦交流电在变化过程中决定其大小和方向的角度。正弦交流电每变化一周所经历的电角度为 360° 或 $2\pi rad$。但电角度并不是在任何情况下都等于线圈实际转过的机械角度的。只有在两个磁极的发电机中，电角度才等于机械角，在正弦交流电的数学表达式中出现的都是电角度。

角频率是指正弦交流电每秒钟变化的电角度，用 ω 表示，单位是弧度/秒（rad/s）。根据正弦交流电频率与角频率的定义，可得 ω 与 f 之间的关系式为

$$\omega = 2\pi f \quad 或 \quad \omega = \frac{2\pi}{T} \qquad (3\text{-}4)$$

f、T、ω 所表征的都是正弦交流电变化的快慢程度，只要知道了其中的一个，就可按式（3-4）求出其余两个，所以这三者属于一个要素。

根据角频率的定义，可知经过时间 t 变化的电角度 α 与角频率 ω 的关系为

$$\alpha = \omega t$$

式（3-2）则可改写为

$$e = E_m \sin\omega t \qquad (3\text{-}5)$$

例 3-1　已知交流发电机所产生的感应电动势为 $e = 310\sin314t$ V。试求电动势的最大值、频率和周期。

解　将已知式与公式 $e = E_m \sin\omega t$ 比较可得

$$E_m = 310V$$

$$\omega = 314rad/s$$

$$f = \frac{\omega}{2\pi} = \frac{314}{2 \times 3.14}\text{Hz} = 50\text{Hz}$$

$$T = \frac{1}{f} = \frac{1}{50}\text{s} = 0.02\text{s}$$

3. 初相角

初相角是用来确定正弦交流电在计时起点瞬时值的物理量。

以上在分析正弦交流电动势产生时为便于说明它的变化，选定线圈的起始位置与中性面一致，此时正弦交流电动势所对应的电角度为零，用 $e = E_{m}\sin\alpha = E_{m}\sin\omega t$ 来表示。但实际上，正弦交流电的变化是连续的，并没有一定的起点和终点。如果在开始计时的时刻即 $t = 0$ 的时候，线圈与中性面的交角不等于零而等于 φ，如图 3-4a 所示，则线圈中的感应电动势可表示为

$$e = E_{m}\sin(\omega t + \varphi) \tag{3-6}$$

正弦交流电在开始计时起点（$t = 0$）所对应的电角度称为初相角，也叫做初相位或初相，用 φ 表示。

在正弦交流电流波形图中如何观察初相 φ 呢？因为习惯上初相角不用绝对值大于 180° 的角度来表示，所以可在波形图中先找出坐标原点以后瞬时值第一次出现正值的那个半波。若 $t = 0$ 时，该正弦交流电的瞬时值为正值，则初相角 φ 为正值，反之为负值。也就是在坐标原点左侧的初相角为正值，坐标原点右侧的初相角为负值。如图 3-5 所示，电流 i_1 的初相角为 $+60°$，i_2 的初相角为 $-75°$。

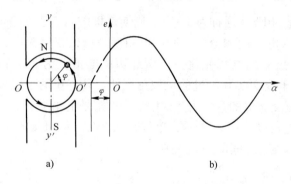

图 3-4　初相角的判别

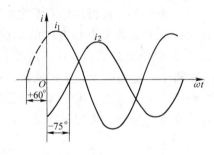

图 3-5　初相角示意图

四、正弦交流电的相位和相位差

式（3-6）中（$\omega t + \varphi$）表示了正弦交流电在任意时刻的电角度 α，通常称为相位角，也称为相位或相角。

例 3-2　在图 3-4a 中，若初相角 $\varphi = 60°$，$E_{m} = 5\text{V}$，$f = 50\text{Hz}$，试求：1）$t = 5\text{ms}$ 时的相位角；2）$t = 0$ 和 $t = 5\text{ms}$ 时感应电动势的值。

解　1）已知初相角 $\varphi = 60° = \dfrac{\pi}{3}\text{rad}$，则 $t = 5\text{ms}$ 时的相位角为

$$\alpha = (\omega t + \varphi)$$

$$= \left(2\pi \times 50 \times 5 \times 10^{-3} + \frac{\pi}{3}\right)\text{rad}$$

$$= \left(\frac{\pi}{2} + \frac{\pi}{3} \right) \text{rad}$$

$$= \frac{5}{6} \pi \text{rad}$$

2）$t = 0$ 时，感应电动势为

$$e = E_\text{m} \sin\varphi = 5 \sin 60° \text{V} = 5 \times \frac{\sqrt{3}}{2} \text{V} \approx 4.3 \text{V}$$

$t = 5\text{ms}$ 时，感应电动势为

$$e = E_\text{m} \sin (\omega t + \varphi)$$

$$= 5 \sin \frac{5}{6} \pi \text{V}$$

$$= 2.5 \text{V}$$

在分析正弦交流电时，常要遇到相位差的概念。两个频率相同的正弦交流电，虽然它们交变的快慢相同，但由于初相角不同，所以不能同时到达零值或最大值。两个同频率正弦交流电的初相角之差称为相位差，用 φ 表示。若正弦电压 u_1 的初相角是 φ_1，另一个同频率正弦电压 u_2 的初相角为 φ_2，则两个正弦电压的相位差为

$$\varphi = \alpha_1 - \alpha_2 = (\omega t + \varphi_1) - (\omega t + \varphi_2) = \varphi_1 - \varphi_2 \qquad (3\text{-}7)$$

由式（3-7）可知：两个同频率正弦交流电的相位差，等于它们的初相角之差。

在图 3-5 中，i_1 和 i_2 是同频率正弦电流，它们的相位差为

$$\varphi = \varphi_1 - \varphi_2 = 60° - (-75°) = 135°$$

若一个正弦交流电 e_1 的初相角 φ_1 大于另一个同频率正弦交流电 e_2 的初相角 φ_2，即 $\varphi_1 - \varphi_2 > 0$，则 e_1 将比 e_2 提前到达零值或最大值，这种情况叫做 e_1 的相位超前于 e_2，或 e_2 的相位滞后 e_1。图 3-5 中，i_1 的相位比 i_2 超前 135°，或者说 i_2 的相位比 i_1 滞后 135°。

若两个同频率正弦交流电的初相角相同（相位差为零），即它们同时到达正的最大值、或零值、或负的最大值，这两个交流电叫做同相位，简称同相；若两者初相角相差 180°（相位差为 180°），即一个到达正的最大值时，另一个到达负的最大值，叫做反相，其波形分别如图 3-6a、b 所示。

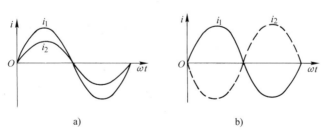

图 3-6　交流电的同相和反相

a）同相　b）反相

由此可以看出，只要三要素确定了，它所对应的正弦交流电也就确定了。三要素是正弦量之间相互区别的依据。

五、正弦交流电的有效值

为了更清楚地表明交流电在实际运用中的作用，需要引入一个既能准确反映交流电大小

又便于计算和测量的物理量，即交流电的有效值。交流电的有效值是根据其热效应来确定的。

如图3-7所示，让交流电流和直流电流分别通过阻值相等的两个电阻 R，如果在相同的时间内，这两种电流产生的热量相等，就把该直流电流的数值定义为此交流电流的有效值，即把热效应相等的直流电流的数值叫做交流电流的有效值。交流电动势和交流电压有效值的定义和交流电流有效值的定义类似。显然有效值是不随时间变化的物理量。

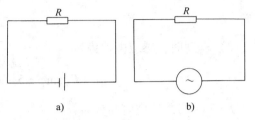

图3-7　热效应相等的直流电为交流电的有效值
a）直流电流　b）交流电流

正弦交流电动势、电压和电流的有效值分别用大写字母 E、U、I 表示。

通过计算可以证明，正弦交流电各正弦量的有效值分别等于其最大值的 $1/\sqrt{2}$ 倍，或近似为 0.707 倍，即

$$\left.\begin{array}{l} E = \dfrac{E_m}{\sqrt{2}} \approx 0.707 E_m \\[3mm] U = \dfrac{U_m}{\sqrt{2}} \approx 0.707 U_m \\[3mm] I = \dfrac{I_m}{\sqrt{2}} \approx 0.707 I_m \end{array}\right\} \tag{3-8}$$

用交流电表测量得到的电动势、电压和电流都是有效值。 一般电器、仪表上所标注的交流电压、电流数值也都是有效值。今后在分析和计算交流电路时，如不加特殊说明，都是指它们的有效值。

第二节　正弦交流电的表示方法

正弦交流电通常用解析法、图形法、旋转矢量法和符号法进行表示。

一、解析法

用三角函数式表示正弦交流电与时间变化关系的方法叫做解析法。

正弦交流电动势、电压和电流的解析式分别为

$$\left.\begin{array}{l} e = E_m \sin\ (\omega t + \varphi_e) \\[2mm] u = U_m \sin\ (\omega t + \varphi_u) \\[2mm] i = I_m \sin\ (\omega t + \varphi_i) \end{array}\right\} \tag{3-9}$$

例3-3　已知一个正弦电压 $u = 311\sin(314t + \pi/6)\,\mathrm{V}$，试求：1）该正弦电压的三要素；2）该电压的有效值；3）该正弦电压在 $t = 0$ 时的瞬时值。

解　1）根据 $u = U_m\sin(\omega t + \varphi)$，对照已知的解析式可知该正弦电压的三要素为 $U_m = 311\mathrm{V}$，$\omega = 314\mathrm{rad/s}$，$\varphi = \dfrac{\pi}{6}$。

2）电压的有效值 $U = \dfrac{U_m}{\sqrt{2}} = \dfrac{311}{\sqrt{2}}\mathrm{V} = 220\mathrm{V}$。

3）$t=0$ 时，$u=311\sin\dfrac{\pi}{6}\text{V}=155.5\text{V}$。

二、图形法

利用平面直角坐标系中画出的正弦交流电的波形图来描述正弦交流电的方法叫做图形法。

波形图中的横坐标表示电角度 ωt（或表示时间 t），纵坐标表示正弦交流电的瞬时值。

例 3-4　根据图 3-8 所示电流波形图写出该正弦电流的解析式。

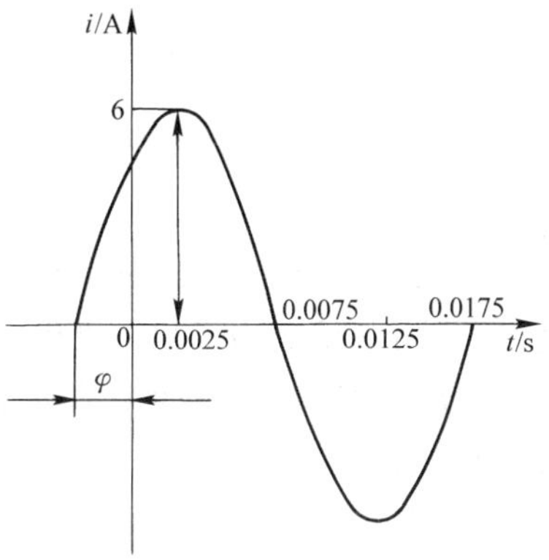

解　从波形图可知 $I_\text{m}=6\text{A}$，则

$$T=2\times(0.0175-0.0075)\text{s}=0.02\text{s}$$

即　$f=\dfrac{1}{T}=\dfrac{1}{0.02}\text{Hz}=50\text{Hz}$

$$\omega=2\pi f=2\times3.14\times50\text{rad/s}=314\text{rad/s}$$

因为 $\dfrac{T}{4}=\dfrac{0.02}{4}\text{s}=0.005\text{s}$

所以初相角 φ 所对应的时间为

$$(0.005-0.0025)\ \text{s}=0.0025\text{s}$$

$$\varphi=\dfrac{0.0025\times2\pi}{0.02}=\dfrac{\pi}{4}$$

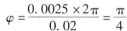

图　3-8

所以该正弦电流的解析式为

$$i=6\sin\left(314t+\dfrac{\pi}{4}\right)\text{A}$$

三、旋转矢量法

所谓旋转矢量法，就是在平面直角坐标中，用一个通过原点的以逆时针方向旋转的矢量来表示一个正弦量的方法。该矢量的长度表示正弦量的最大值，用 E_m（或 U_m、I_m）表示；该矢量的起始位置与横轴正方向的夹角表示初相角（规定从横轴正方向或参考位置按逆时针方向旋转的角度为正，按顺时针方向旋转的角度为负）；该矢量逆时针旋转的角速度等于正弦量的角频率 ω。一般把这样的图形叫做正弦交流电的矢量图。

此旋转矢量既能表示出正弦交流电的三要素，又能通过矢量在纵轴上的投影求得其瞬时值，能完整地表达一个正弦交流电。下面以旋转矢量表示正弦电压 $u=U_\text{m}\sin\omega t$ 为例说明。

在图 3-9 中，从坐标原点 O 在横轴上作矢量 A 等于电压的最大值 U_m，让 A 以角速度 ω（等于 u 的角频率 ω）绕原点 O 逆时针方向旋转。在 $t=t_0$ 时，A 与横轴的夹角为零值，A 在纵轴上的投影为零，此时 u 的瞬时值也为零。经过时间 t_1 后，矢量 A 旋转了电角度 ωt_1，此时矢量 A 在纵轴上的投影为 $U_\text{m}\sin\omega t_1$，这就是电压 u 在 $t=t_1$ 时的瞬时值。当 $t=t_2$ 时，A 旋转了电角度 $\omega t_2=\dfrac{\pi}{2}$，$A$ 在纵轴上的投影等于电压的最大值 U_m，此时 u 的瞬时值为 $U_\text{m}\sin\omega t_2=$ $U_\text{m}\sin\dfrac{\pi}{2}=U_\text{m}$。可见，该旋转矢量在旋转过程中每一时刻在纵轴上的投影正好等于它所表达的正弦量的瞬时值。同理，正弦交流电动势、正弦交流电流都可引入相应的旋转矢量来表示。

在电路计算中，常常需要把几个同频率的正弦交流电进行加减运算。可以证明：**当两个**

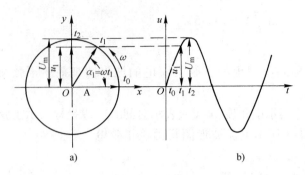

图 3-9　正弦交流电的旋转矢量表示法

同频率正弦交流电流相加时，其和仍然是一同频率的正弦电流，这个合成的正弦交流电流瞬时值等于两个相加的正弦交流电流瞬时值的代数和，而合成的正弦电流的最大值（或有效值）等于两个相加的正弦电流的最大值（或有效值）的矢量和。这个结论对同频率的正弦交流电压或电动势也适用。

例 3-5　已知 $u_1 = 30\sin 314t\,\mathrm{V}$，$u_2 = 40\sin(314t + \pi/2)\,\mathrm{V}$，写出 $u = u_1 + u_2$ 的解析式。

解　因为两个同频率正弦电压相加时，其合成电压应为一同频率的正弦电压，所以

$$u = U_m\sin(314t + \varphi)$$

在直角坐标中作出 $\boldsymbol{U}_{1m}$、$\boldsymbol{U}_{2m}$ 和 $\boldsymbol{U}_m$ 的矢量图，$\boldsymbol{U}_m = \boldsymbol{U}_{1m} + \boldsymbol{U}_{2m}$，如图 3-10 所示。因为

$$U_m = \sqrt{U_{1m}^2 + U_{2m}^2} = \sqrt{30^2 + 40^2}\,\mathrm{V} = 50\,\mathrm{V}$$

$$\varphi = \arccos\frac{U_{1m}}{U_m} = \arccos 0.6 \approx 53°8'$$

所以　　　　　　　　　　　　$u = 50\sin(314t + 53°8')\ \mathrm{V}$

在运用旋转矢量法时应注意以下问题：

（1）正弦电动势、电压、电流这些物理量都是时间的正弦函数，因此可以用旋转矢量来表示，但它们本身不是矢量，和力、电场强度等在空间具有一定方向的矢量概念是有区别的。

（2）旋转矢量法只适用于同频率的正弦交流电的相加或相减，只有表示同频率正弦量的几个旋转矢量才能画在一张矢量图上。因为在旋转过程中，它们的相对位置是不变的，所以，在矢量图中只要画出它们的起始位置即可。若仅仅需要表示出各矢量间的相对关系时，可不画直角坐标，并设某一矢量为参考矢量（初相角为零），根据它和其他矢量的相位差来画出其他的矢量即可。

（3）在实际中，出现的常是正弦交流电的有效值，所以在画矢量图时一般采用有效值矢量图，分别以 $\boldsymbol{I}$、$\boldsymbol{U}$、$\boldsymbol{E}$ 表示。作有效值矢量图的原则同前，但必须指出，有效值矢量是静止的矢量，它在纵轴上的投影不代表正弦量瞬时值。

例 3-6　作 $i = 10\sqrt{2}\sin(314t - 30°)\ \mathrm{A}$ 和 $u = 15\sqrt{2}\sin(314t + 60°)\ \mathrm{V}$ 的有效值矢量图。

解　表示上述两个同频率正弦量的有效值矢量图如图 3-11 所示。

四、符号法

用复数符号不仅能表示正弦交流电，而且可以用代数运算的方法对交流电路进行计算，

这就称为复数符号法，简称符号法。

为了更好地理解符号法，这里先对复数作一简要的复习。

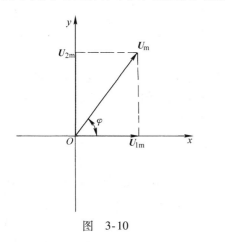

图　3-10

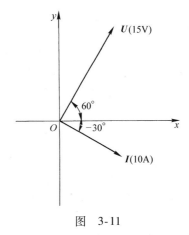

图　3-11

1. 复数的基本形式

由代数学已知 $\sqrt{-1}$ 称为虚数单位。在电工学中虚数单位用 j 来表示，即

$$j = \sqrt{-1}$$

实数与 j 的乘积称为虚数。由实数和虚数组合而成的数称为复数。把复数表示为一个实数部分和一个虚数部分，这种表示形式称为复数的代数形式。代数形式的复数一般式为

$$A = a + jb \tag{3-10}$$

式中　A——复数；

　　　a——复数 A 的实部；

　　　b——复数 A 的虚部。

复数可用复平面上的点来表示。所谓复平面，就是它的横坐标轴是实数轴，简称实轴，以实数 1 为标度单位；而它的纵坐标轴是虚数轴，简称虚轴，以虚数 j 为标度单位。每一个复数 $A = a + jb$ 在复平面上都有一个对应的点，或者说复平面上的每一个点都对应着一个复数。

复数也可以用复平面上的矢量表示，如图 3-12 所示。其中复数的大小即模为

$$r = \sqrt{a^2 + b^2}$$

复数矢量的方向即辐角为

$$\varphi = \arctan \frac{b}{a}$$

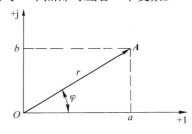

图 3-12　复数的矢量表示

由此可知　$a = r\cos\varphi$，$b = r\sin\varphi$

$$A = a + jb = r\cos\varphi + jr\sin\varphi =$$
$$r\left(\cos\varphi + j\sin\varphi\right) \tag{3-11}$$

式（3-11）为复数 A 的三角形式。

根据欧拉公式知

$$\cos\varphi = \frac{e^{j\varphi} + e^{-j\varphi}}{2}, \quad \sin\varphi = \frac{e^{j\varphi} - e^{-j\varphi}}{2j}$$

所以
$$\cos\varphi + \mathrm{j}\sin\varphi = \mathrm{e}^{\mathrm{j}\varphi}$$
因此复数 A 的指数形式为
$$A = r\mathrm{e}^{\mathrm{j}\varphi} \tag{3-12}$$
为了书写方便，电工专业常把复数矢量的三角形式和指数形式简写成极坐标形式，即
$$A = r(\cos\varphi + \mathrm{j}\sin\varphi) = r\mathrm{e}^{\mathrm{j}\varphi} = r\underline{/\varphi} \tag{3-13}$$

综上所述可知，一个复数既可用复平面上的一个点来表示，也可用复平面上的一个矢量表示。复平面上的每一个矢量都对应一个复数，所以矢量也可用复数表示，并且有四种表示形式，即代数形式、三角形式、指数形式和极坐标形式。

2. 复数的四则运算

复数的四则运算和实数的四则运算基本相同，但要注意以下一些法则和定义：

（1）加减法　复数加减运算用代数形式比较方便。运算时实部和实部相加减，虚部和虚部相加减。例如复数 A_1、A_2 分别为 $A_1 = a_1 + \mathrm{j}b_1$，$A_2 = a_2 + \mathrm{j}b_2$，则
$$A_1 \pm A_2 = (a_1 \pm a_2) + \mathrm{j}(b_1 + b_2) \tag{3-14}$$

（2）乘除法　复数的乘除运算，一般用指数形式或极坐标形式比较方便。相乘时，复模相乘，幅角相加；相除时，复模相除，幅角相减。

若
$$A_1 = r_1\mathrm{e}^{\mathrm{j}\varphi_1} \qquad A_2 = r_2\mathrm{e}^{\mathrm{j}\varphi_2}$$
则
$$A_1 A_2 = r_1 r_2 \mathrm{e}^{\mathrm{j}(\varphi_1 + \varphi_2)} = r_1 r_2 \underline{/\varphi_1 + \varphi_2}$$
$$\frac{A_1}{A_2} = \frac{r_1}{r_2}\mathrm{e}^{\mathrm{j}(\varphi_1 - \varphi_2)} = \frac{r_1}{r_2}\underline{/\varphi_1 - \varphi_2} \tag{3-15}$$

（3）复数乘法的几何意义及旋转因子　若用 $A_2 = r_2\underline{/\varphi_2}$ 去乘 $A_1 = r_1\underline{/\varphi_1}$，其乘积是 $r_1 r_2$ $\underline{/\varphi_1 + \varphi_2}$，把它们画在复平面上，如图 3-13 所示。可以看出，相乘的结果是把复数 A_1 沿逆时针方向转了 φ_2 角，并把它的模扩大 A_2 倍。

由于
$$\mathrm{j} = \mathrm{e}^{\mathrm{j}90°} = 1\underline{/90°}$$
$$\mathrm{j}^2 = \mathrm{e}^{\mathrm{j}180°} = 1\underline{/180°} = -1$$
$$\mathrm{j}^3 = \mathrm{e}^{\mathrm{j}270°} = 1\underline{/270°} = -\mathrm{j}$$
$$\mathrm{j}^4 = \mathrm{e}^{\mathrm{j}360°} = 1\underline{/360°} = 1$$

所以复数 A 乘以 j，就表示其模不变，但幅角增加 $90°$，它相当于复数 A 逆时针转 $90°$。同理可知，如复数乘以 $-\mathrm{j}$，即表示它的幅角减少 $90°$ 或相当于复数 A 顺时针转 $90°$，如图 3-14所示。因此 j 又可称为旋转 $90°$ 的算子。

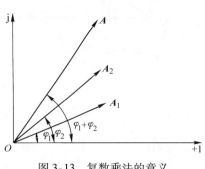

图 3-13　复数乘法的意义

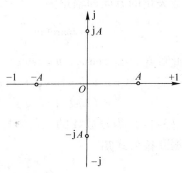

图 3-14　j 的几何意义

若一个复数的模是 1，其幅角是 ωt，可用复数形式表示为 $e^{j\omega t}$，即它的角速度 ω 是常数，但幅角随时间的变化而变化，因此它是一个不断旋转的单位矢量。

有一复数 $A = re^{j\varphi}$，如用 $e^{j\omega t}$ 去乘它，就得到

$$Ae^{j\omega t} = re^{j\varphi} \cdot e^{j\omega t} = re^{j(\omega t + \varphi)} = t \underline{/(\omega t + \varphi)}$$

此结果说明，该复数乘 $e^{j\omega t}$ 后，其模不变，但幅角成为时间 t 的函数 $\omega t + \varphi$，这相当于把复数 A 沿逆时针方向不断地旋转，如图 3-15 所示。所以我们把 $e^{j\omega t}$ 叫做旋转因子。

3. 正弦量的复数表示

由于正弦量可以用实平面上的旋转矢量来表示，因此，正弦量一定也可以用复平面上的旋转矢量来表示。若把复数 $A = re^{j\varphi_0}$ 乘以旋转因子 $e^{j\omega t}$，则其积为 $Ae^{j\omega t} = re^{j(\omega t + \varphi_0)}$。这表示复数 A 逆时针方向转到了 A'，如图 3-16 所示。由此可见，带有旋转因子的复数，在复平面上就是一个以角频率 ω 逆时针方向旋转的矢量。因此这个带有旋转因子的复数就可以用来表示一个正弦量。若用指数形式的复数表示正弦量，则复数的模 r 应等于正弦量的最大值，幅角 φ_0 应等于正弦量的初相位，旋转因子中的 ω 应等于正弦量的角频率。

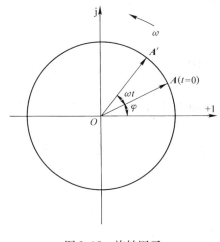

图 3-15 旋转因子

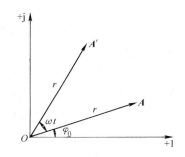

图 3-16 复平面上的旋转矢量

在交流电路计算中，常常只考虑同频率正弦量之间有效值的关系，故无需运算频率，因此可把复数中的旋转因子 $e^{j\omega t}$ 舍去，并使复数的模等于正弦量的有效值。在这种情况下，正弦量只需要用两个因素来确定（即有效值和初相位）。

表示正弦量的有效值（或最大值）和初相位的复数称为相量。为了区别于其他不代表正弦量的复数，故相量用顶部带有圆点的大写字母表示。例如电流相量 $\dot{I}$、电压相量 $\dot{U}$、电动势相量 $\dot{E}$。

若把正弦电流 $i = I_m \sin(\omega t + \varphi_i)$ 用相量表示，则它的最大值相量为

$$\dot{I}_m = I_m e^{j\varphi_i} = I_m \underline{/\varphi_i}$$

它的有效值相量为

$$\dot{I} = I e^{j\varphi_i} = I \underline{/\varphi_i}$$

相量在复平面上的几何表示，称为相量图，只有同频率的正弦量才能用相量法计算。

例3-7　设有两个正弦电流，$i_1 = 3\sin(\omega t + 30°)$ A，$i_2 = 4\sin(\omega t - 60°)$ A，试用相量分析法求 $i = i_1 + i_2$ 的瞬时值表示式。

解　如图3-17所示，列出正弦电流 i_1 和 i_2 的相量代数形式，即

$$\dot{I}_{1m} = 3(\cos30° + j\sin30°)A = (2.6 + j1.5)A$$

$$\dot{I}_{2m} = 4[\cos(-60°) + j\sin(-60°)]A = (2 - j3.46)A$$

根据复数四则运算法则可知

$$\dot{I}_m = \dot{I}_{1m} + \dot{I}_{2m} = [(2.6 + j1.5) + (2 - j3.46)]A =$$
$$(4.6 - j1.96)A = 5e^{j(-23.1°)}A$$

即合成电流其相量的复模是5，幅角是 $-23.1°$，因此可得到对应的总电流瞬时值表示式为

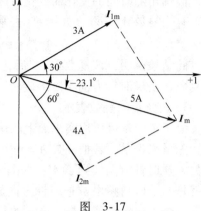

图　3-17

$$i = i_1 + i_2 = 5\sin(\omega t - 23.1°)\ A$$

注意：为了简化分析，我们把 ωt 略去未计，只取 $\omega t = 0$ 时刻来计算，但最后列写瞬时值表示式时，不要忘了仍应把它补入式中。

第三节　单相交流电路

由交流电源供电的电路称为交流电路。交流电路中的负载可以归纳为三类元件，即电阻元件 R、电感元件 L、电容元件 C。

在分析交流电路时，往往把各种实际的负载看作是 R、L、C 三类元件的不同组合。因为纯电路（纯电阻电路、纯电感电路和纯电容电路）是不可能存在的，但是需要在明确了纯电路的性质后，才能进一步分析复杂的交流电路。

因为在交流电路中电压、电流都是交变的，因此有两个作用方向。为分析电路方便，通常把其中的一个方向规定为正方向，而且同一电路中电压、电流的正方向应规定为一致，如图3-18所示。

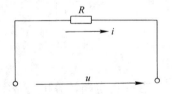

图3-18　交流电路中的
电压与电流的正方向

一、纯电阻电路

电阻 R 起主要作用，而电感 L 和电容 C 均可忽略不计的电路称为纯电阻电路。例如由白炽灯、电阻炉、电烙铁等负载组成的电路，可近似看作纯电阻电路。

如图3-19a所示，设加在电阻两端的正弦交流电压为

$$u_R = U_{Rm}\sin\omega t \tag{3-16}$$

实验证明，u_R、i、R 三者满足欧姆定律，即通过电阻的电流瞬时值为

$$i = \frac{u_R}{R} = \frac{U_{Rm}\sin\omega t}{R} = I_m\sin\omega t \tag{3-17}$$

所以通过电阻的电流的最大值为

$$I_m = \frac{U_{Rm}}{R}$$

若把电流最大值公式两边同时除以$\sqrt{2}$，则得

$$I = \frac{U_R}{R} \qquad (3\text{-}18)$$

由此可知，纯电阻电路中，电流与电压不仅同频率而且同相。它们的最大值或有效值之间的关系也符合欧姆定律。

纯电阻电路中，电压 U_R 和电流 I 的矢量图如图 3-19b 所示，电压与电流的波形如图 3-20 所示。

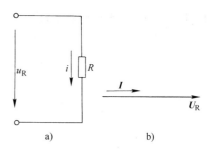

图 3-19 纯电阻电路及矢量图
a）纯电阻电路 b）矢量图

下面再来分析一下纯电阻电路中的功率问题。在纯电阻电路中，电压的瞬时值 u_R 与电流的瞬时值 i 的乘积叫做瞬时功率，用符号 p_R 来表示，即

$$p_R = u_R i$$

将各个时刻的瞬时功率在图上画出来，便可得到瞬时功率曲线，如图 3-20 所示。由于电压与电流同相位，所以 p_R 的值都为正值（除电流和电压为零的瞬时外），这表明在每一时刻，电阻都在向电源取用功率。

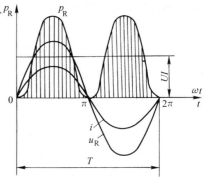

图 3-20 纯电阻电路中电压、电流及功率曲线

瞬时功率不便于计算和测量，通常用一个周期内的平均值来表示，称为平均功率。因为电阻消耗了电能，说明电流做了功，所以，平均功率又称为有功功率，用符号 P 来表示，单位为瓦（W）。

将式（3-16）、式（3-17）代入瞬时功率 p_R 的定义式，可得

$$\begin{aligned}
p_R = u_R i &= U_{Rm}\sin\omega t\, I_m\sin\omega t \\
&= U_{Rm} I_m \sin^2\omega t \\
&= U_{Rm} I_m \frac{1 - \cos2\omega t}{2} \\
&= \frac{U_{Rm} I_m}{2} - \frac{U_{Rm} I_m}{2}\cos2\omega t \\
&= U_R I - U_R I\cos2\omega t \qquad (3\text{-}19)
\end{aligned}$$

由式（3-19）可知，瞬时功率是两个分量之和：一个是恒定分量 $U_R I$，另一个是交变分量 $U_R I\cos2\omega t$。由数学计算可知，交变分量在一个周期内的平均值为零。所以，在纯电阻电路中，瞬时功率的平均值等于恒定分量 $U_R I$，也等于最大瞬时功率的 $1/2$，即

$$P = U_R I = I^2 R = \frac{U_R^2}{R} = \frac{1}{2} U_{Rm} I_m \qquad (3\text{-}20)$$

式中　P——平均功率或有功功率（W）；

　　　U_R——负载 R 两端的电压（V）；

　　　I——负载电流（A）；

　　　R——负载电阻（Ω）。

例3-8　电阻炉在工作时的电阻值为110Ω，在它两端加上 $u_R = 311\sin\left(314t + \pi/6\right)$ V

的电压，试求电阻炉上流过的电流 I 及有功功率 P。

解　由 $u_R = 311\sin(314t + \pi/6)$ V 可得

$$U_{Rm} = 311V \quad U_R = \frac{U_{Rm}}{\sqrt{2}} = \frac{311}{\sqrt{2}}V = 220V$$

$$I = \frac{U_R}{R} = \frac{220}{110}A = 2A$$

$$P = U_R I = 220 \times 2W = 440W$$

二、纯电感电路

电感 L 起主要作用，而电阻 R 和电容 C 均可忽略不计的交流电路称为纯电感电路。当一个电阻值很小的电感线圈接在交流电源上时，就可以近似看成是纯电感电路，如图3-21a所示。

当电感线圈两端加上一正弦交流电压 u_L 时，线圈中就必定要通过一交变电流，所以，线圈中就产生自感电动势 e_L 来阻碍电流的变化。由于，线圈中的电流变化总是滞后线圈两端外加电压的变化。所以 u_L 与 i 之间出现相位差。自感电动势 $e_L = -L\dfrac{\Delta i}{\Delta t}$。因为线圈的电阻为零，所以没有电压降，这时外加电压 u_L 就完全用来平衡线圈中产生的自感电动势 e_L。根据基尔霍夫第二定律，在任一时刻线圈两端电压 u_L 与线圈中自感电动势 e_L 总是大小相等、方向相反，即

$$u_L = -e_L = L\frac{\Delta i}{\Delta t} \tag{3-21}$$

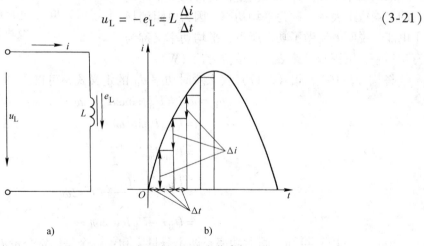

图3-21　纯电感电路及电流变化率
a）纯电感电路　b）电流变化率

为了说明线圈中电流 i 和线圈两端电压 u_L 的关系，假定线圈的电感量 L 为常数，电流 i 的初相为零，并把每一周期的电流变化分成以下四个阶段。

1）在 $0 \sim \dfrac{\pi}{2}$ 即第一个 1/4 周期内，电流从零增加到正的最大值。由于此间的电流变化率 $\Delta i / \Delta t$ 为正值，而且起始时为最大值，以后逐渐减小到零，所以，$e_L = -L\dfrac{\Delta i}{\Delta t}$ 从负的最大值逐渐变为零，而 $u_L = L\dfrac{\Delta i}{\Delta t}$ 从正的最大值逐渐变为零，如图3-22a所示。

2）在 $\dfrac{\pi}{2} \sim \pi$ 即第二个 1/4 周期内，电流从正的最大值减小到零。由于此期间电流的变化率 $\Delta i / \Delta t$ 为负值，且从零变到负最大值，所以 e_L 从零逐渐变为正的最大值，而 u_L 从零逐渐变到负最大值，如图 3-22a 所示。

3）在 $\pi \sim \dfrac{3}{2}\pi$ 即第三个 1/4 周期内，电流从零变到负最大值，由于此期间电流的变化率仍为负值，且从负最大值变到零，则 e_L 从正最大值变到零，而 u_L 从负最大值变到零，如图 3-22a 所示。

4）在 $\dfrac{3}{2}\pi \sim 2\pi$ 即第四个 1/4 周期内，电流从负最大值变到零，由于此期间电流的变化率为正值，且从零变到正最大值，则 e_L 从零变到负最大值，u_L 从零变到正最大值，如图 3-22a所示。

由此可见，纯电感电路中电流 i 与电压 u_L 同频率，而且电压 u_L 在相位上比电流 i 超前 90°，而自感电动势 e_L 总是滞后电流 90°。I、U_L、E_L 的矢量图如图 3-22b 所示。

设流过电感的正弦电流的初相为零，则电流、电压及自感电动势的瞬时值表达式为

$$\left. \begin{array}{l} i = I_m \sin\omega t \\[2mm] u_L = U_{Lm}\sin\left(\omega t + \dfrac{\pi}{2}\right) \\[2mm] e_L = E_{Lm}\sin\left(\omega t - \dfrac{\pi}{2}\right) \end{array} \right\} \tag{3-22}$$

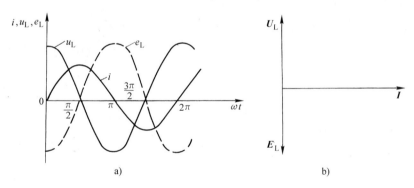

图 3-22 纯电感电路中电流、电压、自感电动势的变化曲线图及矢量图

实验证明，在纯电感电路中，电流 I 与电压 U_L 成正比，即

$$I = \dfrac{U_L}{X_L} \quad \text{或} \quad I_m = \dfrac{U_{Lm}}{X_L} \tag{3-23}$$

式（3-23）表示纯电感电路中，电压和电流的有效值或最大值之间的关系依然符合欧姆定律。把式（3-23）与 $I = \dfrac{U}{R}$ 相比较，可以看出 X_L 相当于 R。因此，X_L 表示了电感对交流电的阻碍作用，称为感抗。

由式（3-21）可知，线圈的 L 越大，通过的交流电的频率越高，则线圈产生的自感电动势越大，所以对交流电的阻碍作用越大，也就是感抗越大。

线圈的感抗 X_L 与它的电感 L 及交流电的频率 f 之间的关系为

$$X_L = 2\pi fL = \omega L \tag{3-24}$$

式中　ω ——电源的角频率（rad/s）；

　　　　L——电感量（H）；

　　X_L——感抗（Ω）。

对直流电来说，由于 $f=0$，则 $X_L=0$。即电感 L 对直流电没有阻碍作用。

因为纯电感电路中，u_L 和 i 的相位不同，所以 u_L 和 i 之间的瞬时值关系不符合欧姆定律，即感抗 X_L 只代表电压与电流的有效值或最大值的比值，而不代表电压与电流的瞬时值的比值。

纯电感电路中的瞬时功率也应是电压与电流瞬时值的乘积，即

$$p_L = u_L i$$

将式（3-22）中 u_L、i 的解析式代入上式，可得

$$\begin{aligned}
p_L &= U_{Lm}\sin\left(\omega t + \frac{\pi}{2}\right)I_m\sin\omega t \\
&= U_{Lm}I_m\sin\omega t\cos\omega t \\
&= \frac{1}{2}U_{Lm}I_m\sin 2\omega t \\
&= U_L I\sin 2\omega t
\end{aligned} \tag{3-25}$$

纯电感电路的功率曲线如图 3-23 所示。由式（3-25）和图 3-23 可知，功率曲线的频率是电压及电流频率的两倍，并且在电压的一个周期内，p_L 有一半时间为正值，另一半时间为负值，因此它的平均功率（有功功率）为零。其物理意义是纯电感电路不消耗电能，线圈与电源之间只进行能量的交换。在第一个、第三个 1/4 周期内，p_L 为正值，表示电感线圈把电源的电能转换为磁场能储存在线圈的磁场中；在第二个、第四个 1/4 周期内，p_L 为负值，表示电感线圈把储存的磁能转换为电能送回电源。

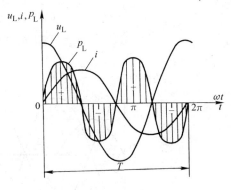

图 3-23　纯电感电路的功率曲线

为了表示电源与电感间能量互换的大小，这里引入了无功功率的概念。纯电感电路中瞬时功率的最大值叫做无功功率，用 Q_L 表示，即

$$Q_L = U_L I = I^2 X_L = \frac{U_L^2}{X_L} \tag{3-26}$$

式中　Q_L——无功功率（var）；

　　　U_L——线圈两端的电压（V）；

　　　　I——流过线圈的电流（A）；

　　　X_L——感抗（Ω）。

注意：具有电感性质的变压器、电机等设备，在工作时其线圈内部都要建立磁场，因此需要电源向它们提供无功功率。"无功"的含义是"交换"，而不是"消耗"，更不能理解为"无用"。当然，希望要求电源提供的无功功率应是越小越好。

例 3-9　把一个电阻可忽略不计、电感量为 10mH 的线圈分别接到频率为 5kHz 和 25kHz 的 220V 交流电源上，试求线圈中的电流。

解　当该线圈接到 5kHz、220V 交流电源上时，其感抗为

$$X_L = 2\pi f L = 2 \times 3.14 \times 5 \times 10^3 \times 10 \times 10^{-3}\Omega = 314\Omega$$

线圈中的电流为

$$I = \frac{U_L}{X_L} = \frac{220}{314}A \approx 0.7A$$

当接到 25kHz、220V 交流电源上时，其感抗为

$$X_L = 2\pi f L = 2 \times 3.14 \times 25 \times 10^3 \times 10 \times 10^{-3}\Omega = 1570\Omega$$

线圈中的电流为

$$I = \frac{U_L}{X_L} = \frac{220}{1570}A \approx 0.14A$$

例 3-10　在电源电压为 120V、频率为 50Hz 的交流电源上接入电感为 0.0127H 的线圈（其电阻忽略不计）。试求感抗、电流和无功功率，如电流的初相角为零，写出 i 和 u_L 的瞬时值表达式。

解　1）
$$X_L = 2\pi f L = 2 \times 3.14 \times 50 \times 0.0127\Omega \approx 4\Omega$$

2）
$$I = \frac{U_L}{X_L} = \frac{120}{4}A = 30A$$

3）
$$Q_L = U_L I = 120 \times 30\text{var} = 3600\text{var}$$

4）
$$i = 30\sqrt{2}\sin 314t\,A$$

$$u_L = 120\sqrt{2}\sin\left(314t + \frac{\pi}{2}\right)V$$

三、纯电容电路

电容 C 起主要作用，而电阻 R 及电感 L 均可忽略不计的交流电路称为纯电容电路。当一个介质损耗很小、绝缘电阻很大的电容器接在交流电源上时，就可以认为是纯电容电路，如图 3-24a 所示。

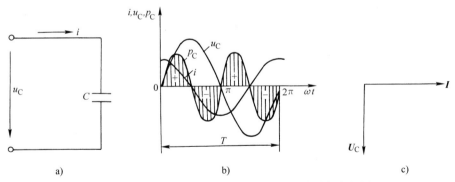

图 3-24　纯电容电路及电压、电流、功率曲线与矢量图
a）纯电容电路　b）电压、电流、功率曲线　c）矢量图

当电容器接到交流电路中时，由于外加电压的不断变化，电容器就不断充放电，因此电路中就不断有电流流过。

在电容器充放电过程中，电容器极板上积聚的电荷量与两极板间的电压之间的关系为 $Q = Cu_C$，则 $\Delta Q = C\Delta u_C$，又 $Q = it$，所以 $\Delta Q = i\Delta t$，因此电路中的电流表达式为

$$i = \frac{\Delta Q}{\Delta t} = C\frac{\Delta u_C}{\Delta t} \tag{3-27}$$

式（3-27）表明，纯电容电路中电流 i 与电容两端的电压变化率成正比。在 u_C 从零增加的瞬时，电压的变化率 $\Delta u_C/\Delta t$ 为最大，电流 i 也最大；当 u_C 到达最大值时，$\Delta u_C/\Delta t$ 为零，i 也为零。因此，纯电容电路中电流与电压的频率相同，且电流超前电压 $90°$。u_C 和 i 的波形与矢量图如图 3-24b、c 所示。

设加在电容器两端的正弦电压 u_C 的初相为零，则电压与电流的瞬时值表达式为

$$\left.\begin{array}{l} u_C = U_{Cm}\sin\omega t \\[2mm] i = I_m\sin\left(\omega t + \dfrac{\pi}{2}\right) \end{array}\right\} \tag{3-28}$$

实验和理论证明：在纯电容电路中，电流 I 与电压 U_C 成正比，即

$$I = \frac{U_C}{X_C} \quad \text{或} \quad I_m = \frac{U_{Cm}}{X_C} \tag{3-29}$$

式（3-29）表明，在纯电容电路中，电压与电流的有效值或最大值之间的关系符合欧姆定律。式中 X_C 称为电容器的容抗，它反映了电容器对交流电的阻碍作用。由式（3-27）可知，电容器的电容量越大，通过电容器的交流电频率越高，则电路上充放电电流就越大，容抗就越小。电容器的容抗 X_C 与它的电容量 C 和交流电的频率之间的关系为

$$X_C = \frac{1}{2\pi f C} = \frac{1}{\omega C} \tag{3-30}$$

式中　f——电源的频率（Hz）；

　　　C——电容量（F）；

　　　X_C——容抗（Ω）。

由于直流电的频率为零，所以电容器对直流电的容抗为无穷大，也就是说，电容器具有隔直流的作用。

纯电容电路中，u_C 和 i 的相位不同，所以 u_C、i 之间的瞬时值关系也不符合欧姆定律。容抗 X_C 只代表电压与电流最大值或有效值之比，而不等于它们的瞬时值之比。纯电容电路中的瞬时功率为

$$\begin{aligned} p_C &= u_C i \\ &= U_{Cm}\sin\omega t I_m\sin\left(\omega t + \frac{\pi}{2}\right) \\ &= U_{Cm}I_m\sin\omega t\cos\omega t \\ &= U_C I\sin 2\omega t \end{aligned} \tag{3-31}$$

纯电容电路的功率曲线如图 3-24b 所示。由式（3-31）和图 3-24b 可知，功率曲线的频率是电压及电流频率的两倍，它的平均功率（有功功率）为零。其物理意义是：电容器不消耗电能，它和电源之间只进行能量的交换。在第一个、第三个 1/4 周期内，p_C 为正值，表示电容器充电，从电源吸取电能并转换为电场能储存在电容器中；在第二个、第四个 1/4 周期内，p_C 为负值，表示电容器放电，将原来储存在电容器中的电场能转换为电能送还电源。

纯电容电路中瞬时功率的最大值叫做电容器的无功功率，用 Q_C 表示，即

$$Q_C = U_C I = I^2 X_C = \frac{U_C^2}{X_C} \tag{3-32}$$

式中　Q_C——电容器的无功功率（var）；

　　　U_C——电容器两端电压的有效值（V）；

　　　I——电流的有效值（A）；

　　　X_C——容抗（Ω）。

例 **3-11**　把电容为 $40\mu F$ 的电容器接在 220V 的工频交流电源上，试求容抗、电流和无功功率，如电压的初相角为零，写出 u_C 和 i 的瞬时值表达式。

解　1）
$$X_C = \frac{1}{2\pi f C} = \frac{1}{2 \times 3.14 \times 50 \times 40 \times 10^{-6}}\Omega \approx 80\Omega$$

2）
$$I = \frac{U_C}{X_C} = \frac{220}{80}A = 2.75A$$

3）
$$Q_C = U_C I = 220 \times 2.75\,var = 605\,var$$

4）
$$u_C = 220\sqrt{2}\sin314t\,V$$

$$i = 2.75\sqrt{2}\sin\left(314t + \frac{\pi}{2}\right)A$$

四、电阻与电感的串联电路

大多数的用电器都同时具有电阻和电感，而且 R 和 L 在实际结构上彼此不能分离，在分析电路时为了方便，可用一个纯电阻 R 和纯电感 L 相串联的等效电路来代替，一般称为 RL 串联电路，如图 3-25a 所示。

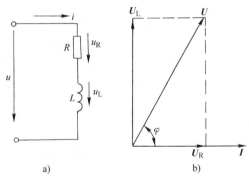

设流过 RL 串联电路的电流 $i = I_m\sin\omega t$，则电阻两端的电压 $u_R = I_m R\sin\omega t = U_{Rm}\sin\omega t$，电感两端的电压 $u_L = I_m X_L\sin(\omega t + \pi/2) = U_{Lm}\sin(\omega t + \pi/2)$。根据串联电路的性质，$RL$ 串联电路两端总电压 u 的瞬时值应等于两个分电压 u_R 和 u_L 的瞬时值之和，即

图 3-25　电阻与电感的串联电路及矢量图
a）串联电路　b）矢量图

$$u = u_R + u_L$$

因为 u_R 和 u_L 是两个与 i 频率相同的正弦电压，所以它们的合成电压 u 也是与 i 同频率的正弦电压。因此，RL 串联电路两端的总电压的有效值应等于两个分电压有效值的矢量和，即

$$\boldsymbol{U} = \boldsymbol{U}_R + \boldsymbol{U}_L$$

因为串联电路中通过各元件的电流相等，所以在画矢量图时，通常把电流矢量画在水平位置上，作为参考矢量，电阻两端电压 $\boldsymbol{U}_R$ 与电流 $\boldsymbol{I}$ 同相位，电感两端电压 $\boldsymbol{U}_L$ 比 $\boldsymbol{I}$ 超前90°，运用平行四边形法则，求出 $\boldsymbol{U}_R$ 与 $\boldsymbol{U}_L$ 的合成矢量 $\boldsymbol{U}$，即为 $\boldsymbol{RL}$ 串联电路两端的总电压。其矢量图如图 3-25b 所示。

由图可知，$\boldsymbol{U}$、$\boldsymbol{U}_R$、$\boldsymbol{U}_L$ 三者组成一个直角三角形，所以

$$U = \sqrt{U_R^2 + U_L^2} \tag{3-33}$$

又因 $U_R = IR$，$U_L = IX_L$，将它们代入式（3-33）可得

$$U = \sqrt{(IR)^2 + (IX_L)^2} = I\sqrt{R^2 + X_L^2}$$

令

$$Z = \sqrt{R^2 + X_L^2} \tag{3-34}$$

则

$$I = \frac{U}{Z} \quad \text{或} \quad I_m = \frac{U_m}{Z} \tag{3-35}$$

式（3-35）表示 RL 串联电路中电流与电压的有效值或最大值也符合欧姆定律。Z 表示电路对电流的阻碍作用，称为电路的阻抗，单位为 Ω。

RL 串联电路中，总电压 U 总是比电流 I 超前 φ 角（$0° < \varphi < 90°$）。通常把电压超前电流的电路称为感性电路，或者说电路呈感性，称此时电路的负载为感性负载。

电流与电压的相位差为

或

$$\left.\begin{array}{l} \varphi = \arccos \dfrac{U_R}{U} = \arccos \dfrac{R}{Z} \\[2mm] \varphi = \arctan \dfrac{U_L}{U_R} = \arctan \dfrac{X_L}{R} \end{array}\right\} \tag{3-36}$$

在交流电路中，只有电阻 R 要消耗功率，所以 RL 串联电路的有功功率为

$$P = U_R I = UI\cos\varphi = S\cos\varphi \tag{3-37}$$

而 RL 串联电路的无功功率为

$$Q_L = U_L I = UI\sin\varphi = S\sin\varphi \tag{3-38}$$

式（3-37）和式（3-38）中，S 为总电压 U 与电流 I 的乘积，称为视在功率，它表示电源提供的总功率，即表示交流电源容量的大小，其国际制单位为伏安（$V \cdot A$）。

将式（3-37）和式（3-38）两边平方后相加，经整理后可得 P、Q_L、S 三者的关系为

$$S = \sqrt{P^2 + Q_L^2} \tag{3-39}$$

由式（3-39）可知，电源提供的总功率包含两部分，其中只有 P 是被电路取用的。有功功率 P 与视在功率 S 的比值反映了电路对电源输送功率的利用率，这个比值叫做功率因数 λ，由式（3-37）可得功率因数为

$$\lambda = \cos\varphi = \frac{P}{S} \tag{3-40}$$

可见，当电源的输出功率一定时，功率因数大时，则表示电路中用电设备取用的有功功率大，即电源输出功率的利用率高。

由 U_R、U_L、U 组成的直角三角形称为电压三角形，如图 3-26a 所示。

若把电压三角形的各边除以 I，则得到表示电阻 R、感抗 X_L 和阻抗 Z 之间关系的阻抗三角形，如图 3-26b 所示。

若把电压三角形的各边乘以 I，则得到表示有功功率 P、无功功率 Q_L 和视在功率 S 之间关系的功率三角形，如图 3-26c 所示。

以上这三个三角形为相似三角形，因此功率因数 λ 可分别根据这三个三角形求出，即

$$\lambda = \cos\varphi = \frac{U_R}{U} = \frac{R}{Z} = \frac{P}{S} \tag{3-41}$$

应该注意的是：**只有电压三角形才是矢量三角形，而阻抗三角形和功率三角形的三边不能用矢量表示。**

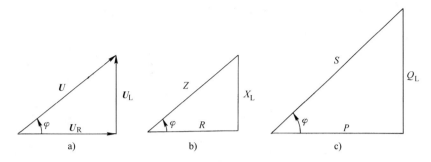

图 3-26　RL 串联电路的电压、阻抗和功率三角形

a）电压三角形　b）阻抗三角形　c）功率三角形

例 3-12　将电感为 25.5mH、电阻为 6Ω 的线圈接到电压为 $u = 220\sqrt{2}\sin\left(314t + \pi/9\right)$ V 的电源上。试求：1）线圈的阻抗；2）电路中的电流；3）功率因数；4）写出 i、u_R、u_L 的瞬时值表达式；5）电路的 P、Q_L、S；6）作出 $\boldsymbol{I}$、$\boldsymbol{U}$、$\boldsymbol{U_R}$、$\boldsymbol{U_L}$ 的矢量图。

解　1）因

$$X_L = \omega L = 314 \times 25.5 \times 10^{-3}\Omega \approx 8\Omega$$

则

$$Z = \sqrt{R^2 + X_L^2} = \sqrt{6^2 + 8^2}\Omega = 10\Omega$$

2）

$$I = \frac{U}{Z} = \frac{220}{10}A = 22A$$

3）

$$\lambda = \cos\varphi = \frac{R}{Z} = \frac{6}{10} = 0.6$$

4）总电压比电流超前的角度为

$$\varphi = \arccos\frac{R}{Z} = \arccos 0.6 \approx 53°8'$$

$$i = 22\sqrt{2}\sin(314t + 20° - 53°8')A = 22\sqrt{2}\sin(314t - 33°8')A$$

$$U_R = IR = 22A \times 6\Omega = 132V$$

$$u_R = 132\sqrt{2}\sin(314t - 33°8')V$$

$$U_L = IX_L = 22A \times 8\Omega = 176V$$

$$u_L = 176\sqrt{2}\sin(314t - 33°8' + 90°)V$$

$$= 176\sqrt{2}\sin(314t + 56°52')V$$

5）

$$P = I^2R = 22^2A^2 \times 6\Omega = 2904W$$

$$Q_L = I^2X_L = 22^2A^2 \times 8\Omega = 3872var$$

$$S = UI = 220V \times 22A = 4840V \cdot A$$

6）$\boldsymbol{I}$、$\boldsymbol{U}$、$\boldsymbol{U_R}$、$\boldsymbol{U_L}$ 矢量图如图 3-27 所示。

例 3-13　有一个 40W 荧光灯用的镇流器，其直流电阻为 27Ω。当电流为 0.41A，频率为 50Hz 的交流电通过这一镇流器时，测得端电压为 164V。试求镇流器的电感量 L。

解　镇流器的阻抗为

$$Z = \frac{U}{I} = \frac{164V}{0.41A} = 400\Omega$$

镇流器的感抗为

$$X_L = \sqrt{Z^2 - R^2} = \sqrt{400^2 - 27^2}\,\Omega \approx 399.09\,\Omega$$

因 $X_L = 2\pi fL$，所以镇流器的电感为

$$L = \frac{X_L}{2\pi f} \approx \frac{399.09}{2 \times 3.14 \times 50}\,H \approx 1.27\,H$$

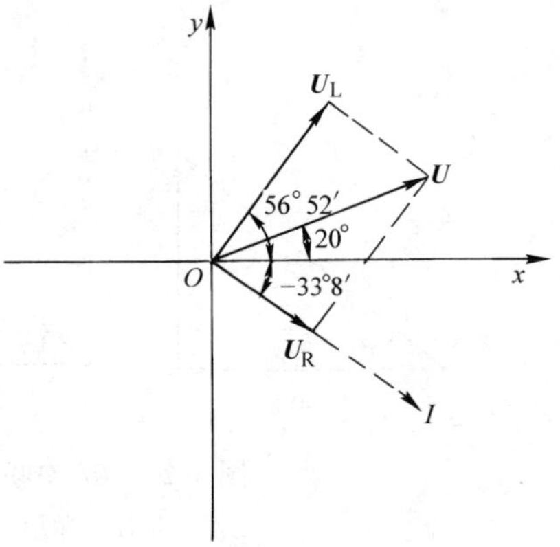

五、电阻与电容的串联电路

把电阻 R 和电容 C 串联后接在交流电源上，就组成了 RC 串联电路，如图 3-28a 所示。

当 RC 串联电路两端加上一正弦电压 u 时，电路中将产生一个同频率的正弦电流 i，电阻和电容两端的分电压 u_R 和 u_C 均为同频率的正弦电压。以电流作为参考矢量作矢量图，则 U_R 与 I 同相位，U_C 滞后 I 90°，按平行四边形法则，作出 U_R、U_C 和 U 的矢量。可知总电压 U 的相位比电流 I 滞后一个 φ 角，如图 3-28b 所示。通常把这种电压滞后电流的电路称为容性电路，或者说电路呈容性，此时电路的负载为容性负载。

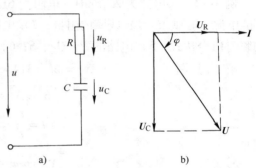

图 3-27　矢量图

由于 U、U_R、U_C 组成的电压三角形为直角三角形，所以

$$U = \sqrt{U_R^2 + U_C^2} = \sqrt{(IRI)^2 + (X_C)^2} = I\sqrt{R^2 + X_C^2}$$

令

$$Z = \sqrt{R^2 + X_C^2} \qquad (3\text{-}42)$$

则

$$I = \frac{U}{Z}$$

图 3-28　电阻与电容的串联电路及矢量图
a）串联电路　b）矢量图

式（3-42）表明 RC 串联电路中，电流、电压、阻抗三者符合欧姆定律。同样可得 RC 串联电路的电压、阻抗、功率三角形，如图 3-29 所示。

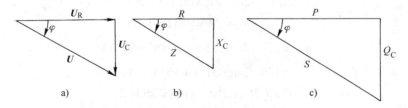

图 3-29　RC 串联电路的电压、阻抗、功率三角形
a）电压三角形　b）阻抗三角形　c）功率三角形

电路的有功功率　　　　　$P = U_R I = UI\cos\varphi = S\cos\varphi$ 　　　　　(3-43)

电路的无功功率　　　　　$Q_C = U_C I = UI\sin\varphi = S\sin\varphi$ 　　　　　(3-44)

则视在功率　　　　　　　$S = UI = \sqrt{P^2 + Q_C^2}$ 　　　　　(3-45)

功率因数　　　　　　　　$\lambda = \cos\varphi = \dfrac{P}{S} = \dfrac{U_R}{U} = \dfrac{R}{Z}$ 　　　　　(3-46)

总电压 U 和电流 I 的相位差可由下式求得

$$\left.\begin{array}{l}\varphi = \arccos \dfrac{P}{S} = \arccos \dfrac{U_R}{U} = \arccos \dfrac{R}{Z} \\[3mm] \varphi = \arctan \dfrac{Q_C}{P} = \arctan \dfrac{U_C}{U_R} = \arctan \dfrac{X_C}{R} \end{array}\right\} \qquad (3\text{-}47)$$

或

例 3-14　将电阻为 12Ω、电容量为 $637\mu F$ 的电容器串联后，接在 $u = 220\sqrt{2}\sin 314t\,\mathrm{V}$ 的电源上。试求：1）电路的阻抗；2）电路中的电流；3）电路的功率因数；4）写出 i、u_R、u_C 的瞬时值表达式；5）电路的 P、Q_C、S；6）作 I、U、U_R、U_C 的矢量图。

解　1）因

$$X_C = \frac{1}{\omega C} = \frac{1}{314 \times 637 \times 10^{-6}}\Omega \approx 5\Omega$$

则

$$Z = \sqrt{R^2 + X_C^2} = \sqrt{12^2 + 5^2}\,\Omega = 13\Omega$$

2）

$$I = \frac{U}{Z} = \frac{220\mathrm{V}}{13\Omega} \approx 17\mathrm{A}$$

3）

$$\lambda = \cos\varphi = \frac{R}{Z} = \frac{12\Omega}{13\Omega} \approx 0.9231$$

4）电流超前电压角度为

$$\varphi = \arccos\frac{R}{Z} = \arccos 0.9231 \approx 22°37'$$

所以

$$i = 17\sqrt{2}\sin\,(314t + 22°37')\ \mathrm{A}$$
$$U_R = IR = 17\mathrm{A} \times 12\Omega = 204\mathrm{V}$$
$$u_R = 204\sqrt{2}\sin\,(314t + 22°37')\ \mathrm{V}$$
$$U_C = IX_C = 17\mathrm{A} \times 5\Omega = 85\mathrm{V}$$
$$u_C = 85\sqrt{2}\sin\,(314t + 22°37' - 90°)\ \mathrm{V} = 85\sqrt{2}\sin\,(314t - 67°23')\ \mathrm{V}$$

5）

$$P = I^2 R = 17\mathrm{A}^2 \times 12\Omega = 3468\mathrm{W}$$
$$Q_C = I^2 X_C = 17\mathrm{A}^2 \times 5\Omega = 1445\mathrm{var}$$
$$S = IU = 17\mathrm{A} \times 220\mathrm{V} = 3740\mathrm{V \cdot A}$$

6）I、U、U_R、U_C 矢量图如图 3-30 所示。

六、电阻、电感和电容的串联电路

图 3-31a 所示为电阻、电感、电容三者组成的 *RLC* 串联电路。

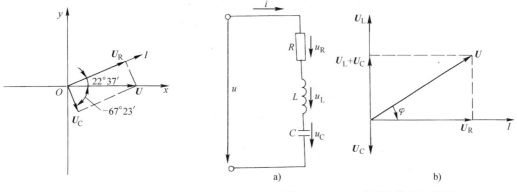

图　3-30

图 3-31　***RLC*** 串联电路及矢量图
a）串联电路　b）矢量图

仍以电流作为参考矢量，则电阻两端的电压 U_R 与 I 同相位；电感两端的电压 U_L 超前 I 90°，电容两端的电压 U_C 滞后 I 90°。总电压为三个分电压的矢量和，即

$$U = U_R + U_L + U_C$$

由于 U_L 与 U_C 方向相反，所以可求出它们的矢量和 $U_L + U_C$，然后再按平行四边形法则求总电压 U，如图 3-31b 所示。当 $U_L > U_C$ 时，$U_L + U_C$ 的方向与 U_L 方向一致；当 $U_C > U_L$ 时，$U_L + U_C$ 的方向与 U_C 方向一致。图 3-31b 所示为 $U_L > U_C$ 的情况。

由总电压 U 与 $U_L + U_C$、U_R 组成的电压三角形为直角三角形，所以

$$U = \sqrt{U_R^2 + (U_L - U_C)^2} \tag{3-48}$$

因为 $U_R = IR$，$U_L = IX_L$，$U_C = IX_C$，将它们代入式（3-48）可得

$$U = I\sqrt{R^2 + (X_L - X_C)^2} = IZ \tag{3-49}$$

$$Z = \sqrt{R^2 + (X_L - X_C)^2} = \sqrt{R^2 + X^2} \tag{3-50}$$

式中　Z——RLC 串联电路的总阻抗；

　　　X——电抗，其数值为 $X_L - X_C$。

RLC 串联电路中，总电压 U 和电流 I 的相位差为

$$\varphi = \arctan \frac{U_L - U_C}{U_R} = \arctan \frac{X_L - X_C}{R} \tag{3-51}$$

由式（3-51）可知，φ 的大小与正负取决于 X_L、X_C 与 R 的数值。下面分三种情况来讨论：

1）当 $X_L > X_C$ 时，$\tan\varphi > 0$，$\varphi > 0$，这时总电压 U 超前电流 I，电路呈电感性。

2）当 $X_L < X_C$ 时，$\tan\varphi < 0$，$\varphi < 0$，这时总电压 U 滞后电流 I，电路呈电容性。

3）当 $X_L = X_C$ 时，$\tan\varphi = 0$，$\varphi = 0$，这时总电压 U 与电流 I 同相，电路呈电阻性。

RLC 串联电路中，电路的有功功率、无功功率及表观功率分别为

$$\left. \begin{aligned} P &= U_R I = S\cos\varphi \\ Q &= Q_L - Q_C = (U_L - U_C)\,I = S\sin\varphi \\ S &= UI = \sqrt{P^2 + Q^2} \end{aligned} \right\} \tag{3-52}$$

例 3-15　如图 3-32 所示，已知 $R = 2\Omega$，$L = 160\text{mH}$，$C = 66\mu\text{F}$，加在电路两端的交流电压 $U = 220\text{V}$，电源频率 $f = 400\text{Hz}$。试求：1）电路的阻抗；2）电路的电流；3）各元件两端的电压；4）电路的 P、Q、S；5）电路的性质。

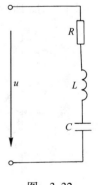

图　3-32

解　1）当 $f = 400\text{Hz}$ 时

$$X_L = 2\pi fL = 2 \times 3.14 \times 400 \times 160 \times 10^{-3}\,\Omega \approx 402\Omega$$

$$X_C = \frac{1}{2\pi fC} = \frac{1}{2 \times 3.14 \times 400 \times 66 \times 10^{-6}}\,\Omega \approx 6\Omega$$

所以　$Z = \sqrt{R^2 + (X_L - X_C)^2} = \sqrt{2^2 + (402 - 6)^2}\,\Omega \approx 396\Omega$

2）　　　　　　　　　$I = \dfrac{U}{Z} = \dfrac{220\text{V}}{396\Omega} \approx 0.56\text{A}$

3）　　　　　　　　$U_R = IR = 0.56\text{A} \times 2\Omega = 1.12\text{V}$

$$U_L = IX_L = 0.56\text{A} \times 402\Omega = 225.12\text{V}$$

$$U_C = IX_C = 0.56\text{A} \times 6\Omega = 3.36\text{V}$$

4) 　　　　　　　　$$P = U_R I = 1.12\text{A} \times 0.56\text{A} \approx 0.63\text{W}$$

$$Q = (U_L - U_C)I = (225 - 3.36)\text{V} \times 0.56\text{A} \approx 124.12\text{var}$$

$$S = UI = 220\text{V} \times 0.56\text{A} = 123.2\text{V} \cdot \text{A}$$

5) 因为 $X_L > X_C$，所以

$$\tan\varphi = \frac{X_L - X_C}{R} = \frac{402\Omega - 6\Omega}{2\Omega} = 198$$

$$\varphi = 89.7° > 0$$

故电路呈电感性。

七、电感性负载与电容的并联电路

一般的负载都属于电感性，它可以看作是 RL 的串联电路，如这类负载和电容器并联，就组成了如图 3-33a 所示的电路。

因为并联支路两端的电压是相同的，所以在 RL 支路上的电流为 $I_L = U/\sqrt{R^2 + X_L^2}$，且 $\boldsymbol{I_L}$ 比外加电压 $\boldsymbol{U}$ 滞后的角度为

$$\varphi_1 = \arccos \frac{R}{\sqrt{R^2 + X_L^2}}$$

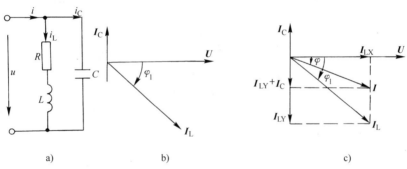

图 3-33　电感性负载与电容器并联的电路及矢量图

电容支路中的电流为 $I_C = \dfrac{U}{X_C}$，且 $\boldsymbol{I_C}$ 在相位上比外加电压 $\boldsymbol{U}$ 超前90°。

以外加电压 $\boldsymbol{U}$ 为参考矢量，作 $\boldsymbol{U}$、$\boldsymbol{I_L}$、$\boldsymbol{I_C}$ 的矢量图，如图 3-33b 所示。

由于两条支路中的电流相位不同，所以总电流有效值应等于两条支路中分电流有效值的矢量和，即

$$\boldsymbol{I} = \boldsymbol{I_L} + \boldsymbol{I_C}$$

为了计算的方便，先将 $\boldsymbol{I_L}$ 分解成两个分量，即 $\boldsymbol{I_{LX}}$ 与 $\boldsymbol{U}$ 同相位，称为有功分量；$\boldsymbol{I_{LY}}$ 与 $\boldsymbol{U}$ 有90°的相位差，称为无功分量，这样，电路的总电流 $\boldsymbol{I}$ 应为 $\boldsymbol{I_{LX}}$、$\boldsymbol{I_{LY}}$、$\boldsymbol{I_C}$ 三者的矢量和，即

$$\boldsymbol{I} = \boldsymbol{I_{LX}} + \boldsymbol{I_{LY}} + \boldsymbol{I_C}$$

由于 $\boldsymbol{I_{LY}}$ 与 $\boldsymbol{I_C}$ 方向相反，所以，可先求出（$\boldsymbol{I_{LY}} + \boldsymbol{I_C}$），然后再按平行四边形法则求出总电流 $\boldsymbol{I}$，如图 3-33c 所示。

当 $\boldsymbol{I_{LY}} > \boldsymbol{I_C}$ 时，（$\boldsymbol{I_{LY}} + \boldsymbol{I_C}$）与 $\boldsymbol{I_{LY}}$ 同方向；当 $\boldsymbol{I_{LY}} < \boldsymbol{I_C}$ 时，（$\boldsymbol{I_{LY}} + \boldsymbol{I_C}$）与 $\boldsymbol{I_C}$ 同方向。

图 3-33c 所示为 $I_{LY} > I_C$ 的情况。

由矢量图可知，I、I_{LX}、$I_{LY} + I_C$ 三者组成一个直角三角形，所以

$$I = \sqrt{I_{LX}^2 + (I_{LY} - I_C)^2} = \sqrt{(I_L \cos\varphi_1)^2 + (I_L \sin\varphi_1 - I_C)^2} \qquad (3-53)$$

总电流与电压的相位差为

$$\varphi = \arctan \frac{I_C - I_{LY}}{I_{LX}} = \arctan \frac{I_C - I_L \sin\varphi_1}{I_L \cos\varphi_1} \qquad (3-54)$$

1）$I_{LY} > I_C$ 时，总电流 I 滞后电压 U，电路呈电感性。

2）$I_{LY} < I_C$ 时，总电流 I 超前电压 U，电路呈电容性。

3）$I_{LY} = I_C$ 时，总电流 I 与电压 U 同相，电路呈电阻性。

从图 3-33c 可看出，**当电感性负载并联适当的电容器后，总电流 I 的数值比电感性负载上的电流 I_L 还要小，同时，总电流与电压的相位差 φ 将小于电感性负载上的电流与电压间的相位差 φ_1。**

八、谐振电路

在具有电感和电容的电路中，若电流和电压达到同相位，则电路就产生了谐振现象，处于谐振状态的电路称为谐振电路。

1. 串联谐振

在 RLC 串联电路中，当 $X_L = X_C$ 时，电流与电压同相位，这种现象称为串联谐振，所以串联谐振的条件是 $X_L = X_C$。

根据 $2\pi f L = \dfrac{1}{2\pi f C}$，可得串联谐振时的频率为

$$f_0 = \frac{1}{2\pi\sqrt{LC}} \qquad (3-55)$$

由式（3-55）可知，串联谐振的频率只取决于电路参数 L 与 C 的数值，因此，f_0 又称为电路的固有频率。若 L 与 C 为定值时，调节电源的频率使它与电路的固有频率相等，则电路就发生谐振。反之，若电源频率一定时，调整 L 或 C 的大小，使电路的固有频率等于电源频率，也能使电路发生谐振。收音机的输入调谐电路，就是通过改变 C 的大小，来选择不同广播频率的电台的串联谐振电路。

串联谐振电路有以下特点：

1）串联谐振时，电路的阻抗最小，且呈电阻性。此时电路中的电流为最大。

据式（3-50）可得串联谐振阻抗为

$$Z_0 = \sqrt{R^2 + (X_L - X_C)^2} = R$$

串联谐振时的电流为

$$I_0 = \frac{U}{Z_0} = \frac{U}{R}$$

2）串联谐振时，电感两端的电压 U_L 与电容两端的电压 U_C 数值相等、方向相反，且数值可以比总电压大许多倍。

$$\left. \begin{array}{l} U_L = I_0 X_L = \dfrac{X_L}{R} U \\[2mm] U_C = I_0 X_C = \dfrac{X_C}{R} U \end{array} \right\} \qquad (3-56)$$

式（3-56）中，X_L/R、X_C/R 分别为 U_L、U_C 与 U 的比值，这个比值称为谐振电路的品质因数，用 Q 表示，即

$$Q = \frac{X_L}{R} = \frac{X_C}{R} = \frac{2\pi f_0 L}{R} = \frac{1}{2\pi f_0 CR} \tag{3-57}$$

因此
$$U_L = U_C = QU \tag{3-58}$$

即串联谐振时，电感、电容两端的电压为总电压的 Q 倍。一般串联谐振电路中的 R 很小，所以 Q 值总大于 1。由于串联谐振会在电感、电容上产生高电压，所以串联谐振又称为电压谐振。

在电信工程上，利用串联谐振可将外来微弱的无线电信号升高几十甚至几百倍。但在电力工程上，由于电源本身的电压很高，当电路发生电压谐振时，在线圈或电容器两端会产生过高电压，将使线圈或电容的绝缘击穿，造成设备损坏事故。所以在电力工程上应尽力避免产生电压谐振。

例 3-16　如图 3-34 所示为收音机的输入调谐电路，已知 $L = 260\text{mH}$，若要收听 87.6MHz 的电台广播，则可变电容 C 应为多大？

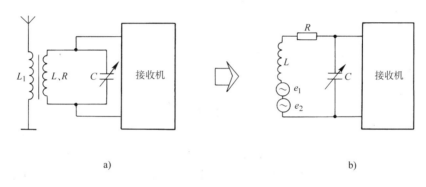

图　3-34

解　应调整 C 使电路的固有频率 f_0 等于信号频率 87.6MHz，使电路发生电压谐振。

因为
$$f_0 = \frac{1}{2\pi \sqrt{LC}}$$

所以
$$C = \frac{1}{(2\pi f_0)^2 L} = \frac{1}{(2 \times 3.14 \times 87.6 \times 10^6)^2 \times 260 \times 10^{-3}}\text{F}$$
$$\approx 1.27 \times 10^{-5}\text{pF}$$

2. 并联谐振

一个电感线圈与电容并联时，由图 3-33c 的讨论可知，若 $I_{LY} = I_C$，则总电流与电压同相，这种现象称为并联谐振。

一般线圈的电阻 R 通常很小，可以忽略，这时并联谐振的条件是 $X_L = X_C$，谐振频率为

$$f_0 = \frac{1}{2\pi \sqrt{LC}} \tag{3-59}$$

并联谐振有以下几个特点：

1）并联谐振时，因总电流 $I = I_{LX}$ 为最小，所以电路的阻抗为最大，且呈电阻性。

因为 $Z_0 = \dfrac{U}{I_0} = \dfrac{U}{I_L \cos\varphi_1}$，又因 $\dfrac{U}{I_L} = \sqrt{R^2 + X_L^2}$，$\cos\varphi_1 = \dfrac{R}{\sqrt{R^2 + X_L^2}}$，若 $R \ll X_L$，则

$$Z_0 = \frac{R^2 + X_L^2}{R} \approx \frac{X_L}{R} X_L = Q\, X_L = Q X_C \qquad (3\text{-}60)$$

式中　$Q = \dfrac{X_L}{R} = \dfrac{X_C}{R}$——电路的品质因数。

式（3-60）表明，并联谐振时，电路的阻抗为感抗或容抗的 Q 倍。

2）并联谐振时，电感支路和电容支路的电流大小近似相等，方向近似相反，且为总电流的 Q 倍。

因为　　　　　　　　　　　　　$I_0 = I_L \cos\varphi_1$

所以　　　　　　　　　　　$\dfrac{I_L}{I_0} = \dfrac{1}{\cos\varphi_1} = \dfrac{\sqrt{R^2 + X_L^2}}{R}$

当 $R \ll X_L$ 时，$\sqrt{R^2 + X_L^2} \approx X_L$，于是

$$\frac{I_L}{I_0} = \frac{X_L}{R} = Q$$

又根据 $I_C = I_{LY} = I_L \sin\varphi_1 = I_L \dfrac{X_L}{\sqrt{R^2 + X_L^2}} \approx I_L$，则

$$\frac{I_C}{I_0} \approx \frac{I_L}{I_0} = \frac{X_L}{R} = Q$$

所以　　　　　　　　　　　　$I_L \approx I_C = Q I_0$ 　　　　　　　　　　　(3-61)

因为并联谐振时可以在 L 和 C 上引起较大的电流，所以并联谐振又称为电流谐振。

并联谐振电路主要被用来构成振荡器和选频器，因为谐振时，i_L 和 i_C 方向近似相反，大小近似相等，所以，瞬时功率 $P_L = u i_L$ 与 $p_C = u i_C$ 也必然大小相等，相位近似相反，这表示并联谐振时，在电容 C 和电感 L 之间进行电磁场能量的互换：当电容器释放电场能时，线圈正好储存磁场能；当线圈释放磁场能时，电容器又正好储存电场能，此时若切断电源，各支路上的电流仍不会马上消失。具有这种特性的并联电路又叫做振荡电路。由于线圈总有一定的电阻要消耗能量，所以切断电源后振荡过程不可能维持长久，为维持振荡就需由外电源补充电路损耗的能量。

并联谐振时，电路的阻抗为最大，通过与信号源内阻的分压，并联谐振电路能获得较大的信号电压；而未谐振时，电路获得的信号电压就很小，这样就能达到选频的目的。收音机、电视机的"中周"就是并联谐振电路。

第四节　三相交流电路

实际生产生活中，电能的产生、输送和分配往往采用三相制。所谓三相制，就是由三个电压大小相等、频率相同在相位上互差 120° 电角度的电动势组成的供电体系。三相交流电源就是由这样的三个电动势构成的。三相交流电路则是由三相电源、三相输电线和三相负载等组成的交流电路。它也可以看作是由三个单相交流电路组成的电路系统，其中每一个单相

电路称为三相电路的一相。

一、三相交流电动势的产生

三相交流电动势是由三相交流发电机产生的。图 3-35a 所示为一台最简单的三相交流发电机。和单相交流发电机一样，它的磁极需要制成特殊的形状，使电枢表面上的磁感应强度按正弦规律分布。在电枢上装有三个彼此相隔 120°的绕组，每个绕组的匝数和几何形状都相同。通常各绕组的始端分别用 U1、V1、W1 表示，末端分别用 U2、V2、W2 表示。这样的三个线组分别称为第一相绕组、第二相绕组和第三相绕组。

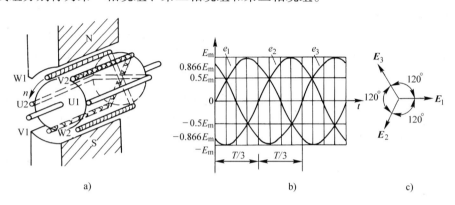

图 3-35　最简单的三相交流发电机

a）结构　b）波形　c）矢量图

当原动机如汽轮机、水轮机等带动三相发电机的电枢以逆时针方向等速旋转时，各相绕组将产生正弦交变电动势 e_1、e_2、e_3。由于三相绕组的结构相同，彼此相隔 120°，故各相电动势的幅值与频率均相同，而各相电动势之间的相位差互为 120°，这样的三个电动势称为三相对称电动势，今后所指的三相电动势均是对称的。若以 e_1 为参考正弦量，则

$$e_1 = E_m \sin \omega t$$
$$e_2 = E_m \sin (\omega t - 120°)$$
$$e_3 = E_m \sin (\omega t - 240°) = E_m \sin (\omega t + 120°)$$

$$(3-62)$$

三相电动势到达正的或负的最大值的先后顺序称为三相交流电的相序。习惯上的正相序为第一相→第二相→第三相，即第一相比第二相超前 120°，第二相比第三相超前 120°，第三相比第一相超前 120°。在三相发电机绕组中，究竟把哪个绕组当作第一相绕组是无关紧要的，但当第一相绕组确定后，则电动势比 e_1 滞后 120°的那个绕组就是第二相绕组，比 e_1 滞后 240°的那个绕组则为第三相绕组。

三相对称电动势的波形和矢量图如图 3-35b、c 所示。各相电动势的正方向规定为从线圈的末端指向始端。

由图 3-35b 可知，三相对称电动势在任一瞬间的代数和为零，即

$$e_1 + e_2 + e_3 = 0 \tag{3-63}$$

由图 3-35c 可知，三相对称电动势的矢量和为零，即

$$E_1 + E_2 + E_3 = 0 \tag{3-64}$$

二、三相四线制

三相交流发电机的各相绕组原则上均可作为一个独立的电源。若在各相绕组两端接上一

个负载，就可得到三个互不相关的独立的单相
电路，如图 3-36 所示。由图可知，这种形式的
输电需要六根输电线，称为三相六线制。在供
电系统中，三相六线制没有实用价值。

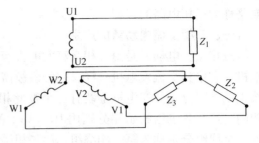

图 3-36　三相六线制供电

　　实际上，三相交流发电机的三个绕组不是
单独向外送电的，而是按照一定的形式，连接
成一个整体后向外送电的。常用的联结方式是
星形（Y）联结，如图 3-37a 所示：将三相绕
组的末端 U2、V2、W2 连接在一起，成为一个公共端点（称为中性点），用"N"表示；从
中性点引出的一根输电线叫做中性线；由于中性线通常与大地相接（大地的电位为零），所
以又把接大地的中性点称为零点，把接地的中性线称为零线。再由三个绕组的始端 U1、
V1、W1 分别引出一根输电线，称为相线（俗称火线）。这种由三根相线和一根中性线组成
的供电体系称为三相四线制。有时为了简便，在电路图中，常不画出发电机绕组的联结方
式，而只画四根输电线，并分别标上相线与中性线的符号 L1、L1、L3、N 或 A、B、C，如
图 3-37b 所示。在电力工程中，还往往以黄、绿、红及黄绿相间色分别代表第一相、第二
相、第三相和零线或中性线，以示相序。

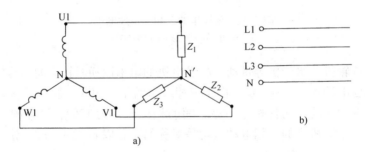

图 3-37　三相绕组的星形（Y）联结和三相四线制

　　三相四线制可输送两种电压：一种是端线与中性线之间的电压，称为相电压，如日常生
活中照明电压 220V 就是指相电压。相电压的有效值分别用 U_1、U_2、U_3 或用 U_ϕ 表示，其
正方向规定为由相线指向中性线。发电机绕组内部的电压降一般很小，可忽略不计，这样各
个相电压就等于发电机各相绕组的电动势；又因为三相电动势是对称的，所以，$U_\phi = U_1 =
U_2 = U_3$，且三个相电压在相位上互差 120°。另一种是相线与相线之间的电压，称为线电压，
如工业动力用电 380V 就是指线电压。线电压的有效值分别用 U_{12}、U_{23}、U_{31} 或用 U_L 表示，
线电压的正方向规定为由其下脚标注明的前一根端线指向后一根端线。

　　线电压与相电压既有区别，又有联系。根据电压与电位的关系可知，任一瞬间线电压的
大小应等于两端线间的电位差，若以中性线作为参考零电位，则线电压的瞬时值就等于有关
的两个相电压的瞬时值之差。由此可见，三个线电压的有效值矢量分别等于有关的两个相电
压有效值的矢量差，即

$$\left.\begin{array}{l} \boldsymbol{U}_{12} = \boldsymbol{U}_1 - \boldsymbol{U}_2 = \boldsymbol{U}_1 + (-\boldsymbol{U}_2) \\ \boldsymbol{U}_{23} = \boldsymbol{U}_2 - \boldsymbol{U}_3 = \boldsymbol{U}_2 + (-\boldsymbol{U}_3) \\ \boldsymbol{U}_{31} = \boldsymbol{U}_3 - \boldsymbol{U}_1 = \boldsymbol{U}_3 + (-\boldsymbol{U}_1) \end{array}\right\} \tag{3-65}$$

线电压与相电压的矢量图如图 3-38 所示。具体作法如下：

1）先画出 U_1、U_2、U_3 三个相电压矢量，它们大小相等，相位彼此互差 120°。

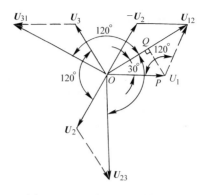

2）再画出与 U_2 相位相反的矢量 $-U_2$。把 U_1 与 $-U_2$ 作为平行四边形的两边，作出平行四边形，其对角线即为线电压 U_{12}。同样可作出 U_{23}、U_{31}。

由矢量图可知，U_{12} 超前 U_1 30°，U_{23} 超前 U_2 30°，U_{31} 超前 U_3 30°，即三个线电压在相位上也互差 120°。

过 U_1 的端点向 U_{12} 作垂线，由所得的直角三角形 OQP 可得

图 3-38　星形（Y）联结时线电压与相电压的矢量图

$$\frac{1}{2}U_{12} = U_1\cos30° = \frac{\sqrt{3}}{2}U_1$$

$$U_{12} = \sqrt{3}U_1$$

同理，可求得 $U_{23} = \sqrt{3}U_2$，$U_{31} = \sqrt{3}U_3$。若写成一般式，即得三相四线制线电压与相电压的关系式为

$$U_L = \sqrt{3}U_\phi \tag{3-66}$$

综上所述，**在三相四线制供电系统中，三个相电压和三个线电压均为三相对称电压。线电压的有效值为相电压有效值的 $\sqrt{3}$ 倍，并且各线电压在相位上比与它相应的相电压超前 30°。**

例 3-17　已知三相电源的线电压为 380V，试求相线与中性线之间的电压的最大值为多少？

解　已知 $U_L = 380$V，所以

$$U_\phi = \frac{U_L}{\sqrt{3}} = \frac{380}{\sqrt{3}}\text{V} = 220\text{V}$$

$$U_{\phi m} = \sqrt{2}U_\phi = \sqrt{2}\times220\text{V} = 311\text{V}$$

三、三相负载的联结方式

接在三相电路中的负载有两类：即三相对称负载和三相不对称负载。

如果三相负载中各相负载的电阻、电抗相等且性质相同，此时，各相的阻抗和功率因数均相同，则称为三相对称负载（又称为三相平衡负载），如三相电动机、三相电炉等。若三相负载不同，则称为三相不对称负载，如三相照明负载。

三相负载的联结方式有两种，即星形（Y）联结和三角形（△）联结。这里主要分析三相对称负载的连接情况。**在分析三相电路中各相负载的电流、电压及功率时，均可按照解单相电路的方法，分别解算各相电路，然后再求出三相电路的有关数值。**

1. 三相负载的星形（Y）联结

将三相负载分别接在三相电源的一根相线与中性线之间的联结方式称为星形（Y）联结，如图 3-39a 所示。

图 3-39b 所示为三相负载作星形（Y）联结时的电路图。由图可以看出，若略去输电线上的电压降，则各相负载的相电压 $U_{Y\phi}$ 就等于电源的相电压 U_ϕ，因此，电源的线电压为负

载相电压的 $\sqrt{3}$ 倍，即

$$U_L = \sqrt{3}U_{Y\phi} \tag{3-67}$$

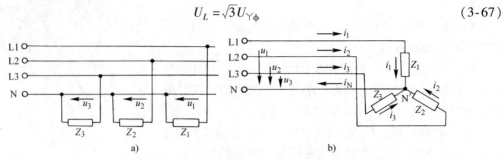

图 3-39　三相负载的星形（Y）联结

三相电路中，流过每根相线的电流叫线电流，即 I_1、I_2、I_3，一般用 I_{YL} 表示，其正方向规定为由电源流向负载；而流过每相负载的电流叫相电流，即 I_1、I_2、I_3，一般以 $I_{Y\phi}$ 表示，其正方向与相电压正方向一致；流过中性线的电流叫中性线电流，以 I_N 表示，其正方向规定为由负载中性点 N′ 流向电源中性点 N。显然，在星形（Y）联结中，线电流等于相电流，即

$$I_{YL} = I_{Y\phi} \tag{3-68}$$

若三相负载对称，因各相电压对称，则流过各相负载电流的有效值相等，即

$$I_1 = I_2 = I_3 = I_{Y\phi} = \frac{U_{Y\phi}}{Z_\phi} \tag{3-69}$$

同时，由于各相电流与各相电压的相位差相等 $\left(\varphi_1 = \varphi_2 = \varphi_3 = \varphi_\phi = \arccos\dfrac{R_\phi}{Z_\phi}\right)$，所以三个相电流的相位差也互为 120°，其矢量图如图 3-40 所示。由图可知，三相电流的矢量和为零，即

$$\boldsymbol{I_1} + \boldsymbol{I_2} + \boldsymbol{I_3} = 0$$

由基尔霍夫第一定律可知，中性线电流 $i_N = i_1 + i_2 + i_3$，对应的矢量式为

$$\boldsymbol{I_N} = \boldsymbol{I_1} + \boldsymbol{I_2} + \boldsymbol{I_3} = 0 \tag{3-70}$$

式（3-70）表明，三相对称负载作星形（Y）联结时，中性线电流为零。中性线上没有电流流过，故可省去中性线，此时并不影响三相电路的工作，各相负载的相电压仍为对称的电源相电压，这样三相四线制就变成了三相三线制，如图 3-41 所示。

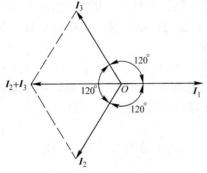

图 3-40　三相对称负载作星形
（Y）联结时的电流矢量图

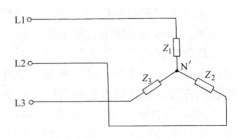

图 3-41　三相对称负载的星形（Y）联结

　　当三相负载不对称时，各相电流的大小就不一定相等，相位差也不一定是120°，因此中性线电流就不为零。在三相四线制的配电系统中，照明线路的中性线，粗细应该和相线一样；而动力和照明混用的电路，中性线的截面积可以比相线的截面积小一些，一般选用比相线小一号的导线。但必须注意，此时中性线绝不可断开。因为，当中性线存在时，它能使作星形（Y）联结的各相负载，即使在不对称的情况下，也均承受对称的电源相电压，从而保证了各相负载能正常工作；如果中性线断开后，各相负载的电压就不再等于电源的相电压，这时，阻抗较小的负载的相电压可能低于其额定电压，阻抗较大的负载的相电压可能高于其额定电压，使负载不能正常工作，甚至造成严重事故。所以在三相四线制中，规定中性线不准安装熔断器和开关，有时中性线还采用钢芯导线来加强其机械强度，以免断开。另一方面，在连接三相负载时，应尽量使其平衡以减小中性线电流，如在三相照明电路中，就应将照明负载平均连接在三相上，而不应过分集中在某一相或两相上。

　　例3-18　将一台星形（Y）联结的三相异步电动机，接在线电压为380V 的三相电源上，若电动机每相绕组的电阻为6Ω，感抗为8Ω，试求流过各绕组的电流、各相线上的电流、相电流与相电压的相位差。

　　解　由于电源电压对称，各相负载对称，则各相电流应相等，各线电流也应相等。

因

$$U_{Y\phi} = \frac{U_L}{\sqrt{3}} = \frac{380}{\sqrt{3}}V = 220V$$

$$Z_\phi = \sqrt{R^2 + X_L^2} = \sqrt{6^2 + 8^2}\Omega = 10\Omega$$

则

$$I_{Y\phi} = \frac{U_{Y\phi}}{Z_\phi} = \frac{220V}{10\Omega} = 22A$$

$$I_{YL} = I_{Y\phi} = 22A$$

因为绕组是电感性负载，所以相电压超前相电流，其相位差为

$$\varphi = \arccos\frac{R}{Z} = \arccos\frac{6}{10} \approx 53°8'$$

　　2. 三相负载的三角形（△）联结

　　将三相负载分别接在三相电源的两根相线之间的联结方式，称为三相负载的三角形（△）联结，如图3-42a 所示。这时，不论负载是否对称，各相负载所承受的电压均为对称的电源线电压，即

$$U_{\triangle\phi} = U_L \tag{3-71}$$

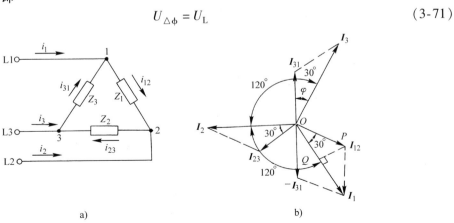

a)　　　　　　　　　　　　　　　　　b)

图3-42　三相负载的三角形（△）联结及电流矢量图

下面仅讨论三相对称负载的情况。

三相对称负载作三角形（△）联结时，各相电流的大小相等，即

$$I_{12} = I_{23} = I_{31} = I_{\triangle \phi} = \frac{U_{\triangle \phi}}{Z_\phi} = \frac{U_L}{Z_\phi} \tag{3-72}$$

同时，各相电流与各线电压的相位差相同 $\left(\varphi_1 = \varphi_2 = \varphi_3 = \varphi_\phi = \arccos \dfrac{R_\phi}{Z_\phi} \right)$，即各相电流之间的相位也互差120°，所以，各相电流也是对称的。各相电流的正方向与该相的电压正方向一致。

根据基尔霍夫第一定律可知

$$i_1 = i_{12} - i_{31}$$
$$i_2 = i_{23} - i_{12}$$
$$i_3 = i_{31} - i_{23}$$

因此，各线电流就等于同它相联的两相负载中的相电流的矢量差，即

$$\left. \begin{array}{l} \boldsymbol{I}_1 = \boldsymbol{I}_{12} - \boldsymbol{I}_{31} \\ \boldsymbol{I}_2 = \boldsymbol{I}_{23} - \boldsymbol{I}_{12} \\ \boldsymbol{I}_3 = \boldsymbol{I}_{31} - \boldsymbol{I}_{23} \end{array} \right\} \tag{3-73}$$

图 3-42b 所示为三相对称负载作三角形（△）联结时线电流和相电流的矢量图。由矢量图可知，$\boldsymbol{I}_1$ 滞后 $\boldsymbol{I}_{12}$ 30°，$\boldsymbol{I}_2$ 滞后 $\boldsymbol{I}_{23}$ 30°，$\boldsymbol{I}_3$ 滞后 $\boldsymbol{I}_{31}$ 30°。所以，各线电流相位也互差120°。

过 $\boldsymbol{I}_{12}$ 的端点向 $\boldsymbol{I}_1$ 作垂线，由所得的直角三角形 OQP 可知

$$\frac{1}{2} I_1 = I_{12} \cos 30° = \frac{\sqrt{3}}{2} I_{12}$$

即

$$I_1 = \sqrt{3} I_{12}$$

同理

$$I_2 = \sqrt{3} I_{23} , \quad I_3 = \sqrt{3} I_{31}$$

所以各线电流的大小均相等，即

$$I_{\triangle L} = \sqrt{3} I_{\triangle \phi} \tag{3-74}$$

综上所述，三相对称负载作三角形联结时，三个相电流和三个线电流均为三相对称电流。线电流的有效值为相电流有效值的$\sqrt{3}$倍，并且，各线电流在相位上比与它相对应的相电流滞后30°。

为了使三相负载能正常工作，在连接时，必须使各相负载承受的电压正好等于其额定电压，因此，必须根据每相负载的额定电压与电源的线电压来决定联结方式：当各相负载的额定电压等于电源线电压的$1/\sqrt{3}$时，三相负载应作星形（Y）联结；如果各相负载的额定电压等于电源的线电压时，三相负载应作三角形（△）联结。例如，在我国低压三相配电系统中，线电压大多是380V，若三相异步电动机各相绕组的额定电压为220V时，则此电动机应作星形（Y）联结；若各相绕组的额定电压为380V时，则应作三角形（△）联结。若把应作星形（Y）联结的三相电动机误接成三角形（△），则每相绕组承受的电压就为额定电压的$\sqrt{3}$倍，此时会烧毁电动机；反之，若把应作三角形（△）联结的三相电动机误接成星形（Y），则每相绕组所承受的电压仅为额定电压的$1/\sqrt{3}$，在额定负载时，电动机将因电磁

转矩减小而不能起动以引起堵转，也会烧毁电动机。

例3-19 将例3-18中的这台电动机的三相绕组改接成三角形（△）后再接到线电压为380V 的三相电源中，试求相电流、线电流及各相绕组的相电流与相电压的相位差。

解
$$Z_\phi = \sqrt{R^2 + X_L^2} = \sqrt{6^2 + 8^2}\,\Omega = 10\Omega$$

$$I_{\triangle\phi} = \frac{U_{\triangle\phi}}{Z_\phi} = \frac{U_L}{Z_\phi} = \frac{380\text{V}}{10\Omega} = 38\text{A}$$

$$I_{\triangle L} = \sqrt{3}I_{\triangle\phi} = \sqrt{3} \times 38\text{A} \approx 66\text{A}$$

三相绕组为电感性负载，各相电压超前各相电流，其相位差为

$$\varphi = \arccos\frac{R_\phi}{Z_\phi} = \arccos 0.6 \approx 53°8'$$

与例3-18 相比，可知 $I_{YL} = 22\text{A}$，$I_{\triangle L} = 66\text{A}$，即

$$I_{\triangle L} = 3I_{YL}$$

上例说明，同一三相对称负载接在同一电网中，作三角形（△）联结时的线电流是作星形（Y）联结时的3倍。可证明如下：

$$I_{\triangle L} = \sqrt{3}I_{\triangle\phi} = \sqrt{3}\frac{U_{\triangle\phi}}{Z_\phi} = \sqrt{3}\frac{U_L}{Z_\phi}$$

$$I_{YL} = I_{Y\phi} = \frac{U_{Y\phi}}{Z_\phi} = \frac{U_L}{\sqrt{3}Z_\phi}$$

所以

$$\frac{I_{\triangle L}}{I_{YL}} = \frac{\dfrac{\sqrt{3}U_L}{Z_\phi}}{\dfrac{U_L}{\sqrt{3}Z_\phi}} = \sqrt{3} \times \sqrt{3} = 3$$

即

$$I_{\triangle L} = 3I_{YL}$$

四、三相负载的电功率

在三相交流电路中，三相负载消耗的总电功率应为各相负载消耗的功率之和，即

$$P = P_1 + P_2 + P_3$$
$$= U_{1\phi}I_{1\phi}\cos\varphi_1 + U_{2\phi}I_{2\phi}\cos\varphi_2 + U_{3\phi}I_{3\phi}\cos\varphi_3$$

若三相负载对称，则各相负载的有功功率相等，则三相负载的总功率为

$$P = 3P_\phi = 3U_\phi I_\phi \cos\varphi_\phi \tag{3-75}$$

式中　P——三相负载的总有功功率，简称三相电功率（W）；

U_ϕ——负载的相电压（V）；

I_ϕ——负载的相电流（A）；

φ_ϕ——相电压与相电流之间的相位差（°）。

实际工作中，测量线电流往往比测量相电流方便，所以三相电功率的计算式常用线电压和线电流来表示。

当三相对称负载作星形（Y）联结时，因为

$$U_{Y\phi} = \frac{U_{YL}}{\sqrt{3}}, \quad I_{Y\phi} = I_{YL}$$

所以
$$P_Y = 3U_{Y\phi}I_{Y\phi}\cos\varphi_\phi$$
$$= 3\frac{U_L}{\sqrt{3}}I_{YL}\cos\varphi_\phi$$
$$= \sqrt{3}U_{YL}I_{YL}\cos\varphi_\phi$$

当三相对称负载作三角形（△）联结时，因为
$$U_{\triangle\phi} = U_{\triangle L}, \quad I_{\triangle\phi} = \frac{I_{\triangle L}}{\sqrt{3}}$$

所以
$$P_\triangle = 3U_{\triangle\phi}I_{\triangle\phi}\cos\varphi_\phi$$
$$= 3U_{\triangle L}\frac{I_{\triangle L}}{\sqrt{3}}\cos\varphi_\phi$$
$$= \sqrt{3}U_{\triangle L}I_{\triangle L}\cos\varphi_\phi$$

因此，三相对称负载不论作星形（Y）或三角形（△）联结，其总有功功率的公式可统一写为
$$P = \sqrt{3}U_L I_L\cos\varphi_\phi \tag{3-76}$$

在使用公式（3-76）时，应注意以下几点：

① φ_ϕ 为负载相电压与相电流之间的相位差，它取决于负载的性质，而与负载的联结方式无关。

② 不论三相负载作何种连接，U_L 是不变的，而 I_L 则与联结方式有关。由于是同一个三相对称负载接在同一电网中，而 $I_{\triangle L} = 3I_{YL}$，故负载作三角形（△）联结时的三相电功率为作星形（Y）时的 3 倍，即
$$P_\triangle = 3P_Y \tag{3-77}$$

同理，可得到三相对称负载的无功功率和视在功率的计算式为
$$Q = \sqrt{3}U_L I_L\sin\varphi_\phi \tag{3-78}$$
$$S = \sqrt{3}U_L I_L \tag{3-79}$$

例 3-20　将一台三相电动机接在线电压为 380V 的三相电源中，已知每相绕组的电阻为 5Ω，感抗为 $5\sqrt{3}\Omega$，试分别计算三相绕组作星形（Y）和三角形（△）联结时的三相电功率，并进行比较。

解
$$Z_\phi = \sqrt{R^2 + X_L^2} = \sqrt{5^2 + (5\sqrt{3})^2}\Omega = 10\Omega$$
$$\lambda = \cos\varphi_\phi = \frac{R_\phi}{Z_\phi} = \frac{5}{10} = 0.5$$

（1）三相绕组接成星形（Y）联结
$$U_{Y\phi} = \frac{U_L}{\sqrt{3}} = \frac{380}{\sqrt{3}}V = 220V$$
$$I_{Y\phi} = \frac{U_{Y\phi}}{Z_\phi} = \frac{220V}{10\Omega} = 22A$$
$$I_{YL} = I_{Y\phi} = 22A$$
$$P_Y = 3U_{Y\phi}I_{Y\phi}\cos\varphi_\phi = 3 \times 220 \times 22 \times 0.5kW = 7.26kW$$

或 $$P_{\text{Y}} = \sqrt{3}U_{\text{YL}}I_{\text{YL}}\cos\varphi_{\phi} = \sqrt{3} \times 380 \times 22 \times 0.5\text{kW} \approx 7.24\text{kW}$$

（2）三相绕组接成三角形（△）联结

$$U_{\triangle\phi} = U_{\triangle\text{L}} = 380\text{V}$$

$$I_{\triangle\phi} = \frac{U_{\triangle\phi}}{Z_{\phi}} = \frac{380}{10\Omega} = 38\text{A}$$

$$I_{\triangle\text{L}} = \sqrt{3}I_{\triangle\phi} = \sqrt{3} \times 38\text{A} \approx 66\text{A}$$

$$P_{\triangle} = 3U_{\triangle\phi}I_{\triangle\phi}\cos\varphi_{\phi} = 3 \times 380 \times 38 \times 0.5\text{kW} = 21.66\text{kW}$$

或 $$P_{\triangle} = \sqrt{3}U_{\triangle\text{L}}I_{\triangle\text{L}}\cos\varphi_{\phi} = \sqrt{3} \times 380 \times 66 \times 0.5\text{kW} \approx 21.7\text{kW}$$

（3）两种联结方式的比较

$$\frac{P_{\triangle}}{P_{\text{Y}}} = \frac{21.7\text{kW}}{7.24\text{kW}} = 3$$

第五节 涡 流

在具有铁心的线圈中通以交流电时，铁心内就产生交变的磁通，由楞次定律可知，在铁心中必然会产生感应电流，由于这种感应电流自成闭合回路且形如水中的旋涡，所以称它为涡流，如图 3-43a 中虚线所示。

在电机和电器中产生涡流是非常有害的。它不但消耗电能使电机和电器的效率降低，而且使铁心发热，温度升高，造成设备因过热而损坏。平时常把铁心中的涡流损耗与磁滞损耗合起来总称铁损。

为减小涡流，电机和电器的铁心不能用整块材料制成，而采用表面涂绝缘漆或有氧化层的薄硅钢片叠装而成，如图 3-43b 所示。这样，加长了涡流的途径，又因硅钢片具有较大的电阻率，故使涡流大为减小。

涡流使铁心发热，但也有有利的一面，在工业生产中，常利用涡流的发热来熔化金属，图 3-44 所示为感应炉工作示意图。当大小和方向不断变化的电流通过线圈时，铁心中便有变化的磁通穿过，因而在待熔金属中产生感应电动势和涡流，使金属发热而熔化；日常生活中使用的电能表也是利用涡流来进行工作的。此外，还可利用涡流对金属进行热处理，以及在电磁测量仪表中利用涡流来制动等。

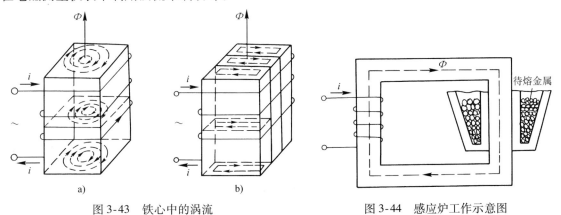

图 3-43 铁心中的涡流   图 3-44 感应炉工作示意图

实验　单相交流电路

（一）实验目的

1）掌握串联电路中总电压是各分电压的矢量和。

2）掌握并联电路中总电流是各分电流的矢量和。

3）掌握提高功率因数的方法。

（二）实验器材

序　号	代　号	名　称	规　格	数量
1	EL1	白炽灯	220V 40W	1
2	EL2	白炽灯	220V 25W	1
3	L	镇流器	220V 40W	1
4		辉光启动器	40W	1
5	PV	交流电压表	量程 500V	1
6	PA	交流电流表	量程 5A	3
7	C	电容器	5μF/500V	1
8	FU	熔断器	200V 2A	1
9	S	刀开关	220V 5A	1
10	EL3	荧光灯管	48″	1

（三）实验内容、步骤及要求

1. 白炽灯与白炽灯串联电路

取两只白炽灯与一只交流电流表按图 3-45 正确接线。接通电源，记下电流表的读数；用交流电压表（或万用表）分别测量两只灯泡两端的电压 U_1 和 U_2，在实验误差范围内，回答下列问题：

1）各灯泡的分电压之和（$U_1 + U_2$）等于两个串联灯泡的总电压 U 吗？为什么？

2）上述电路属于交流电路中的哪种电路？

2. 白炽灯与镇流器的串联电路

将 40W 白炽灯 EL 与镇流器 L 及电流表 PA 等按图 3-46 正确接线。合上开关 S，测量电路中电流 I、灯泡两端的电压 U_R 和镇流器两端的电压 U_L 以及灯泡与镇流器两端的总电压 U。根据测量数据在实验误差范围内，回答下列问题：

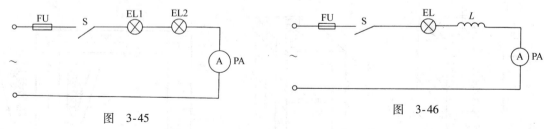

图 3-45　　　　　　　　　　　　　　　　图 3-46

1）$U_R + U_L$ 等于 U 吗？为什么？它们应该符合什么关系？作出三者的矢量图。

2）上述电路属于交流电路中的哪种电路？

3. 白炽灯、镇流器与电容器串联电路

按图 3-47 正确接线，闭合开关 S，测量 U_R、U_L、U_C 及 U。由测量数据回答下列问题：

1）总电压 U 等于（$U_R + U_L + U_C$）吗？为什么？

2）总电压 U 与 U_R、U_L、U_C 应符合什么关系？作出它们的矢量图。

3）试确定负载的性质。

4. 荧光灯照明电路

1）按图 3-48 正确接线，闭合开关，记录电流表的读数。

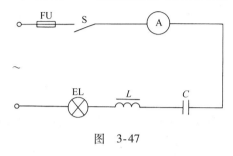

图　3-47

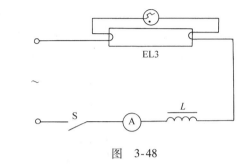

图　3-48

2）按图 3-49 正确接线，闭合开关 S，记录电流表读数：I、I_C、I_L，并回答下列问题：

① 比较图 3-48 中电流表的读数与图 3-49 中的总电流的读数，说明了什么问题？

② I 等于（$I_C + I_L$）吗？为什么？

③ 图 3-48 所示的电路属于哪种交流电路？

④ 并联电容器的目的是什么？

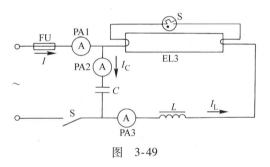

图　3-49

复 习 题

1. 北京文艺台的信号频率约为 87.6MHz，试求相应的周期和角频率。

2. 已知交流电动势 $e = 14.14\sin\left(2512t + \dfrac{2}{3}\pi\right)$，试求 E_m、E、ω、f、T 和 φ 各为多少？

3. 已知正弦电流 $i_1 = 15\sqrt{2}\sin\left(314t - \dfrac{\pi}{6}\right)$，$i_2 = 20\sqrt{2}\sin\left(314t + \dfrac{\pi}{2}\right)$，试求它们的相位差，并指出哪个超前、哪个滞后？

4. 图 3-50 所示为两个同频率正弦电压的波形，试写出它们的解析式。

5. 某电容器的耐压为 250V，若把它接到交流 220V 电源中使用，是否安全？

6. 已知正弦交流电压的初相角等于 30°，$t = 0$ 时的电压为 220V，$t = \dfrac{1}{120}$s 时的电压第一次出现零值，求该电压的最大值、角频率和周期。

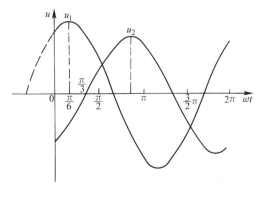

图　3-50

7. 已知某交流电路两端的电压 $u = 311\sin\left(314t + \dfrac{\pi}{6}\right)$，电流 $i = 1.414\sin\left(314t - \dfrac{\pi}{2}\right)$。试求：1）电压和电流的有效值；2）电压与电流的相位关系，并作出电压与电流的有效值矢量图；3）$t = 20\text{ms}$ 时电压和电流的瞬时值各为多少？

8. 已知三个正弦电压 u_1、u_2、u_3 的有效值都为 380V，初相角分别为 $\varphi_1 = 0$，$\varphi_2 = -120°$，$\varphi_3 = 120°$，角频率都为 314rad/s。（1）试分别写出 u_1、u_2、u_3 的瞬时值表达式；（2）画出 U_1、U_2、U_3 的矢量图；（3）在同一直角坐标系中画出 u_1、u_2、u_3 的波形。

9. 已知正弦电压 $u_1 = 30\sin\,(314t + 30°)$，$u_2 = 40\sin\,(314t - 60°)$，试作出它们的合成正弦电压的矢量图，并写出 $u = u_1 + u_2$ 的瞬时值表达式。

10. 在纯电阻电路中，下列各式哪些正确，哪些错误：（1）$i = \dfrac{U}{R}$；（2）$I = \dfrac{U}{R}$；（3）$i = \dfrac{U_m}{R}$；（4）$i = \dfrac{u}{R}$。

11. 在具有电阻为 11.5Ω 的电路两端加上交流电压 $u = 11.5\sin\,(100\pi t - 68°)$，试写出电路中电流的瞬时值表达式，并作出矢量图；如果用电流表来测量通过电阻的电流，电流表的读数是多少？

12. 一个额定值为 220V、1kW 的电炉接在 220V、50Hz 的交流电源上。试求：1）电炉的电阻；2）电炉中流过的电流；3）以电流的初相角为零写出电压与电流的瞬时值表达式，并作矢量图。

13. 在纯电感电路中，下列各式哪些正确，哪些错误：（1）$i = \dfrac{u}{X_L}$；（2）$i = \dfrac{u}{\omega_L}$；（3）$I = \dfrac{U}{L}$；（4）$I = \dfrac{U}{\omega L}$；（5）$I = \omega L U$。

14. 把一个电感为 $L = 51\text{mH}$（电阻可以忽略不计）的线圈接到 $u = 5\sqrt{2}\sin\left(157t + \dfrac{\pi}{6}\right)$ 的电源上。试求：1）流过线圈中的电流并写出该电流的瞬时值表达式；2）作出电压和电流的矢量图；3）无功功率 Q_L。

15. 一个电阻可以忽略不计的线圈，接在 220V、50Hz 电源上，流过的电流为 4A。试求：（1）线圈的感抗；（2）线圈的电感量；（3）以电流的初相角为零写出电压与电流的瞬时值表达式，并作出矢量图；（4）无功功率 Q_L。

16. 在纯电容电路中，下列各式哪些正确，哪些错误：（1）$i = \dfrac{u}{X_C}$；（2）$i = \dfrac{u}{\omega C}$；（3）$I = \dfrac{U}{C}$；（4）$I = \dfrac{U}{\omega C}$；（5）$I = \omega C U$。

17. 把电容量为 $C = 30\mu\text{F}$ 的电容器接到 $u = 106\sqrt{2}\sin\left(628t - \dfrac{\pi}{3}\right)$ 的电源上。试求：1）求流过电容的电流并写出该电流的瞬时值表达式；2）作出电压和电流的矢量图；3）无功功率 Q_C。

18. 有一个 $2\mu\text{F}$ 的电容接到 50Hz、110V 的交流电源上，试问通过电容的电流为多大？如电压的初相角为零，画出电压与电流的矢量图，并写出电压和电流的瞬时值表达式。如果电流的初相角为零，作出电压与电流的矢量图，并写出它们的瞬时值表达式。

19. 将某交流接触器的线圈接于 380V、50Hz 的电源上，实测得线圈电阻 580Ω，通过线圈的电流为 87mA。试求：1）线圈的电感 L；2）线圈中电流与电压的相位差。

20. 交流接触器的电感线圈电阻 $R = 200\Omega$，电感 $L = 7.3\text{H}$，接到 $U = 380\text{V}$、$f = 50\text{Hz}$ 的交流电源上。试求：1）通过线圈的电流；2）电压与电流的相位差；3）若将此线圈误接在直流 380V 的电源上，将会产生什么后果？为什么？

21. 将一个电阻为 20Ω、电感为 48mH 的线圈接到 $u = 100\sqrt{2}\sin\,(314t + 45°)$ 的交流电源上。试求：1）线圈的感抗；2）流过线圈的电流；3）该电路的功率因数；4）写出 i、u_L、u_R 的瞬时值表达式；5）该线圈的有功功率、无功功率和表观功率；6）作 I、U、U_R、U_L 的矢量图。

22. 把某线圈接在电压为6V的直流电源上，测得流过线圈的电流为0.2A；当把它改接到频率为50Hz、电压有效值为25V的正弦交流电源上时，测得流过线圈的电流为0.5A，试求该线圈的电感L。

23. 把6Ω的电阻与$50\mu F$电容串联后接到$u = 20\sqrt{2}\sin\left(2500t + \dfrac{\pi}{3}\right)$的交流电源上。试求：1）电路的阻抗；2）流过电容的电流；3）电路的功率因数；4）写出i、u_R、u_C的瞬时值表达式；5）求电路的P、Q_C、S；6）作I、U、U_R、U_C的矢量图。

24. 已知RLC串联电路中，$R = 10\sqrt{3}\Omega$，$X_L = 10\Omega$，$X_C = 20\Omega$，接在电压为$u = 40\sqrt{2}\sin 314t$V的电源两端。试求：1）电路的阻抗；2）写出电流i、电压u_R、u_L、u_C的瞬时值表达式；3）计算电路的P、Q、S值；4）画出U、U_R、U_L、U_C、I的矢量图。

25. 在RLC串联电路中，已知$R = 30\Omega$，$L = 318\text{mH}$，$C = 53\mu F$，电源电压$u = 311\sin\left(314t + \dfrac{\pi}{2}\right)$。试求：1）电路的感抗、容抗和阻抗，并说明电路的性质；2）电路中的电流并写出该电流的瞬时值表达式；3）各元件两端电压并写出它们的瞬时值表达式；4）计算电路的P、Q、S；5）作I、U、U_R、U_L、U_C的矢量图。

26. 一个扼流圈与电容器串联，加上120V、50Hz的电压后，通过电路的电流为1A。若已知扼流圈的电阻为72Ω，电容C为$10\mu F$，试求扼流圈的电感。

27. 将三个阻值均为100Ω的电阻作星形（Y）联结后接到线电压为380V的三相电源上，试画出电路图，并求各电阻上的电流及各相线上的电流。

28. 将三个阻值为100Ω的电阻作三角形联结后，接到线电压为380V的三相电源上，试画出电路图，并求相电流和线电流。

29. 在线电压为380V的三相四线制电网中，接有三组电阻各为4Ω、感抗各为3Ω的平衡负载。试分别计算负载作星形联结和三角形联结时的线电流、相电流及三相有功功率。

30. 什么是涡流？它有哪些利弊？试举例说明。

第四章 电气照明及安全用电

第一节 电气照明

常用的电气照明方式有一般照明和局部照明两种。

电气照明是现代社会中人们日常工作与生活不可缺少的条件。

（1）一般照明 是指较大范围内的照明，它不仅要照亮工作面，而且要照亮整个空间，如用于广场、工地、道路及车间等场所的照明。

（2）局部照明 是指只限于某一工作点上的照明，如机床照明灯、移动式照明灯、台灯的照明。

良好的照明应满足以下几点要求：

1）工作面或被照场地应有足够亮度。

2）照明光线应柔和，不耀眼眩目，且具有稳定性。

3）具有安全可靠性。

照明灯具中常用的电光源有白炽灯、荧光灯、荧光高压汞灯、高压钠灯、混光灯等。

一、白炽灯照明电路

1. 白炽灯

白炽灯是利用电流流过高熔点钨丝并使其发热到白炽程度而发光的灯具。虽然白炽灯发光效率低，寿命也不长，但是它具有光色好，无闪烁，而且结构简单、价格低廉、使用方便等优点。

白炽灯灯头有螺口式和插口式两种，如图4-1所示。其额定电压常用的有220V、36V、24V、12V及6V几种。在使用白炽灯时，要注意灯泡的额定电压应与电源电压相符。

2. 白炽灯照明电路的安装

（1）单联开关控制的白炽灯电路 一般白炽灯照明电路很简单，只要将白炽灯与开关串联后，再并接到供电线路上即可，如图4-2所示。

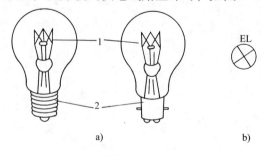

图4-1 白炽灯
a）结构 b）符号
1—灯丝 2—灯头

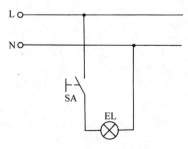

图4-2 一般白炽灯照明电路

（2）双联开关控制的白炽灯电路　这种电路是用两只双联开关控制一盏白炽灯，双联开关控制白炽灯的工作位置如图4-3所示，其控制电路如图4-4所示。使用这种电路后，可在任意装有开关的地方开灯或关灯，也可在一个地方开灯，在另一个地方关灯，特别适合于楼梯的照明。当人上楼时可在楼下开灯，上楼后在楼上关灯；反之也可以。

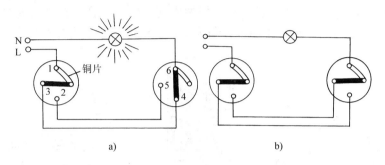

图4-3　双联开关控制白炽灯的工作位置

（3）白炽灯电路安装注意事项　在安装白炽灯时，相线一定要经开关后再接至灯头，中性线则直接进灯头。这样做的目的是，当开关分断时，灯泡和灯头都不带电，便于检测和维修。相线通常是用验电器进行判别的，验电时，手要接触笔尾的金属体，笔尖接触电线或与之相联的插座、导体等，如图4-5所示。当笔中的氖管发光时，笔尖接触的就是相线。

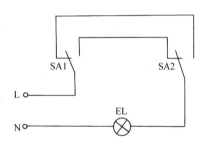

图4-4　双联开关控制白炽灯电路

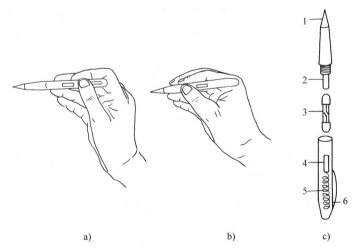

图4-5　验电器的使用方法与构造

a）正确用法　b）错误用法　c）结构

1—金属笔尖　2—电阻　3—氖管　4—视察窗　5—弹簧　6—金属笔尾

二、荧光灯照明电路

荧光灯照明电路具有发光效率高（约为白炽灯的4倍）使用寿命长（是白炽灯的2

倍），光色更接近自然光等优点，因此，在电气照明中应用十分广泛。但这种电路所需附件较多，费用也大，而且容易发生故障。

1. 荧光灯照明电路的组成

传统的荧光灯照明电路主要由灯管、镇流器和辉光启动器三个部件组成。

（1）灯管　如图4-6a所示，灯管是一根抽成真空的玻璃管，在管的内壁涂有一层薄而均匀的荧光粉，两端各有一组通电时能发射大量电子的灯丝。管内充有少量的氩气和水银。

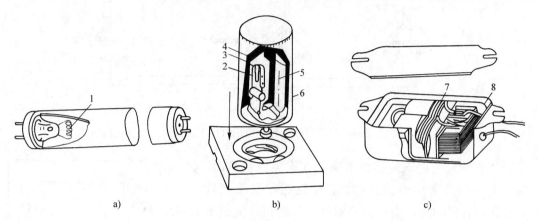

图4-6　荧光灯的组成

a）灯管　b）辉光启动器　c）镇流器

1—灯丝　2—动触片　3—静触片　4—玻璃泡　5—电容器　6—铝片　7—线圈　8—铁心

（2）辉光启动器　如图4-6b所示，辉光启动器有一铝制外壳，内装一个充有氖气的玻璃泡，泡内有一个静触片与一个呈U形的动触片。不工作时，动、静触片是分离的。在玻璃泡引出线的两端还并联一只电容器，以减少对电视机和收音机等声响设备和电信设备的干扰。

（3）镇流器　如图4-6c所示，镇流器是一个带铁心的电感线圈，在电路中有两个作用，一是当辉光启动器的动、静触片由接触到再分离时，它的两端可产生瞬时高压，点亮荧光灯管；二是当灯管点亮后，又起到限流作用。

2. 荧光灯照明电路的工作原理

如图4-7所示，当荧光灯接通电源时，开关、镇流器、灯丝和辉光启动器可看作是串联的，这时220V交流电压几乎全部加在辉光启动器的动、静触片之间，引起氖泡内的氖气辉光放电；放电时产生的热量，使动触片受热伸展与静触片接触，灯管内的两组灯丝接通并流过电流，灯丝受热后发射电子；动、静触片接触后电压降为零，氖气停止放电，温度下降，动触片冷却复原而与静触片分离；动、静触片突然分离的瞬间，使镇流器产生很高的自感电动势并加在灯管两端，使灯管内氩气首先电离而导通；氩气放电产生的热量又使管内水银蒸发变成水银蒸气，当水银蒸气被电离而导电时，能发出大量紫外线，辐射出来的紫外线激励管壁上的荧光粉，使它发出柔和的近似日光的白色光线。

荧光灯管一旦工作后，电源、开关、镇流器和荧光灯管组成串联电路，此时，辉光启动器就不起作用了，而镇流器则起限流作用。

目前有节能新产品电子镇流器，可代替传统的电感式镇流器，它具有起辉电压低、节

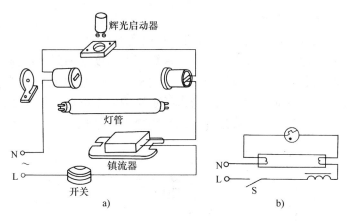

图 4-7 荧光灯照明电路

a）安装接线 b）工作原理

电、无闪烁、无噪声、启动快，而且可不必使用辉光启动器等优点，如图 4-8 所示。

三、荧光高压汞灯

荧光高压汞灯具有节省电能、发光效率高（约为白炽灯的 3 倍）、使用寿命长（为 2500～5000h）、使用和安装方便等优点，适合作广场、高大建筑内和道路等场所的照明光源。

1. 荧光高压汞灯的结构

如图 4-9 所示，它由硬玻璃外壳、石英玻璃放电管、主电极、引燃极和电阻及支架组

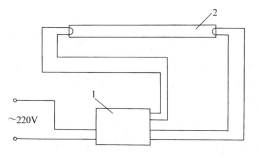

图 4-8 无辉光启动器的荧光灯照明电路

1—电子镇流器 2—灯管

成，在硬玻璃外壳内壁涂有荧光粉，外壳与石英玻璃管之间充有起保护作用的氮气，在石英玻璃管内充有适量的水银和起辉用的高纯氩气。

2. 荧光高压汞灯的接线原理

荧光高压汞灯的接线原理如图 4-10 所示。它由灯泡、镇流器和补偿电容器组成。镇流器只起限流作用，补偿电容器用来改善电路的功率因数。

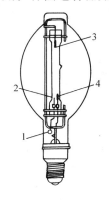

图 4-9 荧光高压汞灯的结构

1—电阻 2—引燃极 3—主电极② 4—主电极①

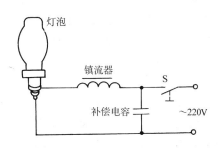

图 4-10 荧光高压汞灯的接线原理

3. 荧光高压汞灯的工作原理

如图 4-11 所示，当接通电源后，主电极①和引燃极因距离较近（2～3mm），在电场作用下，首先放电，放电管内温度升高。当管内水银蒸发速度增加到一定程度时，主电极①和另一主电极②之间形成电弧放电而导通（此时主电极①和引燃极间停止放电），被电离的水银蒸气在放电过程中产生一部分可见光以及占一定比例的不可见紫外线光，紫外线光激发硬玻璃外壳内壁的荧光粉，荧光粉又将这部分能量转变为可见光。

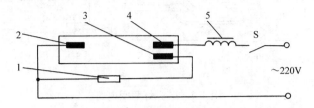

图 4-11　荧光高压汞灯的工作原理
1—限流电阻　2—主电极②　3—引燃极　4—主电极①　5—镇流器

限流电阻（阻值为 15～10kΩ）主要是在起动时起限流作用，使流过引燃极的电流不致太大，这样既保证了荧光高压汞灯的起动，又保护了引燃极不致因电流过大而烧毁。在荧光高压汞灯正常发光时，电流经主电极①和②流通。此时限流电阻不起作用，而镇流器起限流作用。

由于这种灯的水银蒸气压力较高，为 2～5 个大气压，所以称为荧光高压汞灯。当接通电路后，电极首先被加热，但需要一定的起动时间。例如：80～400W 的荧光高压汞灯需 3～6min 才能正常发光，500W 的荧光高压汞灯需 15min 左右才能正常发光。另外，荧光高压汞灯熄灭后，需要隔 10～15min 才能再次起动。

四、高压钠灯

高压钠灯是利用钠蒸气放电而发光的，它比荧光高压汞灯具有更高的发光效率和更长的使用寿命，由于它辐射的波长范围集中在人眼较敏感的区域内，且呈橘黄色，所以具有较强的穿透性，适用于多雾或多尘垢的环境中，有较好的照明效果。在城市中，现已普遍采用高压钠灯作为街道照明。

1. 高压钠灯的结构

如图 4-12 所示，发光管较长、较细，管壁温度达 700℃ 以上，因钠对石英玻璃具有较强的腐蚀作用，故管体多由陶瓷制成。为使电极与管体之间具有良好的密封性能，采用化学性能稳定而膨胀系数与陶瓷接近的铌做成端

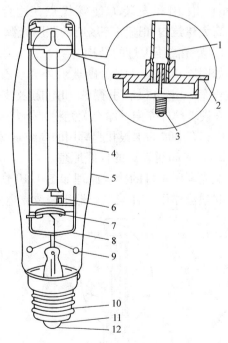

图 4-12　高压钠灯的结构
1—金属排气管　2—铌帽　3—电极　4—放电管
5—玻璃泡体　6—管脚　7—双金属片　8—金属支架
9—消气剂　10—螺纹触点（电源）　11—绝缘体
12—触点（电源）

帽，也有的用陶瓷制成。电极间连接着用来产生起动脉冲的双金属片（与荧光灯的起辉器作用相同），泡体由硬玻璃制成，灯头制成螺口式。

2. 高压钠灯的工作原理

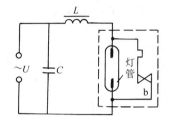

图 4-13　高压钠灯的工作原理

高压钠灯的起动方式类似于荧光灯，但辉光启动器（即双金属片）被组合在灯泡体内部。如图 4-13 所示，当接通电源时，电流通过双金属片和加热线圈，双金属片受热变形后使两触点断开，电感线圈上就产生一个高电压加在灯管的电极上，使两极击穿，灯管点燃。因存在放电热量而使双金属片触点保持开路状态。工作电压和电流同荧光灯一样，由镇流器加以控制。

新型高压钠灯的起动通常采用晶闸管构成的触发器。选用高压钠灯时应配置与灯泡规格相适应的镇流器和触发器等附件。

第二节　安　全　用　电

一、低压配电系统的接地方式

在配电系统中，接地可分为两个部分，一是电源侧的接地称为"系统接地"（工作接地），二是负载侧的接地，即为防止触电事故，预先将与低压电路相联的电气设备的金属外壳和底座接地，这种接地叫保护接地。

根据《系统接地的型式及安全技术要求》（GB 14050—2008）的规定，低压系统接地形式分以下三种。

1. TT 系统

电源端有一点直接接地，电气装置的外露可导电部分直接接地，此接地点在电气上独立于电源端的接地点，如图 4-14 所示。

2. TN 系统

电源端有一点直接接地，电气装置的外露导电部分通过中性导体或保护导体接到此接地点。按照中性导体与保护导体的组合情况，TN 系统有以下三种形式。

（1）TN—S 系统　整个系统的中性导体与保护导体是分开的，如图 4-15 所示。

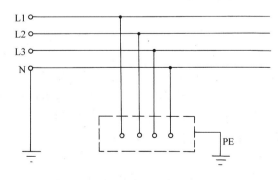

图 4-14　TT 系统

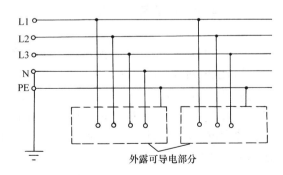

图 4-15　TN—S 系统

（2） TN—C—S 系统　系统中一部分线路的中性导体与保护导体是合一的，如图 4-16 所示。

（3） TN—C 系统　整个系统的中性导体与保护导体是合一的，如图 4-17 所示。

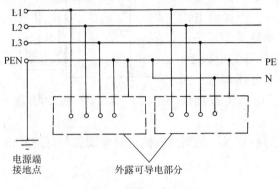

图 4-16　TN—C—S 系统

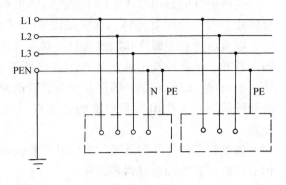

图 4-17　TN—C 系统

3. IT 系统

电源端的带电部分不接地或有一点通过阻抗接地，电气装置的外露可导电部分直接接地，如图 4-18 所示。

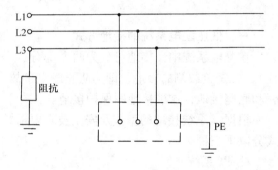

图 4-18　IT 系统

上述系统中文字代号的意义说明如下：

1） 第一个字母表示电源侧的接地状态。其中，T 表示一点直接接地；I 表示所有带电部分与地绝缘，或一点经阻抗接地。

2） 第二个字母表示负载侧的接地状态，也就是设备的外露可导电部分对地的关系。其中，T 表示负载设备的外露可导电部分对地直接电气连接，与电力系统的任何接地点无关；N 表示外露可导电部分与电力系统的接地点直接电气连接（在交流电力系统中，接地点通常就是中性点）。

3） 对于 TN 系统，如果后面还有字母时，这字母表示中性导体与保护导体的组合。其中，S 表示中性导体和保护导体是分开的；C 表示中性导体和保护导体是合一的。

二、安全用电的基本知识

1. 电气灾害

（1） 触电　触电是指电流流过人体时所发生的生理作用。

1） 触电对人体的伤害程度，与流过人体电流的频率、电流的大小、通电时间的长短、电流流过人体的途径以及触电者本人的情况有关。实践证明，频率为 25 ~ 100Hz 的电流最危险。通过人体的电流超过 50mA（工频）时，就会产生呼吸困难、肌肉痉挛、心室颤动等现象，使中枢神经遭受损害，从而使心脏停止跳动以至死亡。而且，电流流过大脑或心脏时，最容易造成死亡事故。

2） 触电伤人的主要因素是电流，但电流值又取决于人体上的接触电压和人体的电阻值。通常人体电阻为 800Ω 至几万欧不等，当皮肤出汗，有导电液或尘埃时，人体电阻将很低，如在此时触电危害性更大。为防止触电事故而采用的特定电源供电的电压系列称为安全电压。我国规定的安全电压系列为42V、36V、24V、12V和6V。

3）电气设备安全电压的选择，应根据使用环境、工作人员和使用方式等因素选用不同等级的安全电压。

（2）触电的类型　常见的触电类型分为直接触电和间接触电两种，而直接触电又可分为单相触电和两相触电，如图4-19所示。

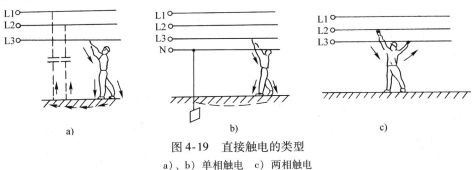

图4-19　直接触电的类型

a）、b）单相触电　c）两相触电

1）直接触电：是指人体直接接触到电气设备正常带电部分的触电事故。

① 当人体碰触用电设备的其中一相时，电流经人体流入大地，这种直接触电称为单相触电，如图4-19a、b所示。

② 人体同时接触带电设备或线路中的两相导体，电流从一相通过人体，流入另一相，这种直接触电称为两相触电，如图4-19c所示。两相触电最为危险，在低压电网中，人体接触的电压为380V，两相触电时流入人体的电流达200mA以上，这样大的电流通过人体，即使时间不足2s也会致人死亡。

2）间接触电：是指电气设备及线路绝缘降低或破损、老化时，其内部带电部分会向不带电的金属部分"漏电"，而此时人接触到带电设备的金属外壳所发生的触电事故。

3）除上述触电外，还有高压电弧触电及跨步电压触电。

① 高压电弧触电是当人走近高压带电体时，由于两者电位相差甚大而引起电弧使人触电。

② 跨步电压触电是指当高压电线断裂落地时，在其周围形成一个由中心逐渐向外减弱的强电场，当人或牲畜走入距断线点8m以内的区域时，由于前后脚之间有较高的电位差就会引起触电。

（3）电气火灾　电能通过电气设备及线路作为火源而引起的火灾称为电气火灾。

造成电气火灾的常见原因是电热设备因其辐射过量的热，并引燃可燃物质所致；电机过载、短路或绝缘降低，产生大量的热而引起火灾；导体接线螺钉松动而打火，产生高温以及过载等原因而导致火灾发生。另外，电气设备绝缘破损或电力线路绝缘外皮损伤时也会酿成漏电火灾。

2. 安全用电措施

为防止触电事故的发生，原则上要求不接触低压带电体。不靠近高压带电体。常用的安全用电措施如下：

（1）合理选用照明电压　根据工作环境来选择照明电压，一般工厂的照明灯具多采用悬挂式，人体接触的机会较少，可选用220V电压供电；对于接触机会较多的机床照明灯或移动的灯具，应选用50V以下的安全电压供电；在潮湿、有导电灰尘、有腐蚀性气体的情况下，则应选用 24V、12V 甚至更低的电压供电。

（2）相线必须进开关　在安装照明电路时，必须做到相线经开关后再接至灯具，这样，当开关处于分断状态时，灯具上不带电，有利于维修安全。例如：**荧光灯在关灯后仍会隐隐发光，就是相线未进开关而直接进灯头所引起的，因其开关虽已分断而电源未被切断。**

（3）采用各种保护用具　保护用具是保证工作人员安全操作的用具。它主要有橡皮手套、橡皮垫、绝缘钳和棒及绝缘鞋等。

对于经常移动的 10A 以下的用电设备，可使用漏电保护插座作为防触电和漏电的保护，其外形如图 4-20 所示。

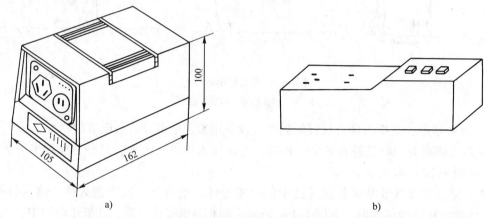

图 4-20　漏电保护插座的外形
a）YLC1 型　b）YLC2 型

（4）采用剩余电流动作保护装置　所谓剩余电流动作保护装置是指电路中带电导体对地故障所产生的剩余电流超过规定值时，能够自动切断电源或报警的保护装置，简称 RCD。

1）RCD 的主要作用：

① 对直接接触电击事故的保护。此种情况下，它只作为直接接触电击事故基本防护措施的补充保护措施，不包括对相与相、相与 N 线间形成的直接接触电击事故的保护。

② 对间接接触电击事故的保护。此种情况下，它将采用自动切断电源的保护方式，以防止由于电气设备绝缘损坏发生接地故障时，电气设备的外露可接近导体持续带有危险电压而产生电击事故或电气设备损坏事故。

③ 对电气火灾的防护。为防止电气设备或线路因绝缘损坏形成接地故障引起的电气火灾，应装设当接地故障电流超过预定值时，能够发出报警信号或自动切断电源的 RCD。

2）安装 RCD 的设备和场所：

① 需要安装 RCD 的设备：

a. 属于 I 类的移动式电气设备及手持式电动工具。

b. 生产用的电气设备。

c. 施工工地的电气机械设备。

d. 安装在户外的电气装置。

e. 临时用电的电气设备。

② 需要安装 RCD 的场所：

a. 机关、学校、宾馆、饭店、事业单位和住宅等除壁挂式空调器电源插座外的其他电源插座或插座回路。

　　b. 游泳池、喷水池、浴池等安装在水中的供电线路。

　　c. 医院中可直接接触人体的电气医用装置。

　　d. 其他需要安装 RCD 的场所。

　　3）RCD 的选用原则：

　　① 其技术参数额定值，应与被保护线路或设备的技术参数和安装使用的具体条件相配合。

　　② 要按电气设备的供电方式选用 RCD。例如：对于三相三线制供电系统，应选用三极三线式 RCD；对于三相四线制供电系统，应选用三极四线或四极四线式 RCD。

　　③ 其额定动作电流还要考虑电气线路和设备的对地泄漏电流值，可选用动作电流可调式 RCD。

　　④ 要根据电气设备的工作环境条件选用 RCD。例如：电源电压变化较大时，应选用动作功能与电源电压无关的 RCD。

　　4）RCD 的安装要求：

　　① 安装时应充分考虑供电方式、供电电压、系统接地形式及保护方式。

　　② RCD 负荷侧的 N 线，只能作为中性线，不得与其他回路共用，且不能重复接地。

　　③ 当电气设备安装高灵敏度 RCD 时，电气设备独立接地装置的接地电阻可适度放宽。

　　④ 安装不带过流保护功能，且需要辅助电源的 RCD 时，与其配合的过电流保护元件（熔断器）应安装在 RCD 的负荷侧。

　　5）RCD 的接线方式：见表 4-1。

表 4-1　RCD 的接线方式

注：1. L1、L2、L3 为相线；N 为中性线；PE 为保护线；PEN 为中性线和保护线合一；RCD 为剩余电流动作保护装置。

　　2. 单相负载或三相负载不同的接地保护系统接线方式中，左侧设备未装 RCD，中间和右侧装有 RCD。

　　3. 在 TN-C 系统中使用 RCD 的电气设备，其外露可导电部分的保护线可以接在单独接地装置上而形成局部 TT 系统，如 TN-C 系统接线方式中的右侧设备带 * 的接线方式。

（5）采用必要的保护接地、保护接零和重复接地　在正常情况下，电气设备的外壳是不带电的，但当绝缘损坏时，外壳就会带电。为了确保操作人员的安全，常对电气设备采用保护接地、保护接零，此时即使电气设备因绝缘损坏而漏电，人体触及电气设备后也不会发生触电事故。

1）保护接地。将电气设备的金属外壳、框架等用导线与大地下的接地体进行可靠的连接，如图4-21a所示。

通常采用埋在地下的铁棒、钢管等金属物体作为接地体，它适用于TT系统和IT系统中的电气设备。

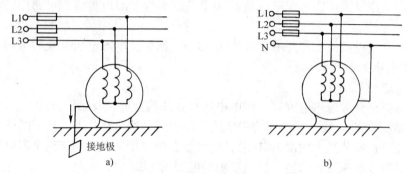

图4-21　保护接地与保护接零

a）保护接地　b）保护接零

2）保护接零。将电气设备的金属外壳、框架等用导线与供电系统中的N线进行可靠的连接，如图4-21b所示，保护接零适用于TN系统中的电气设备。

3）重复接地。将N线上的一点或多点与大地再次作金属连接。重复接地是为防止零线断裂，降低漏电设备对地电压，目前工厂内广泛采用重复接地。

必须指出的是，在同一供电线路中，不允许一部分电气设备采用保护接地而另一部分电气设备采用保护接零的方法。

目前，厂矿和家庭中单相用电器所使用的三脚插头和三眼插座，如图4-22所示。这类插头的正确接法是：把用电器的金属外壳用导线接在中间那个比其他两个粗或长的插脚上，并通过插座与N线相联，如图4-23所示。

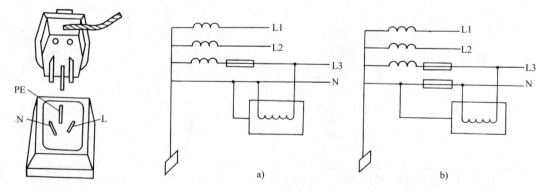

图4-22　三脚插头和三眼插座　　　　图4-23　单相用电器保护接零的正确接法

a）N线不装熔断器　b）N线装熔断器

三、触电急救

触电急救的要点是动作迅速、救护得法，发现有人触电，首先要尽快地使触电者脱离电源，然后根据触电者的具体情况，进行相应的救护。

1. 脱离电源

人触电以后，可能由于痉挛或失去知觉等原因而紧抓带电体不能自行摆脱电源，所以必须用最快的方法使触电者脱离电源。若救护人离控制电源的开关或插座较近时，可立即关掉开关或拔出插头，或采用绝缘物强迫触电者脱离电源；也可用绝缘钳切断电线，但应一根一根地剪。另外，在触电解救中还应注意防止高处的触电者坠落受伤。

2. 紧急救护

当触电者脱离电源后，应根据触电者的具体情况，迅速对症救护并及时报告医院。

当触电者还未失去知觉或曾一度昏迷，但已清醒过来后，应使触电者安静休息，不要走动，严密观察，并请医生前来诊治或送往医院。

当触电者出现心脏停跳、无呼吸等假死现象时，应进行口对口人工呼吸或胸外心脏挤压。就是在送往医院的途中也不可中断，更不可盲目给假死者注射强心针。

（1）口对口人工呼吸法　这种方法适用于有心跳但无呼吸的触电者，具体方法是：病人仰卧平地上，鼻孔朝天头部充分后仰，取出触电者口腔内妨碍呼吸的假牙、血块、粘液等，以免堵塞呼吸道。操作步骤如下：

1）使触电者鼻孔（或口）紧闭，救护人深吸一口气后紧贴触电者的口（或鼻）向内吹气，如图4-24a所示，为时约2s。

2）吹气完毕，立即离开触电者的口（或鼻），并松开触电者的鼻孔（或嘴唇），让他自行呼气，如图4-24b所示。为时约3s。

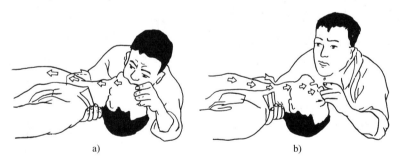

a)　　　　　　　　　　　　　　b)

图4-24　口对口人工呼吸

a）吹气　b）换气

（2）胸外心脏挤压法　这种方法是触电者心脏跳动停止后的急救方法。进行胸外心脏挤压时，应使触电者仰卧在比较坚实的地方，姿式与口对口（鼻）人工呼吸法相同。操作步骤如下：

1）救护人跪在触电者一侧或骑跪在其腰部两侧，两手相叠，手掌根部放在心窝上方，胸骨下1/3～1/2处，如图4-25所示。

2）掌根用力垂直向下（脊背方向）挤压，压出心脏里

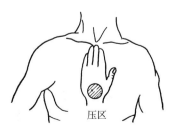

图4-25　胸外心脏挤压法的正确压点

面的血液，如图4-26a所示。对成人应压陷3~4cm，每秒钟挤压一次。

3）挤压后掌根迅速全部放松，让触电者胸部自动复原，血液充满心脏。放松时掌根不必完全离开胸部，如图4-26b所示。

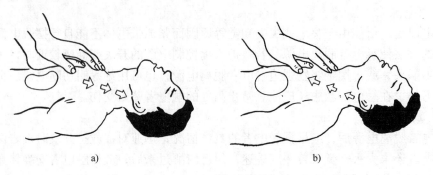

a)　　　　　　　　　　　　　　　　b)

图4-26　胸外心脏挤压法

a）挤压　b）放松

（3）口对口人工呼吸与胸外心脏挤压结合法　若是触电后呼吸和心脏跳动都停止了，应同时进行口对口（鼻）人工呼吸和胸外心脏挤压。如果现场仅一个人抢救，两种方法应交替进行，每吹气2~3次，再挤压10~15次，而且吹气和挤压的速度都应提高，以不降低抢救效果。

四、电气火灾常识

电气火灾有两个特点：一是着火后的电气设备可能是带电的，如不注意可能引起触电事故；二是有些电气设备（如电力变压器、多油断路器等）本身充有大量的油，可能发生喷油甚至爆炸事故，造成火焰蔓延、扩大火灾范围，这是必须加以注意的。

1）发生电火警时，首先切断电源然后救火，并及时报警。

2）选用二氧化碳灭火器、1211灭火器、灭火。但应注意的是，不要使二氧化碳喷射到人的皮肤或脸部，以防人被冻伤和窒息。在没确定电源已被切断时，决不允许用水或普通灭火器灭火，否则会有触电危险。

3）人体与带电体之间应保持必要的安全距离。灭火人员应站在上风侧，防止中毒，灭火后要注意通风。

4）旋转电机着火时，为防止轴和轴承变形，可令其慢慢转动，用喷雾水灭火，并使其均匀冷却；也可用二氧化碳灭火器、1211灭火器或蒸汽灭火，但不宜用干粉、砂子、泥土灭火，以免损伤电气设备的绝缘。

实验　白炽灯和荧光灯照明电路

（一）实验目的

1）掌握白炽灯照明电路中灯头、单联开头、双联开关和熔断器的接线方法。

2）掌握荧光灯照明电路中镇流器、荧光灯座及辉光启动器座的接线方法。

（二）实验器材

序 号	代 号	名 称	规 格	数 量	备 注
1	EL1、EL2	白炽灯泡	220V40W	2	
2		荧光灯管	220V40W	1	
3	SA1、SA2	单联开关	250V4A	2	
4	SA1、SA2	双联开关	250V4A	2	
5	FU	熔断器	RC1－10A	1	
6	L	镇流器	220V40W	1	
7		辉光启动器	220V40W	1	
8		荧光灯座		1	
9		辉光启动器座		1	

（三）实验内容及电路

1）用两只单联开关控制两个白炽灯，接线原理图如图 4-27 所示。

2）用两只双联开关控制一个白炽灯，接线原理图如图 4-28 所示。

3）荧光灯照明电路，接线原理图如图 4-29 所示。

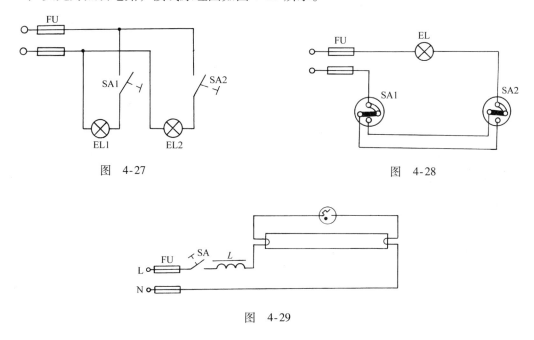

图 4-27　　　　　　　　　　　　图 4-28

图 4-29

复 习 题

1. 画出两只单联开关控制两个白炽灯的电路图。

2. 荧光灯照明电路由哪些元件组成？说明镇流器与辉光启动器的功能。

3. 画出两只双联开关控制一个白炽灯的电路图。

4. 荧光灯电路中的镇流器和荧光高压汞灯电路中的镇流器的功能有何不同？

5. 荧光灯点燃后，拔去辉光启动器，荧光灯是否仍然亮？为什么？

6. 有时在关灯后还看到了荧光灯发出微弱亮光，这是为什么？应采取什么措施？

7. 荧光高压汞灯内的限流电阻，在荧光高压汞灯起动时和正常发光时起什么作用？

8. 试述荧光高压汞灯需要起动时间的原因。

9. 低压配电系统的接地形式有哪几种？解释其文字代号的意义。

10. 什么叫触电？电流对人体的危害程度与哪些因素有关？

11. 常见的触电方式和原因有哪几种？

12. 试述安全用电的措施。

13. 何谓保护接地、保护接零、重复接地？

14. 遇到触电者应如何急救？

第五章 变压器与交流电动机

第一节 变 压 器

一、用途与种类

变压器是一种将交流电压升高或降低，并且保持其频率不变的静止的电气设备。

在日常生活与生产中，常常需用各种不同等级的交流电压。如工厂中常用的三相或单相异步电动机，它们的额定电压是 380V 或 220V；照明电路及家用电器的额定电压是 220V；机床照明、低压电钻等，只需要 36V 以下的电压；在电子设备中还需要多种电压等级供电；而高压输电则需要用 110kV、220kV 以上的电压输电。如果采用许多输出电压不同的发电机来分别供给这些负载，不但不经济、不方便，而且实际上也是不可能的。所以在实际使用中，输电、配电和用电所需的各种不同等级的电压，均是通过变压器进行变换后而得到的。

变压器除了可以改变电压之外，还可以改变电流（如变流器、大电流发生器），变换阻抗（如电子电路中的输入、输出变压器），改变相位（如改变绕组的连接方法来改变变压器的极性或组别）等。由此可见，变压器是输配电和电子技术以及电工测量中的不可缺少的电气设备。

变压器的种类很多，常用的有：输配电用的电力变压器；冶炼用的电炉变压器；整流设备用的整流变压器；焊接用的电焊变压器和实验用的调压器。

注意：虽然变压器的种类很多，结构上也各有特点，但它们的基本结构与工作原理是类似的。以下主要讨论具有铁心的单相变压器。

二、工作原理

变压器是根据电磁感应原理工作的。

在一个闭合的铁心上，绕上两个匝数不等的线圈，就形成了一个最简单的单相变压器，如图 5-1 所示。

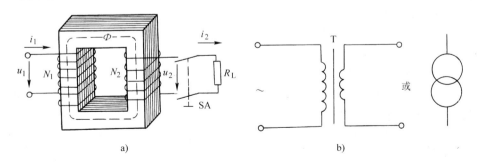

图 5-1　最简单的变压器

a）基本原理　b）图形符号

我们规定，凡与一次侧有关的各量都在其符号下角标以 "1"，而与二次侧有关的各量都在其符号下角标以 "2"。例如一、二次侧的电压、电流、匝数及功率分别用 u_1、u_2、i_1、i_2、N_1、N_2 及 P_1、P_2 等表示，如图 5-1a 所示。

当变压器的一次绕组接入交变电压 u_1 时，二次绕组中就有交变电流通过，并产生交变磁通。由于铁心的磁导率远大于空气的磁导率，所以绝大部分磁通沿铁心而闭合，并且同时穿过一、二次绕组，这部分磁通称为主磁通；在产生的交变磁通中，还有很小一部分通过周围空气隙而闭合的，称为漏磁通。

当主磁通穿过一、二次绕组时，就在两个绕组中分别产生与电源频率相同的感应电动势 e_1 和 e_2，二次绕组的感应电动势就是变压器的输出电压。

用铁磁材料做铁心的变压器，其漏磁通很小，为讨论方便起见，常把漏磁通和其他损耗忽略不计（看作理想变压器）。

1. 改变交流电压

当变压器的一次绕组接上交变电压 u_1 后，便产生感应电动势 e_1 和 e_2，设一、二次绕组的匝数分别为 N_1 和 N_2，由电磁感应定律可得一、二次绕组的感应电动势的数学表达式分别为

$$e_1 = -N_1 \frac{\Delta \Phi}{\Delta t}$$

$$e_2 = -N_2 \frac{\Delta \Phi}{\Delta t}$$

由于主磁通同时穿过一、二次绕组，故两个绕组中的磁通变化率相等。

通过数学计算证明，一、二次绕组感应电动势的有效值与它们的匝数成正比，即

$$\frac{E_1}{E_2} = \frac{N_1}{N_2}$$

若忽略一、二次绕组的直流电阻，由基尔霍夫第二定律知，任一时刻一、二次绕组的电压 u_1 和 u_2 在数值上分别等于感应电动势 e_1 和 e_2，因此，它们的有效值也相等，即

$$U_1 = E_1, \ U_2 = E_2$$

由此可得
$$\frac{U_1}{U_2} = \frac{E_1}{E_2} = \frac{N_1}{N_2} = n \tag{5-1}$$

式中　U_1——一次电压有效值（V）；

　　　U_2——二次电压有效值（V）；

　　　N_1——一次匝数（匝）；

　　　N_2——二次匝数（匝）。

式（5-1）是变压器一、二次电压比的数学表达式。它表明变压器的一、二次电压比等于其匝数比。n 是电压比。

当 $N_1 > N_2$ 时，变压器降压；$N_1 < N_2$ 时，变压器升压。可见，变压器一、二次绕组采用不同的匝数比就可达到升压或降压的目的。

例 5-1　一台降压变压器的一次绕组接在 380V 的电压上，二次电压为 38V。若一次绕组绕有 1140 匝时，试求二次绕组的匝数？

解　已知　$U_1 = 380\text{V}$，$U_2 = 38\text{V}$，$N_1 = 1140$ 匝

根据式（5-1）可得

$$N_2 = \frac{U_2 N_1}{U_1} = \frac{38 \times 1140}{380} 匝 = 114 \ 匝$$

由式（5-1）导出

$$\frac{N_1}{U_1} = \frac{N_2}{U_2} \tag{5-2}$$

其中，N_1/U_1，N_2/U_2 称为一、二次绕组的匝伏比（即变压器一、二次绕组的匝数与电压之比），同一台变压器一、二次绕组的匝伏比是相等的。

如果已知一台变压器匝伏比，则绕组的匝数等于该绕组的电压数值乘以匝伏比，绕组的电压就等于该绕组的匝数除以匝伏比。

匝伏比特别适用于变压器二次侧为多组绕组时对其电压或匝数的计算。

例5-2　某一单相照明变压器，一次电压为220V，二次侧有两组绕组，已知：$U_{21} = 36V$，$U_{22} = 6V$，$N_1 = 1320$ 匝。试求：N_{21}、N_{22}。

解　已知　$U_1 = 220V$，$N_1 = 1320$ 匝

根据式（5-2）其匝伏比为

$$N_1/U_1 = \frac{1320}{220} = 6 \ 匝/V$$

$$N_{21} = \frac{N_1 U_{21}}{U_1} = 36 \times 6 \ 匝 = 108 \ 匝$$

$$N_{22} = \frac{N_1 U_{22}}{U_1} = 6 \times 6 \ 匝 = 36 \ 匝$$

2. 改变交流电流

变压器能从电网中获取能量，并通过电磁感应进行能量转换后，再把电能输送给负载。根据能量守恒定律，在忽略变压器内部损耗的情况下，变压器输出的功率 P_2 和它从电网中获取的功率 P_1 相等，即 $P_1 = P_2$。当二次侧为一个绕组时，$P_1 = I_1 U_1$，$P_2 = I_2 U_2$，因此 $I_1 U_1 = I_2 U_2$，即

$$\frac{I_1}{I_2} = \frac{U_2}{U_1} = \frac{N_2}{N_1} = \frac{1}{n} = n_i \tag{5-3}$$

式中　I_1——一次电流有效值（A）；

　　　I_2——二次电流有效值（A）；

　　　U_1——一次电压有效值（V）；

　　　U_2——二次电压有效值（V）；

　　　n_i——电流比，它是电压比的倒数。

式（5-3）是变压器电流比的数学表达式，它表明，二次侧只有一个绕组的无损耗变压器，其一、二次电流与其一、二次电压或匝数成反比。

例5-3　有一台电力变压器，一次电压 $U_1 = 3000V$，二次电压 $U_2 = 220V$，若二次电流为150A，试求变压器一次电流为多大？

解　已知　$U_1 = 3000V$，$U_2 = 220V$，$I_2 = 150A$，根据式（5-3）可得

$$I_1 = \frac{I_2 U_2}{U_1} = \frac{220V \times 150A}{3000V} = 11A$$

3. 变换交流阻抗

在电子电路中，常用变压器来变换交流阻抗。我们知道，无论收音机还是其他电子装置，总希望负载获得最大功率，而负载获得最大功率的条件是负载阻抗等于信号源的内阻抗，此时称为阻抗匹配。但在实际工作中负载阻抗与信号源内阻往往是不相等的，例如，用扬声器作负载时，其阻抗常为 4Ω、8Ω、16Ω 等，但信号源内阻抗受功率放大管的动态电阻影响，其阻值约为几百欧，所以，把负载直接接到信号源上不能获得最大功率，为此，就需利用变压器来进行阻抗匹配，使负载获得最大功率，如输入、输出变压器就是起这个作用的。

如图 5-2 所示，若把带有负载 Z_L 的变压器（图中单点画线框部分）看成是一个新负载 Z'_L 直接接在信号源上，对理想变压器来说，其一、二次功率应相等，即

$$I_1^2 Z'_L = I_2^2 Z_L$$

将式（5-3）代入上式可得

$$Z'_L = \left(\frac{N_1}{N_2}\right)^2 Z_L = n^2 Z_L \tag{5-4}$$

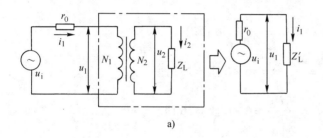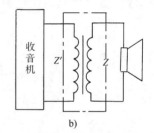

图 5-2　变压器的阻抗变换

式（5-4）是变压器阻抗比的数学表达式，它表明，当负载 Z_L 接在变压器二次侧上时，Z_L 从电源获取的功率和负载 Z'_L 直接从电源上获取的功率完全相同。Z'_L 称为 Z_L 的交流等效阻抗。

式（5-4）还表明，交流等效阻抗的大小，不仅和变压器的负载阻抗有关，而且与变压器匝数比 n 的二次方成正比。如图 5-2a 所示，当 $Z_L = 16\Omega$，若变压器的匝数比为 10，它的等效阻抗 $Z'_L = n^2 Z_L = 10^2 \times 16\Omega = 1600\Omega$。显然，变压器能把一个较小的负载阻抗变换成较大的等效阻抗。这就是变压器的阻抗变换作用。

因此，不管实际负载阻抗是多大，只要选择适当的匝数比就能得到所需的等效阻抗，以达到阻抗匹配的目的。

例 5-4　一台输出变压器二次侧接有 8Ω 的扬声器，一次侧输入信号源的内阻是 512Ω。当输出最大功率时，试求变压器的匝数比。

解　已知　$Z_L = 8\Omega$，$Z'_L = 512\Omega$，根据式（5-4）得

$$n = \sqrt{\frac{Z'_L}{Z_L}} = \sqrt{\frac{512}{8}} = 8$$

三、损耗与效率

以上讨论的是理想变压器的情况，即认为变压器本身无损耗，而变压器在实际运行中总

是要损耗一些能量的。当电流流过绕组时会使导线发热，这部分损耗的能量称为铜损；而交变磁场在铁心中会引起涡流损耗和磁滞损耗，总称为铁损。所以，变压器不能把从电网获取的功率百分之百地传递给负载，因此，变压器的输入功率总是大于输出功率，输入功率与输出功率之差就是变压器的功率损耗。

为了表示变压器在传输能量时的损耗情况，我们把输出功率 P_2 占输入功率 P_1 的百分比叫做变压器的效率，用符号 η 表示，即

$$\eta = \frac{P_2}{P_1} \times 100\% \tag{5-5}$$

由于变压器是静止的电气设备，没有机械传动部分的损耗，所以它的效率较高。通常大容量变压器的效率可达 98% ~ 99%，小容量的变压器为 70% ~ 78%。

例 5-5　某低压变压器的一次电压 $U_1 = 380V$，二次电压 $U_2 = 36V$，在接有电阻性负载时，实际测得二次电流 $I_2 = 3A$，若变压器的效率为 85%，试求一、二次的功率和损耗以及一次电流。

解　二次功率为

$$P_2 = U_2 I_2 = 36V \times 3A = 108W$$

一次功率为

$$P_1 = \frac{P_2}{\eta} = \frac{108W}{0.85} \approx 127W$$

功率损耗为

$$P_损 = P_1 - P_2 = 127W - 108W = 19W$$

一次电流为

$$I_1 = \frac{P_1}{U_1} = \frac{127W}{380V} = 0.33A$$

四、基本结构

变压器主要由铁心、绕组和相关附件组成。

1. 铁心

铁心是变压器的磁路通道，为了减小涡流及磁滞损耗，它是用 0.35 ~ 0.5mm 厚的薄硅钢片叠压而成的。硅钢片表面涂有绝缘漆，使叠片之间相互绝缘。按绕组与铁心的配置方式不同，变压器可分成心式和壳式两种，如图 5-3 所示。

为了制造方便和用料合理，常把硅钢片冲剪成条形或 E 形，然后再交错叠压。图 5-4a、b、c 所示分别为变压器铁心相邻两层硅钢片的配列情况。

目前广泛采用一种 C 形铁心，它是由冷轧硅钢带卷绕后扎紧而成，如图 5-5 所示。C 形铁心的磁感应强度可达 1.5T，与同容量的其他形式的铁心相比，具有体积小、加工方便和有较好的工作特性等特点。

2. 绕组

绕组是变压器的电路部分，由铜芯或铝芯电磁线绕成。按照一、二次绕组的几何形状及在铁心上的排列情况，可分成同心式和交叠式两种，如图 5-6 所示。

（1）同心式绕组　如图 5-6a 所示，变压器的一、二次绕组呈同心圆筒状，套在铁心上，低压绕组放在里层并靠近铁心，高压绕组套在外层，高、低压绕组之间和绕组与铁心之

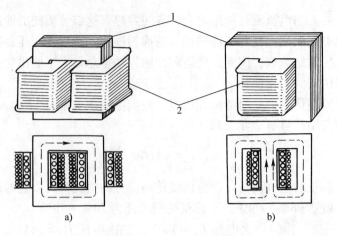

图 5-3　心式与壳式变压器

a）心式变压器　b）壳式变压器

1—铁心　2—绕组

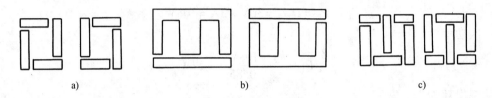

图 5-4　相邻两层硅钢片的配列情况

间都必须有一定的绝缘间隙，并以绝缘纸筒隔开。由于这种绕组的绝缘处理比较简单，制造也方便而被广泛采用。

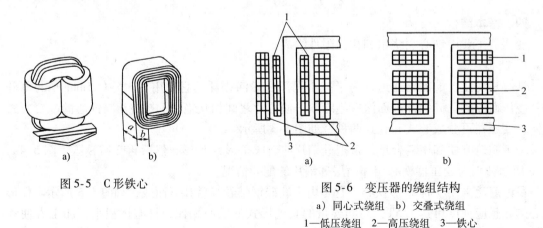

图 5-5　C 形铁心

图 5-6　变压器的绕组结构

a）同心式绕组　b）交叠式绕组

1—低压绕组　2—高压绕组　3—铁心

（2）交叠式绕组　如图 5-6b 所示，变压器的高、低压绕组是交替套在铁心上的，这种绕组的绝缘处理较为复杂，但是机械强度较高，漏阻抗小，引线方便，一般用于低电压、大电流变压器。

3. 相关附件

变压器在工作时，铁心和绕组部分会发热，必须采用冷却措施，小容量变压器采用空气冷却方式，而大容量变压器通常采用油浸式。图 5-7 所示为油浸式电力变压器的外形。变压器的器身放在油箱内，箱内充满变压器油，它的作用一是作绝缘介质，二是作为散热媒介，即通过油的对流把铁心和绕组发出的热量带给油箱壁或散热器，以冷却器身。

五、常用变压器

1. 单相变压器

图 5-8 所示为单相变压器的简单应用，它是由铁心和两组相互绝缘的绕组构成。单相变压器通常用来为低压电器、机床照明及电源指示灯等提供电源电压，其一次电压为 380V 或 220V，二次电压多为 36V，但二次侧可为多组绕组，输出电压有 36V、24V、12V 和 6.3V 等。

2. 自耦变压器

自耦变压器是一次与二次侧共用一个绕组的变压器。其中，低压绕组是高压绕组的一部分，其工作原理如图 5-9a 所示。

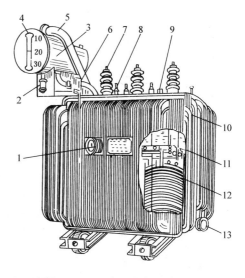

图 5-7 油浸式电力变压器的外形
1—温度计 2—吸湿器 3—储油柜 4—油位计
5—安全气道 6—气体继电器 7—高压套管
8—低压套管 9—分接开关 10—油箱
11—铁心 12—绕组 13—放油阀门

自耦变压器的工作原理与普通变压器相同，一、二次绕组的电压比仍为 $n = N_1/N_2$。

由于自耦变压器一、二次绕组的电流方向相反，故实际流过一、二次绕组公共部分的电流为一、二次电流之差，所以低压部分的电流较小，因此这部分绕组可用较细的导线绕制，以节省用铜量。另外，它的效率也比普通变压器高。但是，因为一、二次侧之间不仅有磁的联系，还有电的直接联系，按照电气操作规程的相关规定，自耦变压器不允许用做安全变压器。

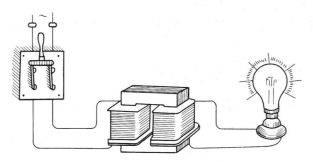

图 5-8 单相变压器的简单应用

低压小容量自耦变压器，其二次绕组的一个接头常做成可自由滑动的触头，以使二次电压可以平滑地调节，这种自耦变压器称为自耦调压器，其外形及接线图如图 5-9b、c 所示。

除单相自耦变压器外，还有三相自耦变压器，它的三个绕组通常作星形联结，如图5-10 所示。

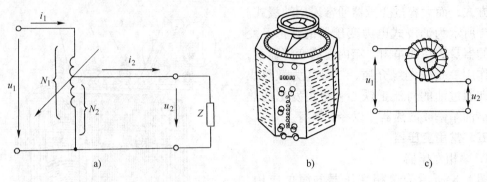

图 5-9　单相自耦变压器

a）工作原理　b）外形　c）接线图

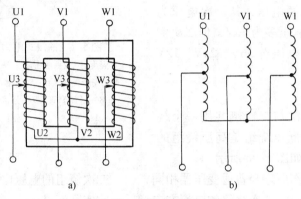

图 5-10　三相自耦变压器

3. 互感器

互感器是专供测量仪表使用的变压器，又称为仪用互感器。使用互感器的目的有两个：其一使测量仪表与高压线路隔开，以保证工作安全；其二是扩大测量仪表的量程。根据用途的不同，互感器分为电压互感器和电流互感器两种。

（1）电压互感器　电压互感器的外形和应用如图 5-11 所示。

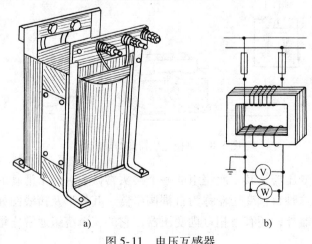

图 5-11　电压互感器

a）外形　b）应用

电压互感器把匝数较多的高压绕组跨接在被测供电线路上，而把匝数较少的低压绕组与伏特表相联。根据 $U_1/U_2 = n$，可得

$$U_1 = nU_2$$

可见，被测的高电压应等于测得的二次电压数值乘上互感器的电压比。

通常电压互感器的二次额定电压都设计为 100V。对于电压等级不同的电路，采用电压比不同的电压互感器。常用额定电压比有 3000/100、6000/100、10000/100 等几种。

使用电压互感器时的注意事项如下：

1）二次侧不允许短路，因为互感器本身的短路阻抗很小，二次侧一旦短路，电流剧增，会使绕组烧毁。

2）为确保工作人员的人身安全，二次绕组的一端连同铁心应可靠接地。

（2）电流互感器　电流互感器的外形和应用如图 5-12 所示。

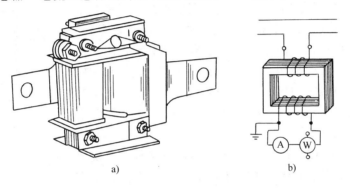

图 5-12　电流互感器
a）外形　b）应用

电流互感器可以用来扩大交流电流表的量程，在使用时，它的一次侧应和待测电流的负载相串联，二次侧则与安培表串接成闭合回路。

电流互感器的一次绕组只有一匝或几匝，用粗导线绕成；而二次绕组的匝数较多，用较细的导线绕成。根据 $I_1/I_2 = N_2/N_1 = 1/n = n_i$，可得

$$I_1 = n_i I_2$$

可见，被测的负载电流等于电流表的读数乘上电流互感器的电流比。

通常把电流互感器二次额定电流设计成同一标准，为 5A。因此在不同电流的电路中应采用变流比不同的电流互感器。电流互感器的电流比有 10/5、20/5、30/5、40/5、50/5、75/5、100/5 等几种。

使用电流互感器时的注意事项如下：

1）电流互感器工作时，二次侧切不可开路，在换接线路或仪表时，必须先用开关将二次侧短接。

2）二次绕组的一端连同铁心也应可靠接地。

（3）钳形电流表　它是电流互感器的另一种形式，它的二次绕组与一配套电流表接通，并套在可以开、合的铁心上，测量时先张开铁心，将待测电流的一根导线放入钳口的中心，然后将铁心闭合，这样载流导线便成为电流互感器的二次绕组，经过变换后，可从钳形电流表直接读出被测电流的大小。钳形电流表的优点是，测量线路电流时，不要断开电路。钳形

电流表如图 5-13 所示。

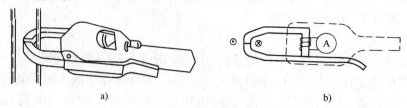

a)　　　　　　　　　　　　　b)

图 5-13　钳形电流表

4. 三相变压器

前面介绍的是单相变压器，由于现代电力供电系统采用三相四线制或三相三线制，所以三相变压器的应用很广。三相变压器实际上就是三个容量相同的单相变压器的组合。三相变压器不但体积比同容量的三个单相变压器的要小，而且重量轻，成本低。图 5-14 所示为三相变压器示意图，每个铁心柱上绕着同一相的一次和二次绕组，一次绕组的始端分别用 1U1、1V1、1W1 表示，尾端用 1U2、1V2、1W2 表示；二次绕组的始端分别用 2u1、2v1、2w1 表示，尾端用 2u2、2v2、2w2 表示；零点则用 0 表示。

根据三相电源和负载的不同，三相变压器一次和二次绕组既可以接成星形（Y），也可接成三角（D）形。若各绕组作星形（Y）联结并有中性点引出时，则用 YN 表示。

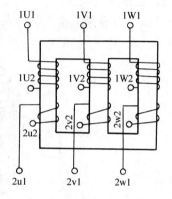

图 5-14　三相变压器示意图

六、型号和额定值

1. 型号

标准系列电力变压器产品的型号分为两部分：第一部分按表 5-1 所列代表符号顺序书写，组成基本型号，加上设计序号；第二部分以数字表示变压器的额定容量（kV·A）/高压侧电压（kV），两部之间以短横隔开。例如 SLZ7 – 630/10 的含义如下：

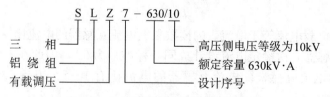

表 5-1　电力变压器型号的符号及意义

顺序号	分　类	类　别	符　号
1	相　数	单　相	D
		三　相	S
2	绕组外冷却介质	矿物油	—
		不燃性油	B
		气　体	Q
		空　气	K
		成型固体	C

（续）

顺序号	分　类	类　别	符　号
3	箱壳外冷却介质	空气自冷 风　冷 水　冷	— F W
4	循环方式	自然循环 强迫循环 强迫导向 导体内冷 蒸发冷却	— P D N H
5	绕组数	双绕组 三绕组 自　耦	— S O
6	绕组导线材料	铜　线 铝　线	— L
7	调压方式	无励磁调压 有载调压	— Z

2. 额定值

（1）额定电压 U_{1N}、U_{2N}　一次额定电压是指考虑到变压器所用绝缘材料的绝缘等级和允许发热等条件而规定的电压值；二次额定电压是变压器空载时，一次侧加上额定电压后，二次侧两端的电压值。

对于三相变压器，额定电压是指线电压。

（2）额定电流 I_{1N}、I_{2N}　是根据额定容量和额定电压计算出来的线电流。

（3）额定容量 S_N　在铭牌所规定的额定工作状态下变压器输出的视在功率。

（4）温升　是指变压器在额定运行时允许超出周围环境温度（+40℃）的数值，它取决于变压器所用绝缘材料的等级。

绝缘材料的等级简称绝缘等级，通常分为 7 个等级，绝缘等级与其所对应的允许工作温度，见表5-2。

表5-2　绝缘等级及其工作温度

绝　缘　等　级	Y	A	E	B	F	H	C
允许工作温度/℃	90	105	120	130	155	180	大于180

第二节　三相笼型异步电动机

电动机是利用电磁感应原理，把电能转换为机械能而输出机械转矩的原动机。根据所使用的电流性质可分为交流电动机和直流电动机两大类。交流电动机按所使用的电源相数可分为单相电动机和三相电动机，其中三相电动机又分同步电动机和异步电动机。异步电动机的定子和转子之间没有电的联系，能量的传递靠电磁感应作用。异步电动机按转子结构还分为绕线转子和笼型两种。

由于异步电动机具有结构简单、工作可靠、起动容易、维护方便以及成本较低等优点，所以，它在工农业生产和生活各方面都得到广泛的应用。

本节介绍三相笼型异步电动机（以下简称笼型电动机）。

一、基本结构

三相笼型异步电动机由定子（静止的部分）和转子（转动的部分）两部分组成，如图 5-15 所示。

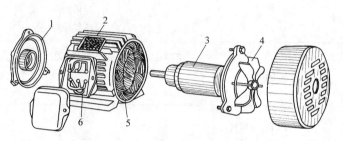

图 5-15　三相笼型异步电动机的组成
1—端盖　2—定子　3—转子　4—风扇　5—定子绕组　6—接线盒

1. 定子

定子一般由定子铁心、定子绕组和机座三部分组成。图 5-16 所示为未装绕组的定子与定子硅钢冲片。

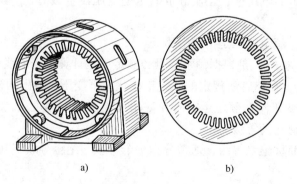

图 5-16　未装绕组的定子与定子硅钢冲片

（1）定子铁心　它是电动机的磁路部分，一般用 0.35 ~ 0.5mm 厚、表面涂绝缘漆或有氧化膜的硅钢片叠压而成，以减少交变磁通引起的涡流损耗；在定子硅钢片的内圆上冲制有均匀分布的槽口，用以嵌放对称的三相定子绕组。

（2）定子绕组　它是异步电动机的电路部分，由三相对称绕组组成。三相绕组按照一定的空间角度依次嵌放在定子槽内，并与铁心间绝缘。

目前按新国标规定异步电动机将定子三相绕组的 6 根引线按首端 U1、V1、W1，尾端 U2、V2、W2 分别接在机座外壳的接线盒内。根据需要接成星形或三角形，如图 5-17 所示，以适应两种不同的电源电压。

（3）机座　通常用铸铁或铸钢制成，其作用是固定定子铁心和定子绕组的，并以前后两个端盖支撑转子轴，它的外表面铸有散热肋，以增加散热面积，提高散热效果。

2. 转子

转子是异步电动机的旋转部分，由转子轴、转子铁心和转子绕组三部分组成，它的作用是输出机械转矩。

（1）转子铁心　它是把相互绝缘的硅钢片压装在转子轴上的圆柱体，在硅钢片外圆上冲有均匀的沟槽，如图5-18所示，供嵌转子绕组用的，称为导线槽。

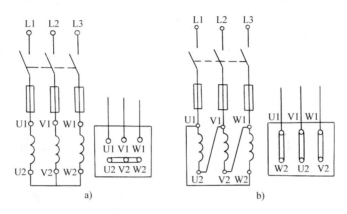

图 5-17　三相定子绕组联结

a）定子绕组作星形（丫）联结　b）定子绕组作三角形（△）联结

（2）转子绕组　它是指在转子导线槽内嵌放铜条或铝条，并在两端用金属环（也叫做短路环）焊接成笼型，如图5-19a所示。

在中小型异步电动机中，笼型转子多采用熔化的铝浇铸在转子导线槽内，有的还连同短路环、风扇叶等用铝铸成整体，如图5-19b所示。这样不但降低了成本，而且提高了生产效率。

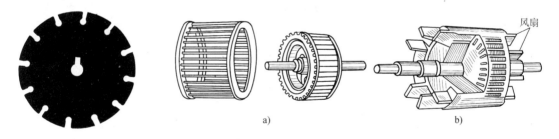

图 5-18　转子的硅钢片

图 5-19　笼型转子

a）用铜条做绕组的笼型转子　b）铸铝的笼型转子

（3）转子轴　它的作用是支撑转子铁心和转子绕组，并传递电动机的机械转矩，同时又保证定子与转子间有一定的均匀气隙。由于气隙也是电动机磁路的一部分，当气隙大时，磁阻就大，励磁电流也大，所以气隙不能太大；另一方面，气隙又不能太小，因为气隙越小加工就越困难。一般中小型异步电动机转子与定子间的气隙为 $0.2 \sim 1.5$ mm。

二、工作原理

图5-20所示为笼型异步电动机工作原理演示实验。在装有手柄的蹄形磁铁的两极间放

置一个可以自由转动、由铜条做成的笼型转子，磁铁与转子间无机械联系。当转动手柄带动磁铁旋转时，我们发现转子也会跟着磁铁旋转，磁铁转得快，转子转得也快；磁铁转得慢，转子转得也慢；若改变磁铁的转向，则转子的转向也跟着改变。此现象可用图 5-21 来解释。当磁铁旋转时，磁铁与转子发生相对运动，转子导体切割磁力线在其内部产生感应电动势和感应电流。一旦转子导体中出现感应电流，就受到电磁转矩的作用，由图 5-21 可以看出，电磁转矩的方向与磁铁的旋转方向相同，所以，转子就会顺着磁铁的旋转方向跟随磁铁旋转，这就是笼型异步电动机的工作原理。

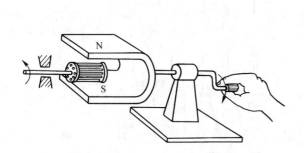

图 5-20　笼型异步电动机工作原理演示实验　　　图 5-21　笼型转子在旋转磁场中的受力情况

1. 2 极定子绕组的旋转磁场

在 2 极定子绕组的笼型异步电动机中，三相对称绕组即 U1—U2、V1—V2、W1—W2 作丫联结，它们彼此按 120°的空间角度排列，如图 5-22a 所示。

若将电动机三相绕组的首端 U1、V1、W1 接在三相对称电源上，就有三相对称电流通过三相绕组，如图 5-22b 所示。设三相电源的相序为第一相→第二相→第三相，而电流 i_U 的初相位为零，则各相电流分别为

$$\left.\begin{array}{l} i_U = I_m \sin\omega t \\ i_V = I_m \sin(\omega t - 120°) \\ i_W = I_m \sin(\omega t - 240°) \end{array}\right\}$$

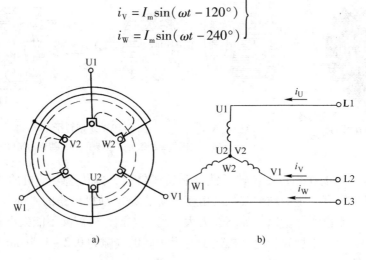

a)　　　　　　　　　　　　　b)

图 5-22　三相两极绕组排列图

三相正弦交流电流的波形如图 5-23 所示。

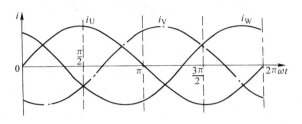

图 5-23　三相正弦交流电流的波形

三相正弦电流通过三相绕组时,将各自产生一个按正弦规律变化的磁场,而其合成磁场就形成了我们所需要的旋转磁场。下面我们结合图 5-24 来分析 2 极定子绕组所形成的旋转磁场。

现在假定三相电流的方向是从绕组首端流入而从尾端流出为正,反之为负。下面就从几个不同的时刻来分析三相交流电在定子绕组中产生的合成磁场。

1）当 $\omega t = 0$ 时, $i_U = 0$, U 相绕组内没有电流; i_V 是负值, V 相绕组的电流是由 V2 端流进, V1 端流出; i_W 是正值, W 相绕组的电流是由 W1 端流进, W2 端流出。根据安培定则可以确定该时刻的合成磁场为一对磁极,如图 5-24a 所示。

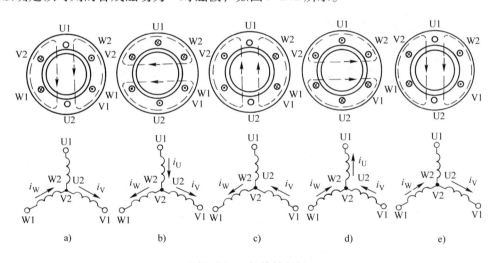

图 5-24　2 极旋转磁场

2）当 $\omega t = \pi/2$ 时,即经过 1/4 周期的时间以后, i_U 由零值变为正最大值,电流自 U1 端流进, U2 端流出; i_V 为负值,电流自 V2 端流进,由 V1 端流出; i_W 已变为负值,它自 W2 端流进,由 W1 端流出。此时,电流所产生的合成磁场如图 5-24b 所示,可以看出这时合成磁场仍然是一对磁极,但合成磁场的方向已从 $\omega t = 0$ 时的位置按顺时针方向转过了 90°。

3）当 $\omega t = \pi$ 时,三相电流的合成磁场就转过了 180°,如图 5-24c 所示。

4）当 $\omega t = 3\pi/2$ 时,合成磁场转到 270°,如图 5-24d 所示。

5）当 $\omega t = 2\pi$ 时,合成磁场已从 $\omega t = 0$ 按顺时针方向旋转了 360°,即旋转了一圈,如图 5-24e 所示。

　　由此可知，对称三相电流 i_U、i_V、i_W 分别通入三相绕组 U1—U2、V1—V2、W1—W2 后所形成的合成磁场，就等同一个随时间变化的旋转磁场，即产生了一个旋转磁场。上面所讨论的旋转磁场只有一对磁极，即只有两个磁极（一个 N 极和一个 S 极），所以叫做 2 极旋转磁场。

　　对 2 极旋转磁场来说，当三相交流电变化一周时，磁场将在空间旋转一周。当交流电的频率为 2Hz 时，磁场的转速 $n_1 = 2r/s$，即每秒钟转了两周；当交流电的频率为 3Hz 时，磁场的转速 $n_1 = 3r/s$，即每秒钟转了三周……依此类推，当交流电的频率为 f 时，磁场的转速 $n_1 = fr/s$。由于转速的常用单位是 r/min，这样 2 极旋转磁场的转速可表示为

$$n_1 = 60f \tag{5-6}$$

　　若把绕组增加一倍，每相由两个绕组组成，则三相共有 6 个绕组。各绕组在定子中以 60° 的空间角度排列，并把两个沿轴线互差 180° 的绕组串联成一相绕组。如图 5-25a 所示，U 相绕组由 1U1—1U2 与 2u1—2u2 串联组成，V 相是由 1V1—1V2 与 2v1—2v2 串联组成，W 相是由 1W1—1W2 与 2w1—2w2 串联组成，如图 5-25b 所示。当通入对称的三相交流电后，所产生的磁场便是 4 极旋转磁场，如图 5-26 所示。

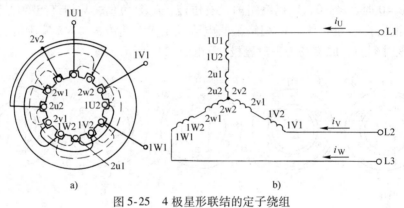

图 5-25　4 极星形联结的定子绕组

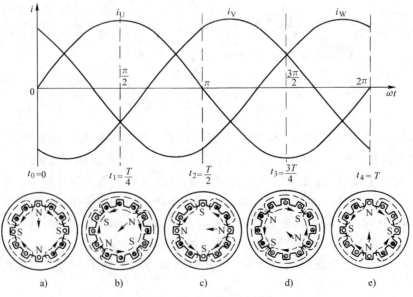

图 5-26　4 极旋转磁场

对照图 5-24 和图 5-26 可以看出，交流电流变化一周，2 极旋转磁场在空间旋转 360°（一圈），4 极旋转磁场只转过 180°（1/2 圈）。由此类推，当旋转磁场具有 p 对磁极时，交流电流每变化一周，其旋转磁场就在空间内转过 $1/p$ 圈，因此，旋转磁场的转速 n_1 同定子电流频率（即三相交流电源的频率）f 及磁极对数 p 之间的关系为

$$n_1 = \frac{60f}{p} \tag{5-7}$$

式中　n_1——旋转磁场的转速，也叫做同步转速（r/min）；

　　　f——三相交流电源的频率（Hz）；

　　　p——旋转磁场的磁极对数。

我国电力系统的供电频率规定为 50Hz，故电动机磁极数与旋转磁场转速之间的关系见表 5-3。

表 5-3　电动机磁极数与旋转磁场转速之间的关系

磁　极　数	2 极	4 极	6 极	8 极
旋转磁场转速/r·min^{-1}	3000	1500	1000	750

从图 5-24 和图 5-26 还可以看出，通入三相电流的相序是第一相→第二相→第三相，旋转磁场的旋转方向和电源的相序一致，即由第一相→第二相→第三相。由此可知，要使旋转磁场反转，只要改变电源的相序，即只要把接到三相绕组首端上的任意两根电源线对调，就可以实现旋转磁场的反转。异步电动机的转向控制，也正是根据这一原理来实现的。

2. 旋转磁场对转子的作用

下面用楞次圆盘的转动说明旋转磁场对转子的作用。如图 5-27 所示，在蹄形磁铁前放置一个可以绕水平轴转动的铝盘 D，磁铁旋转时，铝盘 D 受到旋转磁场的作用，产生感应电流，即涡流，涡流与旋转磁场相互作用使铝盘以小于旋转磁场的转速跟着转动起来。

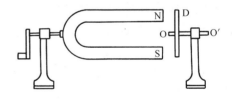

图 5-27　楞次圆盘

现在我们再来看笼型电动机的转子是怎样旋转的。当笼型电动机的定子绕组通以三相交流电后，在定子与转子的气隙间便产生了旋转磁场（设该磁场按顺时针方向旋转），旋转磁场切割转子绕组（此时也可把旋转磁场看成不动，而是转子绕组沿逆时针方向旋转切割磁场磁力线），于是在转子绕组中产生了感应电动势和感应电流，由右手定则可判断出转子上半部导体感应电流的方向是流出纸面的，下半部导体感应电流的方向是流入纸面的。转子电流一旦产生后，立即又受到旋转磁场的作用，根据左手定则，可判别出转子导体的受力方向如图 5-28 所示。于是，转子在电磁转矩的作用下，按照旋转磁场的方向以 $n < n_1$ 的转速旋转起来。

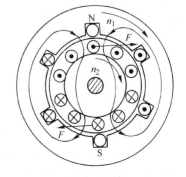

图 5-28　异步电动机的工作原理

为什么这时电动机的转子转速 n 要小于同步转速 n_1 呢？若转子转速 n 不是小于 n_1 而是等于 n_1，则转子和旋转磁场之间就不存在相对切割运动，转子内也就不会产生感应电动势、感应电流和电磁转矩，因此，电磁转矩等于零，于是，笼型电动机转子转速就会自动变慢；另一方面，一旦转子转速变慢时，转子与旋转磁场间又重新产生相对运动，使转子重新受到电磁转矩的作用，而且电磁转矩增大，当电磁转矩等于阻力矩（由负载、摩擦等产生）时，转子就不再减速，而且在较低的转速下又作等速运转。

由以上讨论得知，在负载不变时，当转子转速偏高而接近同步转速时，转子受到的电磁转矩变小，迫使转子减慢转速；当转子转速偏低时，转子受到的电磁转矩变大，又迫使转子加快转速，结果，使转子转速最后基本稳定在某一转速上，由于这类电动机的转子转速 n 总是低于同步转速 n_1，所以把这类电动机叫做异步电动机；又由于这类电动机的转子像鼠笼，而且使用的是三相电源，所以又把它们叫做三相笼型异步电动机。

三、转差率

为表示三相异步电动机的转速和同步转速的差值，特引入转差率的概念。所谓转差率就是转速差与同步转速的比值，以 s 表示，转差率通常以百分数表示，即

$$s = \frac{n_1 - n}{n_1} \times 100\% \tag{5-8}$$

由式（5-8）知，转子转速越高，转差率越小；转子转速越低，转差率越大。在电动机起动瞬间，旋转磁场虽已产生，但转子尚未转动，此时 $n = 0$，则 $s = 1$。当转子转速 $n \approx n_1$ 时 $s \approx 0$，但不等于零，所以作为电动机使用时，转差率 s 的变化范围为 $0 \sim 1$。

通常异步电动机正常运行时的转速 n 比较接近同步转速 n_1，所以转差率 s 较小。一般电动机额定工作状态下的转差率为 $2\% \sim 5\%$，某些电动机的 s 还要小些。为计算转子转速的方便，可将式（5-8）改写为

$$n = (1 - s)n_1 \tag{5-9}$$

另外，平时所讲的电动机的转速就是转子转速。这样，当 $s = 2\% \sim 5\%$ 时，$n = (0.95 \sim 0.98)n_1$，即常用异步电动机的额定转速为同步转速的 $95\% \sim 98\%$。

例 5-6　已知某异步电动机的磁极对数 $p = 4$，转差率 $s = 4\%$，电源频率 $f = 50\text{Hz}$，试求该电动机的转速。

解　因 $n = (1 - s)n_1$　而 $n_1 = \dfrac{60f}{p}$

则　　　　　　　$n = (1 - 4\%) \times \dfrac{60 \times 50}{4}\text{r/min} = 0.96 \times 750\text{r/min} = 720\text{r/min}$

四、机械特性和额定转矩

1. 机械特性

电动机的机械特性是指其转速和电磁转矩之间的关系。如图 5-29 所示，横轴表示电动机的电磁转矩，纵轴表示转子的转速。图中标出的三个转矩，即起动转矩 T_s、最大转矩 T_m 和额定转矩 T_N，是应用中常遇到的。

电动机在刚起动瞬间的转矩称为起动转矩 T_s，其值不大；当起动转矩大于轴上的反抗转矩（负载、电动机风阻、摩擦等产生反抗转矩）时，转子便旋转起来，并逐渐加速，由图 5-29 可知，此时电磁转矩沿着曲线 CB 部分上升，经过最大转矩 T_m 以后，又沿着曲线的

BA 部分逐渐下降；最后当 $T = T_N$ 时，就以某一转速等速旋转。

由此可见，异步电动机一经起动后，便立即进入机械特性曲线的 AB 部分，而稳定地工作。

电动机在 AB 部分工作时，如果负载增大，电动机的转速就要下降，电磁转矩上升，从而与负载保持平衡；若负载转矩增大到超过了最大转矩 T_m，则电动机的转速将很快下降，直到停转，因此，电动机的稳定区域仅限于曲线的 AB 部分。这一部分几乎是一条稍微向下倾斜的直线，这说明电动机从空载到满载转速下降很少，这样的机械特性称硬特性。一般金属切削机床就是由具有这种硬特性的电动机来拖动并进行工作的。

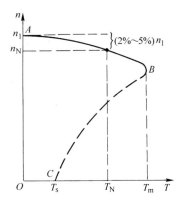

图 5-29　异步电动机的机械特性

2. 额定转矩

异步电动机长期连续运行时，转轴所输出的最大转矩，或者说，电动机在额定负载时的转矩，叫做电动机的额定转矩，用 T_N 表示。电动机的额定转矩可以根据额定功率和额定转速来计算。由力学知识知道 $P = Fv = T\omega = T2\pi n$，故

$$T_N = \frac{P_N}{2\pi n_N} \tag{5-10}$$

式中　T_N——电动机的额定转矩（N·m）；

　　　P_N——电动机的额定功率（W）；

　　　n_N——电动机的额定转速（r/s）。

若电磁转矩 T_N 的单位是 N·m，而 P_N 用 kW、n_N 用 r/min 做单位，则式（5-10）可改写成

$$T_N = \frac{1000 P_N}{\dfrac{2\pi n_N}{60}} \approx 9550 \frac{P_N}{n_N} \tag{5-11}$$

式中　T_N——电动机的额定转矩（N·m）；

　　　P_N——电动机的额定功率（kW）；

　　　n_N——电动机的额定转速（r/min）。

例 5-7　已知两台三相异步电动机的额定功率均为 55kW，电源频率为 50Hz，其中第一台电动机的磁极数为 2，额定转速为 2960r/min；第二台电动机的磁极数为 8，额定转速为 720r/min。试求它们的转差率及额定转矩。

解　（1）因 $s = \dfrac{n_1 - n}{n_1}$，$n_1 = \dfrac{60f}{p}$

则

$$s(2 \text{极}) = \frac{60 \times 50 - 2960}{60 \times 50}\% = \frac{40}{3000}\% \approx 1.3\%$$

$$s(8 \text{极}) = \frac{60 \times 50/4 - 720}{60 \times 50/4}\% = \frac{30}{750}\% \approx 4\%$$

（2）因 $T_N = 9550 \dfrac{P_N}{n_N}$

则

$$T_N（2 极）= 9550 \times \frac{55}{2960} N \cdot m \approx 177.4 N \cdot m$$

$$T_N（8 极）= 9550 \times \frac{55}{720} N \cdot m \approx 729.5 N \cdot m$$

由此可见，输出功率相同的电动机，磁极数越多，则转速越低，但转矩越大；反之，磁极数越少，转速越高，转矩越小。

3. 过载能力

电动机过载能力的大小用过载系数表示。过载系数等于电动机的最大转矩与额定转矩的比值，用 λ 表示，即

$$\lambda = \frac{T_m}{T_N} \tag{5-12}$$

显然，电动机的额定转矩应小于最大转矩，但不能太接近最大转矩，否则电动机略一过载就立刻停转。一般异步电动机的过载系数 $\lambda = 1.8 \sim 2.5$，特殊用途（如冶金、起重）的异步电动机的过载系数 λ 可达 $3.3 \sim 3.4$ 或更大。

必须指出的是，异步电动机的转矩除与转速有关外，还与外加电压有关。经分析可知，当电源频率及电动机的结构一定时，转矩的大小与加在定子绕组上电压的二次方成正比，因此，外加电压的变动对异步电动机的工作有很大影响。

五、起动、调速和反转

1. 起动

电动机接通电源后，转速从零增加到稳定转速的过程称为起动过程，简称起动。若起动时加在电动机定子绕组上的起动电压是电动机的额定电压，就称为全压起动，也称为直接起动。

由于电动机刚接通电源的瞬间，转子尚未转动，但旋转磁场已经产生，此时，$n = 0$，$s = 1$，磁场以最大转速切割转子导体，使转子导体中产生很大的感应电流；和变压器的原理相似，定子绕组相当于变压器的一次绕组，转子绕组相当于变压器的二次绕组。因此，电动机起动的瞬间，在定子绕组中也会出现很大的起动电流。通常全压起动时的起动电流是额定电流的 $4 \sim 7$ 倍。起动电流过大会产生以下严重后果：

1）使线路电压降增大，引起电网电压波动，不但使电动机本身的起动转矩减小（甚至不能起动），而且还影响到其他电气设备的正常运行。

2）使电动机绕组发热（起动时间越长，发热越严重），容易造成绝缘老化，缩短电机使用寿命。

所以全压起动只适用于电动机的功率不超过电源容量 $15\% \sim 20\%$ 的小型电动机；而大中型异步电动机起动时，采用减压起动的方式来限制起动电流（一般为额定电流的 $2 \sim 2.5$ 倍）。所谓减压起动，就是利用起动设备将起动电压适当减小后，然后加到电动机定子绕组上进行起动，待电动机起动完毕后，再使电压恢复到额定值。异步电动机减压起动的具体方法将在后面加以介绍。

2. 调速

异步电动机的调速，也就是用人工的方法改变其转子旋转的速度，使之在同一负载条件下，获得不同的转速。由转差率公式可知

$$n = (1-s)n_1 = \frac{60f}{p}(1-s)$$

所以，异步电动机调速可通过三种方法实现。

（1）改变电源频率 f 调速　这种调速方法称为变频调速。由于我国电网频率固定为 50Hz，所以必须配置复杂的变频设备，以便对电动机的定子绕组供给不同频率的交流电。

（2）改变磁极对数 p 调速　采用这种方法进行调速时，只能成对的改变磁极数，所以这种方法是有级调速。改变定子绕组的联结方式，就能改变磁极的对数，如图5-30a所示，将定子中每相绕组中两组线圈串联，就能产生4极磁场（$p=2$）；倘若改接成并联绕组，如图5-30b所示，就可成为2极磁场（$p=1$），于是，这台电动机就有两种速度。

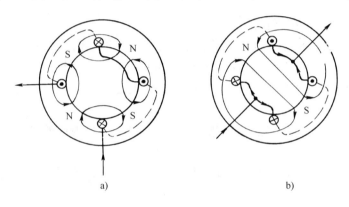

a)　　　　　　　　　　　　b)

图5-30　变极调速示意图

这种磁极对数可以改变的电动机，称为多速电动机。常见的有双速电动机（其规格为 4/2、8/4、6/4）和三速电动机（其规格为 8/6/4）等多种型式。当定子绕组变极时，转子绕组也要相应地改接，为此，多速电动机常采用笼型转子，以免变极困难。

（3）改变转差率的调速　这种调速方法仅适用于绕线转子异步电动机。其方法是在转子绕组的电路中接调速变阻器，一般用于起重设备上，这里不作重点介绍。

3. 反转

由于电动机的旋转方向与旋转磁场的旋转方向一致，所以要使电动机反转，只需改变旋转磁场的旋转方向。通常是将通入电动机的三极电源线中的任意两根对调即可。

六、铭牌

每台电动机都有一块铭牌，它上面标出了反映该台电动机性能的一些技术数据，这对使用和维修电动机是必不可少的。某三相异步电动机的铭牌如下：

三　相　异　步　电　动　机					
型　号	Y112M—4	电　压	380V	接　法	△
功　率	4kW	电　流	8.8A	工作方式	连　续
转　速	1440r/min	功率因数	0.82	温　升	
频　率	50Hz	绝缘等级	B	出厂年月 ×年×月	
××电机厂　产品编号　重量/kg					

一台三相异步电动机的铭牌，包含以下内容：

1. 型号

电动机产品的型号由汉语拼音字母、国际通用符号和阿拉伯数字组成。如 Y 系列电动机的型号由四部分组成：第一部分汉语拼音字母 Y 表示异步电动机；第二部分数字表示机座中心高；第三部分英文字母为机座长度代号（S—短机座、M—中机座、L—长机座），字母后的数字为铁心长度代号；第四部分横线后的数字为电动机的极数。

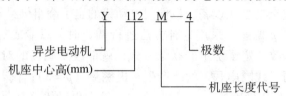

2. 额定值

异步电动机的额定值主要有：

（1）额定功率 P_N　指电动机在额定情况下运行时，轴上输出的机械功率，单位是 kW。

（2）额定电压 U_N　指电动机额定运行时，外加于定子绕组上的线电压，单位是 V。

（3）额定电流 I_N　指电动机在额定电压下，轴上有额定功率输出时，定子绕组中的线电流，单位为 A。

（4）额定频率 f_N　我国规定工业用电的频率是 50Hz，国内用的异步电动机的额定频率为 50Hz。

（5）额定转速 n_N　指电动机在额定电压、额定频率下，轴端输出额定功率时，转子的转速，单位为 r/min。

（6）额定功率因数 λ_N（$\cos\varphi_N$）　指电动机在额定负载时，定子的功率因数。

对三相异步电动机，额定功率的计算公式为

$$P_N = \sqrt{3}U_N I_N \eta_N \cos\varphi_N$$

式中　η_N——额定情况下的效率。

此外，铭牌上还可标明定子相数、绕组联结、工作方式、绝缘等级及外壳防护等级等。对绕线转子异步电动机还常标明转子绕组联结、转子绕组额定电压（指定子加额定电压、转子绕组开路时集电环之间的电压）和转子额定电流等技术数据。

第三节　单相异步电动机

用单相交流电源供电的电动机叫做单相异步电动机，它被广泛用于日常生产与生活中如电风扇、洗衣机、电冰箱等，其功率较小，一般为几瓦至几百瓦。

一、结构和工作原理

1. 结构

它的结构也由定子和转子两部分组成，定子绕组嵌放在定子槽中，但它是单相的，如图 5-31 所示。

2. 工作原理

单相异步电动机的定子绕组通以单相电流后，会产生脉动磁场，这个磁场是沿着轴线

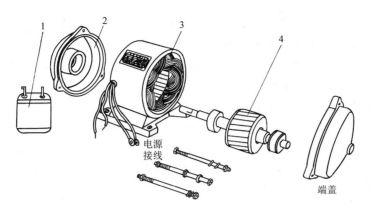

图 5-31　单相异步电动机的组成
1—电容器　2—端盖　3—定子　4—转子

y—y' 垂直上下变化的，如图 5-32 所示。电流在正半周时，磁通方向垂直向上；电流负半周时，其磁通方向垂直向下，所以说它是一个脉动磁场，它的轴线在空间是固定不动的。此磁场可以认为是由两个大小相等、转速相同，但转向相反的旋转磁场而合成的。其中，与电动机转向相同的磁场称为正向旋转磁场，与电动机转向相反的磁场称为逆向旋转磁场。当电动机的转子静止时，两个旋转磁场分别在转子上产生两个转矩，其大小相等、方向相反，互相抵消，即合成转矩为零。因此，转子不能自行起动。

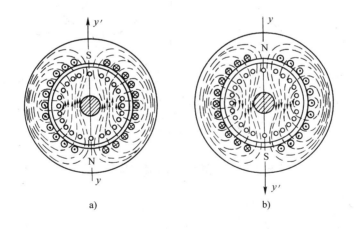

图 5-32　单相定子绕组脉动磁场

　　如果用外力使转子顺时针转动一下，这时就会出现正向转矩 T_F 大于反向转矩 T_R，转子在合成转矩 $T_F - T_R$ 的作用下，就会按顺时针方向不停地旋转。当然，反方向旋转也是如此。

　　为了使电动机能自行起动，必须设法另加一交轴磁场，使起动时的空气隙磁场为旋转磁场。我们可以在这种电动机的定子绕组（或叫做工作绕组）的中间加嵌一个起动绕组，并使起动绕组与工作绕组在定子上有 90° 的空间角度，在起动绕组上再串联一个适当的电容器。图 5-33 所示为一台最简单的电容起动式单相异步电动机的工作原理。

　　图中起动绕组 Z1—Z2 与电容器 C 串联后同工作绕组 U1—U2 并联。当电动机接通电源时，在相应绕组中就有交变电流 i_U、i_Z 流过。由于工作绕组是电感性电路，所以电流 i_U 在相位上滞后于电源电压，而起动绕组是个电容性电路（电容应足够大），所以电流 i_Z 比电源电压超前，只要电容选择适当，两绕组中的电流就有 $\pi/2$ 的相位差。当具有 $\pi/2$ 相位差的两个电流 i_U 和 i_Z 通入在空间相差 $90°$ 的两个绕组中时，也能产生一个旋转磁场，如图 5-34 所示。这样，单相异步电动机的转子在这个旋转磁场的作用下，得到起动转矩而自行转动起来。

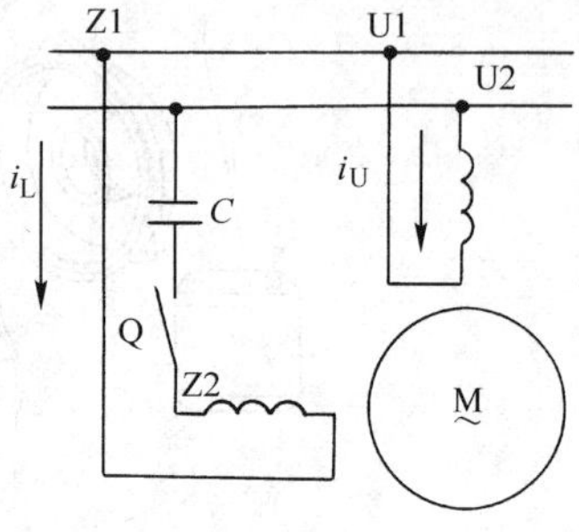

图 5-33　电容起动式单相异步电动机的工作原理

二、分类

单相异步电动机根据起动方法的不同可分为电容起动式、电容式和罩极式几种。因罩极式电动机效率低、制作不太方便，现已逐渐被淘汰，这里不作介绍。

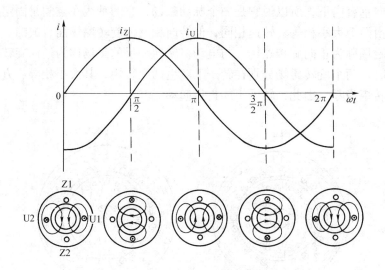

图 5-34　两绕组中的电流与旋转磁场

1. 电容起动式单相异步电动机

当它起动完成后，就要把起动绕组和电容器从电源上脱开，如图 5-33 所示。这种脱开装置是装在电动机后端盖上的，当电动机静止时，开关处于常闭状态，所以起动绕组连同电容器与电路接通；当电动机起动后，转速达到 80% 时，转轴上的控制机构在离心力的作用下，便自行分断，使起动绕组、电容器与电源切断，投入稳定运行，这种电动机又叫做裂相电动机。

裂相电动机的旋转方向是由起动绕组和工作绕组的接法所决定的，因此，要改变其转动方向，只要将电源切断后，把两个绕组中任何一组的两端换接，就可以了。

2. 电容式单相异步电动机

这是一种改进的裂相电动机，将裂相电动机的起动绕组，由原来较细的导线改为较粗的导线，使起动绕组不仅产生起动转矩，而且和与其串联的电容器一起参加运行，如图 5-35a

所示。这种电动机在运行时保持了起动时产生的两相交流电和旋转磁场的特性，所以它有较大的转矩。这种带有电容器运行的裂相电动机，称为电容式单相异步电动机。

为了提高电容式单相异步电动机的功率因数，这种电动机常备有两个容量不同的电容器，在起动时并联一个容量较大的电容器 C_1 以增加起动转矩。起动完毕后切断离心开关 Q，使 C_1 脱离电源，起动绕组与容量较小的 C_2 串联，并在电路中参加运行，如图 5-35b 所示。串联 C_2 不但为了裂相，同时也可提高功率因数。

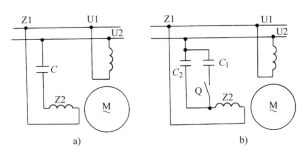

图 5-35 电容式单相异步电动机

复 习 题

1. 变压器的用途有哪些？

2. 一台单相变压器，若一次电压为 220V，二次电压为 36V，二次绕组为 324 匝，试求一次绕组的匝数？

3. 一台单相变压器的一次电压 $U_1 = 3000V$，电压比 $n = 15$，试求二次电压 U_2 为多大？当二次电流 $I_2 = 60A$ 时，一次电流 I_1 为多大？

4. 一台理想变压器，一次电压 $U_1 = 1000V$，二次电压 $U_2 = 220V$，如果二次侧接有一台 25kW、220V 的电阻炉，问变压器一、二次电流各是多少？

5. 在图 5-36 所示的电路中，变压器的匝伏比是 5 匝/V。已知：$N_1 = 1100$ 匝，$N_{21} = 550$ 匝，$N_{22} = 180$ 匝，求：U_1、U_{21}、U_{22}。

6. 已知某交流信号源的电动势 $E = 6V$，内阻 $r = 1600\Omega$，负载电阻 $R_L = 16\Omega$。为使负载获得最大功率而采用变压器进行阻抗匹配。问阻抗匹配时变压器的匝数比是多少？负载功率是多少？

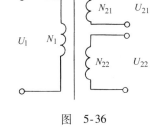

7. 有一低压变压器的一次电压 $U_1 = 380V$，二次电压 $U_2 = 36V$，在接有电阻性负载时，实际测得二次电流 $I_2 = 5A$。若变压器的效率为 90% 时，试求：一、二次的功率和损耗以及一次电流 I_1。

图 5-36

8. 什么叫自耦变压器？它有什么特点？

9. 三相笼型异步电动机是由哪几部分组成的？各起什么作用？

10. 何谓旋转磁场？三相异步电动机的旋转磁场是怎样形成的？如果三相电源一根相线断开，问旋转磁场能否继续形成？这时候是什么性质的磁场？

11. 旋转磁场的方向由什么来决定的？怎样改变旋转磁场的旋转方向？

12. 三相异步电动机转子的转向为什么和旋转磁场的方向一致？

13. 怎样改变三相异步电动机的旋转方向？

14. 为什么交流异步电动机的转速总是低于同步转速？

15. 旋转磁场的转速、磁极对数和电源频率之间有什么关系？

16. 何谓交流异步电动机的转差率? 异步电动机的转差率一般是多少?

17. 一台三相笼型异步电动机, 额定功率为 40kW, 额定转速为 1450r/min, 试求它的额定转矩。

18. 单相异步电动机为什么不能自行起动? 一般采用什么方法来起动?

19. 怎样改变电容电动机的旋转方向?

20. 试述电容起动电动机和电容电动机的异同之处。

第六章 电力拖动的基本知识

现代工业生产中，普遍应用各种类型的电动机来拖动生产机械，这种以电动机为动力来拖动生产机械运动的方式就叫做电力拖动。

一般电力拖动系统由传动机构电动机及按生产机械要求控制电动机运转的控制和保护设备组成。本章学习的重点是电力拖动的一些基础知识和自动控制的一些典型电路与实例。

第一节 低压电器

低压电器是指在交流电压为 1200V 及直流电压为 1500V 及以下的电路中起通断、保护、控制或调节作用的电器。

根据低压电器在电路中所处的地位和作用，可分为配电电器和控制电器两大类。断路器、熔断器、刀开关、转换开关等称为配电电器，而接触器、起动器、继电器、按钮、限位开关、电磁铁等属于控制电器。按低压电器的动作方式不同，它可分为自动电器和非自动电器。自动电器是按照信号或某个物理量的变化而自动动作的电器，如继电器、接触器等；非自动电器是通过外力操纵而动作的电器，如刀开关、组合开关等。

一、低压开关

开关设备中有刀开关、转换开关、倒顺开关等，它们通常是用手来操作，对电路起通断或转换作用。

1. 刀开关

刀开关是一种结构最简单、应用最广泛的低压电器，其图形及文字符号如图 6-1 所示。

（1）开启式负荷开关 HK 系列开启式负荷开关是由刀开关和熔断器组合而成的一种电器，瓷底板上装有进线座、静触头、熔丝、出线座及动触头，上面覆有胶盖用来遮盖分闸时产生的电弧，防止电弧烧伤人手，其结构如图 6-2 所示。

安装刀开关时，应将电源进线接在进线座，将用电器接在刀开关的出线座，这样在断开时，动触头和熔丝上不会带电，可以保证在装换熔丝和维修用电器时的操作安全。

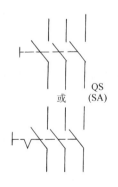

图 6-1 刀开关的图形及文字符号

HK 系列开启式负荷开关没有专门的灭弧设备，故闭合与分断时应动作迅速，使电弧很快熄灭，减轻电弧对触头的灼伤。

由于这种开关易被电弧烧坏，引起接触不良等故障，因此不宜用于经常闭合与分断的电路，但因其价格便宜，在一般的照明电路和功率小于 5.5kW 电动机的控制电路中仍常采用。

（2）封闭式负荷开关 常用的 HH 系列封闭式负荷开关的结构如图 6-3 所示。它主要由触刀、插入式熔断器、操作机构和钢板（或铸铁）外壳等组成。在内部装有速断弹簧，用钩子钩在手柄转轴和底座间，对于较小规格的开关，触刀为 U 形双刀片，当扳动手柄分断或闭合时，开始阶段 U 形双刀片并不移动，只拉伸了弹簧，储蓄了能量，当转轴转到一定角度时，弹簧的弹力就使 U 形双刀片快速从夹座拉开或将刀片迅速嵌入夹座，提高了灭弧效果。

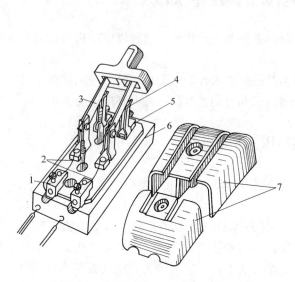

图 6-2　HK 系列开启式负荷开关的结构
1—出线座　2—熔丝　3—动触头　4—静触头
5—进线座　6—瓷座　7—胶盖

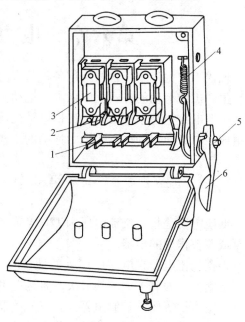

图 6-3　封闭式负荷开关的结构
1—触刀　2—夹座　3—熔断器　4—速断弹簧
5—转轴　6—手柄

为了保证用电安全，外壳上装有机械联锁装置，当箱盖打开时，不能闭合；触刀闭合后，箱盖不能打开。安装时，外壳应可靠地接地，以防意外漏电引起操作者触电事故。

三极封闭式负荷开关既可用作电源隔离开关，也可用于直接起动功率不太大的电动机。

2. 组合开关

组合开关是另一种形式的开关，它的特点是用动触片的左右旋转来代替触刀的推合和拉开，结构较为紧凑，根据组合的不同可分为同时通断型和交替通断型。它的图形和文字符号如图 6-4 所示。

图 6-5 所示为 HZ10—25/3 型三极组合开关，共有三对静触头和动触片，静触头的一端固定在胶木盒内的绝缘垫板中，另一端则伸出盒外，并附有接线螺钉，以便与电源或负载相连接；三个动触片装在绝缘方轴上，通过手柄可使绝缘方轴按正或反方向每次作 90° 的转动，从而使动触片同静触头保持接通（见图 6-5b）或分断（见图 6-5c）。

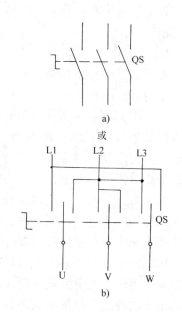

图 6-4　组合开关的图形和文字符号
a）同时通断型　b）交叉通断型

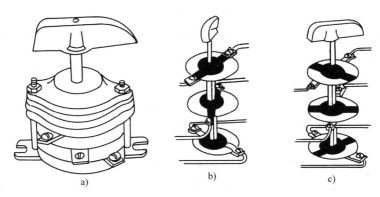

图 6-5 HZ10—25/3 型三极组合开关
a) 外形 b) 接通位置 c) 分断位置

由于组合开关具有结构紧凑、安装面积小、操作方便等优点，它被广泛地应用在工作机械上作电源引入开关（通常不带负载时操作），有时也用来接通和分断小电流电路，如直接起动冷却泵电动机及控制机床照明等。

二、熔断器

熔断器是低压电路及电动机控制电路中用作过载和短路保护的电器，它串联在电路中，当电路或电气设备发生短路或过载时，熔断器中的熔体首先因电路电流增大而过热熔断，自动切断电路，以保护电气设备。它的图形及文字符号如图 6-6 所示。

熔断器主要由熔体和底座两部分组成，熔体是熔断器的主要部分，常做成片状或丝状；熔管（或熔座）是熔体的保护外壳，在熔体熔断时兼有灭弧作用。

1. 插入式熔断器

插入式熔断器由瓷盖、瓷底、动触头、静触头及熔丝组成，常用的 RC1A 系列插入式熔断器的结构如图 6-7 所示。

RC1A 系列插入式熔断器价格便宜，更换方便，广泛用作照明和小功率电动机的过载或短路保护。

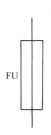

图 6-6 熔断器的图形和文字符号

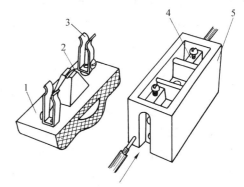

图 6-7 RC1A 系列插入式熔断器的结构
1—瓷盖 2—熔丝 3—动触头 4—静触头 5—瓷底

2. 螺旋式熔断器

螺旋式熔断器主要由瓷帽、熔体、瓷套、上接线端、下接线端及熔座等六部分组成。常用的 RL1 系列螺旋式熔断器的结构如图 6-8 所示。

RL1 系列螺旋式熔断器的熔管内，除了装熔丝外，在熔丝周围填满了石英砂，作为熄灭电弧用。熔管的一端有一小红点，熔丝熔断后红点自动脱落，显示熔丝已熔断。使用时将熔管有红点的一端插入瓷帽，瓷帽上有螺纹，将瓷帽连同熔管一起拧进熔座，熔丝便接通了电路。

在装接时，用电设备的连接线接到金属螺纹壳的上接线端，电源线接到熔座上的下接线端，这样，在更换熔丝时，旋出瓷帽后，螺纹壳上不会带电，保证了用电安全。

因 RL1 系列螺旋式熔断器有断流能力大、体积小、安装面积小、更换熔体方便、安全可靠、熔丝熔断后有显示等优点，所以，被广泛使用在额定电压为 500V、额定电流为 200A 以下的交流电路或电动机控制电路中作为过载或短路保护。

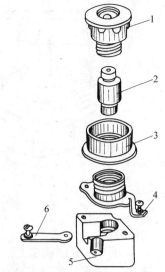

图 6-8　RL1 系列螺旋式熔断器的结构
1—瓷帽　2—熔体　3—瓷套
4—上接线端　5—熔座　6—下接线端

选择熔断器容量时，要根据电路的工作情况而定，对于工作电流稳定的电路，如照明、电加热等电路，熔体的额定电流应等于或稍大于负载的工作电流，这时熔断器可用作短路或过载保护；在异步电动机直接起动的电路中，起动电流可达电动机额定电流的 4 ~ 7 倍，考虑这个因素，熔体的额定电流应取电动机额定电流的 1.6 ~ 4 倍，此时熔断器只能作短路保护。

三、按钮

按钮是一种短时接通或分断小电流电路的电器，它不直接控制主电路的通断，在控制电路中只发出"指令"，去控制一些自动电器，再由它们去控制主电路。按钮的触头允许通过的电流很小，一般不超过 5A。

按照按钮的用途和触头使用情况，可把按钮分为常开的起动按钮、常闭的停止按钮和复合按钮三种，如图 6-9b 所示。

复合按钮有两对触头，桥式动触头和上部两个静触头组成一对常闭触头；桥式动触头和下部两个静触头组成一对常开触头。按下按钮时，桥式动触头向下移动，先分断常闭触头，后闭合常开触头；停按后，在弹簧作用下自动复位。复合按钮如只使用其中一对触头，即可成为常开的起动按钮或常闭的停止按钮。

在机床设备中常用的产品有 LA10 系列、LA18 系列、LA19 系列等，其中 LA10 系列除单只按钮外，还有双联和三联按钮，如图 6-9c 所示。LA18 系列按钮采用积木式，触头数目可按照需要拼装，一般装置成两对常开、两对常闭；若有需要时，还可拼成六对常开、六对常闭；结构形式有按钮式、紧急式、旋钮式及钥匙式几种。LA19 系列按钮内部装有信号灯，除了用于接触器、继电器及其他电路中作远距离控制外，还可兼作信号指示。

四、接触器

接触器是利用电磁吸力与弹簧的弹力配合动作而使触头闭合或分断的一种电器。在机床

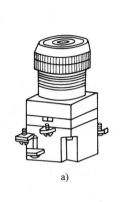

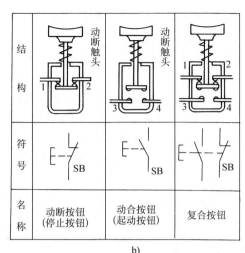

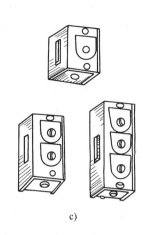

结构			
符号	E—⌐ SB	E—⌐ SB	E—⌐ SB
名称	动断按钮 (停止按钮)	动合按钮 (起动按钮)	复合按钮

a)

b)

c)

图 6-9 按钮

a) LA19 系列按钮　b) 按钮结构及符号　c) LA10 系列按钮

电气自动控制中，用它来接通或分断正常工作状态下的主电路和控制电路。它的作用和刀开关类似，并具有低电压释放保护性能、控制容量大、能远距离控制等优点，在自动控制系统中应用非常广泛。接触器的图形及文字符号如图 6-10a 所示。

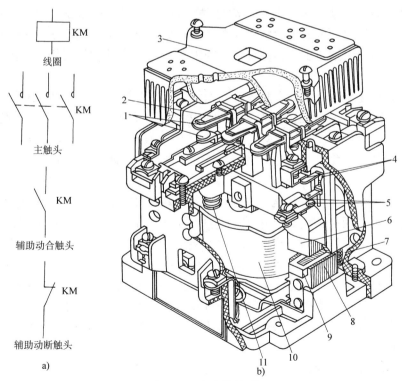

图 6-10 交流接触器

a) 图形及文字符号　b) 外形及主要结构

1—主触头　2—触头压力弹簧片　3—灭弧罩　4—辅助动断触头　5—辅助动合触头　6—动铁心
7—缓冲弹簧　8—静铁心　9—短路环　10—线圈　11—反作用弹簧

接触器按触头通过电流的种类不同，可分为交流接触器和直流接触器。

在工业生产中，所用的电多为交流接触器。

交流接触器有 CJ20、CJ40 等系列产品，常用交流接触器的外形及主要结构如图 6-10b 所示。

交流接触器主要由电磁系统、触头系统、灭弧室及其他部分组成。

（1）电磁系统　由线圈、动铁心（又称为衔铁）和静铁心组成。交流接触器的铁心一般用相互绝缘的硅钢片叠压铆成，以减少交变磁场在铁心中产生涡流及磁滞损耗，避免铁心过热。另外，交流接触器的铁心上装有一个短路铜环，又称为减振环，短路环的作用是减少交流接触器吸合时产生的振动和噪声。

（2）触头系统　包括三对主触头和四对辅助触头，主触头起接通和分断主电路的作用，允许通过较大电流，产品型号最后的数字表示主触头允许通过的最大电流，如 CJ20—40，表示这种交流接触器的主触头允许通过交流电的最大电流是 40A；辅助触头只允许通过小电流，它们可以完成电路的各种控制要求，如自锁、互锁（或称为联锁）等。主触头一般串联在主电路中，辅助触头按不同要求可串联或并联在控制电路中。触头按线圈未通电时的状态，可分为动合触头和动断触头两类。动合触头是指线圈未通电时，其动、静触头是处于分断状态，线圈通电后就闭合，所以叫做动合触头；动断触头是指线圈未通电时，其动、静触头是处于闭合状态，线圈通电后则分断，所以叫做动断触头。动合和动断触头是一起动作的，当线圈通电时，动断触头先分断，动合触头随即闭合；当线圈断电时，动合触头先分断，随即动断触头恢复原来的闭合状态。在使用接触器前，应先检查动合与动断触头在通电前后的状态是否符合上述要求，如不符合，则表示接触器内部动作机构有故障，不能使用，应予检修。

交流接触器的主触头都是动合触头，辅助触头有动合触头，也有动断触头。

（3）灭弧室　交流接触器的灭弧室又叫做灭弧罩，目前大多用陶瓷材料制成，它的作用是迅速熄灭触头分断时产生的电弧。动、静触头在分断电路时产生的电弧，是一个很大的电流，如不迅速切断，将发生主触头烧毛或熔焊等现象，因此，容量稍大一些的交流接触器都设有灭弧室。

（4）其他部分　包括传动机构、反作用弹簧、缓冲弹簧、触头压力弹簧片、接线柱等。

反作用弹簧的作用是当线圈断电时，使触头复位。触头压力弹簧片的作用是增加动、静触头之间的压力，从而增大动、静触头之间的接触面积，以减小接触电阻；否则，由于动、静触头之间的压力不够，动、静触头之间的接触面积减小，接触电阻增大，会使触头因过热而烧毛，甚至烧坏。缓冲弹簧是安装在静铁心与胶木底座之间的一个刚性较强的弹簧，它的作用是当动铁心受电磁吸力向下运动时，会对静铁心产生一个较大的冲击力，装上一个缓冲弹簧就起到了缓冲作用，保护胶木外壳不受冲击力的直接作用，使胶木外壳不易损坏。

五、中间继电器

中间继电器是将一个输入信号变成一个或多个输出信号的，用于实现自动控制和保护电力拖动装置的电器。它的图形及文字符号如图 6-11a 所示。

中间继电器常见的型号有 JZ7 系列和 JZ8 系列两种。JZ7 系列中间继电器的结构如图 6-11b 所示，它由线圈、静铁心、动铁心、触头系统、反作用弹簧及缓冲弹簧等组成，它的触头较多，一般有 8 对，可组成 4 对动合、4 对动断或 6 对动合、2 对动断或 8 对动合三种形式。

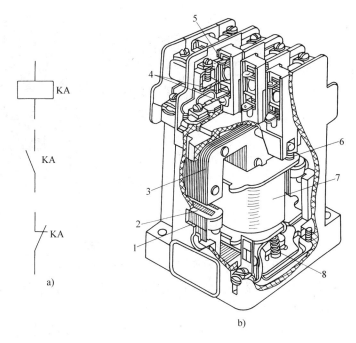

图 6-11　JZ7 型中间继电器

a）图形及文字符号　b）外形及结构

1—静铁心　2—短路环　3—动铁心　4—动合触头　5—动断触头

6—变位弹簧　7—线圈　8—反作用弹簧

中间继电器的结构与接触器相似，其工作原理与接触器相同，但它的触头系统没有主、辅之分，每对触头所允许通过的电流大小是相同的。一般来讲，中间继电器的触头容量较小，与接触器的辅助触头差不多，其额定电流约为 5A。

中间继电器一般用来控制各种电磁线圈，使信号得到放大或将信号同时传给几个控制元件。对于额定电流不超过 5A 的电动机的电气控制系统，也可用它代替接触器通、断主电路，实现对电动机的起、停控制。

六、热继电器

热继电器是一种利用电流的热效应工作的过载保护电器，可用来保护电动机，以免电动机因过载而损坏，其图形及文字符号如图 6-12a 所示。

1. 热继电器的外形与结构

如图 6-12b 所示，它是由热元件、触头、动作机构、复位按钮和整定电流装置等五部分组成。

（1）热元件　它是热继电器的主要部分，由双金属片及围绕在双金属片外面的电阻丝组成；双金属片是由两种热膨胀系数不同的金属片制成的，使用时将热元件直接串联在主电路中。

（2）触头　一般情况下，动合触头串联在报警电路中，动断触头串联在控制电路中。

（3）动作机构　由导板、补偿双金属片、推杆、杠杆及复位弹簧等组成。它可将双金属片的动作传给触头。

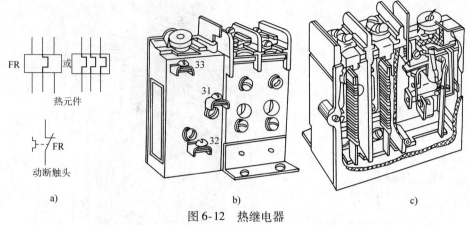

图 6-12 热继电器

a）图形及文字符号 b）外形 c）结构

（4）复位按钮 复位按钮是继电器动作后进行手动复位的按钮。

（5）整定电流装置 整定电流装置是通过旋钮和偏心轮来调节整定电流值的。

2. 热继电器的工作原理

如图 6-13 所示，当电动机正常工作时，通过热元件的电流即为电动机的额定电流，热元件发热，双金属片 2 受热膨胀，因左侧金属片的膨胀系数较大，所以下面一端便向右弯曲，通过导板 1 推动补偿双金属片 5 使推杆 6 绕轴转动，而此时推杆 6 刚刚与杠杆 12 相接触，动断触头依然保持良好接触。一旦电动机过载，双金属片弯曲程度足以使推杆 6 推动杠杆 12 绕轴 11 转动，并将热继电器的动断触头 13 分断；在控制电路中，动断触头 13 是串联在接触器的线圈电路里的，当动断触头 13 分断时，接触器的线圈断电，使主触头分断，电动机便脱离电源受到保护。

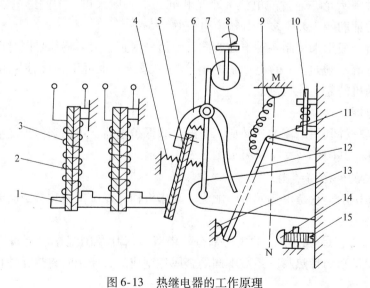

图 6-13 热继电器的工作原理

1—导板 2—双金属片 3—热元件 4—复位弹簧 5—补偿双金属片

6—推杆 7—偏心轮 8—旋钮 9—弹簧 10—复位按钮 11—轴

12—杠杆 13—动断触头 14—动合触头 15—可旋动螺杆

热继电器动作后的复位，分手动复位和自动复位两种。

（1）手动复位　当推杆6推动杠杆12绕轴转动时，在复位弹簧9的拉力作用下，使杠杆12上的动触头和动合触头14闭合，此时，杠杆12超过NM轴线；在这种情况下，即使双金属片冷却复原，动断触头也无法再闭合，因此，必须按下复位按钮10，使杠杆12向左转过NM轴线后，在复位弹簧9的作用下使动断触头重新闭合，这就是手动复位。

（2）自动复位　如要自动复位，可旋动螺杆15，使它向左移动并超过NM轴线，当热继电器因电动机过载动作后，经过一段时间双金属片2冷却复原，在复位弹簧4的作用下，补偿双金属片5连同推杆6复位，杠杆12在弹簧9的作用下，使动断触头复位闭合。

3. 热继电器的整定电流

热继电器的整定电流是指热继电器长期不动作的最大电流，超过此值即动作。整定电流值一般是被保护电动机的额定电流值，其大小可通过旋动整定电流旋钮来实现。由于热元件的热惯性，即使流过热继电器的过载电流超过整定电流，也必须经过一定时间，热继电器才动作，因此热继电器不能做短路保护。

注意：热继电器作为电动机的过载保护比较适用于电动机轻载起动长期工作或间断工作的情况，而对电动机的频繁和重载起动，热继电器则不能起到充分的保护作用。

七、时间继电器

时间继电器是一种接到信号后，能自动延时动作的继电器。它的种类很多，有电磁式、电动式、空气阻尼式和晶体管式等。由于在交流电路中应用较广泛的是空气阻尼式时间继电器，且其结构简单，延时范围较大，所以这里只介绍空气阻尼式时间继电器。

JS7系列时间继电器是利用空气通过小孔节流的原理来获得延时动作的，根据触头的延时特点，它可分为通电延时动作与断电延时复位两种。其外形及结构如图6-14所示。

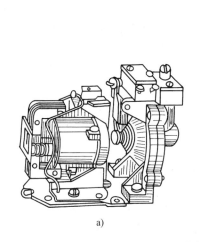
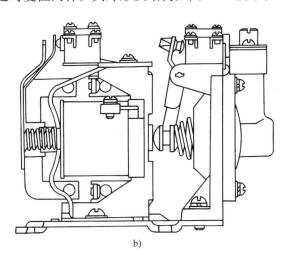

a)　　　　　　　　　　　　　　　b)

图6-14　JS7型时间继电器

a）外形　b）结构

JS7—1A型时间继电器是通电延时型时间继电器。它的性能是：当线圈通电时，触头不立即动作，而要延迟一段时间才动作；而当线圈断电时，触头则瞬时复位。

JS7—1A型时间继电器的工作原理是：如图6-15所示，当线圈2通电后，衔铁3立即被吸合左移，在衔铁端部的挡板 4 和气囊 7 的活塞杆 10 顶端之间形成一段空隙，这时，在弹簧的作用下，活塞杆虽可向左移动，但活塞杆移动速度却要受到气囊的限制；因为活塞杆的另一端与橡胶膜 11 相联，外部的空气要进入气室 8，必须经过小孔缓慢地进入，所以，活塞杆也只能缓慢地向左移动；经过一段时间，活塞杆顶部凸肩推动杠杆 5 转动，压下微动开关 6，使其动断触头分断，动合触头闭合。这样，就实现了线圈通电后触头延时动作的要求。当线圈失电后，在反作用弹簧的作用下，衔铁和活塞杆立即复位，因为这时气室可大量排气，气囊就不起延时作用，于是杠杆立即释放微动开关，触头瞬时动作复位。所以，其动合触头是延时闭合的动合触头，其动断触头是延时分断的动断触头。

　　我们把线圈通电时瞬时闭合、线圈失电时延时分断的动合触头叫做延时分断的动合触头；把线圈通电瞬时分断、线圈失电延时闭合的动断触头叫做延时闭合的动断触头。时间继电器的图形及文字符号如图 6-16 所示。

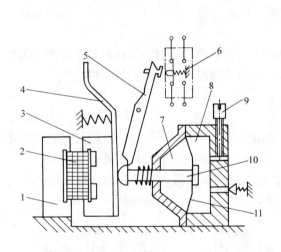

图 6-15　JS7—1A 型时间继电器的工作原理

1—静铁心　2—线圈　3—衔铁　4—挡板　5—杠杆
6—微动开关　7—气囊　8—气室　9—调节螺钉
10—活塞杆　11—橡胶膜

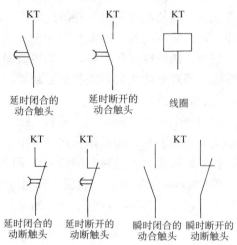

图 6-16　时间继电器的图形及文字符号

　　JS7 型时间继电器的延时范围有 0.4 ~ 60s 和 0.4 ~ 180s 两种。旋动延时调节螺钉 9（见图 6-15），改变进气口的大小，可得到不同的延时时间。进气量多时，则延时短，反之，则延时长。

　　JS7 型时间继电器线圈的额定电压有 36V、100V、（127V）、220V、380V 等几种。

八、低压断路器

　　低压断路器是一种可以自动切断电路故障的保护电器。当电路中发生短路、过载、失电压等不正常的现象时能自动切断电路，或在正常情况下用做不太频繁的电路切换。

　　低压断路器有塑料外壳式（又称为装置式，如 DZ 系列）和框架式（又称为万能式，如ZW 系列）两种。

　　DZ5—20 型低压断路器外形及结构如图 6-17 所示。

　　DZ5—20 型低压断路器的结构采用立体布置，操作机构在中间，其两边有热脱扣器和电磁脱扣器；触头系统在下面，除三对主触头外，还有动合及动断辅助触头各一对。上述结构都安装在胶木（或塑料）外壳内，外壳上仅凸出红色按钮（分钮）及绿色按钮（合钮）和

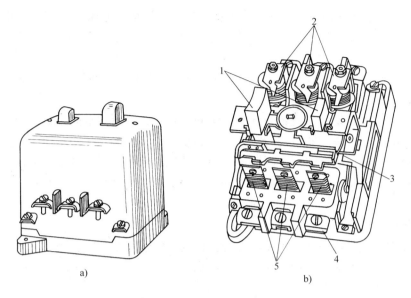

图 6-17　DZ5—20 型低压断路器

a）外形　b）结构

1—按钮　2—电磁脱扣器　3—自由脱扣器　4—接线柱　5—热脱扣器

主、辅触头的接线柱。

　　低压断路器的动作原理是：如图 6-18 所示，低压断路器的三对主触头 2 串联在被保护的三相主电路中，当按下绿色按钮时，三对主触头 2 由锁链 3 钩住搭钩 4，克服恢复弹簧 1 的拉力，保持闭合状态。当电路正常工作时，电磁脱扣器 6 的线圈所产生的吸力不能将它的衔铁吸合，如果电路发生短路或产生很大的过电流时，电磁脱扣器的吸力增加，将衔铁吸合，

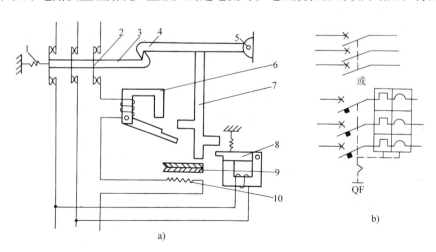

图 6-18　低压断路器

a）动作原理　b）图形及文字符号

1—恢复弹簧　2—主触头　3—锁链　4—搭钩　5—轴　6—电磁脱扣器　7—推杆

8—欠电压脱扣器　9—双金属片　10—热脱扣器的热元件

并撞击推杆 7，把搭钩 4 顶上去，切断主触头 2；如果电路上电压下降或失去电压时，欠电压脱扣器 8 的吸力减小或失去吸力，衔铁被弹簧拉开，撞击推杆 7，把搭钩 4 顶开，切断主触头 2。

当电路发生过载时，过载电流流过热脱扣器的热元件 10，使双金属片 9 受热弯曲，将推杆 7 顶开，切断主触头 2。

低压断路器的优点是：与使用刀开关和熔断器相比，它所占空间小，安装方便，操作安全；电路短路时，电磁脱扣器自动脱扣进行短路保护，故障排除后，可重复使用。短路时，低压断路器将三相电源同时切断，因而可避免电动机的断相运行。所以，低压断路器在机床自动控制中被广泛应用，它作为电源引入开关，兼做短路和过载保护，此外，它也可用来不频繁地起动电动机。

九、行程开关

生产机械中常需要控制某些机械运动的行程或者实现整个加工过程的自动循环等，这种控制机械运动行程的方法叫做行程控制（也叫做限位控制），实现这种控制所依靠的主要电器是行程开关，又称为限位开关。

行程开关的作用是将机械信号转换成电信号以控制运动部件的行程。其图形和文字符号如图 6-19 所示。

行程开关的种类很多，有触点的行程开关应用较广的有 LX19 系列和 JLXK1 系列，它们的基本结构相同，各系列中又因其传动装置的不同，一般又分为单轮旋转式、双轮旋转式和按钮式等几种。图 6-20 所示为 JLXK1

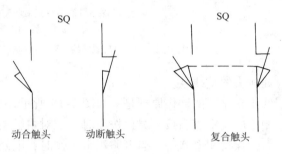

图 6-19　行程开关的图形及文字符号

系列行程开关的外形。一般按钮式、单轮旋转式行程开关为自动复位式；双轮旋转式行程开关，在挡铁离开滚轮后不能自动复位，必须由挡铁从反方向碰撞后，才能使开关复位。

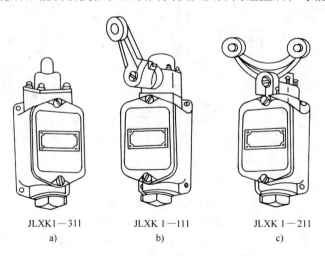

图 6-20　JLXK1 系列行程开关的外形

a）按钮式　b）单轮旋转式　c）双轮旋转式

常用的 JLXK1—111 型行程开关的动作原理是：如图 6-21 所示，当运动机械的挡铁压到行程开关的滚轮上时，传动杠杆连同转轴一起转动，并推动撞块，当撞块压到一定位置时，推动微动开关使其动断触头断开，动合触头闭合；当滚轮上的挡铁移开后，复位弹簧使行程开关各部分恢复到原始位置。

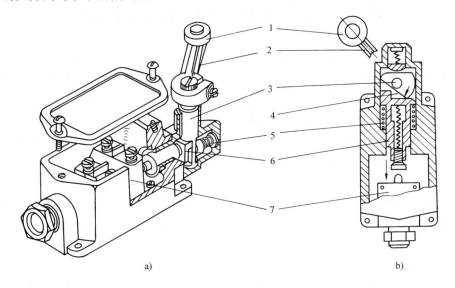

a) b)

图 6-21　JLXK1—111 型行程开关

a）结构　b）动作原理

1—滚轮　2—杠杆　3—转轴　4—凸轮　5—复位弹簧　6—撞块　7—微动开关

JW2 型行程开关是一种双断点快速动作的微动开关，如图 6-22 所示。它由密封在塑料外壳内的静触头 1~4、动触头 9 以及瞬时动作机构 7、8、10 组成，动触片和推杆 8 联在一起，当推杆受挡铁作用向下运动到动作行程时，由于拉力弹簧 7 的作用，使动触片迅速向上跳，触头换接，这时动断触头 2、4 分断，动合触头 1、3 接通；挡铁离开后，在复位弹簧 10 的作用下，推杆带动动触片复位。采用瞬时动作机构，可使开关动触片的换接不受推杆压下速度的影响，这样，不仅可以减轻电弧对触头的烧蚀，而且也能提高触头动作的准确性。

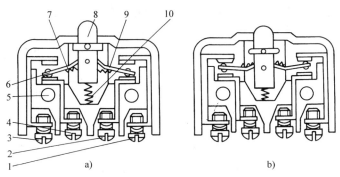

a) b)

图 6-22　JW2 型行程开关

a）动作前　b）动作后

1、3—动合触头　2、4—动断触头　5—滚轮　6—动触片

7—拉力弹簧　8—推杆　9—动触头　10—复位弹簧

这种行程开关的体积小，动作灵敏迅速，常用在小型机构中把微量的机械动作转换为电信号。由于推杆所允许的极限行程很小，开关的结构强度不高，因此，在使用时必须在机构上对推杆的最大行程加以限制，以免开关被压坏。

第二节　电气控制电路原理图基本知识

各种机床有着不同的电气控制电路，不论控制电路有多么复杂，总是由几个基本环节组成的。每个基本环节起着不同的控制作用，因此，掌握基本环节，对分析机床电气控制的工作情况、判断其故障，有很大的帮助。

机床电气控制电路常用的基本环节有起动、制动、调速和行程控制等。

机床电气控制电路的基本环节以及整机电气控制的原理都是用原理图来表达的，因此这里先介绍一下有关原理图的知识。

一、电气控制电路图

电气控制电路图有两种，一种是接线图，这种图反映元器件和连接导线的实际安装位置，同一电器的各部件是画在一起的。由于这种电气接线图线条交叉重叠较多，不便于分析它的工作状况，主要作为安装机床电气控制电路时的依据。另一种是原理图，它是用来协助理解电气设备的各种功能的。该图是用各种符号、电气连接和与操作有关的联系来描述全部或部分电气设备的工作原理。原理图采用元器件展开的形式来绘制，它包括所有元器件的导电部分和接线端子，但并不按元器件实际布置的位置绘制，而是根据它在电路中所起的作用画在不同的部位上。为分析机床电气控制电路的工作原理，我们一般采用电气原理图。

二、电气原理图的组成

电气原理图由主电路、控制电路、信号电路和保护电路组成。

（1）主电路　由电网向生产执行机构的电动机等供电的电路。

（2）控制电路　控制机床操作，并对主电路起保护作用的电路。

（3）信号电路　用来控制信号器件（如信号指示灯、声响报警器等）工作的电路。

（4）保护电路　由参与预防接地故障不良后果的全部保护导线和导体件组成的电路。

三、电气原理图的绘制规则

1）图中的实线是基本用图线。连接线、设备或元器件的图形符号的轮廓线都用实线绘制。其线宽可根据图形的大小在0.25mm、0.35mm、0.5mm、0.7mm、1.0mm、1.4mm中选取。虚线是辅助用图线，可用来绘制屏蔽线、机械联动线、不可见轮廓线等。一般在同一图中，用同一线宽绘制。

2）图中各元器件的图形和文字符号均应符合最新国家标准GB/T 4728—2005—2008。文字符号采用GB 7159—1987。电气图常用图形及文字符号对照见表6-1。

表6-1　电气图常用图形及文字符号

编号	名　称	图形符号 GB/T 4728—2005—2008	文字符号 GB 7159—1987
1	直流	− − −	DC
	交流	∼	AC

（续）

编号	名 称	图形符号 GB/T 4728—2005—2008	文字符号 GB 7159—1987
2	导线的连接	⊤ 或 ┬	
	导线的多线连接	或	
	导线的不连接		
3	接地一般符号		E
4	电阻器一般符号		R
5	电容器一般符号		C
	极性电容器		
6	半导体二极管 一般符号		VD
7	熔断器		FU
8	换向绕组	B1—B2	WCM
	补偿绕组	C1—C2	WCP
	串励绕组	D1—D2	WSE
	并励或他励绕组	E1 并励 E2 F1 他励 F2	WSH WSP
	电枢绕组	A1—◯—A2	WA

（续）

编号	名　　称	图形符号 GB/T 4728—2005—2008	文字符号 GB 7159—1987
9	三相笼型 异步电动机		M
	三相绕线转子 异步电动机		
	串励直流电动机		MD
	并励直流电动机		
10	单相变压器	或	T
	控制电路电源 用变压器		
	照明变压器		
	整流变压器		
	三绕组变压器	或	
	星形—三角形联结的三相变压器	或	
	星形—星形联结的三相变压器	或	
	三相自耦变压器星形联接		

（续）

编号	名　称	图形符号 GB/T 4728—2005—2008	文字符号 GB 7159—1987
11	单极开关	或	SA 或 QS
	手动三极开关 一般符号		
12	动合触头		SQ
	动断触头		
	双向机械操作		
13	带动合触头的按钮	E-	SB
	带动断触头的按钮	E-	
	带动合和动断 触头的按钮	E-	
14	接触器和继 电器的线圈		K
	接触器的 主动合触头		KM
	接触器的 主动断触头		
	接触器和继电器 的动合触头		K
	接触器和继电器 的动断触头		
	延时闭合的 动合触头		KT
	延时断开的 动合触头		
	延时闭合的 动断触头		
	延时断开的 动断触头		

（续）

编号	名　　称	图形符号 GB/T 4728—2005—2008	文字符号 GB 7159—1987
15	热继电器热元件		FR
	热继电器 常闭触头		
16	电磁铁线圈		YA
	电磁吸盘		YH
17	接插器	优先形	X
18	照明灯		EL
	信号灯		HL
19	电抗器	或	L

3）电源电路画成水平线，主电路垂直于电源电路，控制和信号电路垂直地画在两条水平的电源线之间。

4）三相交流电源电路集中地放在图的上方；若为单相交流或直流，电源电路一条在上（交流相线或直流正端），一条在下（接地）放置。主电路放在图的左侧；控制和信号电路自中向右顺序画出，或放在图的右侧。

5）在控制和信号电路中，耗能元件（包括线圈、电磁铁、信号灯等）必须接在电路接地的一边，而触头则接在线圈等耗能元件和电路另一边之间。若电路一边不接地，则将线圈等耗能元件接在电路的下边。

6）所有电器开关和触头的开闭状态，均以线圈未通电、手柄置于零位、机械开关应是循环开始前，二进制逻辑元件应以置零时的状态为基准。

7）属同一电器上的各元器件都用同一文字符号和同一数字表示。

8）原理图有三种绘制方法，即图幅分区法、电路编号法和表格法。机床行业中普遍使用电路编号法，对电路或支路用数字编号表示其位置，编号可按自左至右（或自上至下）顺序排列。

9）绘制原理图时，应尽可能减少线条和避免线条交叉。为了读图方便，建议自左至右或自上至下表示操作顺序，并在图顶部的用途栏标明每个电路在机床操作中的用途。

第三节　三相笼型异步电动机的全压起动

全压起动又叫做直接起动，它是通过开关或接触器等电器将额定电压直接加在电动机的定子绕组上，使电动机起动运转。这种方法的优点是所需电气设备少，电路简单；缺点是起动电流大。

一般来讲，电动机的功率较小而且不超过电源变压器容量的15%～20%时，都允许全压起动。

全压起动可分为手动控制和自动控制两种，下面分别加以介绍。

一、手动正转控制电路

用手动开关控制电动机的起动和停止的控制电路，如图6-23所示。

这种控制电路比较简单。起动时，只需把开关 QS 合上，接通电源，电动机 M 便能起动运转；停止时，把开关 QS 分断，切断电源，电动机 M 便停止转动。

工厂中一般使用的三相电扇或砂轮机等设备常采用这种控制电路。

但在起动、停止频繁的场合（如电动葫芦），如使用这种控制方法既不方便，而且操作强度也较大。因此，目前广泛采用按钮、接触器等来控制电动机。

二、接触器点动正转控制电路

接触器点动正转控制电路是自动控制中最简单的控制电路。

如图6-24所示，当电动机需要点动时，首先接通电源，然后按下起动按钮 SB，接触器

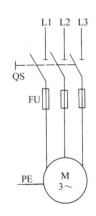

图 6-23　手动正转控制电路

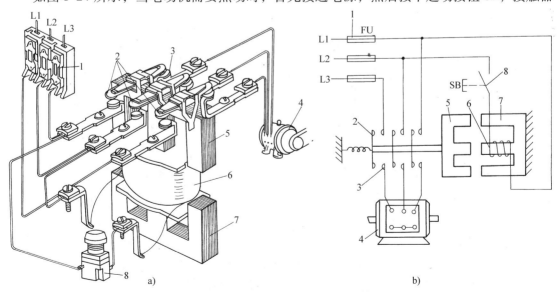

图 6-24　接触器点动正转控制电路

a）实物图　b）接线图

1—熔断器　2—动触头　3—静触头　4—电动机　5—动铁心　6—线圈　7—静铁心　8—按钮

KM 线圈通电，衔铁吸合，带动它的三对动合主触头 KM 闭合，电动机接通电源后运转；松开按钮 SB 后，接触器 KM 线圈断电，衔铁受弹簧力作用而复位，带动它的三对动合主触头 KM 分断，电动机断电停转。因为，只有按起动按钮 SB 时，电动机才运转，松手就停转，所以叫做点动控制。

对于图 6-24 所示的实物图和接线图，虽然看起来比较直观，初学者容易接受，但画起来太麻烦，很不实用。另外复杂电路所用的控制电器也很多，画成实物接线图反而使人不易看懂，所以控制电路一般用原理图来表示，如图 6-25 所示。

接触器点动正转控制电路的动作原理如下：

起动：按下 SB→KM 线圈通电→KM 主触头闭合→M 运转。

停止：松开 SB→KM 线圈断电→KM 主触头分断→M 停转。

用按钮、接触器控制电动机时，在电路中仍需用转换开关 QS 作为电源隔离开关；点动控制常用于工件的快速移动及地面控制的起动设备等场合。

三、接触器自锁控制电路

接触器自锁控制电路如图 6-26 所示。该电路与点动控制电路的不同之处在于控制电路中增加了停止按钮 SB1，另外在起动按钮 SB2 的两端还并联了一对接触器 KM 的动合辅助触头，这对触头叫做自锁（或自保）触头。

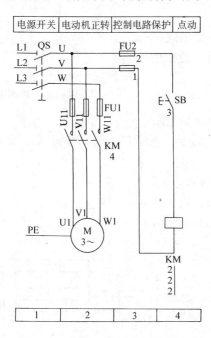

图 6-25　点动正转控制电路原理图

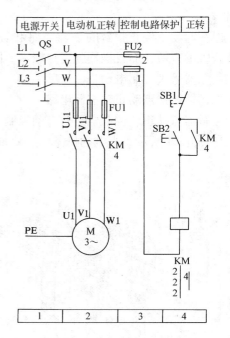

图 6-26　接触器自锁控制电路

其工作原理如下：

起动：合上QS→按下SB2→KM 线圈通电 ┬→KM 主触头闭合→M 运转
　　　　　　　　　　　　　　　　　　　└→KM 自锁触头闭合

松开 SB2，由于接触器 KM 自锁触头闭合自锁，控制电路仍保持接通，电动机 M 继续运转。

停止：按下 SB1→KM 线圈断电┌→KM 主触头分断→M 停转

　　　　　　　　　　　　└→KM 自锁触头分断

　　这种当起动按钮 SB2 松开后，仍能自行保持接通的控制电路叫做具有自锁（或自保）的控制电路。

　　上述图形是按新标准绘制的，其优点是便于查找相对应的元件。在接触器（继电器）线圈的下面有条竖线，它左边的数字，表示其主触头在图中的位置。辅助触头的动合与动断，还应再用竖线分开，其左边为动合；右边动断。而在电路中，每个触头的下面需用数字注明它所对应线圈的位置。从图 6-26 可知，接触器 KM 线圈下面竖线的左边有三个"2"，表示在 2 号图区有它的三对主触头；第二条竖线的左边有一个"4"，表示在 4 号图区上有一对动合辅助触头；在触头 KM 的下面有个"4"，表明它的线圈也在 4 号位置上。

　　自锁控制电路的另一个重要特点是它具有欠电压与失电压（或零电压）保护作用。

　　（1）欠电压保护　当线路电压由于某种原因下降（如下降到85%额定电压）时，电动机转矩显著降低，影响电动机正常运行，严重的会引起"堵转"（即电动机接通电源但不转动）的现象，以致损坏电动机。采用自锁控制电路就可避免上述故障。因为，当线路电压降低到85%额定电压时，接触器线圈两端的电压也同样降低到此值，这时铁心线圈所产生的电磁吸力克服不了反作用弹簧的弹力，动铁心因而释放（即动、静铁心分离），从而使主触头分断，自动切断主电路，电动机停转，起到了欠电压保护的作用。

　　（2）失电压（或零电压）保护　当机床（如车床）在运转时，由于其他电气设备发生故障，引起瞬时断电，车床因而停车，此时，车刀卡在工件表面上，操作人员如不及时退刀，当电气故障一排除（恢复供电），电动机又重新运转，很可能引起工件报废或折断车刀等事故。采用自锁控制电路后，即使电源恢复供电，由于自锁触头仍分断，控制电路不会接通，电动机不会自行起动，操作人员可以从容地退出车刀，重新按起动按钮 SB2 使电动机起动。这种保护称为失电压（或零电压）保护。

四、具有过载保护的接触器正转自锁控制电路

　　上述控制电路虽具有短路保护、欠电压保护和零电压保护，但如果电动机在运行过程中长期负载过大，或操作频繁，或断相运行等，都可能使电动机的电流超过它的额定值，熔断器在这种情况下尚不会熔断，这将引起绕组过热。若温度超过允许温升，就会使绝缘损坏，影响电动机的使用寿命，严重时甚至烧坏电动机。因此，对电动机必须采取过载保护的措施，最常用的是利用热继电器进行过载保护。图 6-27 所示为具有过载保护的接触器正转控制电路，在电路中增加一个热继电器，热继电器的发热元件串联在电动机的主电路中，它的动断触头则串联在控制电路中。

　　如果电动机在运行过程中，由于过载或其他原因，电流超过额定值，经过一定时间，串联在

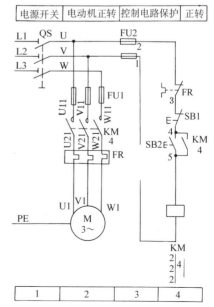

图 6-27　具有过载保护的接触器正转控制电路

主电路中的热继电器的热元件发热，双金属片因受热弯曲，使串联在控制电路中的动断触头分断，切断控制电路，使电动机脱离电源，从而达到过载保护的目的。

五、正反转控制电路

前面讲的各种控制电路都只能使电动机朝单一方向旋转。但某些生产机械，如磨床的砂轮、摇臂钻床的摇臂要求能升降；万能铣床的主轴要求能改变旋转方向，其工作台要求能往返运动等，这些生产机械都要求能对电动机进行正反转控制。

我们知道，当改变输入电动机三相定子绕组的电源相序时，电动机的旋转方向也随之改变。从这个原理出发，介绍几种正反转控制电路。

1. 倒顺开关正反转控制电路

倒顺开关又称为可逆转换开关。它不但能接通和分断电源，而且还能改变电源的相序。

HZ3—132型倒顺开关有6个动触头，其中4个是同一形状，另外2个为另一形状；6个动触头分成两组，其中Ⅰ1、Ⅰ2、Ⅰ3为一组，Ⅱ1、Ⅱ2、Ⅱ3为另一组。

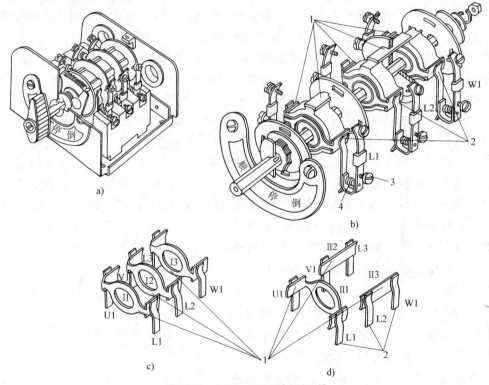

图 6-28　　HZ3—132 型倒顺开关

a）外形　b）结构　c）顺位置（正转）　d）倒位置（反转）

1—动触头　2—静触头　3—调节螺钉　4—触片压力弹簧

倒顺开关正反转控制电路如图6-29所示，控制过程如下：合上电源隔离开关QS1，操作倒顺开关SA。

（1）手柄处于"停"位置　开关的两组动触头都不与静触头接触，电路不通，电动机不转。

（2）手柄处于"顺"位置　手柄带动转轴，使第一组的三个动触头（Ⅰ1、Ⅰ2、Ⅰ3）与静触头接触，如图6-28c所示，其通路如下：

$$三相电源 \longrightarrow \begin{cases} L1 \to I1 \to U1 \\ L2 \to I2 \to V1 \\ L3 \to I3 \to W1 \end{cases}$$

即输入电动机的电源相序为 L1—U1，L2—V1，L3—W1，电动机正转。

（3）手柄处于"倒"位置 手柄带动转轴先分断第一组动触头与静触头，并带动第二组动触头（Ⅱ1、Ⅱ2、Ⅱ3）分别与静触头接触，如图6-28d所示，其通路如下：

$$三相电源 \longrightarrow \begin{cases} L1 \to II1 \to U1 \\ L2 \to II3 \to W1 \\ L3 \to II2 \to V1 \end{cases}$$

即输入电动机的电源相序变为 L1—U1，L2—W1，L3—V1，电动机也随之反转。

应该注意的是，当电动机处于正转状态时，要使它反转，应先把手柄扳到"停"位置，使电动机先停转，然后再把手柄扳到"倒"位置，使它反转。切不可不停顿地将手柄由"顺"直接扳至"倒"的位置，因为电源若是突然反接，会使电动机定子绕组中产生很大的电流，易使电动机定子绕组因过热而损坏。

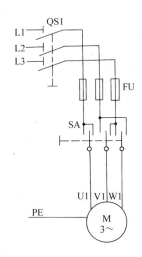

图6-29 倒顺开关正反转控制电路

2. 接触器联锁的正反转控制电路

上述倒顺开关正反转控制电路，是一种手动控制电路，利用按钮、接触器等电器可以自动控制电动机的正反转，其控制电路如图6-30所示。

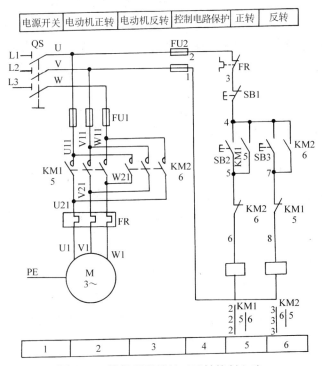

图6-30 接触器联锁的正反转控制电路

　　它是利用控制接触器 KM1 和 KM2 主触头的切换来变换通入电动机的电源相序，从而达到改变电动机转向的目的。

　　该电路要求正转接触器 KM1 和反转接触器 KM2 不能同时通电，否则将造成两相电源短路故障，为此，在接触器正转与反转控制电路中分别串联了对方的动断触头，以保证 KM1 与 KM2 线圈不能同时通电，这两对动断触头在控制电路中起到了互相制约的作用，称为联锁（或互锁、互保）作用，故这两对触头叫做联锁触头（或互锁、互保触头）。

　　接触器联锁正反转控制电路的工作原理如下：

　　（1）正转控制

$$合上QS→按下 SB2→KM1 线圈通电 \begin{cases} →KM1 \ 动合触头（4-5）闭合自锁 \\ →KM1 \ 主触头闭合→M \ 正转 \\ →KM1 \ 动断触头（7-8）分断联锁 \end{cases}$$

这时，通入电动机定子绕组的电源相序为 L1→U1，L2→V1，L3→W1，电动机正转运行。

　　（2）反转控制

$$先按下SB1→KM1 \ 线圈失电 \begin{cases} →KM1 \ 动合触头（4-5）分断 \\ →KM1 \ 主触头分断→M \ 停转 \\ →KM1 \ 动断触头（7-8）闭合 \end{cases}$$

　　为什么要先按 SB1 呢？因为在反转控制电路中串联了正转接触器 KM1 的动断触头，当正转接触器 KM1 仍通电时，其动断辅助触头是分断的，因此，直接按反转按钮 SB3，反转接触器 KM2 无法通电，电动机不会反转。

$$再按下SB3→KM2线圈通电 \begin{cases} →KM2 \ 动合触头（4-7）闭合自锁 \\ →KM2主触头闭合→M \ 反转 \\ →KM2 \ 动断触头（5-6）分断联锁 \end{cases}$$

此时，接入电动机定子绕组首端的三根电源线对调了两根，使电源相序改变为 L1→W1，L2→V1，L3→U1，电动机反转。

　　3. 按钮联锁的接触器正反转控制电路

　　把图 6-30 中的接触器 KM1 与 KM2 的联锁触头去掉，换上复合按钮的动断触头，同样可以保证 KM1 与 KM2 线圈不会同时通电，用这种方法实现联锁的接触器正反转控制电路叫做按钮联锁的接触器正反转控制电路，如图 6-31 所示。

　　这种控制电路的优点是，当需要改变电动机的转向时，只要直接按下反转按钮 SB3 就行了。不必先按下停止按钮 SB1。因为当按下反转按钮 SB3 时，其动断触头先分断，从而切断了正转控制电路，然后按钮的动合触头再闭合，接通反转控制电路，输入电动机的电源相序发生改变，电动机反转。

　　注意：按钮中动断、动合触头的动作不是同时分断和闭合的。当按下按钮时，动断触头先断开，经过一定的时间动合触头才闭合，这就保证了 KM1 与 KM2 的线圈不会同时通电，实现电动机的正反转控制。

　　利用按钮的动断触头实行联锁的正反转控制电路，其优点是操作方便，但当正转接触器发生主触头熔焊或有杂物被卡故障时，即使其线圈断电，KM1 主触头也不能分断，此时，若按下反转按钮 SB3，KM2 线圈通电，其主触头 KM2 闭合，那么必然发生 KM1 与 KM2 主

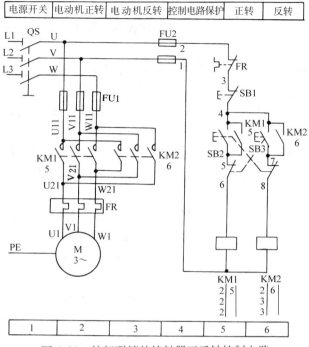

图 6-31　按钮联锁的接触器正反转控制电路

触头同时闭合的情况，从而产生了电源两相短路的故障。因此，对经常需要正反转控制的电动机不宜采用这种控制电路。

4. 按钮、接触器复合联锁的正反转控制电路

把上述两种控制电路的优点结合起来，就组成图 6-32 所示的具有复合联锁的正反转控

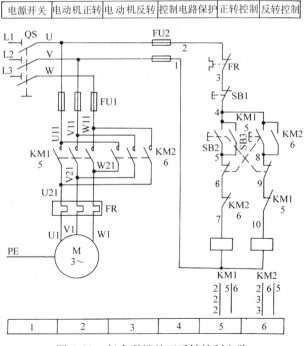

图 6-32　复合联锁的正反转控制电路

制电路。这种控制电路在实际控制中是经常被采用的，如 Z35 型摇臂钻床立柱松紧电动机的正反转控制及 X6132 型万能铣床的主轴反接制动控制，基本上与此控制电路相似。

第四节　三相笼型异步电动机的减压起动

当电动机的功率较大或不符合直接起动条件时，应采用减压起动。

减压起动是指利用起动设备将电压适当降低后加到电动机的定子绕组上进行起动，以限制起动电流，待电动机起动后，再使电动机定子绕组上的电压恢复至额定值。由于电动机转矩与电压二次方成正比，所以减压起动的起动转矩大为降低，因此减压起动方法仅适用于空载或轻载下的起动。

减压起动一般有四种方法：定子绕组中串联电阻（或电抗）的减压起动；自耦变压器减压起动；星形—三角形（Y—△）减压起动；延边三角形（◁）减压起动。这里介绍最常用的定子绕组串电阻减压起动和星形—三角形（Y—△）减压起动。

一、定子绕组串联电阻减压起动

定子绕组串联电阻减压起动，就是在电动机起动时将电阻串联在定子绕组与电源之间的起动方法，简称串电阻减压起动。串联电阻减压起动又可分为手动控制和自动控制两种方法。

1. 手动控制电路

如图 6-33a 所示，合上 QS，由于定子绕组中串联了电阻，起到分压作用，所以，此时

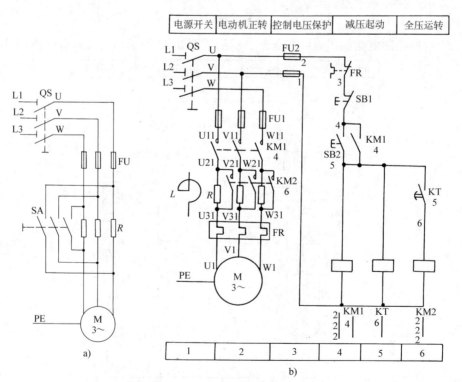

图 6-33　串联电阻（或电抗）减压起动控制电路

a）手动控制　b）时间继电器自动控制

定子绕组上所承受的电压不是额定电压而是额定电压的一部分，这样就限制了起动电流；当电动机的转速接近额定转速时，立即合上 SA，这时电阻 R 被 SA 的触头短接，定子绕组上的电压便上升为额定工作电压，使电动机正常运转。

显然，这种手动控制电路在实际使用中既不方便又不可靠，实际控制电路是依靠接触器、时间继电器等来实现自动控制的。在自动控制的减压起动控制电路中，由于使用了时间继电器，就可以自动完成短接电阻 R 的要求。

2. 时间继电器自动控制电路

图 6-33b 所示为时间继电器自动控制电路。其动作原理如下：

串联电阻减压起动控制电路的缺点是，起动时在电阻上功率损耗较大。若起动频繁，则电阻的温升很高，对精密机床就有一定的影响。

二、星形—三角形（Y—△）减压起动

星形—三角形减压起动又称为Y—△减压起动，是指电动机在起动时，其定子绕组接成Y（星形）联结，即 U2、V2、W2 连接于一点，U1、V1、W1 接电源，如图 6-34a 所示；待转速上升到一定值后，再将它换接成△（三角形）联结，即 U1、W2，U2、V1，V2、W1 连接后接电源，如图 6-34b 所示，电动机便在额定电压下正常运转。

注意：这种起动方法只适用于正常工作时定子绕组按△（三角形）联结的电动机。

采用这种方法起动时，Y联结的起动电流仅为△联结起动时的 1/3，起动时，电压降为额定电压的 $1/\sqrt{3}$，而电动机的转矩与电压的二次方成正比，这时，转矩也只有全压起动时的 1/3，故只适用于空载或轻载起动。

星形—三角形（Y—△）减压起动分手动控制和自动控制两种方法。

1. 手动星形—三角形（Y—△）减压起动

这种控制电路的起动原理是：如图 6-35 所示，起动时，先合上电源开关 QS1，再将开

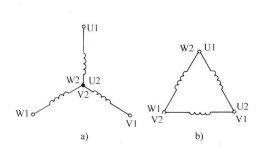

图 6-34　星形—三角形（Y—△）减压起动电机
绕组联接图

a）星形联结　b）三角形联结

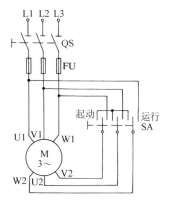

图 6-35　星形—三角形（Y—△）
减压起动原理

关 SA 推到"起动"位置，电动机定子绕组便接成丫（星形）；待电动机转速上升至一定值后，将开关 SA 推至"运行"位置，使定子绕组接成△（三角形），电动机正常运转。

图 6-36 所示为用作丫—△减压起动的 QX1 型手动空气式星形—三角形起动器。这种起动器的体积小，成本低，寿命长，动作可靠。

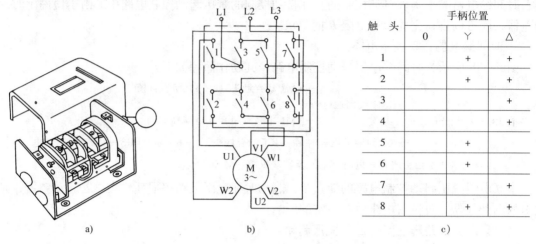

触　头	手柄位置		
	0	丫	△
1		+	+
2		+	+
3			+
4			+
5		+	
6		+	
7			+
8		+	+

a)　　　　　　　　　　　　b)　　　　　　　　　　　　c)

图 6-36　QX1 型手动空气式星形—三角形（丫—△）起动器

a）外形图　b）接线图　c）触头分合表

图 6-36b 中 L1、L2、L3 接三相电源，U1、V1、W1、U2、V2、W2 接电动机。如图 6-36c 所示，当手柄扳到"0"位置时，8 对触头都分断，电动机断电不运转；当手柄扳到"丫"位置时，1、2、5、6、8 触头接通，3、4、7 触头分断，电动机定子绕组接成丫（星形）联结减压起动；当电动机转速上升到一定值时，将手柄扳到"△"位置，这时 1、2、3、4、7、8 触头接通，5、6 触头断开，电动机定子绕组接成△（三角形）联结正常运行。

2. 时间继电器控制星形—三角形（丫—△）减压起动

这种控制电路是利用时间继电器来完成丫—△的自动切换的，如图 6-37 所示。其工作原理如下：

与起动按钮 SB2 串联的接触器 KM3 的一对动断辅助触头可防止两种意外事故，使线路

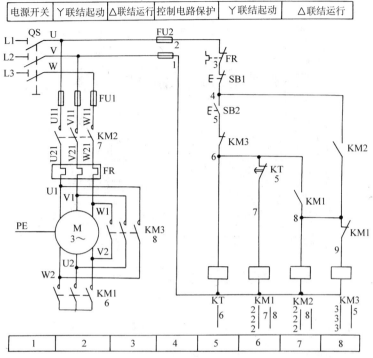

图 6-37 时间继电器控制星形—三角形减压起动控制电路

的工作更为可靠，一种情况是在电动机起动并正常运行以后，接触器 KM1 已断电释放，KM3 已获电吸合，如果有人误按起动按钮 SB2，KM3 的动断辅助触头能防止接触器 KM1 通电动作而造成电源短路；另一种情况是在电动机停转以后，如果接触器 KM3 的主触头因焊住或机械故障而没有分断，由于设置了接触器 KM3 的动断辅助触头，电动机就不可能第二次起动，从而也可防止电源的短路事故。

这个控制电路是接触器 KM1 先动作，然后才能使接触器 KM2 获电动作，这样，接触器 KM1 的主触头是在无负载的条件下进行工作的，可以延长接触器 KM1 主触头的使用寿命。

3. 自动星形—三角形（Y—△）起动器减压起动

图 6-38 所示为 QX3—13 型自动星形—三角形（Y—△）起动器及控制电路。

该电路的自动控制过程分析如下：

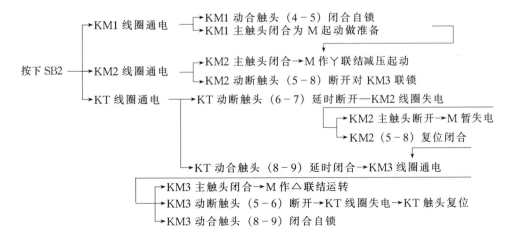

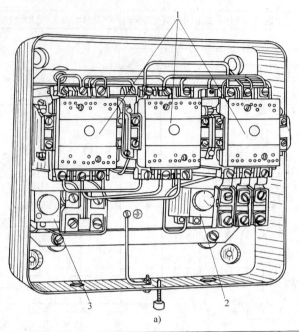

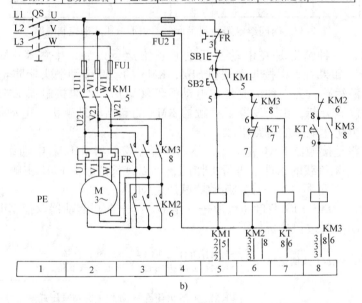

图6-38 QX3—13型自动星形—三角形（丫—△）起动器及控制电路

a）外形　b）控制电路

1—接触器　2—热继电器　3—时间继电器

第五节　三相笼型异步电动机的制动

当电动机的定子绕组断电以后，电动机不会马上停转，这种情况对于某些生产机械是不适宜的，如起重机的吊钩需要准确定位，万能铣床要求迅速停车与反转等。

使电动机在脱离电源后迅速停转的方法叫做制动。制动的方法一般分为两类，即机械制动与电力制动。

一、机械制动

机械制动是利用机械装置，使电动机在切断电源后迅速停转的方法，应用较普遍的是电磁制动器。

电磁制动器的结构如图6-39所示。它主要由制动电磁铁和闸瓦制动器两部分组成。制动电磁铁又有单相和三相之分；闸瓦制动器包括杠杆、闸瓦、闸轮、弹簧等，闸轮与电动机装在同一根转轴上。

电磁制动器制动控制电路如图6-40所示。其工作原理是：合上电源开关QS，按下起动按钮SB2，接触器KM1线圈通电动作，其动合辅助触头闭合自锁，主触头闭合，电动机通电起动，电磁制动器线圈YB同时通电，吸引衔铁，使它与铁心闭合，衔铁克服弹簧拉力，迫使制动杠杆向上移

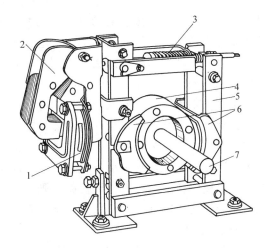

图6-39　电磁制动器
1—线圈　2—铁心　3—弹簧　4—闸轮
5—杠杆　6—闸瓦　7—轴

动，从而使制动器的闸瓦与闸轮松开，电动机正常运转；当按下停止按钮SB1时，接触器KM1线圈断电释放，电动机的电源被切断，电磁制动器的线圈YB也同时断电，衔铁与静铁心分离，在弹簧的拉力作用下，使闸瓦与闸轮紧紧抱住，电动机被制动而迅速停转。

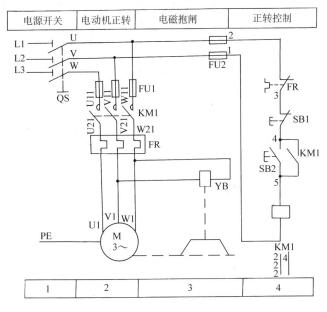

图6-40　电磁制动器制动控制电路

电磁制动器制动装置在起重机械中被广泛采用，这种制动方法不但可以准确定位，而且

在电动机突然断电时，可以避免重物自行坠落而发生事故。

二、电力制动

电力制动就是使电动机产生一个和实际旋转方向相反的电磁转矩（即制动转矩），从而使电动机迅速停转的方法。电动机的制动和起动是两种不同的工作状态。起动时，电动机的电磁转矩与旋转方向一致；而制动时，电动机的电磁转矩与旋转方向相反。

异步电动机常用的制动方法有下列几种。

1. 反接制动

反接制动是依靠改变输入电动机的电源相序，致使定子绕组产生的旋转磁场反向，从而使转子受到与原来旋转方向相反的电磁转矩而迅速停转。采取反接制动必须注意：当转子转速接近零值时，应及时切断电源，否则电动机将反向起动。对于接触器联锁的正反转控制电路可采取反接制动，即在制动时先按反向起动按钮，当速度接近于零时立即按停止按钮，可使电动机迅速停转。如要求自动控制，则应采用具有速度继电器的反接制动控制电路，当电动机被制动到转速接近零时，它能自动切断电源。

2. 能耗制动

如图 6-41 所示，QS1 是中间断开的双向开关，向左推可接通三相电源，向右扳可将直流电引入定子绕组，中间为断开位置。

1）对已在运转的电动机，将 QS1 推向中间位置，使电动机脱离三相电源，可以看到电动机脱离三相电源后，由于惯性作用，转速逐渐减小至零值，不会马上停止。

2）将 QS1 推向左，电动机运转；合上 QS2，再将 QS1 推向右，使电动机接通直流电路，此时可以看到电动机很快就停转。停转的快慢与可变电阻 RP 的阻值有关，电动机停转后将 QS1 推向中间位置，切断直流电源。

上述实验说明：当电动机脱离三相电源后，如果向定子绕组通入直流电流，可以使电动机迅速制动。通入的直流电流越大，则制动越迅速，这是因为在切断定子的交流电源后再通入直流电时，定子中将产生一个恒定磁场，如图 6-42 所示。而电动机的转子由于惯性仍按原来的方向（图中 n 方向）旋转，根据电磁感应原理可知，在转子电路中要产生感应电流，其方向可由右手定则确定，而感应电流一旦产生，马上就要受到磁场的作用力，用左手定则可确定这个作用力 F 的方向，电磁力 F 对转轴形成转矩的方向与电动机按惯性旋转的方向恰恰相反，所以起到制动转子的作用。制动转矩的大小与所通入的直流电流的大小及电动机

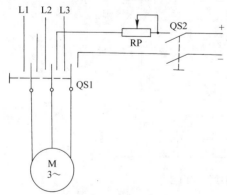

图 6-41　能耗制动实验

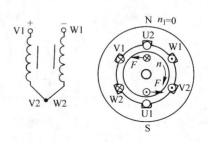

图 6-42　能耗制动工作原理

的转速有关。电流越大，直流磁场越强，产生的制动转矩就越大；但通入的直流电流不能太大，一般为电动机空载电流的 3~5 倍，过大会烧坏定子绕组。

由于在制动过程中转子的动能转换成电能，而后又变成热能消耗在转子电路中。从能量的观点来讲，这种制动方法是在定子绕组中通入直流电以消耗转子的动能来进行制动的，所以叫做能耗制动，有时也称为直流制动。

单向起动全波整流能耗制动控制电路如图6-43所示。

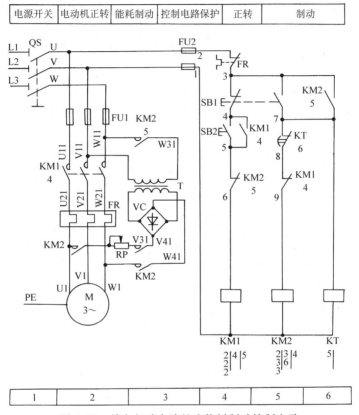

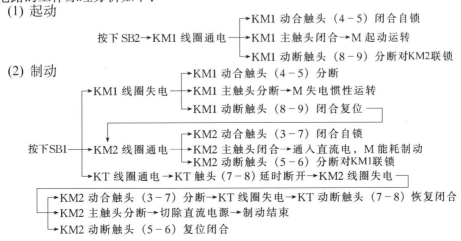

图 6-43　单向起动全波整流能耗制动控制电路

该电路的工作原理分析如下：

(1) 起动

　　　　　　　　　　　　　　　　　　├→KM1 动合触头（4-5）闭合自锁

按下 SB2→KM1 线圈通电　├→KM1 主触头闭合→M 起动运转

　　　　　　　　　　　　　　　　　　└→KM1 动断触头（8-9）分断对 KM2 联锁

(2) 制动

　　　　　　　　　　├→KM1 线圈失电　├→KM1 动合触头（4-5）分断

　　　　　　　　　　│　　　　　　　　├→KM1 主触头分断→M 失电惯性运转

　　　　　　　　　　│　　　　　　　　└→KM1 动断触头（8-9）闭合复位

　　　　　　　　　　│

　　　　　　　　　　│　　　　　　　　├→KM2 动合触头（3-7）闭合自锁

按下 SB1─┼→KM2 线圈通电　├→KM2 主触头闭合→通入直流电，M 能耗制动

　　　　　　　　　　│　　　　　　　　└→KM2 动断触头（5-6）分断对 KM1 联锁

　　　　　　　　　　└→KT 线圈通电→KT 触头（7-8）延时断开→KM2 线圈失电

├→KM2 动合触头（3-7）分断→KT 线圈失电→KT 动断触头（7-8）恢复闭合

├→KM2 主触头分断→切除直流电源→制动结束

└→KM2 动断触头（5-6）复位闭合

3. 反接制动与能耗制动的比较

电力制动中的两种制动方法都有各自的优缺点，反接制动的优点是制动力强，缺点是制动准确性较差，此外，在制动过程中冲击强烈，易损坏传动零件，并且能量消耗较大，不能经常制动，否则，定子发热严重。能耗制动的优点是制动准确、平稳，能量消耗较小，缺点是需要附加直流电源装置，制动力较弱，在低速时，制动转矩小。

反接制动一般适合于不经常起动与制动的场合，如铣床、镗床、中型车床等主轴的制动控制；能耗制动适用于要求制动准确、平稳的场合，如磨床、龙门刨床等制动控制。

第六节　生产机械的行程控制

行程控制就是利用行程开关与运动部件上的挡铁碰撞而使触头动作，进而接通或分断电路来控制生产机械的行程或实现整个加工过程的自动循环。这种控制又叫做限位控制。

一、行程控制电路

行程开关可以用作行程控制。如在行程的两个终端处各安装一个行程开关，并将这两个行程开关的动断触头串接在控制电路中，就可达到控制行程的目的。典型的行程控制电路如图 6-44a 所示。

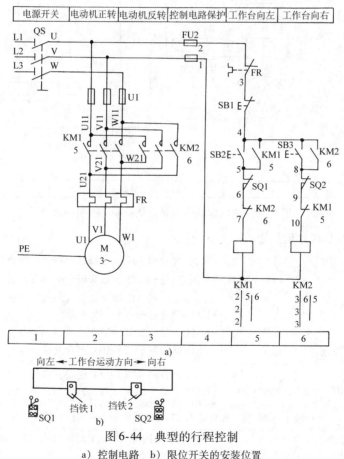

图 6-44　典型的行程控制

a）控制电路　b）限位开关的安装位置

　　该电路的工作原理是：按下起动按钮 SB2，接触器 KM1 线圈通电后动作，电动机起动运转；工作台向左运行，当工作台运行到终端位置时，由于工作台上的挡铁碰撞限位开关 SQ1，使 SQ1 的动断触头断开，接触器 KM1 线圈断电释放，电动机断电，工作台停止运行。这时，即使再按下起动按钮 SB2，接触器 KM1 线圈也不会通电，这样就保证了工作台不会越过 SQ1 所在的位置。

　　当按下按钮 SB3 时，接触器 KM2 线圈通电动作，电动机反转，工作台向右运行，限位开关 SQ1 复位；当工作台运行到另一终端位置时，限位开关 SQ2 的动断触头分断，切断电源，工作台停止运行。

二、自动往返循环控制

　　有些生产机械要求工作台在一定距离内能自动往返，以便对工件连续加工，采用行程开关自动控制电动机的正反转就能达到目的。其控制电路如图 6-45 所示。

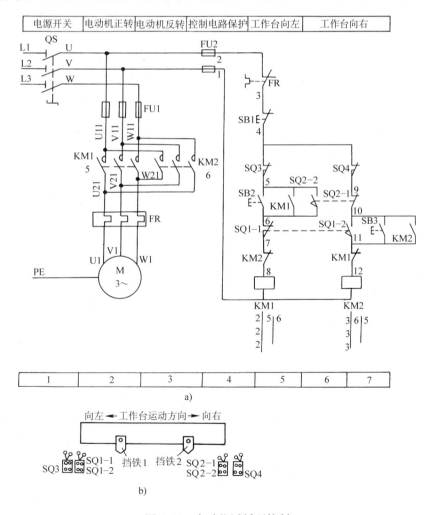

图 6-45　自动往返循环控制

a) 控制电路　b) 限位开关的安装位置

　　该电路的工作原理分析如下：

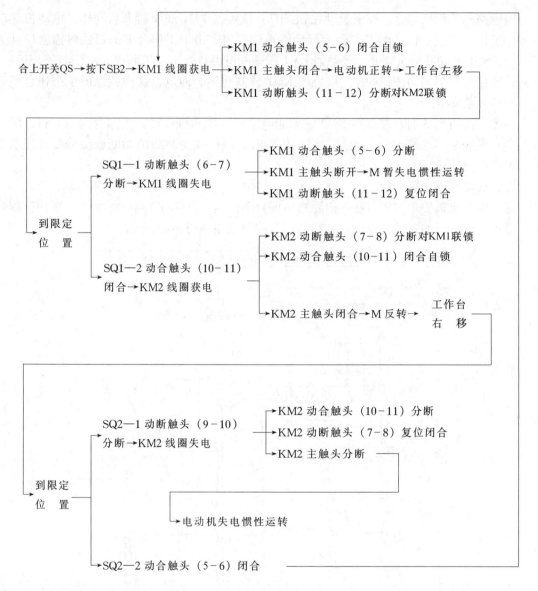

由上述分析可知，由于限位开关能起到自动换接正、反转控制电路的作用，依靠机械传动机构，便能使工作台自动循环地做往返运动。

图中，限位开关 SQ3 和 SQ4 起终端保护作用，如果 SQ1（或 SQ2）失灵（即挡铁碰撞它们时不动作），电动机便会一直正转（或反转），工作台就一直向左（或向右）运动，这种情况显然是不允许的，为此，在左端及右端的某个适当位置又安装 SQ3 和 SQ4，并把它们的动断触头串联在控制电路中，这样，如果 SQ1 或 SQ2 失灵，工作台向左（或向右）运动到某个极限位置时，挡铁碰撞 SQ3（或 SQ4）使它的动断触头分断，从而切断整个控制电路，电动机停转，工作台便停止运行。因 SQ3 和 SQ4 是起终端保护作用的，故也叫做终端开关。

第七节　两台电动机的联锁控制

在装有多台电动机的生产机械上，各电动机所起的作用是不相同的，有时需要按一定的顺序起动，才能保证操作过程的合理性和工作的安全可靠。例如，在铣床上，就要求主轴电动机先起动，然后进给电动机才能起动；又如，当机床的主轴电动机起动后，其切削液泵电动机才能起动。

上述这种要求反映在控制电路上，就叫做电动机的联锁控制。一般情况下，联锁控制可以在主电路和控制电路两方面加以考虑。

一、主电路联锁控制

如图 6-46a 所示，该电路的工作原理是：由于电动机 M2 是通过插接器 X 连接在接触器 KM 的主触头下面的，因此，只有当 KM 主触头闭合，即 M1 运转时，M2 才可能接通电源运转。

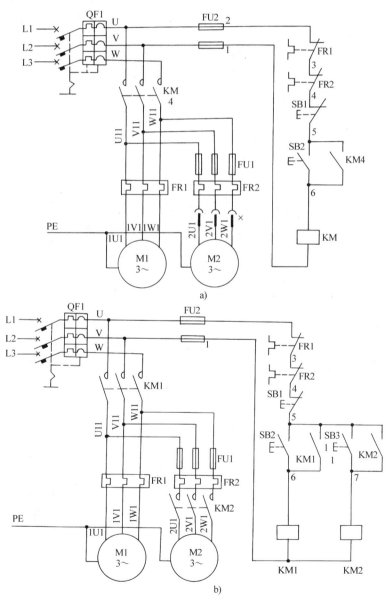

图 6-46 主电路联锁控制电路

如图 6-46b 所示，该电路的工作原理是：由于控制电动机 M2 的接触器 KM2 的主触头接在接触器 KM1 主触头的下面，因此，只有当 KM1 主触头闭合即 M1 运转时，KM2 主触头再闭合，M2 才可能接通电源运转。如果接触器 KM1 没有通电，即使接触器 KM2 通电，M2 也不可能接通电源。

二、控制电路联锁控制

如图 6-47 所示，该电路的特点是：电动机 M2 的控制电路与接触器 KM1 的动合辅助触头相串联，这就保证了只有当 KM1 接触器通电后，也就是 M1 电动机起动后，KM2 接触器才可能通电，即 M2 电动机才能起动。如果由于某种原因（如过载或失电压）使 KM1 线圈断电，M1 电动机停转，那么，M2 也跟着自动停转，这就实现了两台电动机的联锁控制。X6132 型万能铣床的主轴与进给电动机的联锁控制电路就是根据这个原理设计的。

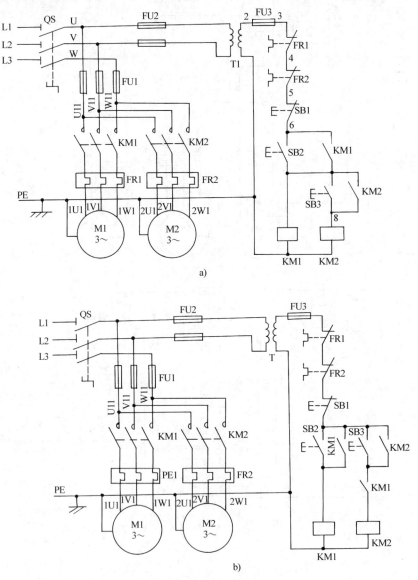

图 6-47　控制电路联锁的控制电路

第八节　典型机床的电气控制与检修

一、CA6140 型卧式车床的电气控制与检修

车床是一种应用广泛的金属切削机床，能够车削外圆、内圆、螺纹、螺杆、端面以及车削定型表面等。

卧式车床有两个主要运动部分：一是卡盘或顶尖带动工件的旋转运动，即车床主轴的运动，称为主运动；二是溜板带动刀架的直线运动，称为进给运动。

CA6140 型卧式车床的外形如图 6-48 所示。其电气控制电路如图 6-49 所示。

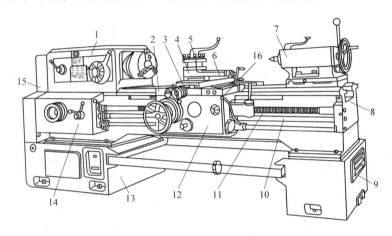

图 6-48　CA6140 型卧式车床的外形
1—主轴箱　2—纵溜板　3—横溜板　4—转盘
5—方刀架　6—小溜板　7—尾架　8—床身
9—右床座　10—光杠　11—丝杠　12—溜板箱
13—左床座　14—进给箱　15—挂轮架　16—操纵手柄

1. 主电路

主电路共有 3 台电动机：M1 为主轴电动机，带动主轴旋转和刀架作进给运动；M2 为冷却泵电动机，用以输送切削液；M3 为刀架快速移动电动机。

将钥匙开关 SB 向右旋转，再扳动断路器 QF 引入三相交流电源。熔断器 FU 具有线路总短路保护功能；FU1 作为冷却泵电动机 M2、刀架快速移动电动机 M3、控制变压器 TC 的短路保护。

主轴电动机 M1 由接触器 KM 控制，接触器 KM 具有失电压和欠电压保护功能；热继电器 FR1 作为主轴电动机 M1 的过载保护。

冷却泵电动机 M2 由中间继电器 KA1 控制，热继电器 FR2 为电动机 M2 实现过载保护。

刀架快速移动电动机 M3 由中间继电器 KA2 控制，因电动机 M3 是短期工作的，故未设过载保护。

2. 控制电路

控制变压器 TC 二次侧输出 110V 电压作为控制电路的电源。

（1）主轴电动机 M1 的控制　按下起动按钮 SB2，接触器 KM 线圈获电吸合，KM 主触

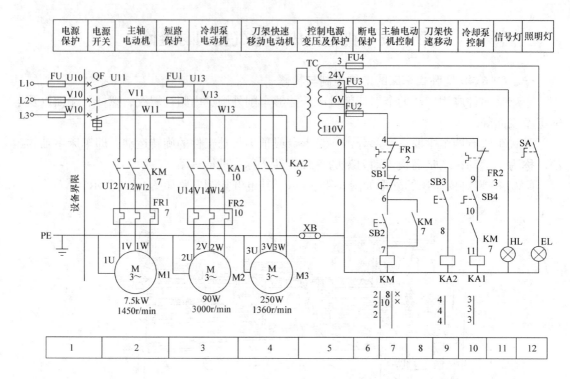

图 6-49　CA6140 型卧式车床电气控制电路

头闭合，主轴电动机 M1 起动。按下蘑菇形停止按钮 SB1，接触器 KM 线圈失电，电动机 M1 停转。

（2）冷却泵电动机 M2 的控制　只有当接触器 KM 获电吸合，主轴电动机 M1 起动后，合上旋钮开关 SB4，使中间继电器 KA1 线圈获电吸合，冷却泵电动机 M2 才能起动。当 M1 停止运行时，M2 自行停止。

（3）刀架快速移动电动机 M3 的控制　刀架快速移动电动机 M3 的起动是由安装在进给操纵手柄顶端的按钮 SB3 来控制，它与中间继电器 KA2 组成点动控制环节。将操纵手柄扳到所需的方向，按下按钮 SB3，中间继电器 KA2 获电吸合，电动机 M3 获电起动，刀架就向指定方向快速移动。

3. 照明及信号灯电路

控制变压器 TC 的二次侧分别输出 24V 和 6V 电压，作为机床照明灯和信号灯的电源。EL 为机床的低压照明灯，由开关 SA 控制；HL 为电源的信号灯。

4. 常见电气故障

（1）主轴电动机 M1 不能起动

1）按下起动按钮 SB2 后，接触器 KM1 没有吸合，主轴电动机 M1 不能起动。故障的原因应在控制电路中，可依次检查熔断器 FU2，热继电器 FR1 和 FR2 的常闭触头，停止按钮 SB1，起动按钮 SB2 和接触器 KM1 的线圈是否断路。

2）按下起动按钮 SB2 后，接触器 KM1 吸合，但主轴电动机 M1 不能起动。故障的原因应在主电路中，可依次检查接触器 KM1 的主触头，热继电器 FR1 的热元件接线端及三相电动机的接线端。

（2）主轴电动机 M1 不能停车　这类故障的原因多是接触器 KM1 铁心面上的油污使铁心不能释放或 KM1 的主触头发生熔焊，或停止按钮 SB1 的常闭触头短路所致。

（3）刀架快速移动电动机 M3 不能起动　按下点动按钮 SB3，中间继电器 KA2 没吸合，则故障应在控制电路中，此时可用万用表按分阶电压测量法依次检查热继电器 FR1 和 FR2 的常闭触头，停止按钮 SB1 的常闭触头，点动按钮及中间继电器 KA2 的线圈是否断路。

二、M7130 型平面磨床的电气控制与检修

磨床是用砂轮的周边或端面对工件的表面进行机械加工的一种精密机床。平面磨床是用来磨削加工各种零件平面的常用机床，其中 M7130 型平面磨床是使用较为普遍的一种，该磨床操作方便，磨削精度和表面粗糙度较高，适于磨削精密零件和各种工具，并可作镜面磨削。

M7130 型平面磨床的外形如图 6-50 所示。其电气控制电路如图 6-51 所示。

1. 主电路

主电路有 3 台电动机，M1 为砂轮电

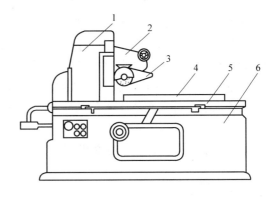

图 6-50　M7130 型平面磨床的外形

1—立柱　2—滑座　3—砂轮架
4—电磁吸盘　5—工作台　6—床身

电源开关及保护	砂轮电动机	冷却泵电动机	液压泵电动机	控制电路保护	砂轮控制	液压泵控制	整流变压器	整流器	电磁吸盘	照明

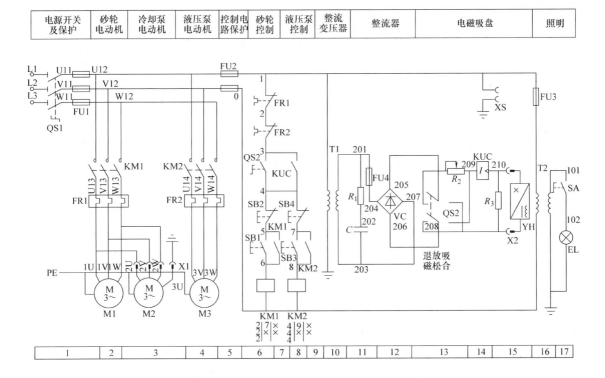

图 6-51　M7130 型平面磨床的电气控制电路

动机，M2 为冷却泵电动机，M3 为液压泵电动机，它们共用一组熔断器 FU1 作为短路保护。砂轮电动机 M1 用接触器 KM1 控制，用热继电器 FR1 进行过载保护；由于冷却泵箱和床身是分装的，所以冷却泵电动机 M2 通过接插器 X1 和砂轮电动机 M1 的电源线连接，并和 M1 在主电路实现顺序控制。冷却泵电动机的功率较小，没有单独设置过载保护，液压泵电动机 M3 由接触器 KM2 控制，由热继电器 FR2 进行过载保护。

2. 控制电路

控制电路采用交流 380V 电压供电，由熔断器 FU2 作为短路保护。

在电动机控制电路中，串接着转换开关 QS2 的常开触头（6 区）和欠电流继电器 KUC 的常开触头（8 区），因此，三台电动机起动的必要条件是使 QS2 或 KUC 的常开触头闭合。欠电流继电器 KUC 的线圈串接在电磁吸盘 YH 的工作回路中，所以当电磁吸盘得电工作时，欠电流继电器 KUC 线圈得电吸合，接通砂轮电动机 M1 和液压泵电动机 M3 的控制电路，这样就保证了加工工件在被 YH 吸住的情况下，砂轮和工作台才能进行磨削加工，保证了安全。

砂轮电动机 M1 和液压泵电动机 M3 都采用了接触器自锁正转控制电路，SB1、SB3 分别是它们的起动按钮，SB2、SB4 分别是它们的停止按钮。

3. 电磁吸盘电路

电磁吸盘是用来固定加工工件的一种夹具。其结构如图 6-52 所示。它的外壳由钢制箱体和盖板组成。在箱体内部均匀排列的多个凸起的芯体上绕有线圈，盖板则用非磁性材料（如铝锡合金）隔离成若干钢条。当线圈通入直流电后，凸起的芯体和隔离的钢条均被磁化形成磁极。当工件放在电磁吸盘上，也将被磁化而产生与吸盘相异的磁极并被牢牢吸住。

电磁吸盘电路包括整流电路、控制电路和保护电路 3 部分。

（1）整流电路　整流变压器 T1 将 220V 的交流电压降为 145V，然后经桥式整流器 VC 后输出 110V 直流电压。

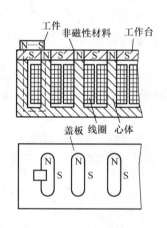

图 6-52　电磁吸盘的结构

（2）控制电路

1）当 QS2（它是电磁吸盘 YH 的转换控制开关有"吸合"、"放松"和"退磁" 3 个位置）扳至"吸合"位置时，触头（205 – 208）和（206 – 209）闭合，110V 直流电压接入电磁吸盘 YH，工件被牢牢吸住。此时，欠电流继电器 KUC 线圈得电吸合，KUC 的常开触头闭合，接通砂轮和液压泵电动机的控制电路。

2）待工件加工完毕，先把 QS2 扳到"放松"位置，切断电磁吸盘 YH 的直流电源。此时由于工件具有剩磁而不能取下，因此，必须进行退磁。

3）将 QS2 扳到"退磁"位置，这时，触头（205 – 207）和（206 – 208）闭合，电磁吸盘 YH 通入较小的（因串入了退磁电阻 R_2）反向电流进行退磁。退磁结束，将 QS2 扳回到"放松"位置，即可将工件取下。

注意：如果有些工件不易退磁，可将退磁器的插头插入插座 XS，使工件在交变磁场的作用下进行退磁。

另外，若将工件夹在工作台上，而不需要电磁吸盘时，则应将电磁吸盘 YH 的 X2 插头从插座上拔下，同时将转换开关 QS2 扳到"退磁"位置，这时，接在控制电路中 QS2 的常开触头（3－4）闭合，接通电动机的控制电路。

（3）保护电路　电磁吸盘的保护电路是由放电电阻 R_3 和欠电流继电器 KUC 组成。电阻 R_3 是电磁吸盘的放电电阻，它的作用是在电磁吸盘断电瞬间给线圈提供放电通路，吸收线圈释放的磁场能量。欠电流继电器 KUC 用以防止电磁吸盘断电时工件脱出发生事故。

电阻 R_1 与电容器 C 的作用是防止电磁吸盘回路交流侧的过电压。

4. 照明电路

照明变压器 T2 将 380V 的交流电压降为 36V 的安全电压供给照明电路。EL 为照明灯，一端接地，另一端由开关 SA 控制。

5. 常见电气故障

（1）三台电动机都不能起动　造成电动机都不能起动的原因是欠电流继电器 KUC 的常开触头和转换开关 QS2 的触头（3－4）接触不良、接线松脱或有油垢，使电动机的控制电路处于断电状态。检修故障时，应将转换开关 QS2 扳至"吸合"位置，检查欠电流继电器 KUC 的常开触头（3－4）的接通情况，不通时修理或更换元件便可排除故障。否则，应将转换开关 QS2 扳至"退磁"位置，拔掉电磁吸盘插头，检查 QS2 的触头（3－4）的通断情况，不通则修理或更换转换开关。

若 KUC 和 QS2 的触头（3－4）无故障，电动机仍不能起动，可检查热继电器 FR1、FR2 的常闭触头是否动作或接触不良。

（2）砂轮电动机的热继电器经常脱扣　砂轮电动机 M1 为装入式电动机，它的前轴承是铜瓦，易磨损。磨损后易发生堵转现象，使电流增大，导致热继电器脱扣。若是这种情况，应修理或更换轴瓦。另外，砂轮进给量太大，电动机超负载运行，造成电动机堵转，电流急剧上升，热继电器脱扣。因此，工作中应选择合适的进给量，防止电动机超载运行。除以上原因之外，更换后的热继电器规格选得太小或没有调整好整定电流，使电动机还未达到额定负载时，热继电器就已经脱扣。因此，应注意热继电器必须按其被保护电动机的额定电流进行选择和调整。

（3）冷却泵电动机烧坏　造成这种故障的原因有以下几种：一是切削液进入电动机内部，造成匝间或绕组间短路，使电流增大；二是反复修理冷却泵电动机后，使电动机端盖轴间隙增大，造成转子在定子内不同心，工作时电流增大，电动机长时间过载运行；三是冷却泵被杂物塞住引起电动机堵转，电流急剧上升。由于该磨床的砂轮电动机与冷却泵电动机共用一个热继电器，而且两者功率相差太大，当发生以上故障时，电流增大不足以使热继电器脱扣，从而造成冷却泵电动机烧坏。若给冷却泵电动机加装热继电器，就可以避免发生这种故障。

（4）电磁吸盘无吸力　出现这种故障时，首先用万用表测三相电源电压是否正常。若电源电压正常，再检查熔断器 FU1、FU2、FU4 有无熔断现象。常见的故障是熔断器 FU4 熔断，造成电磁吸盘电路断开，使吸盘无吸力。FU4 熔断是由于整流器 VC 短路，使整流变压器 T1 二次绕组流过很大的短路电流造成的。如果检查整流器输出空载电压正常，接通吸盘后，输出电压下降不大，欠电流继电器 KUC 不动作，吸盘无吸力，这时，可依次检查电磁吸盘 YH 的线圈、插接器 X2、欠电流继电器 KUC 的线圈有无断路或接触不良的现象。检修故障时，可使用万用表测量各点电压；查出故障元件，进行修理或更换，即可排除故障。

（5）电磁吸盘吸力不足　引起这种故障的原因是电磁吸盘损坏或整流器输出电压不正常。空载时，整流器直流输出电压应为 130 ~ 140V，负载时不应低于 110V。若整流器空载输出电压正常，带负载时电压远低于 110V，则表明电磁吸盘线圈已短路，短路点多发生在线圈各绕组间的引线接头处。由于吸盘密封不好，切削液流入，引起绝缘损坏，造成线圈短路。若短路严重，过大的电流会使整流器件和整流变压器烧坏。出现这种故障，必须更换电磁吸盘线圈，并且要处理好线圈绝缘，安装时要完全密封好。

若电磁吸盘电源电压不正常，多是因为整流器件短路或断路造成的。应检查整流器 VC 的交流侧电压及直流侧电压。若交流侧电压正常，直流输出电压不正常，则表明整流器发生元件短路或断路故障。如某一桥臂的整流二极管发生断路，将使整流电压降到额定电压的 1/2；若相邻的两个二极管都断路，则输出电压为零。整流器件损坏的原因可能是器件过热或过电压造成的。由于整流二极管热容量很小，在整流过载时，器件温度急剧上升，烧坏二极管；当放电电阻 R_3 损坏或接线断器时，由于电磁吸盘线圈电感很大，在断开瞬间产生过电压将整流器件击穿。排除此类故障时，可用万用表测量整流器的输出及输入电压，判断出故障部位，查出故障器件，进行更换或修理即可。

（6）电磁吸盘退磁不好使工件取下困难　电磁吸盘退磁不好的故障原因，一是退磁电路断路，根本没有退磁，应检查转换开关 QS2 接触是否良好，退磁电阻 R_2 是否损坏；二是退磁电压过高，应调整电阻 R_2，使退磁电压调至 5 ~ 10V；三是退磁时间太长或太短，对于不同材料的工件，所需的退磁时间不同，注意掌握好退磁时间。

三、Z35 型摇臂钻床的电气控制与检修

钻床是一种用途广泛的孔加工机床。它主要用钻床削精度要求不太高的孔，另外还可以用来扩孔、铰孔、镗孔以及攻螺纹等。

钻床的结构形式很多，有台式钻床、立式钻床、深孔钻床及多轴钻床等。摇臂钻床是一种立式钻床，它适用于单件或批量生产中带有多孔的大型零件的孔加工。

Z35 型摇臂机床的外形如图 6-53 所示。

摇臂钻床的主运动是主轴带动钻头的旋转运动；进给运动是钻头的上下运动；辅助运动是指主轴箱沿摇臂水平移动、摇臂沿外立柱上下移动以及摇臂连同外立柱一起相对于内立柱的回转运动。Z35 型摇臂钻床的电气控制电路如图 6-54 所示。

1. 主电路

Z35 型摇臂钻床有 4 台电动机，即主轴电动机 M2、摇臂升降电动机 M3、立柱夹紧与松开电动机 M4 和冷却泵电动机 M1。

为满足攻螺纹工序，要求主轴能实现正反转，而主轴电动机 M2 只能正转，因而主轴的正反转一般用机械方法来实现，即采用摩擦离合器。摇臂升降电动机 M3 能正反转控制，当摇臂上升（或下降）到达预定的位置时，摇臂能在电气和机械

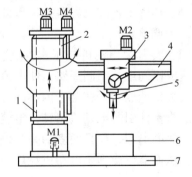

图 6-53　Z35 型摇臂钻床的外形

1—内立柱　2—外立柱　3—主轴箱　4—摇臂
5—主轴　6—工作台　7—底座

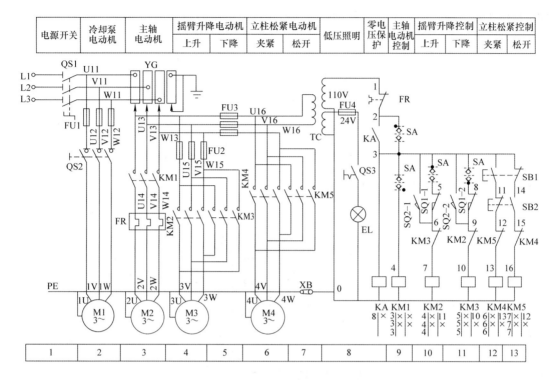

图 6-54　Z35 型摇臂钻床的电气控制电路

夹紧装置的控制下，自动夹紧在外立柱上。外立柱的夹紧、放松是由立柱夹紧放松电动机 M4 的正反转，并通过液压装置来进行的。冷却泵电动机 M1 供给钻削时所需的切削液。

2. 控制电路

主轴电动机 M2 和摇臂升降电动机 M3 采用十字开关 SA 进行操作。根据工作需要可将操作手柄分别扳在槽孔内 5 个不同位置上，即上、下、左、右和中间 5 个位置。在盖板槽孔的上下左右四个位置的后面分别装有一个微动开关，当操作手柄分别扳到这四个位置时，便相应压下后面的微动开关，其常开触头闭合而接通所需的电路。操作手柄每次只能扳在一个位置上，即四个微动开关只能有一个被压而接通，其余仍处于断开状态。当手柄处于中间位置时，四个微动开关都不受压，全部处于断开状态。图 6-54 中用小黑点分别表示十字开关 SA 的四个位置。

（1）主轴电动机 M2 的控制　将十字开关 SA 扳在左边的位置，此时仅有左面对应的触头闭合，使零电压继电器 KA 的线圈获电吸合，KA 的常开触头闭合自锁。再将十字开关 SA 扳到右边位置，仅 SA 右面的触头闭合，接触器 KM1 的线圈获电吸合，KM1 主触头闭合，主轴电动机 M2 通电运转，钻床主轴的旋转方向由主轴箱上的摩擦离合器手柄所扳的位置决定。

将十字开关 SA 的手柄扳回中间位置，触头全部断开，接触器 KM1 线圈断电释放，主轴停止转动。

（2）摇臂升降电动机 M3 的控制　当钻头与工件的相对高低位置不适合时，可通过摇臂的升高或降低来调整，摇臂的升降是由电气和机械传动联合控制的，能自动完成松开摇臂→

摇臂上升（或下降）→夹紧摇臂的过程。该机床摇臂升降及夹紧的原理如图6-55所示。

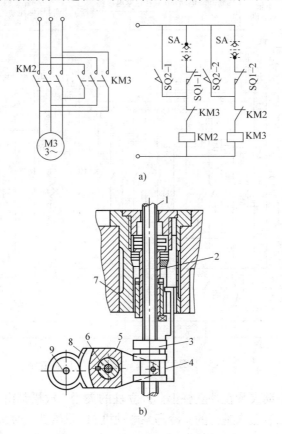

图6-55　摇臂升降及夹紧的原理

a）电气原理　b）机械原理

1—丝杠　2—螺母　3—辅助螺母　4—键

5—拨叉　6—扇形压紧板　7—摇臂　8—齿条　9—齿轮

　　1）摇臂上升的控制。将十字开关SA扳到"上"的位置，压下SA上面的常开触头闭合，接触器KM2线圈获电吸合，KM2的主触头闭合，电动机M3获电正转。由于摇臂上升前还被夹紧在外立柱上，所以电动机M3刚起动时，摇臂不会立即上升，而是通过两对减速齿轮带动升降丝杠1转动；开始时由于螺母2未被键4锁住，因此丝杠1只带动螺母2一起空转，摇臂不能上升，只是辅助螺母3带着键4沿丝杠向上移动，推动拨叉5，带动扇形压紧板6，使夹紧杠杆把摇臂松开。在拨叉5转动的同时，齿条8带动齿轮9转动，使连接在齿轮9上的鼓形转换开关SQ2-2闭合，为摇臂上升后的夹紧做好准备。

　　当辅助螺母3带着键4上升到螺母2与摇臂7锁紧的位置时，螺母2带动摇臂7上升。当摇臂上升到所需的位置时，将十字开关SA扳到中间位置，SA上面触头复位断开电路，接触器KM2线圈断电释放，电动机M3断电停转，摇臂也停止上升。由于摇臂松开时，鼓形转换开关上的触头SQ2-2已闭合，所以当接触器KM2的联锁触头恢复闭合时，接触器KM3的线圈立即获电吸合，KM3的主触头闭合，电动机M3获电反转，升降丝杠1也反转，辅助螺母3便带动键4沿丝杠1向下移动，辅助螺母3又推动拨叉5，并带动扇形压紧板6

使夹紧杠杆把摇臂夹紧；与此同时，齿条 8 带动齿轮 9 恢复到原来的位置，鼓形转换开关上的触头 SQ2－2 断开，使接触器 KM3 线圈断电释放、电动机 M3 停转。

2）摇臂下降的控制。将十字开关 SA 扳到"下"的位置，SA 下面的常开触头闭合，接触器 KM3 线圈获电吸合，电动机 M3 获电起动反转，丝杠 1 也反向旋转，辅助螺母带着键沿丝杠向下移动，同时推动拨叉并带动扇形齿条带动齿轮使鼓形转换开关上的 SQ2 的另一对常开触头 SQ2－1 闭合，为摇臂下降到所需位置时，将十字开关扳回到中间位置，其他动作与上升控制时的动作相似。

为防止摇臂上升或下降时不致超出允许的终端极限位置，故在摇臂上升或下降的控制电路中分别串入行程开关 SQ1－1 和 SQ1－2 作为终端保护。

（3）立柱的夹紧与松开电动机 M4 的控制　当需要摇臂绕内立柱转动时，先按下 SB1，使接触器 KM4 线圈获电吸合，电动机 M4 起动运转，并通过齿式离合器带动齿式油泵旋转，送出高压油，经油路系统和机械传动机构将外立柱松开；然后松开按钮 SB1，接触器 KM4 线圈断电释放，电动机 M4 断电停转。此时可用人力推动摇臂和外立柱绕内立柱作所需要的转动；当转到预定的位置时，再按下按钮 SB2，接触器 KM5 线圈获电吸合，KM5 主触头闭合，电动机 M4 起动反转，在液压系统的推动下，将外立柱夹紧；然后松开 SB2，接触器 KM5 线圈断电释放，电动机 M4 断电停转，整个摇臂放松→绕外立柱转动→夹紧过程结束。

线路中零电压继电器 KA 的作用是：当供电线路断电时，KA 线圈断电释放，KA 的常开触头恢复断开，使整个控制电路断电；当电路恢复供电时，控制电路仍然断开，必须再次将十字开关 SA 扳至"左"的位置，使 KA 线圈重新获电，KA 常开触头闭合，然后才能操作各条控制电路，也就是说零电压继电器的常开触头起到接触器的自锁触头的作用。

（4）冷却泵电动机 M1 的控制　冷却泵电动机由转换开关 QS2 直接控制。

3. 照明电路

变压器 TC 将 380V 电压降到 110V，供给控制电路，并输出 24V 电压供低压照明灯使用。

4. 常见电气故障

（1）各台电动机均不能起动　若所有电动机都不能起动，一般可以断定故障发生在电气线路的公用部分。可按下面的步骤来检查：

1）在电气箱内检查从汇流环 YG 引入的三相电源是否正常，如发现三相电源有断相或其他故障现象，则应在立柱下端配电盘处，检查引入机床电源隔离开关 QS1 处的电源是否正常，并查看与汇流环 YG 的接触是否良好。

2）检查熔断器 FU1 和 FU2 的熔体是否熔断。

3）控制变压器 TC 的一、二次绕组的电压是否正常，若一次绕组的电压不正常，则应检查变压器的接线有否松动；若一次绕组两端的电压正常，而二次绕组电压不正常，则应检查变压器输出 110V 端绕组是否断路或短路，同时应检查熔断器 FU4 是否熔断。

如上述检查都正常，则可依次检查热继电器 FR 的常闭触头、十字开关 SA 内的微动开关的触头及零电压继电器 KA 线圈连接线的接触是否良好，有无断路故障等。

（2）主轴电动机的故障

1）主轴电动机 M2 不能起动。若接触器 KM1 已获电吸合，但主轴电动机 M2 仍不能起动旋转。可检查接触器 KM1 的三对主触头接触是否正常，连接电动机的导线有否脱落或松动。若接触器 KM1 不动作，则首先检查熔断器 FU2 和 FU4 的熔体是否熔断，然后检查热继电器 FR 是否动作，其常闭触头的接触是否良好，十字开关 SA 的触头接触是否良好，接触器 KM1 的线圈接线头有否松脱；有时由于供电电压过低，使零电压继电器 KA 或接触器 KM1 不能吸合。

2）主轴电动机 M2 不能停止。当把十字开关 SA 扳到"中间"停止位置时，主轴电动机 M2 仍不能停转，故障多半是由于接触器 KM1 的主触头发生熔焊所造成的，此时应立即断开电源隔离开关 QS1，才能使电动机 M2 停转，已熔焊的主触头需要更换和处理；同时必须找出发生触头熔焊的原因，彻底排除故障后才能重新起动电动机。

（3）摇臂升降运动的故障　Z35 型摇臂钻床的升降运动是借助电气、机械传动的紧密配合来实现的。因此，在检修时既要注意电气控制部分，又要注意机械部分的协调。

1）摇臂升降电动机 M3 的某个方向不能起动。电动机 M3 只有一个方向能正常运转，这一故障一般是出在该故障方向的控制电路或供给电动机 M3 电源的接触器上。例如电动机 M3 带动摇臂上升方向有故障时，接触器 KM2 不吸合，此时可依次检查十字开关 SA 上面的触头、行程开关 SQ1 的常闭触头、接触器 KM3 的联锁触头以及接触器 KM2 的线圈和连接导线等有否断路故障；若接触器 KM2 能动作吸合，则应检查其主触头的接触是否良好。

2）摇臂升降后不能充分夹紧。原因之一是鼓形转换开关上压紧动触头的螺钉松动，造成动触头的位置偏移。在正常情况下，当摇臂放松后，上升到所需的位置，将十字开关 SA 扳到中间位置时，SQ2 - 2 应早已接通，使接触器 KM3 获电吸合，使摇臂夹紧。现因动触头位置偏移，使 SQ2 - 2 未按规定位置闭合，KM3 不能按时动作，电动机 M3 也就不起动反转进行夹紧，故摇臂仍处于放松状态。

若鼓形转换开关上的动触头发生弯扭、磨损、接触不良或两对常开触头过早分断，也会使摇臂不能充分夹紧。

另一个原因是当鼓形转换开关和连同它的传动齿轮在检修安装时，没有注意到鼓形转换开关上的两对常开触头的原始位置下夹紧装置的协调配合，就起不到夹紧作用。

摇臂若不完全夹紧，会造成钻削的工件精度达不到规定。

3）摇臂上升（或下降）后不能按需要停止。这种故障也是由于鼓形转换开关动触头的位置调整不当而造成的。例如当把十字开关 SA 扳到上面位置时，接触器 KM2 获电动作，电动机 M3 起动正转，摇臂的夹紧装置放松，摇臂上升，这时 SQ2 - 2 应该接通，但由于鼓形转换开关的起始位置未调整好，反而将 SQ2 - 1 接通，结果当把十字开关 SA 扳到中间位置时，不能切断接触器 KM2 线圈电路，上升运动就不能停止，甚至上升到极限位置，终端位置开关 SQ1 也不能将该电路切断。发生这种故障是很危险的，可能引起机床运动部件与已装夹的工件相撞，此时必须立即切断电源总开关 QS1，使摇臂的上升移动立即停止。由此可见，检修时在对机械部分调整好之后，必须对行程开关间的位置进行仔细的调整。

检修中要注意三相电源的进线相序应符合升降运动的规定，不可接反，否则会发生上升和下降方向颠倒、电动机开停失灵、限位开关不起作用等后果。

（4）立柱夹紧与松开电路的故障

1）立柱松紧电动机 M4 不能起动。这主要是由于按钮 SB1 或 SB2 触头接触不良，或是接触器 KM4 或 KM5 的联锁触头及主触头的接触不良所致。可根据故障现象，判断和检查故障原因，予以排除。

2) 立柱在放松或夹紧后不能切除电动机 M4 的电源。这种故障大都是接触器 KM4 或 KM5 的主触头发生熔焊所造成的,应及时切断总电源,予以更换,以防止电动机因过载而烧毁。

实验 三相笼型异步电动机的全压起动控制电路

(一)实验目的和要求

按所学原理对照实物进行接线和操作,巩固所学知识,增加感性认识。

(二)实验内容

点动、自锁、正反转及限位控制电路的接线与操纵。

(三)实验设备

序号	代 号	名 称	规 格	数 量	备 注
1	M	笼型三相异步电动机	1.7kW 3.9A	1	
2	KM1 KM2	交流接触器	CJ20—10 380V	2	
3	FR	热继电器	JR20—10 3.9A	1	11* 热元件
4	SB2 SB3	起动按钮	LA19	2	或其他型号
5	SB1	停止按钮	LA19	1	
6	FU	熔断器	RC1—10	3	
7		控制板	290×430	1	
8	SQ1 SQ2	限位开关	JLXK1—111	2	
9		连接导线	自 选	若干	

(四)实验步骤

1) 按图 6-25 所示点动正转控制电路进行接线,经检查无误后,进行操作。

2) 按图 6-26 所示接触器自锁控制电路进行接线,经检查无误后,进行操作。

3) 按图 6-30 所示接触器联锁的正反转控制电路进行接线,经检查无误后,进行操作。

4) 按图 6-45 所示自动往返循环控制电路进行接线,经检查无误后,进行操作。

复 习 题

1. 熔断器有哪些用途?

2. 接触器有什么用途?

3. 用接触器控制电动机时,自锁控制线路为什么有欠电压和失电压保护作用?

4. 中间继电器和接触器有哪些异同处?在什么情况下可以用中间继电器来代替接触器起动电动机?

5. 简述热继电器的主要结构和动作原理。

6. 何谓热继电器的整定电流?热继电器常用在什么地方?

7. 电动机起动时,热继电器会不会因为起动电流大而动作?为什么?

8. 既然在电动机的主电路中装有熔断器,为什么还要装热继电器?

9. 什么是全压起动?在什么条件下可以采用全压起动?

10. 什么是减压起动?为什么某些电动机不能采用全压起动?

11. 指出图 6-56 中各控制电路的接线是否正确、合理？为什么？

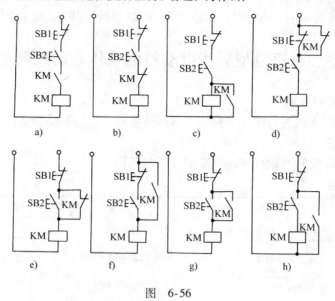

图 6-56

12. 指出图 6-57 正反转控制电路的接线是否正确、合理，并说明会出现哪些现象？

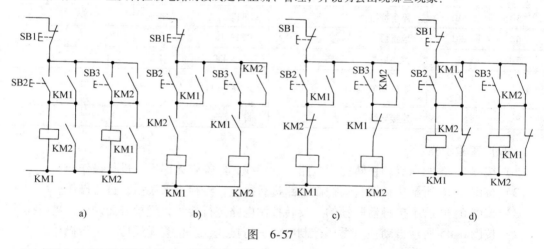

图 6-57

13. 在图 6-58 所示的控制电路中，哪些部分画错了，试加以改正，并按改正后的线路图说明其工作原理。

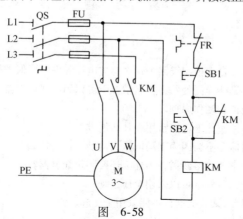

图 6-58

14. 图 6-59 应为接触器联锁正反转控制电路，哪些部分画错了？试加以更正。

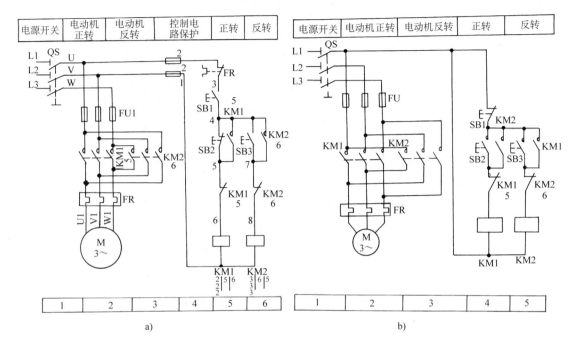

图　6-59

15. 试分析图 6-60 所示电路，说明该电路属于基本控制电路中的哪一种，并分析其工作原理。

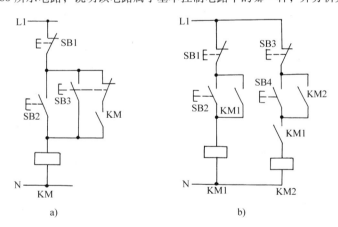

图　6-60

16. 试分析图 6-61 所示电路的工作原理。

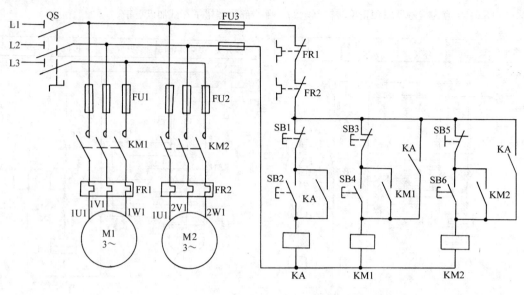

图　6-61

第七章　可编程序控制器

第一节　可编程序控制器概述

可编程序控制器（简称 PLC）是一种以微处理器为基础的新一代通用型工业控制器。自 20 世纪 60 年代 PLC 诞生以来，PLC 的发展十分迅猛。现在，PLC 已广泛用于工业生产过程和机械设备的电气控制，极大地提高了劳动生产率和自动化程度。PLC 控制技术已成为当代实现工业自动控制的主要手段之一。

一、PLC 及其特点

国际电工委员会（IEC）颁布的可编程序控制器标准草案，对 PLC 作了如下定义："可编程序控制器是一种数字运算操作的电子系统，专为在工业环境下应用而设计。它采用可编程序的存储器，用来在其内部存储执行逻辑运算、顺序控制、定时、计数和算术运算等操作的指令，并通过数字式、模拟式的输入和输出，控制各种类型的机械或生产过程。可编程序控制器及其有关设备，都应按易于与工业控制系统形成一个整体，易于扩充其功能的原则设计"。

随着科学技术的发展，PLC 的功能不断增强。目前，PLC 已广泛应用于顺序控制、运动控制、过程控制、数据处理和网络通信等领域。

PLC 的主要特点如下：

1）可靠性高，抗干扰能力强。

2）通用性强，容易扩充功能。

3）指令系统简单，编程简便且易于掌握。

4）结构紧凑，体积小，重量轻，功耗低。

5）维修工作量小，现场连接方便。

PLC 的品种繁多，分类方法也有多种。通常，按结构形式分，PLC 有整体式（又称为单元式，如三菱 F1 系列 PLC）、模块式（又称为积木式，如西门子 S7 - 300 系列 PLC）和叠装式（整体式与模块式相结合的产物，如三菱 FX2N 系列 PLC 和西门子 S7 - 200 系列 PLC）三种；按功能强弱分，PLC 有低档、中档和高档三种；按输入/输出（简称 I/O）点数分，PLC 有小型机（I/O 点数小于 256 点）、中型机（I/O 点数在 256~2048 点）和大型机（I/O 点数大于 2048 点）三种。

二、PLC 的基本结构

PLC 实质上是一种工业控制专用计算机。与通用计算机相比，PLC 不仅具有与工业过程直接相连的接口，而且具有更适用于工业控制的编程语言。PLC 的基本结构如图 7-1 所示。

PLC 各部分的功能如下：

（1）中央处理器 CPU　CPU 是 PLC 的核心部件，起着控制和运算的作用。它能够执行程序规定的各种操作，处理输入信号，发送输出信号等。PLC 的整个工作过程都是在 CPU 的统一指挥和协调下进行的。

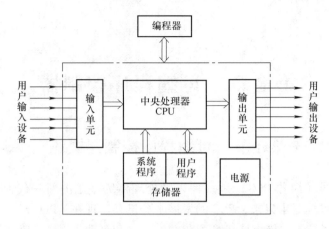

图 7-1　PLC 的基本结构

（2）存储器　PLC 的存储器，按用途可分为系统程序存储器和用户程序存储器两大类。前者用于存放系统程序和系统数据，后者用于存储用户程序（控制程序）和用户数据。

系统程序是由 PLC 生产厂家编制的，用来管理和协调 PLC 的各部分工作。由于系统程序关系到 PLC 的性能，因此 PLC 生产厂家已将系统程序固化到 ROM 芯片内，用户不能直接存取这些 ROM 芯片中的信息。

用户程序是由用户根据实际控制系统的具体要求，采用 PLC 程序语言编写的应用程序。它决定了 PLC 输入信号与输出信号之间的关系，PLC 必须配上用户编写的应用程序才能完成用户指定的控制任务。用户程序存储器常采用 RAM 芯片，用户可随时修改应用程序。

（3）输入/输出单元　输入/输出单元又称为 I/O 接口电路，是 PLC 与外部被控对象（机械设备或生产过程）联系的纽带与桥梁。根据输入/输出信号的不同，I/O 接口电路有开关量和模拟量两种。

输入接口用于接收和采集现场设备及生产过程的各类输入数据信息，并将其转换成 CPU 所能接受和处理的数据；输出接口则用于将 CPU 输出的控制信息转换成外设所需要的控制信号，并送到有关设备或现场。

通常，I/O 接口电路大多采用光耦合器来传递 I/O 信号，并实现电平转换。这可以使生产现场的电路与 PLC 的内部电路隔离，既能有效避免因外电路的故障而损坏 PLC，同时又能抑制外部干扰信号侵入 PLC，从而提高 PLC 的可靠性。

（4）编程器　编程器主要供用户进行输入、检查、调试和编辑用户程序。用户还可以通过其键盘和显示器去调用和显示 PLC 内部的一些状态和参数，实现监控功能。

（5）电源　PLC 大多使用 220V 交流电源，PLC 内部的直流稳压单元用于为 PLC 内部电路提供稳定直流电压，某些 PLC 还能够对外提供 DC 24V 稳定电压，为外部传感器供电。某些 PLC 还带有后备电池，以防止因外部电源发生故障而造成 PLC 内部信息意外丢失。

第二节　PLC 的工作原理

一、PLC 的等效电路

我们知道，传统的继电器控制系统由输入、逻辑控制和输出三部分组成，如图 7-2 所示。其逻辑控制部分是由各种继电器（包括接触器、时间继电器等）及其触点，按一定逻辑关系用导线连接而成的电路。若要改变控制系统的逻辑控制功能，就必须改变继电器电路。

图 7-2　继电器控制系统的组成

而 PLC 控制系统也是由输入、逻辑控制和输出三部分组成的，但其逻辑控制部分采用 PLC 及其控制程序来代替继电器电路。因此，我们可以将 PLC 等效为一个由多个可编程元件，如输入继电器、输出继电器、辅助继电器、定时器、计数器等组成的整体，如图 7-3 所示。

由图 7-3 可知，PLC 控制系统利用 CPU 和存储器及其存储的用户程序所实现的各种"软继电器"及其"软触点"和"软接线"，来实现逻辑控制。而

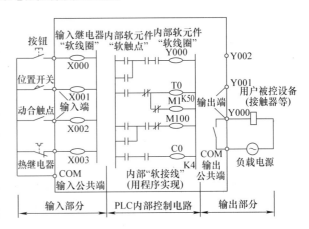

图 7-3　PLC 的等效电路

且，它可以通过改变用户程序，灵活地改变其逻辑控制功能。因此，PLC 控制系统的适应性很强。

二、PLC 的工作过程

PLC 的工作过程主要是用户程序的执行过程。PLC 采用周期性循环扫描的方式来执行用户程序，即在无跳转指令的情况下，CPU 从第一条指令开始，按顺序逐条执行用户程序，直到用户程序结束，便完成了一次程序扫描，然后再返回第一条指令，开始新的一轮扫描，这样周而复始反复进行。PLC 每进行一次扫描循环所用的时间称为扫描周期。

实际上，PLC 在一个扫描周期内的整个工作过程可分为内部处理、通信服务、输入处理、程序执行和输出处理五个阶段。其中，内部处理和通信服务这两个阶段，用于提高 PLC 的工作可靠性和及时接收外来的控制命令；而输入处理、程序执行和输出处理这三个主要阶段则是用户程序的执行过程。PLC 的工作过程如图 7-4 所示。

（1）输入处理阶段（输入刷新阶段）　CPU 按顺序读取全部输入点的通断状态，并将其写入相应的输入状态寄存器（输入映像寄存器）内。在一个扫描周期内，输入状态寄存器中的内容在输入刷新阶段结束后将保持不变。

（2）程序执行阶段　CPU 扫描用户程序，即按用户程序中指令的顺序逐条执行每条指令。CPU 根据输入状态寄存器、输出状态寄存器的内容和有关数据进行逻辑运算，并将运算结果写入相应的输出状态寄存器（输出映像寄存器）。

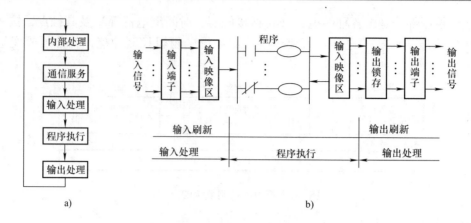

图 7-4　PLC 的工作过程

a）工作过程　b）用户程序的执行过程

（3）输出处理阶段（输出刷新阶段）　CPU 在执行完所有指令后，把输出状态寄存器中所有输出继电器的通断状态转存到输出锁存器，并以一定的方式将此状态信息输出，来驱动 PLC 的外部负载，从而控制设备的相应动作，形成 PLC 的实际输出。

由此可见，PLC 通过周期性不断地循环扫描，并采用集中输入和集中输出的方式，实现对生产过程和设备的连续控制。由于 PLC 在每一个工作周期中，只对输入刷新一次，而且也只对输出刷新一次，因此 PLC 控制存在着输入/输出的滞后现象。这在一定程度上降低了系统的响应速度，但有利于提高系统的抗干扰能力和可靠性。

三、PLC 的编程语言

国际电工委员会（IEC）标准中规定了 5 种 PLC 编程语言，即顺序功能图、梯形图、指令表、功能块图和结构文本高级编程语言。其中，梯形图和指令表是常用的两种编程语言。目前，不同厂家、不同型号 PLC 的编程语言通常只能适应各自的产品。

（1）梯形图　梯形图是从继电器控制系统演变而来的。它具有形象、直观、实用和逻辑关系明显的特点，是电气技术人员容易掌握的一种编程语言。图 7-5 所示为实现电动机正反转的继电器控制电路与 PLC 控制程序。由图 7-5a、b 可见，继电器控制电路和梯形图两者所表示的逻辑控制含义是一致的，但 PLC 采用编制的程序来实现逻辑控制，因而修改灵活，这是继电器的硬件逻辑控制无法相比的。

梯形图是从上至下按逻辑行来编制的。梯形图左、右两侧的竖线分别称为左母线和右母线。梯形图通常由多个逻辑行组成，而每个逻辑行则由一条支路或多条支路并联后，再接一个输出元件（继电器线圈）构成。例如，图 7-5b 所示的梯形图是由两个逻辑行组成的，第一个逻辑行中有 X0、Y0、X2、X3、Y1、Y0，共有 6 个编程元件符号，最右边的 Y0 是编程元件的线圈，一般用符号"–○–"或"–◇–"表示；其余 5 个编程元件符号为编程元件的触点，一般用符号"–┤├–"表示动合触点，而用符号"–┤╱├–"表示动断触点。

使用梯形图编程时，只有在一个逻辑行编制完成后，才能继续编制后面的程序。

（2）指令表　指令表类似于计算机的汇编语言，也是用指令助记符来编程的。指令表程序由若干条语句组成，并用步序号来指定语句的执行顺序，如图 7-5c 所示。

通常，语句的一般格式为步序号 + 操作指令 + 操作元件号。其中，步序号反映了指令在程序中所处的步数，程序的步数从 0 开始，由于每条指令都有规定的步长，故两条相邻指令

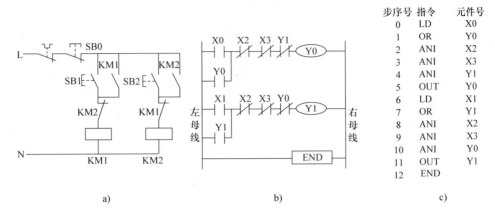

步序号	指令	元件号
0	LD	X0
1	OR	Y0
2	ANI	X2
3	ANI	X3
4	ANI	Y1
5	OUT	Y0
6	LD	X1
7	OR	Y1
8	ANI	X2
9	ANI	X3
10	ANI	Y0
11	OUT	Y1
12	END	

图 7-5　继电器控制电路与 PLC 控制程序

a）继电器控制电路　b）梯形图　c）指令表

的步序号可以是间断的，最大步序由 PLC 程序存储器的容量决定；操作指令用助记符（如 LD、OR、ANI、OUT 等）来表示，用来指定要执行的操作；操作元件号为 PLC 内部的可编程元件号（如 X0、X1、Y0），用来确定操作的具体对象。

指令表程序虽不如梯形图程序直观，但便于用编程器键入程序。

第三节　FX2N 系列 PLC 简介

目前，我国应用的 PLC，品种较多，有日本三菱公司和欧姆龙公司、德国西门子公司、美国 AB 公司等的 PLC 产品系列，也有我国引进或研制生产的多种 PLC 系列产品。由于三菱 FX2N 系列 PLC 具有优良的性价比，是我国目前较为广泛应用的 PLC 机型之一。因此，这里以三菱 FX2N 系列 PLC 为例，对 PLC 进行重点介绍。

一、FX2N 系列 PLC 的型号和基本技术性能

1. FX2N 系列 PLC 的型号

FX2N 系列 PLC 采用叠装式结构，其基本单元、扩展单元和扩展模块为等高等宽，只是长度不同，它们能够拼装成一个整齐的长方体。其型号可表示为

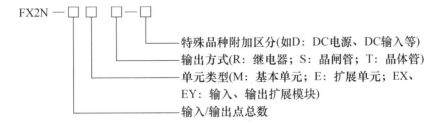

例如，FX2N－48MR 表示：FX2N 系列 PLC 的基本单元，输入/输出点总数为 48 点，采用继电器输出方式。

FX2N 系列 PLC 由基本单元、扩展单元、扩展模块和特殊单元等部分组成。其中，基本单元内有 CPU、存储器、I/O 接口等电路，其输入点数与输出点数之比为 1:1，每个 PLC 控制系统中必须有一个基本单元。扩展单元用于基本单元 I/O 点数的扩充，内部有电源，只能

与基本单元配合使用，而不能单独使用。扩展模块用于增加 I/O 点数和改变 I/O 比例，内部无电源。特殊单元用于增加 PLC 的控制功能，有模拟量 I/O 单元、模拟式定时单元、位置控制单元、高速计数单元和通信单元等。

常用 FX2N 系列 PLC 的基本单元、扩展单元和扩展模块，见表 7-1。此外，FX2N 系列 PLC 还有多种外围设备可供用户选用。

表 7-1　常用 FX2N 系列 PLC 的基本单元和扩展单元

类别	I/O 点数	型号	类别	I/O 点数	型号
基本单元	8/8	FX2N－16MR（MT、MS）	扩展单元	16/16	FX2N－32ER（ET、ES）
	16/16	FX2N－32MR（MT、MS）		24/24	FX2N－48ER（ET）
	24/24	FX2N－48MR（MT、MS）	扩展模块	16/0	FX2N－16EX
	32/32	FX2N－64MR（MT、MS）		0/16	FX2N－16EYR
	40/40	FX2N－80MR（MT、MS）			
	64/64	FX2N－128MR（MT）			

2. FX2N 系列 PLC 的主要技术性能

FX2N 系列 PLC 的主要性能规格、输入性能和输出性能，见表 7-2 ～ 表 7-4。

表 7-2　FX2N 系列 PLC 的主要性能规格

执行方式		反复执行存储的程序，集中输入/输出但有输入/输出刷新指令	
执行速度		基本指令：0.08μs/指令；应用指令：1.52 ～ 数百 μs/指令	
程序语言		梯形图和指令表	
程序容量		内置 8000 步的 RAM；最大可达 16000 步	
指令	基本、步进指令	基本（顺控）指令 27 条，步进 2 条（STL，RET）	
	应用指令	128 种 298 条	
输入继电器		X000 ～ X267（8 进制编号）184 点	共 256 点
输出继电器		Y000 ～ Y267（8 进制编号）184 点	
辅助继电器	通用型	500 点 M ～ M499	
	断电保持型	2572 点 M500 ～ M3071	
	特殊型	256 点 M8000 ～ M8255	
状态继电器	初始化用	10 点 S0 ～ S9	
	一般用	490 点 S10 ～ S499	
	锁存用	400 点 S500 ～ S899	
	报警用	100 点 S900 ～ S999	
定时器	100ms	200 点 T0 ～ T199	
	10ms	46 点 T200 ～ T245	
	1ms（积算型）	4 点 T246 ～ T249	
	100ms（积算型）	6 点 T250 ～ T255	
	模拟	1 点	

（续）

计数器	加法 计数	一般用	100 点（16 位）C0 ~ C99
		锁存用	100 点（16 位）C100 ~ C199
	加/计数	一般用	20 点（32 位）C200 ~ C219
		锁存用	15 点（32 位）C220 ~ C234
	高速用		1 相 60kHz 2 点，10kHz 4 点；2 相 30kHz 1 点，5kHz 1 点
数据寄存器	通用型	一般用	200 点（16 位）D0 ~ D199
		锁存用	7800 点（16 位）D200 ~ D7999
	特殊用		256 点（16 位）D8000 ~ D8255
	变址用		16 点（16 位）V0 ~ V7，Z0 ~ Z7
	文件寄存器		通用数据寄存器 D1000 ~ D7999，可按每 500 点为单位设定为文件寄存器
指针	转移用		128 点 P0 ~ P127
	中断用		15 点 I0□ – I8□□
频率			8 点 N0 ~ N7
常数	十进制 K		16 位：－32768 ~ ＋32767，32 位：－2147483648 ~ ＋2147483647
	十进制 H		16 位：0 ~ FFFF（H）32 位：0 ~ FFFFFFFF（H）

表 7-3 FX2N 系列 PLC 的输入特性

输入类型	集电极开路 NPN 晶体管，无源触点	
电路隔离	光耦合器隔离	
输入电压	内部电源 DC 24V	
输入阻抗	3.3kΩ（X0 ~ X7），4.3kΩ（X10 ~ ）	
工作电流	断－通	DC 3.5mA（最小）
	通－断	DC 1.5mA（最大）
响应时间	约 10ms，X0 ~ X17 为 0 ~ 60ms 可变	
状态指示	输入 ON 时 LED 灯亮	

表 7-4 FX2N 系列 PLC 的输出特性（继电器输出型）

输出类型	继电器输出	
电路隔离	继电器隔离	
输出负荷 （AC250V 或 DC30V 以下）	阻性负荷	2A/点
	感性负荷	80V·A（最大）
	白炽灯负荷	100W（最大）
漏电流	0mA	
响应时间	10ms	
状态指示	继电器线圈通电时 LED 灯亮	

二、FX2N 系列 PLC 的内部可编程元件

PLC 的内部可编程元件又称为软元件。FX2N 系列 PLC 内部各种软元件具有各自的专门

功能。每种软元件的名称可用各自的专用字母来表示，如 X 表示输入继电器、Y 表示输出继电器、M 表示辅助继电器、T 表示定时器、C 表示计数器、D 表示数据寄存器等。每一个软元件都有各自独立的元件编号。除输入继电器 X 和输出继电器 Y 的编号（两者在 PLC 外部有相同编号的接线端子）采用三位八进制数字编码表示外，其他软元件的编号都采用十进制数字且在机器外部也无相同编号的接线端子。用户编写程序时，每一个软元件用元件字母代号和元件编号来表示，每一个软元件的软动合触点和软动断触点可无限次使用。

FX2N 系列 PLC 内部的主要软元件及其功能如下：

1. 输入继电器（X）

输入继电器是 PLC 接收外部输入设备开关信号的可编程元件。输入继电器的线圈只能由外部信号驱动，因此在梯形图中不出现其线圈，只有其软触点。输入继电器的等效电路如图 7-6 所示。

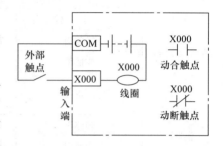

图 7-6　输入继电器的等效电路

每个输入继电器的编号与 PLC 外部输入接线端子的编号一致。FX2N 系列 PLC 输入继电器的编号为 X000 ~ X267，最多可达 184 点。不同型号的 FX2N 系列 PLC，其输入继电器编号范围有所不同。例如，FX2N – 48MR 输入继电器的编号为 X000 ~ X027，共有 24 点，而 FX2N – 64MR 输入继电器的编号为 X000 ~ X037，共有 32 点。

2. 输出继电器（Y）

输出继电器是 PLC 驱动外部负载的可编程元件。输出继电器的线圈由内部程序驱动，其软触点供编程用。每个输出继电器对外部仅提供一对硬动合触点。输出继电器的等效电路如图 7-7 所示。

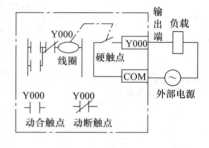

图 7-7　输出继电器的等效电路

每个输出继电器的编号与 PLC 外部输出接线端子的编号一致。FX2N 系列 PLC 输出继电器的编号范围为 Y000 ~ Y267，最多可达 184 点。不同型号的 FX2N 系列 PLC，其输出继电器编号范围也有所不同。如 FX2N – 48MR 输出继电器的编号为 Y0 ~ Y027，共有 24 点，而 FX2N – 64MR 的编号为 Y0 ~ X037，共有 32 点。

3. 辅助继电器（M）

辅助继电器与 PLC 外部没有直接联系，有时又称为中间继电器。辅助继电器线圈由内部程序驱动，其软触点仅供编程使用。辅助继电器有通用型、断电保持型和特殊型三种。其中，通用型辅助继电器可用软件设定而变更为断电保持型；断电保持型辅助继电器中的一部分也可用软件设定而变更为非断电保持型，而另一部分则无法变更。

FX2N 系列 PLC 通用型辅助继电器的编号为 M0 ~ M499，共 500 点；断电保持型辅助继电器的编号为 M500 ~ M3071，其中的 M500 ~ M1023 共 524 点可用软件设定为非断电保持型，而 M1024 ~ M3071 共 2048 点的断电保持特性不能用软件来改变；特殊型辅助继电器的编号为 M8000 ~ M8255，共 256 个。

特殊型辅助继电器具有特定的功能，又称为专用辅助继电器。常用的特殊型辅助继电器有以下两种类型：

1）触点利用型辅助继电器。其线圈由 PLC 自动驱动，仅触点供用户编程使用。例如：

M8000：运行监视。PLC 运行时，M8000 接通。

M8002：初始化脉冲。PLC 刚开始运行、M8000 由 OFF 变为 ON 时，M8002 接通一个扫描周期。

M8005：电池电压下降监视。当电池电压下降到规定值时，M8005 接通。

M8011 ~ M8014：分别是周期为 10ms、100ms、1s、1min 的时钟脉冲。

2）线圈驱动型辅助继电器。其线圈由用户编程驱动，PLC 执行特定动作。例如：

M8033：PLC 停止时输出保持。

M8034：全部输出禁止。M8034 接通时，禁止全部输出。

4. 定时器（T）

定时器在程序中用作定时控制，其作用相当于继电器控制电路的时间继电器。每一个定时器除了有一个供其他元件软触点驱动的软线圈外，还有一个设定值寄存器、一个当前值寄存器和无限个软触点，这三个量使用同一地址编号名称，因而定时器编号在不同的使用场合，其含义是不同的。

FX2N 系列 PLC 定时器进行计数定时的时基信号，是机内提供的 1ms、10ms、100ms 等时钟脉冲，而这些定时器的软触点都是"通电"延时动作的，即定时器在其软线圈被驱动而"得电"时才启动定时。在软线圈保持"得电"状态下，定时器的当前值为相应时钟脉冲个数的当前累计值，一旦当前值达到设定值，定时器的软触点便开始动作，而定时器的当前值将保持不变。

FX2N 系列 PLC 有两种类型的定时器，即普通定时器和积算定时器。两者的不同点在于：在定时器已启动而未达到设定值时，若其软线圈"失电"，普通定时器的当前值将复位清 0，而积算定时器的当前值则仍将保持且在再次"得电"时继续进行累计定时；在定时器当前值达到设定值而其软触点已动作后，若软线圈"失电"，普通定时器的当前值将清 0，而积算定时器则需由复位指令对其线圈进行复位操作后其当前值复位清 0，软触点也才能恢复原始状态。因此，积算定时器具有断电保持功能。两种定时器的动作过程如图 7-8 所示。

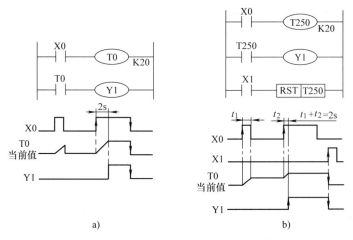

图 7-8　定时器的动作过程

a）普通定时器　b）积算定时器

FX2N 系列 PLC 定时器的编号为 T0 ~ T255，共 256 点。其中，普通定时器有两种：100ms 定时器 T0 ~ T199 共 200 点，每点设定值范围为 0.1 ~ 3276.7s；10ms 定时器 T200 ~ T245 共 46 点，每点设定值范围为 0.01 ~ 327.67s。积算定时器有两种：100ms 积算定时器 T250 ~ T255 共 6 点，每点设定值范围为 0.1 ~ 3276.7s；1ms 积算定时器 T246 ~ T249 共 4 点，每点设定值范围为 0.001 ~ 32.767s。

用户在使用定时器时，通常需用紧随定时器线圈后的十进制常数（称为 K 常数）来设定所需的定时时间，该设定值也可以使用数据寄存器 D 的内容作间接指定。

5. 计数器（C）

计数器在程序中用作计数控制。FX2N 系列 PLC 的计数器可分为内部计数器及外部计数器两类。内部计数器用来对 PLC 的内部元件（X、Y、M、S、T 和 C）软触点的信号进行计数，由于程序中这些软触点状态变化的更新速度受到 PLC 扫描周期的限制，因此内部计数器是低速计数器；外部计数器是独立于扫描周期而以中断方式运行的，可以用来对高于机器扫描频率的外部脉冲信号进行计数，因此它是高速计数器。

FX2N 系列 PLC 的程序运行时，每当计数器软线圈"得电"（OFF→ON）一次，计数器当前值就加 1；当计数器的当前值达到设定值时，计数器的软触点开始动作；而后无论计数器软线圈是否再次"得电"，计数器的当前值也保持不变；只有执行复位指令，计数器当前值才复位为 0，其软触点方可恢复为原始状态。由于计数器的软线圈是断续"得电"工作的，PLC 正常运行时，其当前值寄存器具有记忆功能，因而即使是非断电保持型计数器也需复位指令才能使其复位。计数器的设定值，除了可由 K 常数设定外，也可通过指定数据寄存器来间接设定。

FX2N 系列 PLC 计数器的编号为 C0 ~ C255，共 256 点。其中，内部计数器有 16 位加法计数器（设定值为 1 ~ 32767）和 32 位加/减双向计数器（设定值为 − 2147483648 ~ +2147483647）两种。16 位加法计数器中 C0 ~ C99 共 100 点是通用型，C100 ~ C199 共 100 点是断电保持型；32 位加/减双向计数器中 C200 ~ C219 共 20 点是通用型，C220 ~ C234 共 15 点为断电保持型计数器，它们是加法计数还是减法计数需由特殊型辅助继电器 M8200 ~ M8234 来设定。

高速外部计数器的编号为 C235 ~ C255，共 21 点，均为 32 位加/减双向计数器，并共用 PLC 的 8 个高速计数器输入端 X000 ~ X007。这 21 个计数器可以通过程序设定，构成加法或减法的高速计数器，但高速计数器的外部计数脉冲的最高频率受到 PLC 的限制。

6. 状态继电器（S）

状态继电器通常与步进指令一起使用，也可作为辅助继电器 M 在程序中使用。FX2N 系列 PLC 状态继电器的编号为 S0 ~ S999，共 1000 点。FX2N 系列 PLC 状态继电器包括初始状态继电器 S0 ~ S9 共 10 点、回零状态继电器 S10 ~ S19 共 10 点、通用状态继电器 S20 ~ S499 共 480 点、断电保持状态继电器 S500 ~ S899 共 400 点和报警用状态继电器 S900 ~ S999 共 100 点。

7. 数据寄存器（D）

数据寄存器主要用于存放数据和参数，以便进行算术运算、数据比较和数据传送等操作。FX2N 系列 PLC 的数据寄存器为 16 位，其最高位为符号位，两个数据寄存器可以合并起来成为 32 位数据寄存器（最高位仍为符号位）。数据寄存器分成以下几类：通用数据寄存器 D0 ~ D199 共 200 点（若将 M8033 置为 1，则通用数据寄存器有断电保持功能，否则无断电保持功能）；断电保持寄存器 D200 ~ D7999 共 7800 点，其中 D200 ~ D511（在两机通信时，D490 ~ D509 供通信使用）可以通过参数设置而改为通用数据寄存器，而 D512 ~ D7999 则不可改变断电保持功能，但 D1000 ~ D7999（共 7000 点）能够以 500 点为一个单位，设为文件数据寄存器，用于存储重要数据，可通过 BMOV（块传送）指令进行读写操作；特殊数据寄存器 D8000 ~ D8255（共 256 点）用于监控 PLC 中各种元件的运行方式，用户不得使用其中未定义的特殊数据寄存器。

8. 变址寄存器（V/Z）

变址寄存器 V、Z 都是 16 位的数据寄存器，可与普通数据寄存器一样进行数据的读写，其内容常用于改变软元件的编号（即软元件的变址）。当进行 32 位操作时，将 V、Z 对号合并使用，指定 Z 为低位。FX2N 系列 PLC 有 V0 ~ V7、Z0 ~ Z7 共 8 个寄存器对。

9. 指针（P/I）

指针作为标号，用来指定条件跳转、子程序调用等分支指令或中断程序的跳转目标。指针按用途可分为转移用指针 P 和中断用指针 I 两种。FX2N 系列 PLC 的转移用指针的编号为 P0 ~ P127 共 128 点，其中的 P63 相当于 END 指令。

第四节 FX2N 系列 PLC 的基本指令

FX2N 系列 PLC 共有 27 条基本指令，现按用途分类分别介绍如下。

（1）LD 动合触点与母线连接指令，即将输入/输出继电器、辅助继电器、状态继电器、定时器和计数器的常开触点连接到左母线上。

（2）LDI 动断触点与母线连接指令，即将输入/输出继电器、辅助继电器、状态继电器、定时器和计数器的常闭触点连接到左母线上。

（3）OUT 线圈驱动指令，即对输出继电器、辅助继电器、状态继电器、定时器和计数器的线圈进行驱动。

例 7-1 LD、LDI、OUT 指令的使用（见图 7-9）。

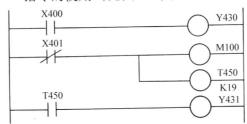

图 7-9 LD、LDI、OUT 指令的使用

解 该梯形图对应的指令表及说明如下：

步序号	操作指令	操作元件号	说明
0	LD	X400	与左母线连接
1	OUT	Y430	驱动指令
2	LDI	X401	与左母线连接
3	OUT	M100	驱动指令

4	OUT	T450	驱动指令
5	K	19	设定常数
6	LD	T450	与左母线连接
7	OUT	Y431	驱动指令

结论：

1）LD、LDI 指令使用于与输入公共线（输入母线）相连的触点，也可以与 ANB、ORB 指令配合使用于分支电路的起点。

2）OUT 是驱动线圈的指令，用于驱动 Y、M、T、C 这些器件，但不能用于输入继电器。

3）OUT 指令可以连续使用若干次，相当于线圈的并联。

4）定时器和计数器的 OUT 指令之后应设定常数 K。

（4）AND　用于动合触头的串联，即串联一个输入/输出继电器、辅助继电器、状态继电器、定时器和计数器的常开触点。

（5）ANI　用于动断触点的串联，即串联一个输入/输出继电器、辅助继电器、状态继电器、定时器和计数器的常闭触点。

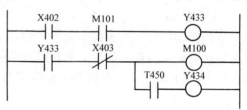

图 7-10　AND、ANI 指令的使用

例 7-2　AND、ANI 指令的使用（见图 7-10）。

解　该梯形图对应的指令表及说明如下：

步序号	操作指令	操作元件号	说明
0	LD	X402	与左母线连接
1	AND	M101	串联触点
2	OUT	Y433	驱动指令
3	LD	Y433	与左母线连接
4	AND	X403	串联触点
5	OUT	M100	驱动指令
6	AND	T450	串联触点
7	OUT	Y434	驱动指令

结论：

1）AND、ANI 是单个触点串联连接指令，可连续使用，个数没有限制。

2）若要串联多个触点组成回路时，必须采用后面说明的 ANB 指令。

（6）OR　用于动合触点的并联，即并联一个输入/输出继电器、辅助继电器、状态继电器、定时器和计数器的常开触点。

（7）ORI　用于动断触点的并联，即并联一个输入/输出继电器、辅助继电器、状态继电器、定时器和计数器的常闭触点。

例 7-3　OR、ORI 指令的使用（见图 7-11）。

解　该梯形图对应的指令表及部分说明如下：

| 步序号 | 操作指令 | 操作元件号 | 说明 |
| 0 | LD | X404 | |

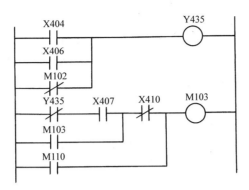

图 7-11　OR、ORI 指令的使用

1	OR	X406	并联触点
2	ORI	M102	并联触点
3	OUT	Y435	
4	LDI	Y435	
5	AND	X407	
6	OR	M103	并联触点
7	ANI	X410	
8	OR	M110	并联触点
9	OUT	M103	

结论：OR、ORI 用于单个触点与前面电路的并联，紧接在 LD、LDI 指令之后使用，即对其前面指令所规定的触点再并联一个触点，可连续使用。

（8）ORB：电路块并联连接指令，即用于支路的并联连接。两个或两个以上的触点串联连接的电路称为"串联电路块"。将串联电路块并联连接时用 ORB 指令。每个串联电路块的起点都要用 LD 或 LDI 指令。电路块的后面用 ORB 指令。

例 7-4　ORB 指令的使用（见图 7-12）。

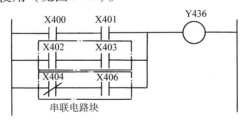

图 7-12　ORB 指令的使用

解　该梯形图对应的指令表如下：

步序号	操作指令	操作元件号
0	LD	X400
1	AND	X401
2	LD	X402
3	AND	X403

4	ORB	
5	LDI	X404
6	AND	X406
7	ORB	
8	OUT	Y436

（9）ANB：电路块串联连接指令，用于将并联电路块与前面的电路串联连接。应注意的是，并联电路块分支电路的起始点用 LD、LDI 指令，并联电路块结束后，用 ANB 指令与前面电路串联。

例 7-5 ANB 指令的使用（见图 7-13）。

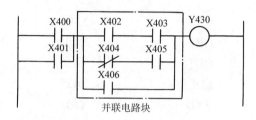

图 7-13　ANB 指令的使用

解 该梯形图对应的指令表及说明如下：

步序号	操作指令	操作元件号	说明
0	LD	X400	
1	OR	X401	
2	LD	X402	分支起点
3	AND	X403	
4	LDI	X404	分支起点
5	AND	X405	
6	ORB		完成并联块
7	OR	X406	
8	ANB		与前面电路串联连接
9	OUT	Y430	

（10）LDP　取脉冲上升沿指令，即当指定动合触点有 OFF→ON 的变化时，该指定触点与逻辑运算开始，并接通一个扫描周期。该指令的操作元件为输入/输出继电器、辅助继电器、状态继电器、定时器与继电器。

（11）LDF　取脉冲下降沿指令，即当指定动合触点有 ON→OFF 的变化时，该指定触点与逻辑运算开始，并接通一个扫描周期。该指令的操作元件为输入/输出继电器、辅助继电器、状态继电器、定时器与继电器。

（12）ANDP　与脉冲上升沿指令，即当指定动合触点有 OFF→ON 的变化时，该指定触点串联接通一个扫描周期。该指令的操作元件为输入/输出继电器、辅助继电器、状态继电器、定时器与继电器。

（13）ANDF　与脉冲下降沿指令，即当指定动合触点有 ON→OFF 的变化时，该指定触点串联接通一个扫描周期。该指令的操作元件为输入/输出继电器、辅助继电器、状态继电器、定时器与继电器。

（14）ORP　或脉冲上升沿指令，即当指定动合触点有 OFF→ON 的变化时，该指定触点并联接通一个扫描周期。该指令的操作元件为输入/输出继电器、辅助继电器、状态继电器、定时器与继电器。

（15）ORF　或脉冲下降沿指令，即当指定动合触点有 ON→OFF 的变化时，该指定触点并联接通一个扫描周期。该指令的操作元件为输入/输出继电器、辅助继电器、状态继电器、定时器与继电器。

例 7-6　LDP、LDF、ANDP、ANDF、ORP 和 ORF 指令的应用（见图 7-14）。

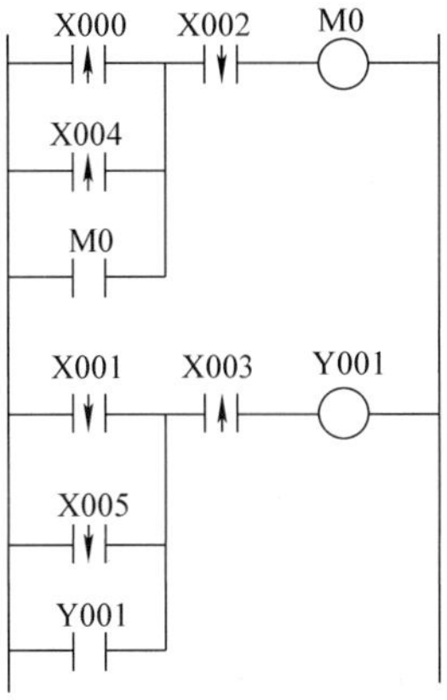

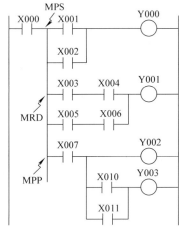

图 7-14　LDP、LDF、ANDP、ANDF、ORP 和 ORF 指令的应用

解　该梯形图对应的指令表及部分说明如下：

步序号	操作指令	操作元件号	说明
0	LDP	X000	上升沿检出运算开始
2	ORP	X004	上升沿检出并联连接
4	OR	M0	
5	ANDF	X002	下降沿检出串联连接
7	OUT	M0	
8	LDF	X001	下降沿检出运算开始
10	ORF	X005	下降沿检出并联连接
12	OR	Y001	
13	ANDP	X003	上升沿检出串联连接
15	OUT	Y001	

（16）MPS　进栈指令，即将本指令使用前的逻辑运算结果送到堆栈的第一层。

（17）MRD　读栈指令，即读出堆栈第一层存储的数据，堆栈内数据均不发生移动，故该数据可以再次由 MRD 指令读出。

（18）MPP　出栈指令，即取出堆栈第一层存储的数据，由于该数据被取出后不再存储在堆栈的第一层，而栈内其他数据则按顺序向上移动，因此该数据也就无法再次被读出或取出。

例 7-7　MPS、MRD 和 MPP 指令的使用（见图 7-15）。

图 7-15　MPS、MRD 和 MPP 指令的使用

解　该梯形图对应的指令表及部分说明如下：

步序号	操作指令	操作元件号	说明
0	LD	X000	
1	MPS		进栈指令

2	LD	X001	
3	OR	X002	
4	ANB		
5	OUT	Y000	
6	MRD		读栈指令
7	LD	X003	
8	AND	X004	
9	LD	X005	
10	AND	X006	
11	ORB		
12	ANB		
13	OUT	Y001	
14	MPP		出栈指令
15	AND	X007	
16	OUT	Y002	
17	LD	X010	
18	OR	X011	
19	ANB		
20	OUT	Y003	

（19）INV　取反指令，即将本指令执行前的运算结果取反。

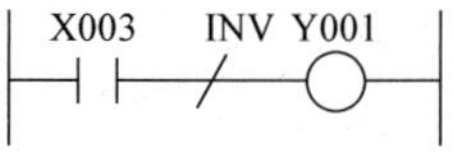

例 7-8　INV 指令的使用（见图 7-16）。

图 7-16　INV 指令的使用

解　该梯形图对应的指令表及部分说明如下：

步序号	操作指令	操作元件号	说明
0	LD	X003	
1	INV		取反指令
2	OUT	Y001	

结论：不需要指定操作元件号。

（20）PLS　上升沿输出指令，即当驱动输入有 OFF→ON 的变化时，指定的动合触点接通一个周期。该指令的操作元件为输出继电器和辅助继电器，但不包括特殊型辅助继电器。

（21）PLF　下降沿输出指令，即当驱动输入有 ON→OFF 的变化时，指定的动合触点接通一个周期。该指令的操作元件为输出继电器和辅助继电器，但不包括特殊型辅助继电器。

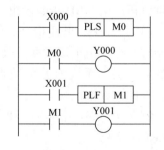

图 7-17　PLS 和 PLF 指令的应用

例 7-9　PLS 和 PLF 指令的应用（见图 7-17）。

解　该梯形图对应的指令表及部分说明如下：

步序号	操作指令	操作元件号	说明
0	LD	X000	
1	PLS	M0	上升沿输出指令
2	LD	M0	
4	OUT	Y000	
5	LD	X001	
6	PLF	M1	下降沿输出指令
8	LD	M1	
9	OUT	Y001	

（22）SET 置位指令，即当置位条件一旦满足时，该指令便对指定操作元件进行置位操作；接下来，即使置位条件不再满足，指定操作元件依然保持动作状态。操作元件为输出继电器、辅助继电器和状态继电器。

（23）RST 复位指令，即当复位条件一旦满足时，该指令便对指定操作元件进行复位操作；接下来，即使复位条件不再满足，指定操作元件依然保持不被驱动状态。操作元件为输出继电器、辅助继电器、状态继电器、定时器、计数器、数据寄存器和变址寄存器。

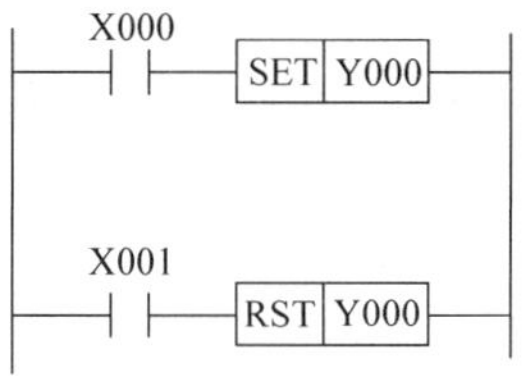

图 7-18 SET 和 RST 指令的应用

例 7-10 SET 和 RST 指令的应用（见图 7-18）。

解 该梯形图对应的指令表及部分说明如下：

步序号	操作指令	操作元件号	说明
0	LD	X000	
1	SET	Y000	置位指令
2	LD	X001	
3	RST	Y000	复位指令

（24）NOP 空操作指令，即使该步序空操作或不起作用，其作用是在变更程序或增加指令时，使步序号码的变更较少。

（25）MC 主控指令，即用于公共触点的串联连接。

（26）MCR 主控复位指令，即 MC 指令的复位指令。

在编程时，经常会遇到许多线圈同时受一个或一组触点的控制。主控指令可以解决这一问题，使用主控指令的触点称为主控触点。它在梯形图中与一般的触点垂直。是控制一组电路的总开关。

MC、MCR 指令的使用（见图 7-19）。

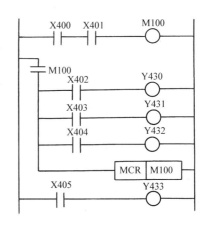

图 7-19 MC、MCR 指令的使用

步序号	操作指令	操作元件号
0	LD	X400
1	AND	X401
2	OUT	M100
3	MC	M100
4	LD	X402

5	OUT	Y430
6	LD	X403
7	OUT	Y431
8	LD	X404
9	OUT	Y432
10	MCR	M100
11	LD	X405
12	OUT	Y433

（27）END　结束指令，表示程序结束。

程序末尾写入 END 指令，则 END 以后的程序步就不再执行，直接进行输出处理。

在程序调试阶段，按段插入 END 指令，可以逐段调试程序，在确认该段程序无误后，删去 END，再进行下一段程序的调试。直到整个程序调试完毕。

第五节　编 程 实 例

一、编程的基本规则

1）输入/输出继电器、辅助继电器、计数器、定时器的触点的使用次数是无限制的。

2）梯形图每一行都是从左边母线开始，线圈接在右母线上，所有的触点均不能放在线圈的右边。

3）线圈不能直接接在左母线上，但是，可以通过动断触点连接线圈。

4）在有几个串联回路相并联时，应将触点最多的那个串联回路放在梯形图的最上面。在有几个并联回路串联时，应将触点最多的并联回路放在最左面。

5）梯形图必须从左到右，从上到下按顺序执行。如不符合顺序的电路不能直接编程。如桥式电路，必须改画成等效电路后才能编程。桥式电路及其等效梯形图如图 7-20 所示。

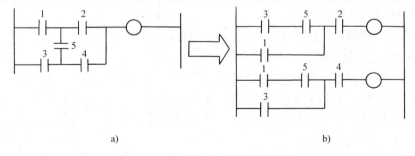

　　a)　　　　　　　　　　　　　　　　　b)

图 7-20　桥式电路及其等效梯形图

二、典型编程实例

1. 瞬时输入延时断开的电路

图 7-21 所示为由定时器构成的瞬时输入延时断开电路。

当 X402 端输入接通时，输入继电器 X402 线圈接通，X402 动合触点闭合，Y430 线圈接通并使其动合触点闭合自锁，同时 X402 的动断触点断开。当 X402 输入断开时，X402 线圈断开，X402 动断触点闭合，T450 线圈接通，T450 开始从设定值递减，经 19s 递减值减为零，T450 的动断触点断开，Y430 线圈断开。

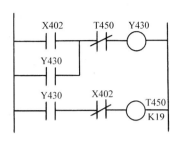

步序号	操作指令	操作元件号
0	LD	X402
1	OR	Y430
2	ANI	T450
3	OUT	Y430
4	LD	Y430
5	ANI	X402
6	OUT	T450
7	K	19

图 7-21　瞬时输入延时断开电路

2. 电动机丫—△换接起动电路

此电路用 PLC 实现笼型三相异步电动机的丫—△起动，如图 7-22、图 7-23 所示。其工作原理是：按下起动按钮 SB1，X400 的动合触点闭合，辅助继电器 M100 线圈接通，M100 动合触点闭合自锁，Y431、Y432 线圈接通，即接触器 KM1、KM2 的线圈通电，电动机丫联结起动，同时定时器 T451 线圈通电，当起动时间等于设定值 S1 时，T451 的动断触点断开，Y432 线圈断开，KM2 线圈断电，T451 动合触点闭合，T452 线圈接通，经 T452 的设定值 S2 后，Y433 线圈接通，KM3 线圈通电，电动机接成△联结，起动完毕，进入正常运行。定时器 T452 的作用是 KM2 断开 S2 时间后 KM3 才闭合，避免电源短路。

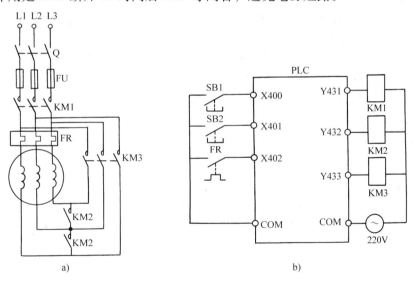

图 7-22　笼型三相异步电动机丫—△起动电路
a）主电路　b）PLC 接线图

当停止按钮 SB2 按下时，X401 的动断触点断开，M100、T451 线圈断开，M100、T451 的动合触点断开，Y431、Y433 线圈断开，接触器 KM1、KM3 线圈断电，电动机停止运转。

同理，当电动机过载时，X402 的动断触点断开，Y431、Y433 线圈断开，电动机也停止运转，Y432、Y433 的动断触点起联锁作用。T451、T452 的设定值可根据起动要求选择合适的数值。

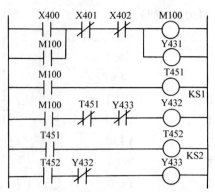

图 7-23　笼型三相异步电动机
丫—△起动电路梯形图

复 习 题

1. 什么叫可编程序控制器?
2. 可编程序控制器的主要特点有哪些?
3. 可编程序控制器由哪几部分组成? 各部分起什么作用?
4. 可编程序控制器的等效电路由哪几部分组成?
5. 可编程序控制器以什么方式进行工作?
6. 简述输入继电器、输出继电器、定时器及计数器的用途。
7. FX2N 系列可编程序控制器的基本指令有多少条? 各条指令的功能是什么?
8. 绘出下列指令程序的梯形图。

步序号	操作指令	操作元件号
0	LD	X400
1	ANI	T450
2	LD	M100
3	AND	X404
4	ORI	Y402
5	AND	X405
6	ORB	
7	LDI	Y440
8	OR	C460
9	ANB	
10	OR	Y440
11	OUT	Y430
12	AND	X406
13	OUT	M110
14	AND	X407
15	OUT	T452
16	K	85
17	END	

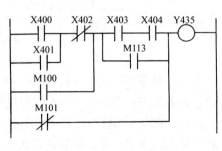

图 7-24　梯形图

9. 写出图 7-24 所示梯形图的指令程序。

第八章 晶体二极管及其基本电路

第一节 半导体的基本知识

一、半导体及其特性

自然界的物质，按其导电性能可分为导体、绝缘体和半导体三大类。

（1）导体 导电性能良好（其电阻率为 $10^{-3} \sim 10^{-6}\Omega \cdot m$），如金、银、铜、铅等。

（2）绝缘体 导电性能极差（其电阻率在 $10^{8}\Omega \cdot m$ 以上），如橡胶、陶瓷、塑料、石英等。

（3）半导体 导电性能介于导体和绝缘体之间（电阻率为 $10^{-5} \sim 10^{7}\Omega \cdot m$），如硅、锗、砷化镓等。

半导体具有以下一些重要的特性：

1）半导体的导电能力随外界温度升高而明显地加强。

2）半导体的导电能力随光照强度的不同而显著地变化。

3）半导体的导电性能对杂质非常敏感。在纯净的半导体中适当掺入某些微量的杂质，半导体的导电能力将成百万倍地增加。

图 8-1 所示为单晶硅和锗的原子结构平面示意图，它们最外层的价电子数都是 4 个，所以硅和锗都是四价元素。

硅和锗都呈晶体结构，内部的原子按一定规律整齐地排列。如图 8-2 所示，每个硅（锗）原子受邻近四个原子的束缚，原子和原子间通过价电子互相连接组成共价键。

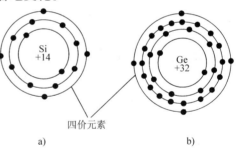

图 8-1 硅和锗的原子结构平面示意图

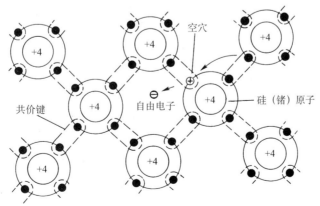

图 8-2 晶体中原子的排列

　　在常温下，绝大部分价电子由于受共价键的束缚，处于相对稳定状态，只有少量价电子能脱离共价键的束缚，成为自由电子，所以半导体的导

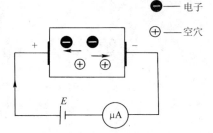

图 8-3　载流子在外电场
作用下的运动方向

电能力很差。在一定外加条件下，例如高温或光照，使价电子冲破共价键的束缚，成为自由电子。电子跑出后留下的空位，称为空穴。脱离共价键的自由电子带负电，而空穴由于失去电子带正电。这时若在半导体两端加上适当的直流电压，在外加电压的作用下，自由电子将向正极移动，而移动的自由电子留下的空位（空穴）向负极移动，于是在电路中就形成了电流，如图 8-3 所示。电路中形成的电流由两部分组成，即由自由电子的移动和空穴的移动组成，前者叫做电子型导电（又称为电子流），后者叫做空穴型导电（又称为空穴流）。

　　由上可知：半导体的电流是电子流和空穴流的代数和。自由电子和空穴的移动起导电作用，是载运电流的带电粒子，所以称它们为载流子。

　　由于绝大多数半导体都是晶体，所以用半导体材料制造的二极管、晶体管。

二、P 型和 N 型半导体

　　纯净半导体（又称为本征半导体）的导电能力很差，若在纯净半导体中掺入微量的杂质，如五价的磷（P）、砷（As），或是三价的硼（B）、镓（Ga）等，则其导电能力就会大大增强。根据掺入元素的化合价的不同，可形成 N 型和 P 型半导体。

　　1. N 型半导体

　　在本征半导体硅或锗中掺入少量五价元素磷或砷等，就制成了 N 型半导体。由于磷是五价元素，外层有五个价电子，除其中四个分别与相邻的四个硅（或锗）原子紧密组成共价键外，还剩余一个价电子。在室温下，掺入五价原子的剩余价电子，能挣脱原子核的束缚成为自由电子，使得掺杂半导体中的自由电子增多，自由电子数目远大于空穴数目。这种半导体主要靠电子导电，故称为电子型半导体，或 N 型半导体。

　　在 N 型半导体中，自由电子的浓度比空穴的大得多，所以把电子称为多数载流子，空穴称为少数载流子。

　　2. P 型半导体

　　在本征半导体硅或锗中掺入少量三价元素硼，因硼原子的最外层只有三个价电子，在同硅（或锗）原子组成共价键时，尚缺少一个价电子，存在一个空穴，使掺杂半导体中空穴数增加，空穴成为多数载流子，自由电子则成为少数载流子。这种半导体主要靠空穴导电，故称为空穴型半导体，或 P 型半导体。

三、PN 结及其单向导电性

　　用特殊工艺（如合金法或扩散法等）把 P 型和 N 型半导体结合在一起后，在它们的交界面上将形成特殊的带电薄层，称为 PN 结，如图 8-4a 所示。

　　由图 8-4a 可知，PN 结在 P 型材料（称为 P 区）的一侧带负电，在 N 型材料（称为 N 区）的一侧带正电，从而形成一个内电场，该电场的方向由 N 区指向 P 区。通常内电场的电压数值，硅材料的约为 0.7V，锗材料的约为 0.3V。

　　当 PN 结外加正向电压，如图 8-4b 所示，即 P 区接电源正极、N 区接电源负极时，电

路中，外加电压的方向与内电场方向相反，正向电压削弱了内电场，使 PN 结变薄，P 区的多数载流子空穴流过 PN 结到达电源负极，N 区的多数载流子电子流过 PN 结到达电源正极，形成正向电流。所以，加正向电压时，PN 结导通，我们把这种连接方式称为正向连接或正向偏置。

当 PN 结加反向电压，如图 8-4c 所示，即 P 区接电源负极、N 区接电源正极时，电路中，外加电压的方向与内电场方向一致，反向电压增强了内电场，使 PN 结变厚，P 区的空穴和 N 区的电子都无法通过 PN 结，因此没有正向电流；但此时 P 区的少数载流子电子和 N 区的少数载流子空穴，却能越过 PN 结，从而形成反向电流。由于少数载流子的数量极微，所以反向电流很小，通常忽略不计。加反向电压时，PN 结截止，我们把这种连接方式称为反向连接或反向偏置。

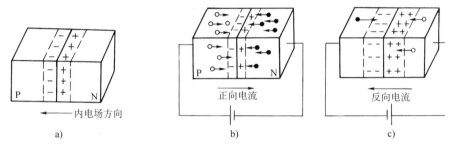

图 8-4　PN 结的单向导电性

a）PN 结　b）加正向电压时 PN 结导通　c）加反向电压时 PN 结截止

●电子　○空穴

由以上分析可知，PN 结具有单向导电性，即正向偏置时 PN 结导通；反向偏置时 PN 结截止。应注意的是，加在 PN 结两端的正向电压必须大于内电场的电压，才能使 PN 结导通。

第二节　晶体二极管

一、结构和分类

在一个 PN 结上装上两个引出电极经特殊封装后，即制成了晶体二极管（简称二极管），其外形和符号如图 8-5 所示。

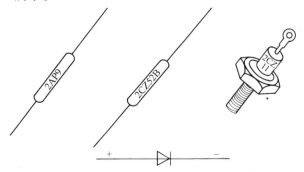

图 8-5　晶体二极管的外形和符号

图形符号 ▷| 中的箭头表示正向电流的方向。一般二极管用文字符号 V（或 VD）表示。

由 P 型半导体引出的电极为正极，也称为阳极；N 型半导体引出的电极为负极，也称为阴极。

二极管的种类很多，按所用材料分类，主要有硅二极管和锗二极管；按 PN 结的结构来分，有点接触型二极管和面接触型二极管；按用途来分，主要有普通二极管、整流二极管、开关二极管、稳压二极管和光敏二极管等。

点接触型二极管的结构如图 8-6 所示。它的 PN 结面积很小，不能承受很高的反向电压和流过较大的电流。但它的极间电容量小，适用于高频信号的检波，以及脉冲电路或小电流电路的整流。

面接触型二极管的结构如图 8-7 所示，它的 PN 结面积大，允许流过较大的电流，但它的极间电容量大，故只适用于低频整流电路。

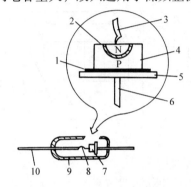

图 8-6　点接触型二极管的结构

1—接触电极　2—PN 结　3、8—触须　4—P 型晶片
5—支架　6、10—引线　7—晶片　9—管壳

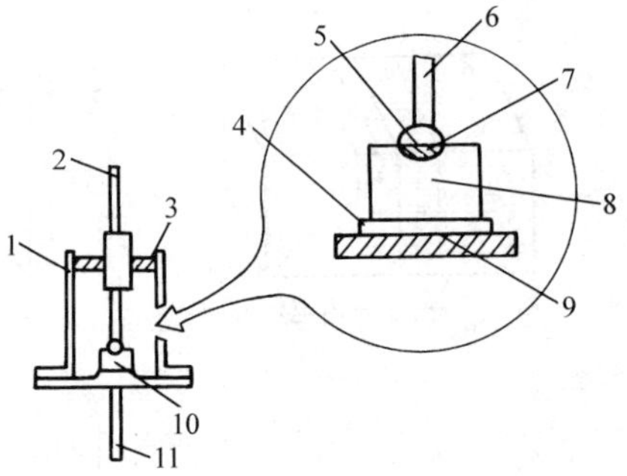

图 8-7　面接触型二极管的结构

1—金属管壳　2、11—引线　3—玻璃
4—接触层　5—P 型再结晶层　6—铝丝
7—PN 结　8—N 型硅片　9—支架　10—管心

二、伏安特性和主要参数

1. 伏安特性

二极管的伏安特性就是加到二极管两端的电压和流过二极管的电流之间的关系曲线。通过伏安特性测试电路测出的二极管典型的伏安特性曲线如图 8-8 所示。

图中，纵轴表示流经二极管的电流 I，横轴表示加在二极管上的电压 U，交点 O 称为原点。

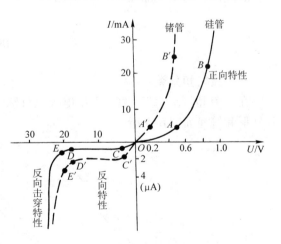

图 8-8　二极管典型的伏安特性曲线

（1）正向特性　图中曲线 OA（OA'）段表示正向电压值很小时，流经二极管的正向电流也较小。当二极管两端电压上升超过一定数值后内电场被削弱，二极管电阻变小，电流增长很快，见曲线 AB（$A'B'$）段，此时二极管导通。导通时，硅管正向压降为 0.7V 左右，锗管为 0.3V 左右。随着电压的继续上升，正向电流将随正向电压的增大而急骤上升，如曲线 B（B'）点以上部分。

（2）反向特性　图中曲线 OC（OC'）段表示当反向电压刚开始增大时（一般为 0 ~

1V），反向电流略有增加；但当反向电压继续增大时，反向电流几乎保持原来的数值不变，如曲线 CD（$C'D'$）段，这时的电流称为反向饱和电流，它和管子特性及温度有关。

（3）反向击穿特性　当反向电压增加到一定数值时，反向电流突然增大，如曲线 E（E'）以下部分所示，这时，只要反向电压稍有增加，反向电流就会急剧增大，使管子损坏，这种现象称为击穿。发生击穿时，加在二极管两端的反向电压，称为反向击穿电压。

2. 主要参数

（1）最大正向电流　指晶体二极管长期工作时，允许通过的最大平均电流值。

（2）最高反向工作电压　指二极管所能承受的额定反向工作电压值（峰值），使用中若超过此值，管子会被反向击穿。

三、型号命名

由于半导体器件品种繁多，特性不一，为了便于识别，对于不同类型的半导体器件应采用不同的符号表示。我国规定半导体器件型号由四个部分组成，即

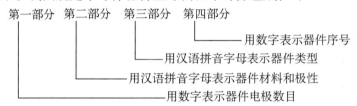

第一部分　第二部分　第三部分　第四部分
用数字表示器件序号
用汉语拼音字母表示器件类型
用汉语拼音字母表示器件材料和极性
用数字表示器件电极数目

当表示器件电极数目的数字是 2 时，该器件即为二极管。型号举例如下：

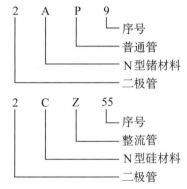

2　A　P　9
序号
普通管
N 型锗材料
二极管

2　C　Z　55
序号
整流管
N 型硅材料
二极管

四、简易判别

晶体二极管有正、负两个电极，根据正向电阻较小、反向电阻很大这一特点，可以利用万用表的电阻挡大致测量出二极管的极性和好坏。

1. 好坏的判别

用万用表测量小功率二极管时，把万用表的欧姆挡拨到 $R \times 100\Omega$ 或 $R \times 1k\Omega$ 挡（应注意，不要拨到 $R \times 1\Omega$ 或 $R \times 10k\Omega$ 挡来测量，因为 $R \times 1\Omega$ 挡电流太大，$R \times 10k\Omega$ 不易分辨）。然后，用两根表笔测量二极管的正、反向电阻值，如图 8-9 所示。

在图 8-9a 中，因红表笔和万用表内电池的负极相联，黑表笔和万用表内电池的正极相联，故此时加在二极管上的是反向电压，因此测量出的是反向电阻，阻值较大，如小功率二极管反向电阻值为 100 ~ 200kΩ。在图 8-9b 中，加在二极管上的是正向电压，测量出的是正向电阻，阻值较小，如锗材料小功率管正向电阻约为几百欧姆，硅材料二极管应为 1.5kΩ 左右。

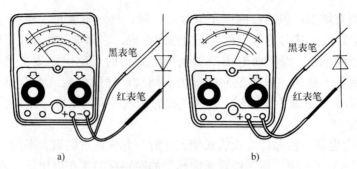

图 8-9　晶体二极管的简单判别

a) 反向电阻的测量　b) 正向电阻的测量

若测出的正、反向电阻均为无穷大，即指针不动，则说明管子内部已断路；若测出的是正反向电阻都很小或为零，则说明管子已短路；当测出的正、反向电阻相接近，说明管子的性能不好，这三种情况的管子都不能使用。

2. 极性的判别

在测量二极管正、反向电阻时，若测出的阻值较小，则和红表笔相接的电极为二极管的负极，与黑表笔相接的电极为二极管的正极；反之，当测得的阻值较大时，则与红表笔相接的电极为二极管的正极，与黑表笔相接的电极为二极管的负极。

第三节　整流与滤波电路

将交流电转变为直流电的过程叫做整流。将交流电转化为直流电的设备叫做整流器。整流器是由整流变压器、整流电路和滤波电路等三个部分组成，如图 8-10 所示。使用整流器能将电网中提供的交流电直接转化为电子电路和电气设备中需要的直流电。

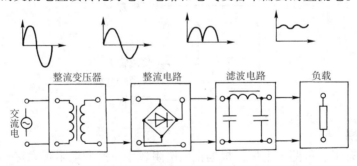

图 8-10　整流器

一、单相整流电路

单相整流电路就是利用二极管的单向导电特性，把交流电变换成方向不变，大小随时间变化的脉动直流电的电路。

1. 单相半波整流电路

（1）电路的组成及工作原理　如图 8-11 所示，它由变压器 T 和整流二极管 V 组成。其中，变压器 T 的作用是将电源电压变换成适当的电

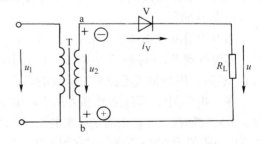

图 8-11　单相半波整流电路

压供整流用，二极管是整流器件。变压器的一次侧输入正弦交流电压 u_1，在二次侧可得到一个与 u_1 频率相同的电压 u_2，经二极管 V 整流后，这个交流电压就变成了脉动的直流电压。

现将整流工作原理分析如下：

1）当变压器二次电压 u_2 在正半周时（图8-12a中 0～π 段），二次绕组的 a 端为正，b 端为负，此时，二极管 V 的两端因加正向电压而导通；由于二极管 V 的正向电阻很小，所以加在负载 R_L 两端的电压约等于变压器的二次电压，即 $u_L \approx u_2$，而负载电流 i_L 由 R_L 决定，波形如图8-12b 所示。

2）当 u_2 处于负半周时（图8-12a 中 π～2π 段），二次绕组的 a 端为负，b 端为正，此时二极管 V 因加反向电压而截止，所以，电路中无电流流过，负载电压为零；二次电压 u_2 全部加到二极管两端，如图8-12d 所示。

以后各半周，分别重复前两个半周的情况。于是在负载 R_L 上将得到一个单向的脉动直流电压，如图8-12b 所示。由于流过负载的电流和加在负载两端的电压只有半个正弦波，所以这种整流电路叫做半波整流电路。

（2）负载电压和电流　经半波整流后，在负载 R_L 上得到的是单向脉动电压。这个脉动电压在一个周期中的平均值，叫做它的直流电压。图8-13表示了计算平均值的方法：使半个正弦波与横轴所包围的面积等于一个矩形的面积，该矩形的宽度等于一个周期，那么矩形的高度就是这个半波的平均值，如图8-13 所示。

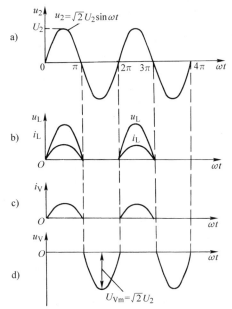

图 8-12　单相半波整流电路的波形

a）变压器 T 二次电压 u_2 的波形

b）负载 R_L 上的电压 u_L 和电流 i_L 的波形

c）流过二极管 V 上的电流 i_V 的波形

d）二极管 V 上的电压 u_V 的波形

经计算可得负载两端的直流电压为

$$U_L = \frac{\sqrt{2}U_2}{\pi} = 0.45U_2 \qquad (8-1)$$

式中　U_L——负载两端的直流电压；

$\quad\quad U_2$——变压器二次交流电压的有效值。

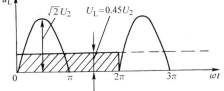

图 8-13　半波整流输出的直流电压

根据欧姆定律，可得负载的直流电流为

$$I_L = \frac{U_L}{R_L} = \frac{0.45U_2}{R_L} \qquad (8-2)$$

（3）整流二极管的选择　流过整流二极管的平均电流 I_V 应与流过负载的直流电流 I_L 相等，即

$$I_V = I_L = \frac{0.45U_2}{R_L} \qquad (8-3)$$

当二极管截止时，它所承受的最大反向电压 U_{Vm} 就是变压器二次电压的最大值，即

$$U_{Vm} = \sqrt{2}U_2 \tag{8-4}$$

根据计算得到的 I_V 和 U_{Vm} 选择整流二极管，考虑到电网电压的波动和其他因素，二极管的参数可适当选大些。

例 8-1 有一电阻性直流负载为 2kΩ，要求流过的电流为 50mA。如果采用半波整流电路，试选择合适的二极管。

解 已知 $R_L = 2k\Omega$，$I_L = 50mA$

$$U_L = I_L R_L = 50 \times 10^{-3}A \times 2 \times 10^3\Omega = 100V$$

$$U_2 = \frac{U_L}{0.45} = \frac{100}{0.45}V \approx 222V$$

流过二极管的平均电流为

$$I_V = I_L = 50mA$$

二极管承受的最大反向电压为

$$U_{Vm} = \sqrt{2}U_2 = 1.41 \times 222V \approx 313V$$

查二极管手册，可选用整流电流为 100mA、最高反向电压为 350V 的整流二极管 2CZ52F。

由以上分析可知，半波整流电路的结构简单，使用元器件少，但电源的利用率低，输出的直流电压低，脉动大。一般只用于小电流及对脉动要求不高的场合。

2. 单相全波整流电路

（1）电路的组成和工作原理 如图 8-14 所示，它由带中心抽头的变压器 T 和二极管 V1、V2 组成。若以变压器二次侧中心抽头的电位为参考点，则二次电压被分成两个大小相等而相位相反的电压 u_{2a} 和 u_{2b}，即

$$u_{2a} = -u_{2b}$$

在 $0 \sim \pi$ 正半周内，变压器二次电压的极性如图 8-14 中不带圈的符号所示，此时 V1 由于加正向电压而导通，V2 因加反向电压而截止，负载中有半个波形的电流流过，其流向如图 8-14 中实线箭头所示；在 $\pi \sim 2\pi$ 负半周内，变压器二次电压的极性改变，如图 8-14 中带圈的符号所示，此时，V1 因加反向电压而截止，V2 却因加正向电压而导通，负载中又有半个波形的电流流过，其

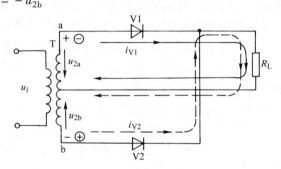

图 8-14 单相全波整流电路

流向如图 8-14 中虚线箭头所示。因此，二极管 V1 和 V2 轮流导通为负载提供电流，负载电压和电流的波形如图 8-15i 所示。

（2）负载电压和电流 在全波整流电路中，由于交流电在一个周期的两个半周内都通过负载，所以以其输出电压比半波整流电路的输出电压大一倍，即

$$U_L = 2 \times 0.45U_2 = 0.9U_2 \tag{8-5}$$

流过负载的电流也增大一倍，即

$$I_L = \frac{0.9U_2}{R_L} \tag{8-6}$$

式中　U_2——变压器二次绕组电压 u_{2a} 或 u_{2b} 的有效值。

（3）整流二极管的选择　如图7-15c、g所示，由于全波整流电路中二极管 V1、V2 轮流导通，所以流过每个二极管的平均电流只有负载电流的1/2，即

$$I_{V1} = I_{V2} = \frac{1}{2}I_L = 0.45\frac{U_2}{R_L} \qquad (8-7)$$

每个整流二极管承受的反向电压为

$$U_{Vm} = 2\sqrt{2}U_2 \qquad (8-8)$$

由以上讨论可知，单相全波整流电路的电源利用率比半波整流高、脉动小，但要求变压器有中心抽头。制造上比较复杂，而且二极管承受的反向电压比半波整流时增加了一倍。

例8-2　某单相全波整流电路的输出直流电压和电流分别为110V和6A，问如何选择变压器的二次电压和整流二极管？

解　1）由式 $U_L = 0.9U_2$ 可得变压器的二次电压为

$$U_2 = \frac{U_L}{0.9} = \frac{110}{0.9}V \approx 122V$$

2）加在二极管上的反向电压为

$$U_{Vm} = 2\sqrt{2}U_2 = 2.82 \times 122V \approx 344V$$

3）流过二极管 V1、V2 的平均电流为

$$I_V = \frac{1}{2}I_L = \frac{1}{2} \times 6A = 3A$$

查二极管手册，可选用整流电流为5A、额定反向电压为400V的整流二极管 2CZ57G 两只。

3. 单相桥式整流电路

（1）电路的组成和工作原理　如图8-16所示为单相桥式整流电路的几种形式。它由变压器和四个整流管组成，其电路接成电桥的形式，故称为桥式整流电路。

当变压器 T 的二次电压的极性是 a 端为正、b 端为负时，整流二极管 V1 和 V3 因加正向电压而导通，V2 和 V4 因加反向电压而截止，这时，电流从变压器的二次侧 a 端→V1→R_L→V3→回到变压器二次侧的 b 端，如图 8-17a 所示，在负载 R_L 上得到一个半波整流电压；当变压器二次电压的极性是 a 端为负、b 端为正时，二极管 V2、V4 导通，V1、V3 截止，电流从 b 端→V2→R_L→V4→回到变压器 a 端，如图 8-17b 所示，同样在 R_L 上得到一个半波整流电压。如此周而复始，负载 R_L 就得到一个全波整流电压，如图 8-18 所示。

（2）负载电压和电流　经计算分别为

$$U_L = 0.9U_2 \qquad (8-9)$$

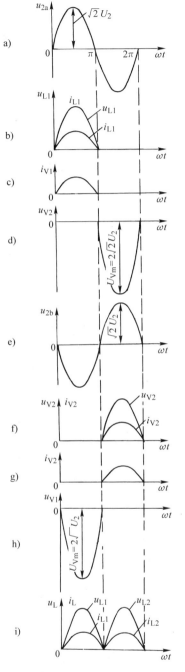

图 8-15　单相全波整流电路的波形

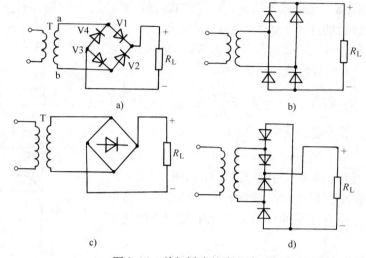

图 8-16　单相桥式整流电路

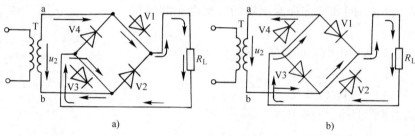

图 8-17　单相桥式整流电路电流的流向

a）正半周时 V1、V3 导通　b）负半周时 V2、V4 导通

$$I_L = \frac{U_L}{R_L} = 0.9 \frac{U_2}{R_L} \qquad (8-10)$$

（3）整流二极管的选择　在桥式整流电路中，因为二极管 V1、V3 和 V2、V4 是轮流导通的，所以流过每个二极管的电流等于负载电流的 1/2，即

$$I_V = \frac{I_L}{2} = 0.45 \frac{U_2}{R_L} \qquad (8-11)$$

由图 8-17a 可知，当 V1 和 V3 导通时，变压器二次电压的正极加到 V2、V4 的负极，而二次电压的负极却加到 V2、V4 的正极，由于二极管的正向电压降很小，可以忽略不计，所以 V2、V4 受到的最大反向电压就是变压器的二次电压 u_2 的最大值，即

$$U_{Vm} = \sqrt{2} U_2 \qquad (8-12)$$

桥式整流与全波整流电路都能使负载获得全波整流电压。但桥式整流电路的变压器不用中心抽头，可以使其体积减小，重量减轻，提高利用率；而且，在输出的直流电压相同时，整流二极管所承受的反向电压低，所以桥式整

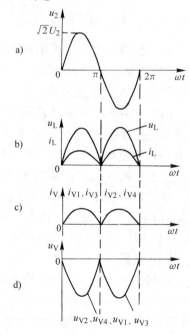

图 8-18　单相桥式整流电路的波形

流电路获得了广泛的应用。

例 8-3 某单相桥式整流电路的输出电压和电流分别为 110V 和 6A，问应选择何种型号的硅整流二极管？

解 桥式整流电路中的二极管所承受的最大反向电压为

$$U_{\text{Vm}} = \sqrt{2}U_2 = \sqrt{2}\frac{U_{\text{L}}}{0.9} = 1.41 \times \frac{110}{0.9}\text{V} \approx 172\text{V}$$

而每个二极管流过的最大电流为

$$I_{\text{V}} = \frac{1}{2}I_{\text{L}} = \frac{1}{2} \times 6\text{A} = 3\text{A}$$

查二极管手册，知 2CZ12D 的额定电流为 3A，最大反向工作电压为 300V，所以选择四个 2CZ12D 硅二极管可以满足要求。

二、滤波电路

由于交流电经整流后得到的是脉动直流电，输出电压不够平稳，所以在一些要求电流和电压都比较平稳的负载如电子仪器、自动控制设备中还不能直接使用它，需要把脉动直流电中的交流成分滤掉即滤波，这种电路就叫做滤波电路或滤波器。滤波器通常由电容、电感、电阻按一定方式组成，如图 8-19 所示。

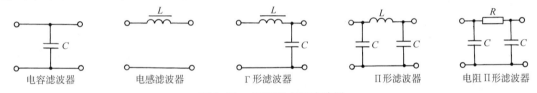

| 电容滤波器 | 电感滤波器 | Γ形滤波器 | Π形滤波器 | 电阻Π形滤波器 |

图 8-19 几种形式的滤波器

滤波器的作用是利用 R、L、C 的固有特性来实现的。从能量的观点看，L、C 是储能元件，能够储存和释放能量，对输入到负载上的脉动直流电能起自动调节作用，从而减少脉动的成分；从阻抗的观点看，电感对直流分量的感抗很小，而对交流分量的感抗很大；而电容器对直流分量的容抗为无限大，近似于断路，而对交流成分只有很小的阻抗，近似于短路。因此，应用它们可以有效地滤去脉动直流电中的交流分量。

1. 电容滤波器

图 8-20 所示为带有电容滤波器的单相半波整流电路。电容滤波器又称为 C 型滤波器。它由并联在负载 R_{L} 两端的一个电容器组成，其工作原理是：当变压器二次电压 u_2 在正半周并大于电容器两端电压 u_{C} 时，二极管 V 导通，此时电流分为两路，一路流经负载 R_{L}，另一路对电容器 C 充电（见图 8-20a）；当 u_2 下降到小于电容器两端电压 u_{C} 时，二极管 V 截止，已充电的电容器 C 对负载 R_{L} 放电（见图 8-20b），从而使负载 R_{L} 上的电压趋于平稳。经滤波后的直流输出电压波形如图 8-21 所示。

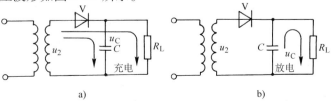

a)   b)

图 8-20 带电容滤波器的单相半波整流电路

　　无论是半波、全波或桥式整流，经过电容滤波
后，直流输出的平均电压会升高，而且电容量越大，
负载电阻越大，放电就越缓慢，输出电压就越平稳，
输出电压也越高。一般滤波电容的容量为几十微法
至几千微法。但电容滤波器只适宜使用在负载变动
小及小电流的场合。

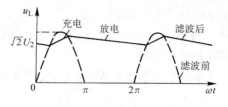

图 8-21　电容滤波电路的直流输出电压波形

　　2. 电感滤波器

　　图 8-22 所示为带电感滤波器的单相全波桥式整流电路，滤波器由电感 L 与负载 R_L 串联
组成。

　　因为电感线圈 L 对直流成分的阻抗很小，对交流成分的阻抗却很大，所以直流成分很容
易通过电感线圈，而交流成分却很难通过电感线圈 L，这样，在负载 R_L 上就能得到滤去交
流成分后变得较为平稳的直流输出。经滤波后的直流输出电压波形如图 8-23 实线所示。

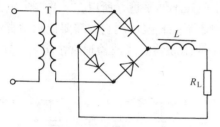

图 8-22　带电感滤波器的单相全相桥式整流电路

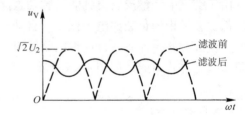

图 8-23　电感滤波电路的直流输出电压波形

　　对于电感滤波器，当负载变动时，输出电压变动较小，即外特性较硬，所以，电感滤波
器一般适用于负载变动较大，负载平均电流较大的场合。

　　3. 复式滤波器

　　复式滤波器是由两种或两种以上滤波元件组成的滤波器。在要求较高的场合，为了得到
更加平滑的直流电，常采用复式滤波器。

　　图 8-24 是具有电感 L 和电容 C 的 Γ 形滤波器。交流电经整流后，其交流成分大部分被
电感 L 阻止，即使有一部分通过了 L，还要经过电容 C 的旁路。因此，输出到负载 R_L 上的
直流电就更加平滑了。

　　图 8-25 是由两只电容器 C_1、C_2 和电感 L 组成的带 Π 形滤波器的全波整流电路。它的
滤波效果更好。由于在电感元件的一端并有电容器 C_1，所以其工作特性与电容滤波器相似。

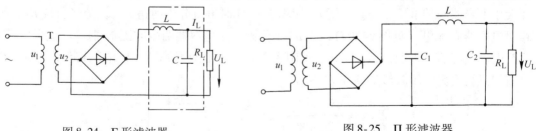

图 8-24　Γ 形滤波器　　　　　　　　　　　图 8-25　Π 形滤波器

　　在整流电流不大（几十毫安以下）的场合，为了降低成本，缩小体积，减轻重量，常
在 Γ 形滤波器和 Π 形滤波器中，将电感线圈 L 用一只电阻来代替，组成 "RC" Γ 形滤波器

和"RC"Ⅱ形滤波器，如图8-26所示。

　　为了进一步提高滤波效果，也常常把几组滤波器串联起来，组成多级滤波器，如图8-27所示。

　　各种滤波器的特性和应用见表8-1。

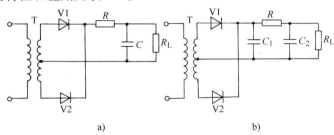

图　8-26

a)"RC"Γ形滤波器　b)"RC"Ⅱ形滤波器

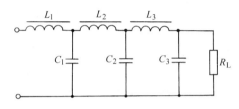

图8-27　多级滤波器

表8-1　各种滤波器的特性和应用

电路结构	优　点	缺　点	适用场合
$C \quad R_L$	1. 输出电压高 2. 小电流时滤波效果好 3. 结构简单	1. 负载变动时输出电压变动大 　2. 电源起动时充电电流大，使整流器承受很大的浪涌电流	负载电流较小的场合
L $C \quad R$	1. 带负载能力强 2. 大电流时滤波效果好 3. 和电容滤波器相比，整流器不受浪涌电流的损害	1. 负载电流大时，需要体积和重量很大的电感，才能有较好的滤波效果 　2. 输出电压低 　3. 当负载电流变动时电感上产生的反电动势，可能击穿整流管	负载电流大，负载变动大的场合
R $C \quad C \quad R_L$	1. 结构简单 2. 能兼降压限流的作用 3. 滤波效果好	1. 带负载能力较差 2. 有直流电压损失	负载电阻大，电流较小，要求脉动很小的场合

（续）

电路结构	优　点	缺　点	适用场合
	1. 滤波效果好 2. 输出电压高	体积较大，成本高	负载电流小，要求脉动很小的场合

复　习　题

1. 半导体有哪些主要特性?
2. 什么是 P 型半导体，什么是 N 型半导体?
3. 试述 PN 结的特性。
4. 晶体二极管有哪些分类? 试述点接触型和面接触型二极管各自的特点和用途?
5. 晶体二极管的主要参数有哪些?
6. 在半波整流电路中，要求输出电压为 35V，负载电阻为 50Ω，试选择合适的整流二极管。
7. 在全波整流电路中，要求输出电压为 35V，负载电阻为 50Ω，试选择二极管?
8. 试画出四种桥式整流电路，说明其工作原理，并画出其输出电压的波形。
9. 电容器和电感线圈为什么能做滤波元件? 用它们做滤波元件时，应注意什么问题?

第九章　晶体管及其基本电路

第一节　晶　体　管

一、基本结构

常用晶体管的外形如图 9-1 所示。

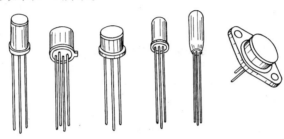

图 9-1　常用晶体管的外形

晶体管是由两个 PN 结构成的半导体器件。每个晶体管有三个区：发射区、基区、集电区；两个 PN 结：发射结、集电结；三个电极：发射极、基极、集电极，分别用 E、B、C 表示。

根据组合方式的不同，晶体管可以分为 PNP 型和 NPN 型两种，其结构和符号如图 9-2 所示。PNP 型和 NPN 型两种晶体管图形符号的区别在于发射极箭头的方向，箭头方向代表 PN 结在正向接法下的电流方向。所以 PNP 型的发射极箭头向里，NPN 型的则向外。

根据所用半导体材料的不同，晶体管分为锗管和硅管两种，无论是锗管或硅管，都可以制成 PNP 型和 NPN 型，我国生产的锗管是以 PNP 型为主，硅管则以 NPN 型为主。

晶体管的结构有以下特点：

1）基区的厚度很薄。

2）集电结的面积较大。

3）发射区的多数载流子浓度比基区的高。

晶体管的结构特点决定了它具有电流放大作用。

二、电流分配与放大作用

当晶体管加上工作电压时，三个电极上流过的电流大小和分配关系可通过图 9-3 所示的实验电路来讨论。

电路通电后有三个电流流过晶体管，即发射极电流 I_E、基极电流 I_B、集电极电流 I_C，电流的方向如图 9-3 中箭头所示，电路中串接的三只电流表用来测量这三个电流值，图中 47kΩ 电位器用来调节基极电流，39kΩ 电阻是为了防止电位器调到低阻值时，基极电流过大而烧毁管子。

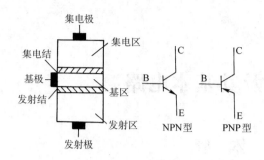

图 9-2　晶体管的结构和符号

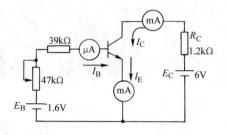

图 9-3　测试晶体管特性的实验电路

调节电位器的阻值，可改变基极电流 I_B 的大小，而 I_B 的变化将引起集电极电流 I_C 和发射极电流 I_E 的变化。这样每改变一次 I_B，就可得到一组与之相对应的 I_C 和 I_E 值，见表 9-1。

表 9-1　晶体管电流分配关系的测试数据　　　　　　　　　　（单位：mA）

晶体管电流	第一组	第二组	第三组	第四组
I_B	−0.0001	0	0.01	0.018
I_C	0.0001	0.05	0.49	0.982
I_E	0	0.05	0.50	1

由表 9-1 的数据可以看出：

1）晶体管中各电流的关系是：发射极电流 I_E 等于集电极电流 I_C 与基极电流 I_B 之和，即

$$I_E = I_C + I_B \tag{9-1}$$

所以，晶体管实质上是一个电流分配器，它把发射极电流 I_E 分为两部分：一部分分配给集电极，作为集电极电流 I_C；一部分分配给基极，作为基极电流 I_B。

由于 I_C 的数值远大于 I_B，如忽略 I_B 的值，可把式（9-1）简化为

$$I_E \approx I_C \tag{9-2}$$

2）当基极电流 I_B 有微小变化时，I_C 就相应地有较大的变化，这就是晶体管的电流放大作用。

由表 9-1 可知，当 I_B 从 0.01mA 变化到 0.018mA 时，基极电流的变化量 ΔI_B 为 0.008mA，而此时 I_C 却从 0.49mA 变化到 0.982mA，即集电极电流的变化量 ΔI_C 为 0.492mA。集电极电流的变化量比基极电流的变化量 ΔI_B 要大得多，即

$$\frac{\Delta I_C}{\Delta I_B} = \frac{0.492A}{0.008A} = 61 \text{（倍）}$$

要使晶体管起电流放大作用，除了其自身结构特点外，还需要一个外部条件，就是需要外接电源使发射结处于正偏（即发射结 P 区电位高于 N 区电位），集电结处于反偏（即集电结 N 区电位高于 P 区电位）。

晶体管与外接电源的连接如图 9-4 所示。

三、特性曲线

晶体管的特性曲线是指表示晶体管各电极的电压和电流之间相互关系的曲线。其中最常用的是输入特性曲线和输出特性曲线，NPN 型晶体管的特性曲线可通过图 9-5 所示的电路测得。

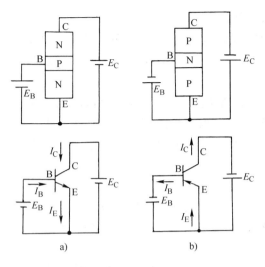

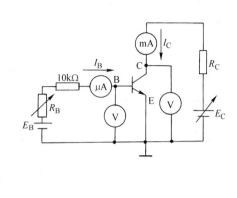

图 9-4 晶体管与外接电源的连接

a) NPN 型 b) PNP 型

图 9-5 晶体管特性曲线测试电路

1. 输入特性曲线

当 U_{CE} 为一定值时，加在晶体管基极与发射极的电压 U_{BE} 与基极电流 I_B 之间的关系曲线称为晶体管的输入特性曲线，如图 9-6a 所示，最右面一条曲线为硅管，其余为锗管。

当 $U_{CE}=0$ 时，晶体管的输入特性曲线与二极管的正向伏安特性曲线相似；当 U_{CE} 大于零时，曲线右移，即输入特性曲线随 U_{CE} 的数值变化而变化。但当 $U_{CE}>1V$ 后，各曲线已很接近，所以通常只给出当 $U_{CE}>1V$ 时的一条输入特性曲线。

硅管的 $U_{BE}\approx0.7V$、锗管的 $U_{BE}\approx0.3V$ 时，输入特性曲线变得很陡，此时，U_{BE} 稍有变化，I_B 就有很大变化，所以常把硅管 $U_{BE}\approx0.7V$、锗管 $U_{BE}\approx0.3V$ 的值称为晶体管发射结的导通电压。

2. 输出特性曲线

当晶体管的基极电流 I_B 为一定值时，发射极与集电极之间的电压 U_{CE} 与集电极电流 I_C 之间的关系曲线称为晶体管的输出特性曲线，如图 9-6b 所示。

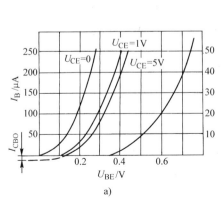

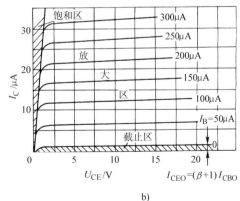

图 9-6 晶体管特性曲线

a) 输入特性曲线 b) 输出特性曲线

根据晶体管的工作状态,可以把输出特性曲线分为三个区域。

(1) 截止区　当 I_B 为零时,I_C 很小,可以认为晶体管处于截止状态,从特性曲线上来看,$I_B = 0$ 的那条曲线以下的区域叫做截止区。截止区的主要特征是:晶体管的发射结和集电结都处于反向偏置,基本上失去了放大作用。

(2) 饱和区　当集电极电阻 R_C 选得太大,会出现 $U_{CE} < U_{BE}$,即集电极的电位低于基极电位。当 U_{CE} 小到一定程度时,I_B 即使再增大,I_C 也很少增大或不再增大了,也就是说 I_C 达到饱和状态,晶体管失去了电流放大作用。饱和区的主要特征是:集电结和发射结都处于正向偏置。

通常把特性曲线 I_C 处于直线上升部分的左侧影线部分叫做饱和区。

(3) 放大区　当 U_{BE} 大于管子的正向压降,集电极与发射极间的电压 U_{CE} 固定在某一较大的数值(例如 $U_{CE} > 1V$)时,基极电流 I_B 有较小的变化,就能引起 I_C 的较大变化,这就是前面所讲的电流放大作用。

在特性曲线上,晶体管能起放大作用的区域叫做放大区,如图 9-6b 中的中间部分。放大区的主要特征是:发射结处于正向偏置,集电结处于反向偏置。

根据晶体管在工作时各个电极上电位的高低,就能判断此时管子的工作状态。

例 9-1　试根据图 9-7 中晶体管各电极上的电位值,判别它的工作状态。

解　1) 图 9-7a 发射结 P 区电位高出 N 区 0.7V,为正向偏置;集电结上 N 区电位高出 P 区 3.3V,为反向偏置;所以该晶体管处于放大状态。

2) 图 9-7b 发射结上 N 区电位高出 P 区 0.7V,为反向偏置;集电结 N 区电位高出 P 区 4.7V,为反向偏置;所以说该晶体管处于截止状态。

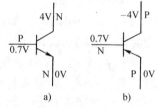

图 9-7　工作状态判别

四、主要参数

晶体管的主要参数有:

1. 电流放大系数

(1) 交流电流放大系数　当 U_{CE} 为某一定值时,集电极电流的变化量 ΔI_C 与基极电流的变化量 ΔI_B 的比值称为晶体管交流电流放大系数,用 β 表示,即

$$\beta = \frac{\Delta I_C}{\Delta I_B}\bigg|_{U_{CE} = 常数} \tag{9-3}$$

(2) 直流电流放大系数　当无交流信号输入,U_{CE} 为某一定值时,集电极直流电流 I_C 与基极直流电流 I_B 的比值称为晶体管直流电流放大系数,用 $\bar{\beta}$ 表示,即

$$\bar{\beta} = \frac{I_C}{I_B}\bigg|_{U_{CE} = 常数} \tag{9-4}$$

由于制造工艺上的差别,即使是同一型号的管子,它们的 β 值也会有较大的差别。同时,晶体管的 β 值不是固定不变的常数,它和管子的工作电流有着密切的关系。

2. 穿透电流 I_{CEO}

基极开路时,集电极与发射极之间的反向漏电流叫做穿透电流 I_{CEO}。I_{CEO} 受温度影响很大,I_{CEO} 大的管子工作不稳定,应尽量选 I_{CEO} 小的管子,硅管的 I_{CEO} 比锗管的小得多,所以硅管能适应在温度较高的场合下工作。

3. 集电结反向漏电流 I_{CBO}

发射极开路时，集电极与基极之间的反向电流。此电流值越小，说明晶体管的温度特性越好。

4. 极限参数

为了使晶体管在电路中能安全可靠地工作，必须掌握晶体管的有关极限参数。

（1）集电极最大允许电流 I_{CM}　当集电极电流 I_C 超过一定值时，晶体管的电流放大系数 β 将要明显地下降。一般把 β 值下降到规定允许值时的集电极电流，规定为集电极最大允许电流，并用 I_{CM} 表示。

（2）击穿电压 BU_{CEO}　当基极开路时，集电极与发射极之间的最大允许电压，叫做击穿电压，用 BU_{CEO} 表示，在工作时，如 $U_{CE} > BU_{CEO}$ 就会使晶体管损坏。

（3）集电极最大耗散功率 P_{CM}　指晶体管参数的变化不超过规定允许值时，集电极耗散的最大功率，用 P_{CM} 表示。

通常把 P_{CM} 小于1W 的管子叫做小功率管，大于1W 的管子叫做大功率管。

在选用晶体管时，应同时考虑到 I_{CM}、BU_{CEO} 和 P_{CM}，由于 $P_C = I_C U_{CE}$，所以在实际工作中除 I_C 和 U_{CE} 不得大于 I_{CM} 和 BU_{CEO} 外，I_C 和 U_{CE} 的乘积还不得大于 P_{CM}；在 I_C 和 U_{CE} 坐标中，P_{CM} 的曲线叫做最大集电极功耗线，晶体管工作时不允许超过这条曲线，如图9-8 所示。

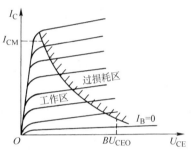

图9-8　晶体管的使用范围

五、型号命名

晶体管的型号也是根据我国半导体器件型号的规定来命名的。即当表示器件电极数目的数字是3时，该器件为晶体管。其型号举例如下：

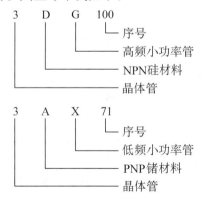

第二节　晶体管放大电路

一、低频小信号电压放大电路

利用晶体管的放大特性，可以制成晶体管放大器，它在收音机、电视机以及自动化控制中应用非常广泛。

晶体管放大器的种类很多。按工作频率不同，分为低频放大器、高频放大器和直流放大器；按其放大功能不同，分为电压放大器、电流放大器和功率放大器。这里主要介绍工作频率在 20Hz ~ 200kHz 的低频电压放大器。通常对电压放大器的要求是：

1）有一定的电压放大倍数。

2）要有一定的通频带，即在一定频率范围内要求放大器具有相同的放大能力。

3）放大后的信号失真要小。

4）工作稳定性好，噪声小。

1. 放大器的组成

固定偏置低频小信号电压放大电路如图 9-9 所示，其中，图 9-9a 有两组电源 E_B 和 E_C，称为双电源供电；图 9-9b 只有一组电源 E_C，称为单电源供电，由于单电源供电线路少了一组电源，使放大器的体积缩小，成本降低，因此较为实用。故只介绍单电源供电的放大电路。

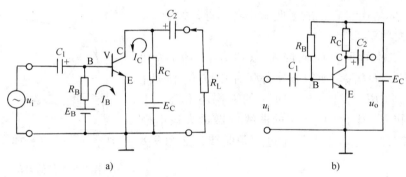

图 9-9　低频小信号电压放大电路
a）双电源供电　b）单电源供电

电路中各元器件的作用如下：

（1）工作电源 E_C　工作电源向放大器提供能量，为满足晶体管工作在合适的状态，一般 E_C 的数值为几伏到几十伏。

（2）晶体管 V　在放大器正常工作时起电流放大作用。

（3）集电极电阻 R_C　R_C 作为集电极负载电阻，它的主要作用是电流通过 R_C 时，使管子获得必要的工作电压，并将晶体管电流放大作用转换成电压放大作用。

（4）基极电阻 R_B　R_B 的作用是使 E_C 向晶体管提供一定数量的基极电流，以保证晶体管有比较合适的工作状态，从而使信号不失真。

（5）耦合电容器 C_1 和 C_2　C_1、C_2 分别为输入、输出耦合电容。利用电容器通交、隔直的特性，隔断直流电源与信号源之间以及直流电源与负载之间的直流通路，而让交流信号顺利传送。耦合电容器一般采用容量较大的电解电容器，通常是几十微法。

由图 9-9b 可以看出，它有两条电流回路：一条是由 E_C 经 R_C、集电极 C 到发射极 E 再到 E_C 称为输出回路；另一条是由 E_C 经 R_B、基极 B 到发射极 E 再到 E_C 称为输入回路。很明显，对晶体管三个电极来说，发射极是输出回路和输入回路的公共端，所以这种放大电路也叫做共发射极放大电路。

要使放大器能放大信号，还必须在输入端输入信号电压 u_i，以便放大器工作后，将放大了的信号电压从输出端输出。

2. 放大器的静态工作情况

放大器在没有信号电压输入时的状况，叫做放大器的静态。放大器接上电源 E_C 后，只要 R_B 的数值选择适宜，就能使发射结导通，并形成一定数量的基极电流 I_B，通常把静态时的 I_B 称为偏置电流，在图9-9b 所示的电路中，偏置电流 I_B 是由电源 E_C 经 R_B 通过 B、E 两极形成回路产生的，这部分电路就称为偏置电路。

我们把静态时的基极电流 I_B、集电极电流 I_C 和集电极与发射极之间的电压 U_{CE} 称为放大器的静态工作点，在特征曲线上用 Q 点表示。

（1）设置静态工作点的原因　图9-10 所示为不设置静态工作点的电路，由于没有设置偏置电路，当信号未输入时，$I_B = 0$，当然 I_C 也几乎为零，R_C 两端不会产生电压降。

当有交流信号输入时（称为动态），因为输入信号是加在晶体管 B、E 之间，由于晶体管发射结可以看作是一个单向导电的二极管，所以，当输入信号处于负半周时，加在 B、E 之间的电压是负的，发射结反向偏置，没有基极电流产生，即使在输入信号的正半周内，由于晶体管的输入特性存在死区，所以只有当信号电压超过门槛电压时，基极回路中才能产生相应的电流。因此，与输入信号电压 u_i 相比较，i_B 将产生严重失真，如图9-11 所示。如果输入信号电压过小，而不足以克服门槛电压时，则在信号的整个周期内，基极回路中都不出现电流，其结果和没有信号输入一样。

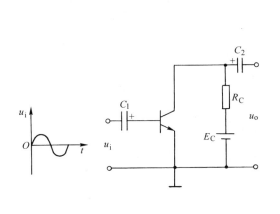

图9-10　不设置静态工作点的电路

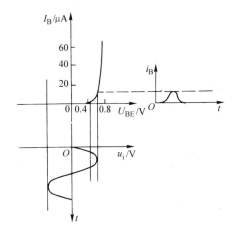

图9-11　不设置静态工作点的放大器输出波形失真

从上述讨论可知，如果不设置静态工作点，放大器就不能正常工作，而设置了静态工作点后，就可避免失真，如图9-12 所示。

（2）用计算法求静态工作点　电压放大器在静态时，电路中有直流基极电流 I_B 和直流集电极电流 I_C 流通。耦合电容器 C_1、C_2 对直流可视作开路，所以可把图9-10 所示基本电路的直流通路表示成图9-13。直流电流 I_B、I_C 的流通方向如图9-13 所示。

根据图9-13 计算静态工作点 I_B、I_C、U_{CE} 数值的方法是：

1）计算静态基极电流 I_B。在基极回路中，根据欧姆定律，可得

$$I_B = \frac{E_C - U_{BE}}{R_B} \tag{9-5}$$

由于 U_{BE} 很小（锗管为 $0.2 \sim 0.3\text{V}$，硅管为 $0.6 \sim 0.8\text{V}$），与 E_C 相比，可忽略不计，则

$$I_B \approx \frac{E_C}{R_B} \tag{9-6}$$

可近似地把 I_B 与 E_C 看作成正比，而与 R_B 则成反比。当 E_C 为定值时，选择 R_B 可得到相应的 I_B。

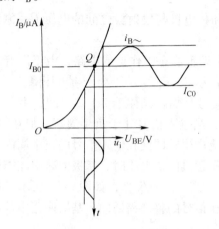

图 9-12 设置静态工作点后可避免失真   图 9-13 电压放大器的直流通路

2）计算静态集电极电流 I_C。由于

$$\beta = \frac{I_C}{I_B}$$

所以 $$I_C = \beta I_B \tag{9-7}$$

3）计算集电极与发射极之间的电压 U_{CE}。根据基尔霍夫第二定律可得

$$U_{CE} = E_C - I_C R_C \tag{9-8}$$

例 9-2 在图 9-9b 所示电路中，若已知 $E_C = 12\text{V}$，$R_B = 300\text{k}\Omega$，$R_C = 4\text{k}\Omega$，晶体管 $\beta = 50$，试求其静态工作点。

解 根据式（9-6），可得

$$I_B \approx \frac{E_C}{R_B} = \frac{12}{300 \times 10^3}\text{mA} = 0.04\text{mA}$$

根据式（9-7），可得

$$I_C = \beta I_B = 50 \times 0.04\text{mA} = 2\text{mA}$$

根据式（9-8），可得

$$U_{CE} = E_C - I_C R_C = (12 - 2 \times 10^{-3} \times 4 \times 10^3)\ \text{V} = 4\text{V}$$

（3）用图解法求静态工作点   利用晶体管的输入特性与输出特性曲线，通过作图的方法分析放大器的基本性能，称为图解法。静态工作点也可用作图的方法在晶体管的输出特性曲线上求得，如图 9-14 所示。

1）直流负载线。图 9-14 中的线段 MN，称为直流负载线。直流负载线描绘了如图9-10所示的电压放大器中，当 E_C 和 R_C 为一定值时，U_{CE} 与 I_C 之间的对应关系曲线。它是根据

$U_{CE} = E_C - I_C R_C$ 作出的，具体作法如下：

令 $I_C = 0$，则 $U_{CE} = E_C$，得到图 9-14 中的 N 点；令 $U_{CE} = 0$，则 $I_C = E_C/R_C$，得到图 9-14 中的 M 点；连接 M 和 N 两点，就可以得到直流负载线。直流负载线与横轴的夹角 α 为

$$\alpha = \arctan \frac{E_C/R_C}{E_C} = \arctan \frac{1}{R_C} \qquad (9-9)$$

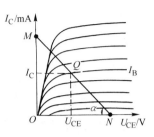

图 9-14 从输出特性曲线求静态工作点

2）确定静态工作点 Q。由式 $I_B = E_C/R_B$，可以求出电压放大器的静态基极电流 I_B。在晶体管输出特性曲线中，代表实际基极电流 I_B 的那条输出特性曲线与直流负载线 MN 的交点，就是放大器的静态工作点 Q。

3）根据 Q 求静态 I_B、I_C 与 U_{CE} 的值。通过 Q 点的那条晶体管输出特性曲线所对应的 I_B 值就是静态基极电流。

Q 点在输出特性曲线横轴上的投影就是 U_{CE} 的值。

Q 点在输出特性曲线纵轴上的投影就是 I_C 的值。

例 9-3 如图 9-9b 所示的电路中，若已知 $E_C = 6V$，$R_C = 3k\Omega$，$R_B = 150k\Omega$，晶体管的输出特性曲线如图 9-15 所示。试用图解法求静态工作点。

解 先作直流负载线，由于

$$U_{CE} = E_C - I_C R_C$$

令 $I_C = 0$，则 $U_{CE} = E_C = 6V$，得 N 点；令 $U_{CE} = 0$，则 $I_C = E_C/R_C = 6/3 = 2mA$，得 M 点；连接 N 和 M 两点，得到直流负载线，如图 9-15 所示。

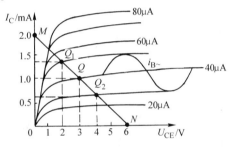

图 9-15 用图解法求静态工作点

确定静态工作点：

$$I_B = \frac{E_C}{R_C} = \frac{6}{150 \times 10^2} mA = 0.04mA = 40\mu A$$

$I_B = 40\mu A$ 的那条输出特性曲线与直流负载线的交点就是静态工作点 Q，如图 9-15 所示。

静态工作点各数值为：$I_B = 40\mu A$，$I_C = 1mA$，$U_{CE} = 3V$。

（4）静态工作点 Q 对输出波形的影响

上面已讲过不设置静态工作点会引起信号失真。下面通过图 9-16 将进一步讨论工作点选择不当时对放大器造成的影响。

如果静态工作点选择过高，如图 9-16 中的 Q_1 点，此时在输入信号电压的正半周，基极电流仍随输入信号电压变化而变化，但集电极电流增大到一定程度就不再增大而产生"饱和失真"。

如果静态工作点选择过低，如图 9-16

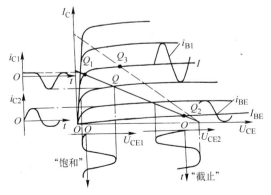

图 9-16 用图解法分析波形失真情况

中的 Q_2 点，在输入信号电压负半周的部分时间内，集电极电流将截止而产生"截止失真"。

为了防止出现波形失真，放大器的静态工作点一般应选择在负载线的中部。这时，在输入信号的整个周期内，集电极电流 I_C 和输出电压都有较大的动态变化范围。

另外，因为静态工作点是直流负载线与静态基极电流 I_B 所决定的那条输出特性曲线的交点，由于静态基极电流是由 R_B 和 E_C 确定的，直流负载线是由 E_C 和 R_C 确定的，所以，这些电路参数对选择静态工作点是十分重要的。只有正确地选择了静态工作点，才能保证信号不失真地得到放大。

3. 放大器的动态工作情况

当放大器输入了信号电压 u_i 后所处的工作状态，叫做放大器的动态。放大器的动态工作情况是基于它已经建立了合适的静态工作点后的工作情况。

（1）交流通路及输入、输出电阻

1）交流通路。输入信号电压 u_i 通过电容 C_1 耦合到晶体管 B、E 之间，输入耦合电容 C_1 能保证基极电源只供给晶体管基极电流，而不流向信号源。基极直流通道中串联的降压电阻（偏流电阻）R_B，既可保证有一定的 I_B，又可避免输入电压 u_i 被电源 E_C 短路。R_B 越大，其对交流信号的分流作用越小，可让大部分信号电源加到基极上，从而减轻信号源的负担。根据基尔霍夫定律可得

$$i_i = i_{B\sim} + i_{R_B\sim} \tag{9-10}$$

当 R_B 很大时，$i_{R_B\sim}$ 很小，可忽略不计，则

$$i_i = i_{B\sim} + i_{R_B\sim} \approx i_{B\sim}$$

放大器的输出端接有负载电阻 R_L，输出耦合电容 C_2 的作用是保证不让集电极直流电压加到 R_L 上，但它却能让放大后的交流信号顺利地传送到 R_L 上。由基尔霍夫定律可知，在晶体管集电极交流电流为

$$i_{C\sim} = i_{R_C\sim} + i_{R_L\sim} \tag{9-11}$$

各电流之间的关系如图 9-17 所示。

2）输入电阻 r_i。放大器的输入电阻就是从放大器输入端看进去的交流等效电阻。由于耦合电容 C_1 和电源 E_C 对交流可看作是短路，集电结因电阻很大可看作开路。所以，在图 9-9b 所示的电压放大器基本电路中，从输入端看进去的输入电阻是偏流电阻 R_B 和晶体管输入电阻 r_{BE} 并联后的等效电阻。其输入端等效电路如图 9-18 所示。

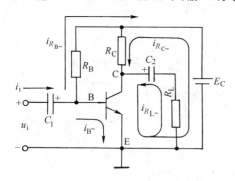

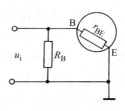

图 9-17　电压放大器的交流通路　　　　　图 9-18　电压放大器的输入端等效交流电路

输入电阻 r_i 的算式为

$$r_i = R_B // r_{BE} = \frac{R_B r_{BE}}{R_B + r_{BE}} \qquad (9\text{-}12)$$

对于一般小功率晶体管的发射结电阻可用下式计算：

$$r_{BE} \approx 300\Omega + (1 + \beta)\frac{26}{I_E} \qquad (9\text{-}13)$$

r_{BE} 的单位为 Ω。

由于一般小功率晶体管的 r_{BE} 都比较小（约几百欧到几千欧），而图 9-9b 所示的电路中 R_B 较大（一般为几百千欧），在 $R_B \gg r_{BE}$ 的情况下，式（9-12）可简化为

$$r_i \approx r_{BE} \qquad (9\text{-}14)$$

3）输出电阻 r_o。放大器的输出电阻，就是从放大器的输出端看进去的交流等效电阻。由于耦合电容 C_2 和直流电源 E_C 对交流可以看作短路，所以图 9-9b 的交流等效电路如图 9-19 所示。

图 9-19 中，因集电极与发射极的电阻很大，则输出电阻可以写成

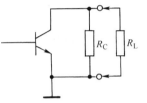

图 9-19　电压放大器的输出端等效交流电路

$$r_o \approx R_C \qquad (9\text{-}15)$$

例 9-4　一台电压放大器，已知：$R_B = 300\text{k}\Omega$，$I_C = 2\text{mA}$，晶体管 $\beta = 50$，$R_C = 2.5\text{k}\Omega$，试求它的输入电阻 r_i 和输出电阻 r_o。

解　因为 $I_E \approx I_C = 2\text{mA}$，根据式（9-13），所以

$$r_{BE} \approx 300\Omega + (1 + \beta)\frac{26}{I_E} = 300\Omega + (1 + 50)\frac{26}{2}\Omega = 963\Omega$$

$$r_i = R_B // r_{BE} = 300000 // 963\Omega \approx 960\Omega$$

$$r_o \approx R_C = 2.5\text{k}\Omega$$

（2）交流负载线　对于大多数放大器来讲，它的输出端都要带一定的负载，当输出端接上负载 R_L 后，它的交流等效负载电阻 R_L' 不单是 R_C，而应是 R_C 与 R_L 的并联电阻，如图 9-19 所示，即

$$R_L' = \frac{R_C R_L}{R_C + R_L} \qquad (9\text{-}16)$$

根据 R_L' 作出的负载线称为交流负载线，即图 9-20 中的 $M_1 N_1$ 线段，其斜率为

$$\alpha' = \arctan\frac{1}{R_L'}$$

交流负载线有两个特点：一是，当输入信号电压的瞬时值为零时，电路的工作情况与静态时相同，所以交流负载线仍通过静态工作点 Q；另一个是，交流负载线的斜率由交流输出电阻决定。

比较交、直流负载线，可得出如下结论：首先，

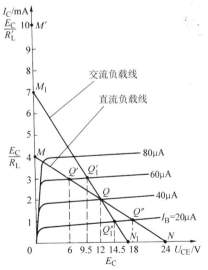

图 9-20　交流负载线

由于放大器的 R'_L 小于 R_C，所以交流负载线的斜率总是比直流负载线的斜率更陡一些；其次，交流负载线由放大器的交流通路决定，它主要用来确定放大器的工作电流及电压变化的情况。由交流负载线和晶体管输出特性曲线确定动态工作范围和放大倍数时，一般 Q 点最好选在交流负载线的中央；第三，带上负载以后，晶体管的一部分集电极交流电流 i_C 被负载电阻 R_L 分流，因此，输出电压 u_o 的幅值将减小。

（3）电压放大倍数（也称为电压增益）　放大器的电压放大倍数是指放大器的输出信号电压与输入信号电压之比，同理，可定义电流放大倍数和功率放大倍数，三者分别用 K_u、K_i 和 K_p 表示，即

电压放大倍数

$$K_u = \frac{u_o}{u_i} = \frac{-i_{C\sim} R'_L}{i_{B\sim} r_{BE}}$$

由于 $i_{C\sim} = \beta i_{B\sim}$，故上式可改写为

$$K_u = -\frac{\beta R'_L}{r_{BE}} \tag{9-17}$$

电流放大倍数

$$K_i = \frac{i_o}{i_i} = \frac{i_{C\sim}}{i_{B\sim}} = \beta \tag{9-18}$$

功率放大倍数

$$K_p = \frac{u_o i_o}{u_i i_i} = K_u K_i \tag{9-19}$$

例 9-5　如图 9-17 所示的电压放大器中，已知 $E_C = 12V$，$R_B = 240k\Omega$，$R_C = 3k\Omega$，晶体管 $\beta = 40$，试求：（1）不接负载电阻时的电压放大倍数；（2）接上 $2k\Omega$ 负载电阻时的电压放大倍数。

解　静态集电极电流 I_C 为

$$I_B = E_C / R_B = \frac{12V}{240 \times 10^3 \Omega} = 0.05mA$$

$$I_C = \beta I_B = 40 \times 0.05mA = 2mA$$

$$I_E \approx I_C = 2mA$$

根据式（9-13），r_{BE} 为

$$r_{BE} = 300\Omega + (1 + \beta)\frac{26}{I_E} = 300\Omega + 41 \times \frac{26}{2}\Omega = 833\Omega$$

因不接负载电阻时，$R'_L \approx R_C$，则有

$$K_u = -\frac{\beta R'_L}{r_{BE}} = -\frac{40 \times 3000\Omega}{833\Omega} \approx -144$$

接上 $2k\Omega$ 负载电阻时，有

$$R'_L = \frac{R_L R_C}{R_L + R_C} = \frac{2 \times 3}{2 + 3}k\Omega = 1.2k\Omega$$

$$K_u = -\frac{\beta R'_L}{r_{BE}} = -\frac{40 \times 1200k\Omega}{833k\Omega} \approx -58$$

例 9-5 表明，电压放大器接上负载电阻后，电压放大倍数的绝对值降低了。这和上面讨

论的情况是一致的。

4. 放大器的电压放大过程

如图 9-17 所示，当交流小信号 u_i 输入时，由于 C_1 对交流信号近似于短路，所以信号直接加在 B、E 之间，这样，对于晶体管基极来说就有两个电流通过，即一个是由 E_B 提供的直流电流 I_B，另一个是由 u_i 提供的交流电流 $i_{B\sim}$，所以这时基极的总电流为

$$i_B = I_B + i_{B\sim} \tag{9-20}$$

由于 E_B 不变，则 I_B 不变；u_i 变动，则 $i_{B\sim}$ 变动，因此，i_B 随 $i_{B\sim}$ 变动，其变动频率与 u_i 相同。另外，i_B 的变动必将引起 i_C 相应的变动，其大小由下式决定，即

$$i_C = \beta i_B \tag{9-21}$$

从式（9-20）和式（9-21）可得集电极的总电流为

$$i_C = \beta\left(I_B + i_{B\sim}\right) = \beta I_B + \beta i_{B\sim} = I_C + i_{C\sim}$$

当 i_C 流过集电极电阻 R_C 时，不仅其中的直流电流 I_C 要在 R_C 上产生直流电压降 $U_{RC} = I_C R_C$，而且放大后的信号电流 $i_{C\sim}$ 也要在 R_C 上产生交流电压降 $u_{R_C\sim} = i_{C\sim} R_C$。由于 i_C 比 i_B 大 β 倍，且与 i_B 的变化频率相同，所以 $u_{R_C\sim}$ 比 u_{BC} 要大很多倍。

由图 9-17 可求出放大电路的输出电压。因为

$$u_{CE} = E_C - i_C R_C = E_C - \left(I_C + i_{C\sim}\right) R_C = E_C - I_C R_C - i_{C\sim} R_C$$

又

$$E_C - I_C R_C = U_{CE}$$

所以

$$u_{CE} = U_{CE} - i_{C\sim} R_C \tag{9-22}$$

或

$$u_{CE} = U_{CE} + \left(-i_{C\sim} R_C\right)$$

式（9-22）表明晶体管 C、E 之间的总电压 u_{CE} 是由两部分组成的，其中 U_{CE} 是直流部分，$-i_{C\sim} R_C$ 是交流部分，也就是说

$$u_{CE} = U_{CE} + u_{CE\sim} \tag{9-23}$$

其中

$$u_{CE\sim} = -i_{C\sim} R_C \tag{9-24}$$

式中负号表示 $u_{CE\sim}$ 的相位与 $i_{C\sim}$ 相反。

由于电容器 C_2 的隔直流和通交流的作用，所以负载两端的电压，即放大器的输出电压 u_o，只是管子 C、E 间总电压的交流部分，即

$$u_o = u_{CE\sim} = -i_{C\sim} R_C \tag{9-25}$$

式（9-25）说明放大器输出电压的特点是：u_o 与 $i_{C\sim}$ 的频率相同，相位相反，也就是说 u_o 与输入信号 u_i 的频率相同，相位相反（因为 $i_{C\sim}$ 与 u_i 频率相同，相位也相同）；u_o 的幅度比 u_i 大很多倍。

图 9-21 所示晶体管低频电流放大器部分各电流及电压的波形。

综上所述，输入信号电压经过单管低频电压放大器放大后，在输出端得到的是一个频率与输入信号相同，相位相反，幅度比原输入信号大许多倍的输出电压信号。

5. 分压式电流负反馈偏置电路

由于晶体管的参数受温度的影响很大，如温度升高时，晶体管的 β 和 I_{CEO} 都会增大。这样，晶体管的集电极电流 I_C 就要随之增大，结果就会造成工作点的不稳定。为了使放大器的输出波形不失真，除需设置适当的静态工作点外，还需采取稳定工作点的措施。

图 9-22 是一种常见的能稳定工作点的电压放大器。图中 R_{B1} 和 R_{B2} 组成分压电路，供给

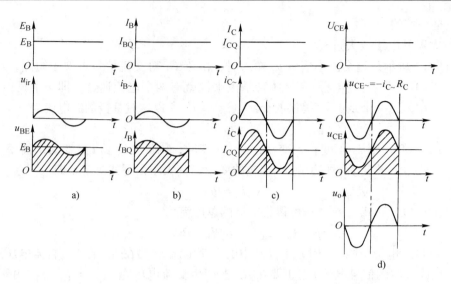

图 9-21　各部分电流及电压的波形

基极偏流。由图可知，$I_1 = I_2 + I_B$。当 $I_1 \geqslant$（5 ~ 10）I_B 时，可认为 $I_1 \gg I_B$，此时 $I_1 \approx I_2$，R_{B1} 和 R_{B2} 上可看作流过同一电流。这样，R_{B2} 两端的电压（也就是基极对地电压）由 R_{B1} 和 R_{B2} 的分压比决定，即

$$U_B = U_{R_{B2}} = \frac{R_{B2}}{R_{B1} + R_{B2}} E_C \qquad (9\text{-}26)$$

所以，只要 R_{B1}、R_{B2} 和 E_C 确定，晶体管的 U_B 也就基本固定而与温度无关。

图 9-22 中串接在发射极电路中的 R_E 为负反馈电阻。所谓反馈就是把放大器输出信号的一部分或全部送到输入端。若反馈信号与原输入信号的极性相反，对原输入信号有削弱作用的称为负反馈；反馈信号与原输入信号的极性相同，能增强原输入信号的称为正反馈。

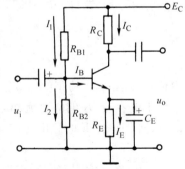

该放大器的工作原理是：假设由于温度 T 升高而引起 I_C 增大，则 I_E 也要增大，R_E 两端的电压 $U_{R_E} = I_E R_E$ 也随之增大。但由于 U_B 固定不变，则 U_{R_E} 增大后，U_{BE} 将减小，基极电流 I_B 也随之减小，I_C 自动下降，从而稳定了工作点。其稳定过程为

图 9-22　分压式电流负反馈偏置电路

$$T \uparrow \longrightarrow I_C \uparrow \longrightarrow I_E \uparrow \longrightarrow U_{R_E} \uparrow \xrightarrow{\text{U_B 不变}} U_{BE} \downarrow \longrightarrow I_B \downarrow \longrightarrow I_C \downarrow$$

因此，图 9-22 所示的放大电路又称为分压式电流负反馈偏置电路。

通常 R_{B1} 取几十千欧，R_{B2} 取几千欧，通过调节 R_{B1} 来改变放大器的静态工作点。而 R_E 的数值约取几十欧至几千欧，R_E 越大，其负反馈作用越强，工作点越稳定，但消耗的电能就越大。

为了使 R_E 对交流信号不产生负反馈，可在 R_E 两端并接一个大容量的电容器 C_E，以便让交流信号由 C_E 旁路而不流过 R_E，所以 C_E 叫做旁路电容。这样既稳定了静态工作点，又不致影响电路的电压放大倍数。

6. 阻容耦合放大器

前面介绍的电压放大器是单级放大器，它的放大倍数通常只有几十倍，然而在实际应用中，往往要将一个微弱的电信号放大几千倍甚至几十万倍才能满足要求。为此，必须把若干级放大器串联起来，对信号进行不断放大，直到满足所需要的放大倍数。由两级或两级以上的单管放大器所组成的放大器称为多级放大器。

图 9-23 所示为多级放大器的结构框图，其中前几级（前置级）的任务是将微弱的输入信号（一般是信号电压）放大到足够大，以此推动功率放大级工作，最后由末级输出具有一定功率的信号去带动各种负载（扬声器、电动机等）。

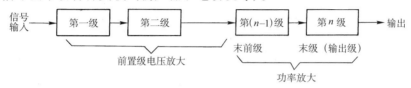

图 9-23 多级放大器的结构框图

在多级放大器电路中，每两个单级放大器之间的连接方式叫做级间耦合。级间耦合的任务是保证前级信号不失真地传送到下一级，并尽可能地保证各级工作点的稳定。

常见的级间耦合方式有阻容耦合、变压器耦合和直接耦合三种，在低频电子电路中常采用阻容耦合的方式。

图 9-24 所示的两级放大器，它们前后级之间是由电阻和电容来联系的，所以叫做阻容耦合放大器，两级之间的电容就叫做耦合电容。C_1 是信号源和第一级放大器之间的耦合电容，C_2 是第一、二级放大器之间的耦合电容，C_3 是第二级放大器和负载（或下一级放大器）之间的耦合电容。

在阻容耦合放大器中，利用电容器通交流、隔直流的特性，就可以使各个单级放大器的静态工作点互不影响，还保证了前级交流信号能够顺利地传递到后级。

图 9-24 中的电阻 R_{21} 和 R_{22} 既是第二级放大器的偏置电阻，又是两级之间的耦合电阻，前级放大器的输出电流信号在耦合电阻上产生压降，作为下一级放大器的输入信号。

根据放大倍数的定义，可求得两级耦合放大器的电压放大倍数为

$$K_u = \frac{u_{o2}}{u_{i1}} = \frac{u_{o1}}{u_{i1}}\frac{u_{o2}}{u_{o1}} = \frac{u_{o1}}{u_{i1}}\frac{u_{o2}}{u_{i2}} = K_{u1}K_{u2} \tag{9-27}$$

二、晶体管功率放大电路

为了使放大器输出足够大的功率，不仅要有较大的电压输出，同时还要有较大的电流输出。所以功率放大器一般都处于大信号（即大电流、高电压）的工作状态。根据其工作任务及工作状态的特点，对功率放大器有以下几个要求：

1）要有足够大的功率输出。

2）非线性失真要小。

3）效率要高。

功率放大器的形式很多，这里只介绍几种常见形式。

1. 单管功率放大器

如图 9-25 所示，T1 是把输入信号（前级信号）输入到功率放大器的变压器，叫做输入

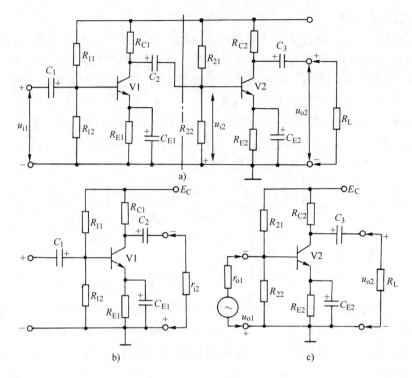

图 9-24 阻容耦合放大器

变压器；T2 是把功率放大器的输出功率传输给负载的变压器，叫做输出变压器，R_1、R_2 和 R_E 构成了使工作点稳定的电流负反馈偏置电路；C_E 和 C_B 是旁路电容。

（1）T1 与 T2 的作用　功率放大器一般采用变压器耦合，使用输入、输出变压器 T1 与 T2 后，既能使前级的交流信号顺利地输送到后级，使前后级的静态工作点互不影响，又可利用变压器来进行阻抗变换而获得适当的负载匹配，以保证放大器输出最大功率。

输出变压器 T2 的匝数比为

$$n = \frac{N_1}{N_2} = \sqrt{\frac{R'_L}{R_L}} \tag{9-28}$$

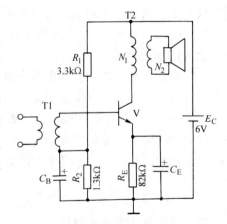

图 9-25 单管功率放大器

（2）静态工作点和交、直流负载线　功率放大器是在大信号下工作的，常用图解法来分析其电路的工作情况。

对于单管功率放大电路，可用如图 9-26 所示的图解分析法来讨论。

1）直流负载线。我们已经知道直流负载线应是 $U_{CE}=0$、$I_C=\frac{E_C}{R_C}$ 及 $I_C=0$、$U_{CE}=E_C$ 两点间的连线。但在单管功率放大器中，集电极电阻被输出变压器 T2 的一次绕组所代替，它的直流电阻很小，几乎等于零。所以直流负载线是一条通过 E_C 并且垂直于横轴的直线。直流负载线与基极偏置电流为 I_{BQ} 时的输出特性曲线的交点就是静态工作点。

2）交流负载线。当输入交流信号时，变压器 T2 的一次绕组就是放大器的交流等效阻抗 R'_L，通过静态工作点 Q 作一条斜率为 $\tan\alpha = 1/R'_L$ 的直线，这就是放大器的交流负载线，如图 9-26 中的直线 MN。

图 9-26 中 P_{CM} 是晶体管功耗极限曲线，在工作中要充分利用晶体管，使它既能满载运行，又能安全工作，因而 Q 点和交流负载线 MN 应选在 P_{CM} 的下方，并靠近该曲线。若交流负载线的斜率选择适当，Q 点又选在它的中点，则可以获得最大功率。图 9-26 画出了在基极信号作用下，集电极电压和电流变化的波形。

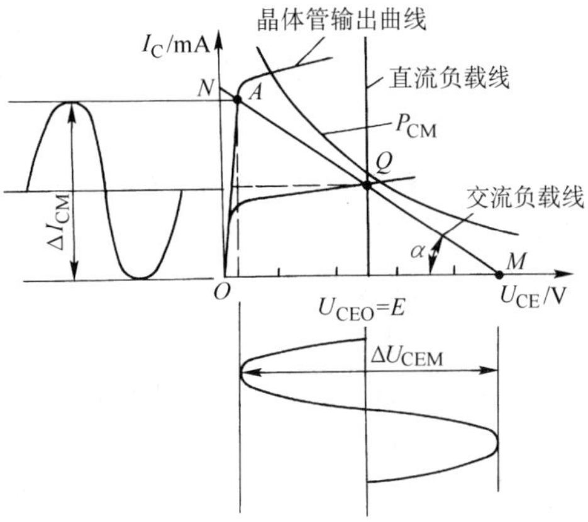

（3）输出功率和效率 由图 9-26 可知，当输入交流信号时，若无非线性失真，则集电极电流的峰值为

$$I_{CM} = \frac{\Delta I_{CM}}{2} \tag{9-29}$$

图 9-26 单管功率放大器的图解分析法

集电极电压的峰值为

$$U_{CEM} = \frac{\Delta U_{CEM}}{2} \tag{9-30}$$

交流输出功率为

$$P_o = \frac{I_{CM}}{\sqrt{2}}\frac{U_{CEM}}{\sqrt{2}} = \frac{\Delta I_{CM}}{2\sqrt{2}} = \frac{\Delta U_{CEM}}{2\sqrt{2}} = \frac{1}{8}\Delta I_{CM}\Delta U_{CEM} \tag{9-31}$$

当忽略晶体管的饱和区和截止区的影响以及发射极电阻 R_E 上的电压降时，最大的变化范围为

$$\Delta U_{CEM} = 2E_C \qquad \Delta I_{CM} = 2I_C$$

所以最大输出功率为

$$P_{oM} = \frac{1}{8}\Delta I_{CM}\Delta U_{CEM} = \frac{1}{2}E_C I_C$$

而电源供给的平均功率为

$$P_i \approx E_C I_C$$

所以，在理想情况下，放大器的最大效率为

$$\eta = \frac{P_o}{P_i} \approx \frac{\frac{1}{2}E_C I_C}{E_C I_C} = 50\%$$

从以上分析可知：单管功率放大器的特点是静态工作点设在交流负载线 MN 的中点，在信号的整个周期内集电极电路都有电流通过，这种工作状态叫做甲类状态，这时失真较小，效率不大于 50%，若考虑晶体管的实际工作情况和变压器的功率损耗，它的实际效率只有 20% ~ 40%。

2. 变压器耦合的推挽功率放大器

（1）电路的组成 图 9-27 所示为不设偏置电路的变压器耦合放大器，各元器件的作用如下：

1）V1 和 V2 是一对性能相同的晶体管，它们在输入波形的一个周期内交替工作，一个管子承担正半周的放大工作，另一个管子承担负半周的放大工作。由于两个管子很像拉锯似的一推一拉（挽）地工作，所以叫做推挽功率放大器。

2）输入变压器 T1 的二次绕组采用带中心抽头的对称形式，它能把输入信号 u_i 变成两个大小相等、相位相反的信号 u_{i1} 和 u_{i2}，并分别加在两个晶体管的发射结上，以保证两个晶体管交替工作。

3）输出变压器 T2 的一次绕组也绕成中心抽头的对称形式，它能将两个晶体管各自放大的半个波形合成为一个完整的波形，耦合到负载上。采用变压器耦合后，还能实现阻抗匹配，使负载得到最大功率。

（2）工作过程　如图 9-27 所示，当交流信号 u_i 输送给 T1 的一次侧时，在其二次侧中将感应出两个大小相等、相位相反的信号电压 u_{i1} 和 u_{i2}。当输入信号为正半周时，u_{i1} 使 V1 发射结正偏，所以 V1 处于放大状态，而 u_{i2} 使 V2 发射结反偏，所以 V2 处于截止状态；当输入信号为负半周时，则 V1 截止、V2 放大。这样在每个半周内都有一个晶体管处于放大状态，经放大后得到的集电极电流 i_{C1} 和 i_{C2} 如图 9-27 所示，通过输出变压器 T2 的作用，把两个晶体管交替出现的集电极电流，耦合到二次负载 R_L 上，于是在负载上得到一个放大了的完整信号波形。

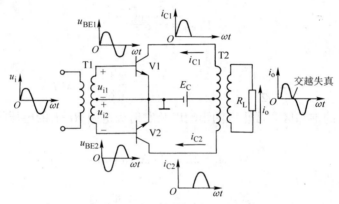

图 9-27　变压器耦合的推挽功率放大器

推挽功率放大器也可以采用图解分析法，如图 9-28 所示，将两个晶体管的输出特性曲线一左一右地反向画出，它们的 U_{CE} 轴相联，并在 $U_{CE} = E_C$ 的 Q 点相连接，这样工作点 Q 即在 Q' 与 Q'' 间移动，相应的集电极电压及电流波形如图 9-28 所示。

推挽功率放大器的输出功率为

$$P_o = \frac{1}{2} I_{CM} U_{CEM}$$

在忽略发射极电阻压降和输出特性饱和压降的理想情况下，推挽放大器的最大输出功率为

$$P_{oM} = \frac{1}{2} I_{CM} E_C$$

电源输入的平均功率为

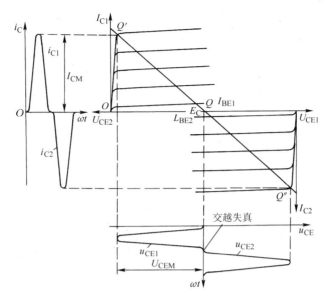

图 9-28　推挽功率放大器的图解分析法

$$P_i = \frac{2}{\pi} E_C I_{CM} \qquad (9-32)$$

在理想情况下，推挽功率放大器的最大效率为

$$\eta = \frac{P_{oM}}{P_i} \approx \frac{\frac{1}{2} I_{CM} E_C}{\frac{2}{\pi} E_C I_{CM}} = \frac{\pi}{4} \approx 78.5\%$$

通过以上分析可知，推挽功率放大器中晶体管的静态工作点靠近截止区，两个晶体管的工作状态都只有半个周期导电，这种工作状态叫做乙类放大，它的效率要比甲类功率放大器高。

乙类推挽功率放大器的工作点选在截止区，由于晶体管特性曲线的非线性，当两个晶体管交替工作时，其输出的合成波形在过零处就出现不相衔接的现象（失真），这种失真称为交越失真，如图 9-28 所示。

为减小交越失真，通常给晶体管加上偏置电路，如图 9-29 所示。图中 R_1 和 R_2 为偏置电阻，为晶体管提供适当的偏置电流。由于基极有两管的静态电流 I_{C0}（一般取 $2 \sim 4\mathrm{mA}$），每个管子集电极电流导通时间略大于半个周期，这样耦合到变压器 T2 二次侧负载电阻 R_L 的电流 i_o 便接近于不失真的完整正弦波，减小了交越失真。R_E 为负反馈电阻，其阻值很小，以减小损耗，它的作用是稳定工作点。

图 9-29 所示的电路是带有偏置电路的推挽功率放大器，由于提供了适当的偏流，它的工作点介于甲类与乙类之间，所以也叫做甲乙类工作状态。

3. 无输出变压器的功率放大器

变压器耦合的推挽功率放大器虽然有很多优点，但是，由于变压器的体积大、重量大、制造工艺复杂，频率响应差，所以出现了多种不用变压器的推挽功率放大电路，即 OTL 电路，OTL 是表示没有输出变压器的意思。在实际运用中，OTL 电路又分为有输入变压器、无

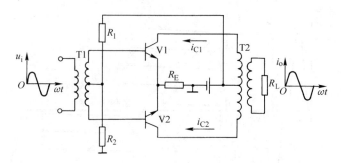

图 9-29　带有偏置电路的推挽功率放大器

输出变压器和既无输入变压器、也无输出变压器两类。下面以图 9-30 所示某收音机末级无输出变压器推挽功放电路为例，来说明 OTL 电路的工作原理。

　　图中输入变压器把输入信号变为两个大小相等、相位相反的信号，分别送入 V1 和 V2 的输入端，因为两个管子都工作在乙类放大状态，所以当交流输入电压为负半周时，V1 发射结处于正向偏压而导通，V2 发射结处于反向偏置而截止。放大后的信号电流沿电源 E_C 正极→R_L→C→R_{E1}→V1→电源负极回路流动，一方面为负载提供信号功率，同时又对电容 C 充电，其极性如图 9-31a 所示；反之，当信号的正半周输入时，V1 截止，V2 导通，充电后的电容 C 沿 R_L→R_{E2}→V2 回路放电，放电方向如图 9-31b 所示。这里电容 C 相当于一个电源向负载供电，显然，这时流过负载的电流方向与信号电压为负半周时的电流方向相反，只要电容器 C 的容量足够大，在负载上就能得到一个完整的正弦电压。

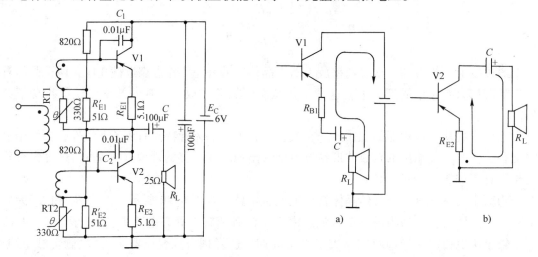

图 9-30　某收音机末级无输出变压器推挽功放电路　　　　图 9-31　无输出变压器电路的工作原理

　　在图 9-30 所示的偏置电路中，采用了热敏电阻 RT1 和 RT2 来进行温度补偿，以保证静态工作点的稳定。另外，电容 C_1、C_2 是反馈电容，用来改善音质。

第三节　晶体管正弦波振荡电路

　　振荡电路的作用是产生一个一定频率的交流信号，它与放大电路的区别是振荡器不需要外加输入信号就能输出交流信号，我们把这类特殊的放大器叫做自激振荡器。根据振荡器产生的交流信号波形，可分为正弦振荡器和非正弦振荡器两大类；而根据振荡器的组成元件不同，又可以分为 LC 和 RC 两种，这里只讨论自激 LC 正弦振荡器。

一、振荡现象

图 9-32 所示为由电感 L 和电容 C 组成的振荡电路的工作过程。

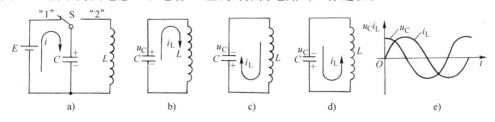

图 9-32　LC 振荡电路的工作过程

如图 9-32a 所示，将开关 S 拨到"1"，则电源 E 对电容 C 充电，电容两端电压 u_C 逐渐上升并达到电源电压 E；然后把开关拨到"2"（见图 9-32b），由于电容 C 与电感 L 形成闭合回路，于是 C 开始对 L 放电，但由于电感 L 的自感作用，电流不会突然增大，因此，放电电流是逐渐增大的；随着 u_C 逐渐下降直到零，放电电流逐渐上升到最大，此时电容 C 上的电能已全部转换成磁能储存在 L 中。虽然 $u_C = 0$ 时电容已停止放电，但由于电感的自感作用，使流过电感 L 的电流逐渐减小并按原方向流动，这个电流便对电容 C 进行反充电，使电容两端的电压又逐渐上升，其极性如图 9-32c 所示，于是电感 L 储存的磁能又转变为电容 C 上的电能；由于磁能逐渐减小，i_L 也逐渐减小，当 i_L 减小到零时，对电容 C 的充电完毕，u_C 上升到负的最大值；一旦 i_L 为零，电容 C 又要对电感 L 放电，其电流方向如图 9-32d 所示，此时，放电电流与上次放电电流方向相反，在无损耗的情况下，充电与放电过程将不断重复下去，使电源供给电容 C 的直流电能转变成了交流电。我们把这种磁场与电场的周期性转换叫做电磁振荡。实验和计算都证明，振荡电流和电压是按正弦规律变化的。图 9-32e 中画出了电容 C 上的电压 u_C 和充放电流 i_L 的波形。LC 电路的振荡频率 f_0 由下式决定，即

$$f_0 = \frac{1}{2\pi \sqrt{LC}} \tag{9-33}$$

式中　f_0——振荡频率（Hz）；

　　　L——振荡电路的电感量（H）；

　　　C——振荡电路的电容量（F）。

二、振荡条件

由于 LC 振荡电路中电感和电容在振荡过程中都要消耗能量，若不及时给其补充能量则振荡将逐渐减弱直至停止；为了维持振荡，必须按时按量地给 LC 振荡电路补充能量，这是振荡器工作的必要条件。下面我们以晶体管反馈放大器的结构框图来分析能够维持振荡的条件。

如图 9-33 所示，设放大器的输入电压为 u_i，输出电压为 u_o，则 u_o 的变化规律与 u_i 相对应。如果从放大器输出电压 u_o 中取出一部分与 u_i 同相位的 u_f，并且使 $u_f \approx u_i$ 来代替 u_i 作放大器的输入信号，则放大器就能够保持输出仍为 u_o，于是，放大器就变成了自激振荡器，因此，振荡电路产生自激振荡的必要和充分条件是：

第一，要有一个正反馈，即反馈到输入端的电压相位和原输入信号电压的相位相同。

第二，要有足够的反馈量，即反馈电压的幅值必须大于或等于原输入电压的幅值。

同时满足以上两个条件后，振荡器就一定能产生自激振荡，振荡频率由电路本身的参数所决定的。由式（9-33）可以看出，当电路参数 L、C 一旦决定后，就能产生一个

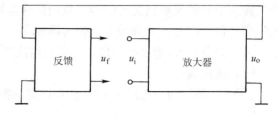

图 9-33　反馈放大器的结构框图

固定频率的振荡，因此 LC 振荡电路可作为选频电路，应用 LC 作为选频电路的振荡器称为 LC 振荡器。

三、几种 LC 振荡器的基本电路

LC 振荡器有三种基本电路：变压器耦合式振荡器、电感三点式振荡器和电容三点式振荡器。

1. 变压器耦合式振荡器

图 9-34 所示为变压器耦合式振荡电路，它与前面介绍的分压式电流负反馈偏置电路相似，只是集电极电阻用 LC 选频电路代替，反馈信号由与线圈 L 耦合的反馈线圈 L_2 经隔直电容 C_1 送入晶体管基极，组成正反馈电路；C_1 与 C_E 的作用是让正反馈信号直接加在晶体管 V 的 E、B 之间，而且不影响原来的直流偏置；直流电源 E_C 给电路提供能量。

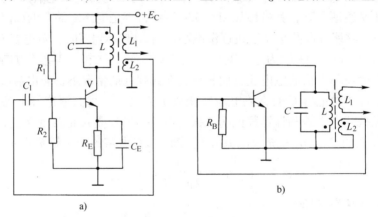

图 9-34　变压器耦合式振荡器

其工作原理是：接通电源的瞬间，由于偏置电路 R_1 和 R_2 的分压作用，给晶体管基极提供了微小偏流，从而产生了集电极电流，该电流也称为起振电流，并对电容 C 充电；起振电流向 LC 电路提供了能量，激起了电磁振荡，振荡器就起振了；由于振荡电路与反馈电路具有选频、放大、正反馈的能力，在 LC 选频电路中就能自动选出与 LC 电路固有频率相同的分量，这个频率分量经过放大→反馈→再放大→再反馈→再放大的循环过程，振荡电压会不断地加大；但是由于受晶体管特性曲线非线性的限制，使放大电路的放大倍数将随振荡器幅度的增加而减小，最后稳定在一定幅值下形成等幅振荡。

上述电路中，L_2 不能接反，否则变成了负反馈，不仅不能振荡，还会使起始的一些微弱振荡被负反馈抵消掉。L_2 与 L 的比值决定了反馈量的大小，LC 的大小决定了电路的振荡

频率。

2. 电感三点式振荡器

图 9-35a 所示为电感三点式振荡电路，振荡线圈 L 被分成 L_1 和 L_2 两部分，它是以从 LC 电路中直接引出一部分电压来作为正反馈信号的，其反馈电压从线圈 L_2 上取得，它的特点是振荡线圈 L_1、L_2 有三个引出端点，从交流通路上来看，这三个端点分别连接到晶体管的 B、E、C 三个极上，故称为电感三点式振荡电路，如图 9-35b 所示。

电感三点式振荡器的工作原理与变压器耦合式振荡器相同，其振荡频率可由下式决定，即

$$f_0 \approx \frac{1}{2\pi \sqrt{LC}}$$

式中各符号的意义和单位均同式（9-33）。

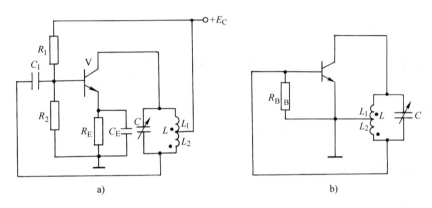

图 9-35　电感三点式振荡器

由于电感三点式振荡器采用了中间抽头的方法把线圈 L 分成 L_1 与 L_2 两部分，这样 L_1 和 L_2 耦合紧密，它比变压器耦合式电路更易起振，输出幅度也大；但因反馈电压是从 L_2 上取得的，因此，在 LC 电路中产生的高次谐波也能在 L_2 上产生正反馈，使输出波形变坏，不过，只要选取适当的抽头位置，就可改善输出波形。一般选取 L_2 为总匝数的 $1/8 \sim 1/4$，即可达到要求。

3. 电容三点式振荡器

图 9-36a 所示为电容三点式振荡器，振荡回路由 C_1、C_2 串接后与 L 并联组成。正反馈电压取自 C_2，由于电容 C_1、C_2 的三个端点分别与晶体管的 B、E、C 三个极相连接，故称为电容三点式振荡器。其中集电极电阻 R_C 的作用是防止集电极输出的交流信号对地短路。

电容三点式振荡电路的工作原理与上述振荡器相同。由于电容支路的总电容量 C 等于 C_1 和 C_2 的串联，即

$$C = \frac{C_1 C_2}{C_1 + C_2} \tag{9-34}$$

因而振荡频率为

$$f_0 = \frac{1}{2\pi \sqrt{L \dfrac{C_1 C_2}{C_1 + C_2}}} \tag{9-35}$$

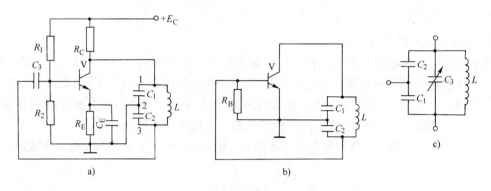

图 9-36　电容三点式振荡器及调节频率的方法

电容三点式振荡电路比电感三点式和变压器耦合式振荡电路的振荡频率高，比它们稳定，输出的波形也较好。

实验　单管低频交流小信号电压放大器的安装和调试

（一）实验目的

1）进一步掌握交流放大器的工作原理，初步学会电路的焊接和调试方法。

2）熟悉真空管毫伏表、音频信号发生器和示波器的使用方法。

（二）实验电路、设备和材料

1）实验电路如图 9-37 所示。

2）实验的设备和材料：万用表一个、真空管毫伏表一个、低频信号发生器一台、稳压电源（6V）一台、示波器一台，晶体管 3DG100 一个、电阻 $\left(\dfrac{1}{8} \mathrm{W}\right)$ 1kΩ、3.3kΩ、5.1kΩ、10kΩ 各一个，47kΩ 电位器一个、电解电容 10μF/6V 两个、100μF/6V 一个。

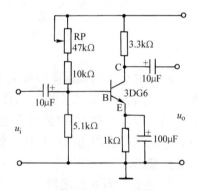

图 9-37　单管放大器实验电路

（三）实验步骤

1）按图 9-37 接好电路，待检查无误后方可通电试验。

2）调整静态工作点：在集电极与集电极电阻间用万用表直流电流挡测量集电极电流，调节电位器 RP，使 $I_\mathrm{C} = 0.8\mathrm{mA}$。

3）用万用表直流电压挡测量 U_BE、U_CE 值。

4）用示波器观察波形：用低频信号发生器作信号源，加在放大器输入端，从示波器上观察输入信号、输出信号并调节低频信号发生器的输出电压幅度，使放大器输出波形不失真。

5）用真空管毫伏表测量输入、输出电压，并求出放大器的电压放大倍数。

6）调节 RP，观察放大器输出波形失真情况。

7）改变低频信号发生器输出信号频率，观察放大器输出波形的变化。

（四）讨论

1）静态工作点调好后，U_BE、U_CE 电压有何特点？

2）改变电位器 RP 的阻值，输出波形如何变化？

3）改变输入信号电压 u_i 大小，放大器输出波形如何变化？

4）改变输入信号电压 u_i 的频率，放大器输出电压 u_o 波形有何变化？

复　习　题

1. 叙述晶体管的各区、结、极的名称，分别画出 PNP 型和 NPN 型晶体管的图形符号。

2. 晶体管电流的放大条件是什么？

3. 晶体管的 C、E 极对调后会产生什么影响？

4. 已知某晶体管的发射极电流 $I_E = 3.24\text{mA}$，基极电流 $I_B = 40\mu\text{A}$，求其集电极电流 I_C 的数值。

5. 在图 9-38 电路中测量出下列晶体管的各电极对地的电位，试判断各晶体管处于哪种工作状态。

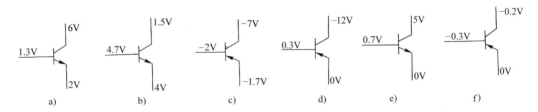

图 9-38　判断晶体管的工作状态

6. 晶体管的主要参数有哪些？

7. 已知某晶体管的 $I_B = 20\mu\text{A}$ 时，$I_C = 1.4\text{mA}$；而 $I_B = 80\mu\text{A}$ 时，$I_C = 5\text{mA}$；求其 β 值。

8. 静态工作点的位置对放大器的工作有什么影响？应该怎样选择工作点？

9. 在图 9-39 所示电压放大器中，若已知：$E_C = 9\text{V}$，$R_B = 300\text{k}\Omega$，$R_C = 2.5\text{k}\Omega$，晶体管的 $\beta = 70$。求该放大器的静态工作点。

10. 某低频电压放大电路和晶体管的输出特性曲线如图 9-40 所示，已知 $E_C = 15\text{V}$，$R_C = 5\text{k}\Omega$，$R_B = 500\text{k}\Omega$，试在输出特性曲线上画出该电路的直流负载线与静态工作点，问静态时晶体管的 U_{CE} 及 I_C 各为多少？

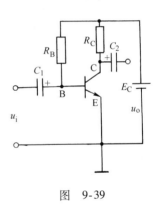

图　9-39

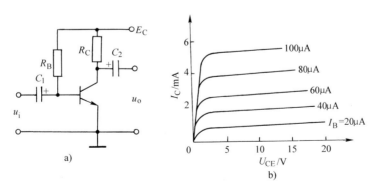

图　9-40

11. 某放大器如图 9-41 所示，已知晶体管 3AX31 的 $\beta \approx 50$，$r_{BE} = 1\text{k}\Omega$。

（1）试估算放大器的静态工作点 I_B、I_C 和 U_{CE} 的数值。

（2）试估算该放大器的电压放大倍数。

（3）若放大器输出端的负载电阻是 4kΩ，问这时放大器的放大倍数为多少？

12. 试判断图9-42所示各电路能不能放大交流信号？为什么？

13. 在图9-43所示电路中，若已知 $I_B = 50\mu A$，$U_{CE} = 4V$，$R_E = 2k\Omega$，$R_C = 10k\Omega$，$\beta = 40$。$U_{BE} \approx 0$，$E_C = 12V$，试求 R_C 和 R_{B1} 各等于多少？

14. 什么叫反馈、负反馈和正反馈？

15. 画出分压式电流负反馈偏置电路的线路图，并叙述其稳定工作点的过程。

16. 单管功率放大器的静态工作点和交流负载线的位置应该怎样选择？

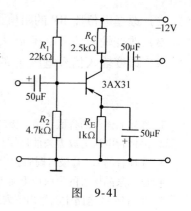

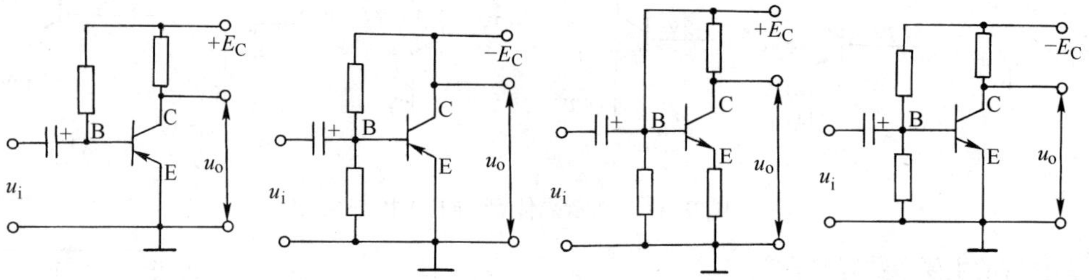

图 9-41

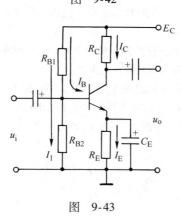

图 9-42

图 9-43

第十章　晶闸管与单结晶体管及其基本电路

第一节　晶闸管及其整流电路

晶闸管是半导体闸流管的简称，它是在硅二极管的基础上发展起来的一种新型电子器件，它可以把交流电变换成电压大小可以调节的直流电，目前，广泛应用在蓄电池充电机，直流电动机的无级调速，电解和电镀等方面。

晶闸管有螺栓式、平板式和塑封管三种，它们都有三个引出电极，即阴极 K、阳极 A、门极 G。图 10-1 所示为晶闸管的外形和符号。

一、工作原理

我们先做如图 10-2 所示的简单实验。把晶闸管的阳极 A 和阴极 K 与灯泡、开关 S1 串联后，接上电源 E_A，这个电路称为主电路；门极 G 与阴极 K、开关 S2 及电阻 R 串联后接电源 E_G，这个电路称为控制电路。

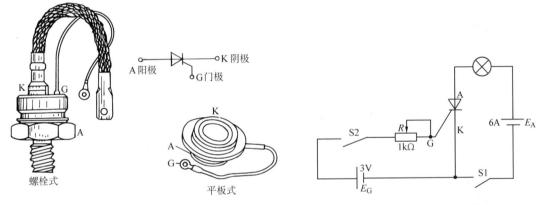

图 10-1　晶闸管的外形与符号　　　　图 10-2　晶闸管实验电路

1）接通开关 S1 时，主电路虽被接通，但若不接通 S2，灯泡并不亮，这说明晶闸管并没有导通；同时说明晶闸管与硅二极管有着根本的区别，即晶闸管具有正向阻断能力。

2）若此时接通 S2（即接通控制电路），使门极得到一个正电压（通常叫做触发电压），晶闸管导通，灯泡变亮；晶闸管一旦导通后，即使去掉门极上的电压（即分断 S2），灯仍然亮着，这说明晶闸管继续导通，门极失去了作用。所谓门极失去作用是指门极只能起触发作用，使晶闸管导通，而不能使已导通的晶闸管关断（门极关断晶闸管除外），只有减小电源电压 E_A 到一定程度，使流过晶闸管的电流小于某一电流（维持电流），晶闸管才可切断。

3）若将 E_A 的极性对调，使晶闸管加反向电压，无论门极上加不加正向电压，灯都不亮，即晶闸管始终处于截止状态。

4）若将 E_G 的极性对调，使门极对于阴极加负电压，那么，不论晶闸管的阳极和阴极之间加正向电压还是加反向电压，灯都不亮，晶闸管始终截止。

由上述实验看出，要使晶闸管导通，必须具备两个条件：第一，晶闸管的阳极和阴极之间加正向电压；第二，门极必须加上适当的正电压。

晶闸管之所以具有上述重要特性，是由它本身的结构所决定的，从图 10-3a 中可以看出，晶闸管实质上是由三个 PN 结构成的。可以等效地把它看成是由一个 PNP 型晶体管（V2）和一个 NPN 型晶体管（V1）所组成。

若在晶闸管的阳极和阴极之间加上一个正向电压 U_A，这时，在两只晶体管 V1 和 V2 上都承受了正向电压，如图 10-3b 所示；但是，此时没有基极电流，晶闸管不导通；假若在门极 G 与阴极 K 之间加正向触发电压 U_G，则 V1 因触发而产生基极电流 I_G。若 V1 的电流放大倍数为 β_1，则在其集电极将得到一个比 I_G 大 β_1 倍的电流 $\beta_1 I_G$，此电流正好是 V2 的基极电流，经 V2 的放大（设 V2 的电流放大倍数为 β_2）作用，使集电极得到一个 $\beta_1\beta_2 I_G$ 的电流，这个电流又被送入 V1 的基极，再次得到放大。如此循环往复，形成了强烈的正反馈，使 V1 和 V2 很快达到饱和导通状态，在两个晶体管的发射极（即晶闸管的阳极和阴极）中出现了很大的电流（电流的大小实际上由外负载的大小所决定），也就是说，晶闸管完全导通了。当然，这个导通过程是在极短时间内完成的。

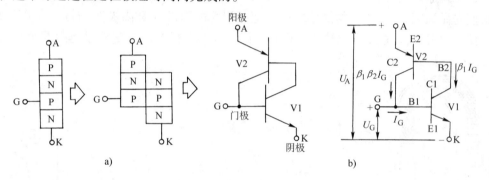

图 10-3 晶闸管的工作原理

晶闸管导通后，其导通状态就完全依靠管子本身的正反馈作用来维持，即使门极的正电压消失，器件仍然处于导通状态。所以，门极的作用仅仅是触发晶闸管使其导通，一旦导通，门极就失去控制作用了。

要使已导通的晶闸管截止，唯一的办法就是减小阳极电流，使其不足以维持正反馈过程。要减小阳极电流，一般将电源切断或在晶闸管上加反向电压，当阳极电流小于某一数值时，晶闸管就能截止。使晶闸管保持导通状态所需要的这个最小阳极电流，叫做晶闸管的维持电流，所以，只要使阳极电流小于维持电流，就可切断晶闸管。

二、型号和主要参数

KP 型普通晶闸管型号意义如下：

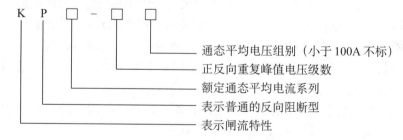

晶闸管的主要参数如下：

（1）额定正向平均电流 I_F　在规定的环境温度、适当的散热和全导通（$\theta = 180°$）的条件下，晶闸管的阳极和阴极间的可连续通过工频正弦半波电流的平均值。

（2）正向阻断峰值电压 U_{DRM}　在门极断开和正向阻断条件下，可重复加于晶闸管的正向峰值电压。

（3）反向峰值重复电压 U_{RRM}　晶闸管两端出现的重复最大瞬时值反向电压。

（4）门极触发电流 I_{GT}　使晶闸管由断态转入通态所必需的最小门极电流。

（5）门极触发电压 U_{GT}　产生门极触发电流所必需的最小门极电压。

（6）维持电流 I_H　使晶闸管维持通态所必需的最小主电流。

三、简单的晶闸管整流电路

图 10-4a 是一个最简单的晶闸管可控半波整流电路，它由变压器 T、晶闸管 V 和负载电阻 R_L 组成。如果在晶闸管的门极加上恒定的正向触发电压 U_{G1}，如图 10-4b 所示，根据晶闸管导通条件，当变压器二次电压 u_{ab} 为正半周时，晶闸管导通，负载 R_L 上就有相应的半波电压；当 u_{ab} 为负半周时，晶闸管不导通，负载 R_L 上就没有电压。这种情况与二极管半波整流是一样的，如图 10-4c 所示。

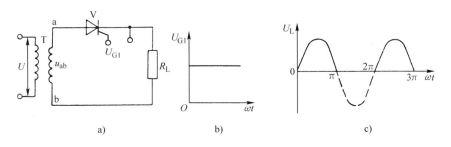

图 10-4　单相半波可控整流电路

若在晶闸管的门极上加上可以调节的触发电压 U_{G1}（这种电压是在某一时刻突然出现的瞬间电压，通常称为脉冲电压，脉冲的频率与电源电压频率一致），以 u_{ab} 为参考量（如果触发脉冲 U_{G1} 在 t_1 时刻出现，如图 10-5a 所示），则根据晶闸管导通条件，晶闸管在 t_1 时刻就开始导通，一直持续到正半周结束，这一段就叫导通角，当 u_{ab} 下降到接近零值时，晶闸管的正向电流减小到维持电流以下，晶闸管自行关断；在负半周时，因承受反向电压而不导通。直到下一个正半周（即从 $2\pi \sim 3\pi$），由下一个触发脉冲进行触发，晶闸管又重新导通，以后重复上述过程。这样，晶闸管依次在每一个正半周导通一定的时间，于是就会在负载 R_L 上得到大小一定的直流电压（此电压比正半周全部导通时要小）。

假如，使触发脉冲推迟一段时间，如图 10-5b 所示，在 t_2 时刻出现，则晶闸管必须在每个正半周开始后相隔较长的时间才导通。这样，在每一个正半周中的导通时间就短，即导通角减小，触发延迟角增大；因此，在负载 R_L 上得到的直流电压平均值就小。由以上讨论看出，可以通过触发脉冲出现的迟早，也就是通过移动触发脉冲的位置（叫做移相）的办法来达到控制输出电压大小的目的。晶闸管像硅二极管一样，可以组成单相全波、半波及三相可控整流电路等，目前在工业生产中已得到广泛的应用。

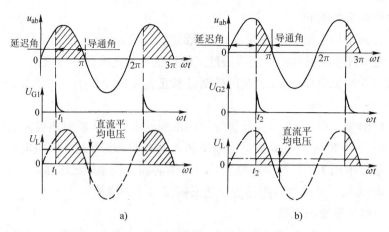

图 10-5　半波可控整流电压波形

第二节　单结晶体管及其振荡电路

从晶闸管的特性可知，要使晶闸管导通，除了必须加正向阳极电压之外，还应在门极加触发电压。在晶闸管导通以后，门极的触发电压将不起作用。所以在实际应用时，门极的触发电压经常采用脉冲电压。下面介绍常用的单结晶体管产生触发脉冲的电路。

一、单结晶体管

单结晶体管又称为双基极二极管，它有一个发射极和两个基极。它的外形与普通晶体管相似，图 10-6 是单结晶体管的结构示意图和图形符号。在一块高电阻率的 N 型硅片一侧的上下两端引出两个欧姆接触的电极作为第一基极 B1 和第二基极 B2，在硅片的另一侧靠近第二基极的地方掺杂形成 P 型区，并引出发射极 E，在 E 与 B1 或 B2 之间存在一个具有单向导电性的 PN 结。

单结晶体管可用图 10-7 所示的等效电路来表示，发射极与基极之间的 PN 结用等效二极管 VD 表示，R_{B1} 和 R_{B2} 分别为第一基极和第二基极与发射极之间的电阻。由于 R_{B1} 的数值是随发射极电流 I_E 而变化，所以用可变电阻来表示。

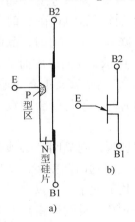

图 10-6　单结晶体管
a）结构示意图　b）图形符号

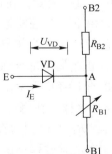

图 10-7　单结晶体管的等效电路

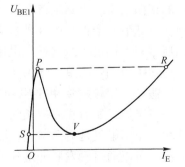

图 10-8　单结晶体管的伏安特性曲线

当单结晶体管的两个基极之间的电压 U_{BB} 固定时，发射极与第一基极的电压 U_{BE1} 与发射极电流 I_E 之间的关系即为单结晶体管的伏安特性。其典型的伏安特性曲线如图 10-8 所示。以下对伏安特性曲线作简单分析。

单极晶体管工作时，在两个基极上加以电压 U_{BB}，B2 接正极，B1 接负极，在发射极不加电压时，电路相当于一个由 R_{B1} 与 R_{B2} 串联组成的分压器，R_{B1} 两端的电压为

$$U_{B1} = \frac{R_{B1}}{R_{B1} + R_{B2}} U_{BB} = \eta U_{BB}$$

式中　η——单结晶体管的分压比，即

$$\eta = \frac{R_{B1}}{R_{B1} + R_{B2}}$$

η 是单结晶体管的一个重要参数，其值与单结晶体管的结构有关，一般为 $0.3 \sim 0.9$。对某一单结晶体管来说，η 是一个常数。

如果在发射极 E 与第一基极 B1 之间，加上一个可调的正向控制电压 U_E，当 $U_E < U_{B1}$ 时，PN 结反向偏置，等效电路中的二极管 VD 截止，此时，发射极上仅有很小的反向电流流过，R_{B1} 的阻值很大。这时单结晶体管处于截止状态。

当控制电压 U_E 上升到 $U_E = U_{B1} + U_{VD}$，其中 U_{VD} 为等效电路中二极管的正向电压，PN 结导通，发射极电流大大增加，使这一区域的导电性增强，R_{B1} 急剧减小，呈现出负阻特性，也就是随 I_E 的增大，U_E 反而减小。使 E 和 B1 极之间由截止突然变为导通所需的控制电压，称为单结晶体管的峰点电压 U_P，即

$$U_P = \eta U_{BB} + U_{VD} \approx \eta U_{BB}$$

单结晶体管导通后，R_{B1} 减小很多，这时虽然 I_E 较大，但 I_{B1} 与 R_{B1} 的乘积不大，即 A 点的电位较低，随着 I_L 的不断增加，U_E 在不断下降，这时的 U_E 虽然低于 U_P，单结晶体管仍将继续保持导通，直到 U_E 降低到某一数值，使 PN 结再次反偏，单结晶体管截止，到达伏安特性曲线最低点，这一点称为谷点 V。对应于这一点的电压称为谷点电压 U_V，在峰点 P 与谷点 V 之间呈负阻特性。过谷点 V 之后，R_{B1} 不再继续减小，U_E 将随 I_E 的增大而升高，单结晶体管的伏安特性进入饱和区。

单结晶体管的伏安特性曲线大致可以分三个区域：截止区、负阻区和饱和区。

二、单结晶体管振荡电路

利用单结晶体管的负阻特性组成的振荡电路如图 10-9 所示。合上开关 S，电路接通，电源通过 R_3 对电容器 C 充电，电容电压 u_C 逐渐上升。当单结晶体管的发射极电压 U_E 达到峰点电压 U_P 时，单结晶体管 V 导通，单结晶体管 V 的 E 与 B1 之间的电阻 R_{B1} 急剧变小，电容器 C 通过 V 的 E—B1 和 R_1 放电，I_E 急剧增大，它在电阻 R_1 上所产生的压降突然升高。由于 V 导通时的 R_{B1} 和 R_1 都很小，因此，放电时间常数很小，电容器上的电压 U_C 很快降低到远小于 U_P，单结晶体管 V 重新截止，E—B1 极之间恢复高阻状态，所以在电阻 R_1 上得到一个短暂的尖峰脉冲。在单结晶体管 V 截止后，电源又向电容器 C 充电，重复上述过程。于是，在电阻 R_1 上得到一系列的脉冲电压输出，如图 10-9b 所示。R_1 上的脉冲电压，可用来触发晶闸管。改变 R_3 或 C 的大小，可以改变电容器充电的快慢，即可以改变输出脉冲电压的时间间隔。

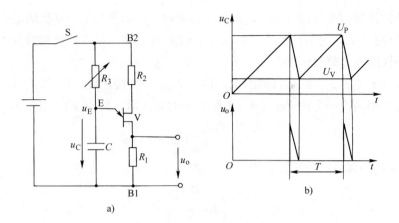

图 10-9　单结晶体管振荡电路

三、单结晶体管触发可控整流电路

图 10-10 所示为用单结晶体管触发的可控整流电路。

电路中的 V1 ~ V4 组成桥式整流电路，R_Z 和 VS 组成串联型稳压电路，R_1 为限流电阻，R_2、C、R_3、V5、R_4 组成单结晶体管振荡电路。

电源电压 u_2 经 V1 ~ V4 整流后，在 A—O 之间产生全波整流电压，再经 R_Z 和 VS 后在 B—O 间产生梯形波，这个梯形波即为单结晶体管振荡器的电源 u_Z，在每一个梯形波中，振荡器输出一组脉冲，每一组脉冲中的第一个脉冲触发晶闸管，并使晶闸管导通。当交流电源电压过零值时，晶闸管关断。以后不断重复上述过程。电路中各点波形如图 10-9b 所示。

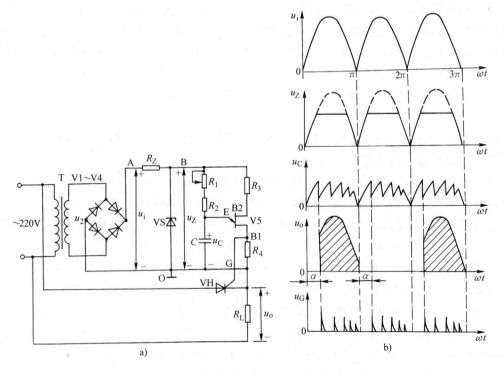

图 10-10　用单结晶体管触发的可控整流电路

　　注意如果单结晶体管振荡器的电源采用恒定的直流电源供电，而晶闸管主电路采用交流供电，由于电容器每次充电的起点与主电路的电源无关，故以后无法保证每次每一个触发脉冲的延迟角相等。在上述电路中，单结晶体管振荡器采用的电源是与主电路电源同步变化的梯形波电压，这样保证了电容器每次充电都从梯形波的零点开始，也就是从主电路电源的零点开始，从而保证了每次第一个触发脉冲的延迟角 α 相等，保证了整流电压的稳定。

复 习 题

1. 简述晶闸管三个电极的名称，并给出文字符号。
2. 正确画出晶闸管的图形符号。
3. 简述晶闸管的工作原理。
4. 晶闸管导通的条件是什么？
5. 举例说明晶闸管型号的意义。
6. 简述晶闸管单相半波可控整流电路的工作原理。
7. 画出单结晶体管的图形符号，并给出其等效电路。
8. 简述单结晶体管振荡电路的工作原理。

第十一章　稳压电路

第一节　硅稳压二极管稳压电路

前面介绍了带滤波器的整流电路，这种电路虽然简单，但输出电压要随电网电压的波动和负载的变动而变化，因此对于要求电压稳定的场合，需采取稳压措施，以保证负载两端的电压基本不变。

一、硅稳压二极管

图 11-1 所示为稳压二极管的伏安特性曲线。

从伏安特性曲线可以看出：

1）它的正向特性与普通二极管相同。

2）它的反向特性比普通二极管陡峭。

当稳压二极管两端的反向电压较小时，二极管中只有极微小的反向饱和电流，当反向电压达到一定数值 U_z 时，电压只要稍有增加，反向电流就会增加很多，这种现象称为"击穿"，U_z 称为击穿电压，稳压二极管就工作在这个区域内，U_z 也就是稳压二极管的稳定电压。

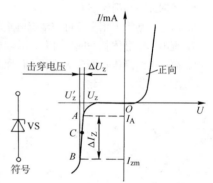

图 11-1　稳压二极管的伏安
特性曲线和符号

由以上分析可知：稳压二极管的工作范围是在反向击穿区域内，当稳压二极管的电流在很大范围内变化时，稳定电压 U_z 却几乎保持不变。利用这个特性就能实现稳压作用。

由于稳压二极管工作在反向击穿区域，因而当它接在电路中工作时，应进行反接：即它的正极接电源的负极；而它的负极应接电源的正极。这和一般二极管的电源连接是有区别的。

需要指出的是，稳压二极管在工作时，随着反向电流的急剧增大，PN 结的温度将迅速升高，如不加以限制，可能损坏管子。为了保证它能长期安全地工作在反向击穿状态，需要在电路中串联限流电阻。

硅稳压二极管的主要参数如下：

（1）稳定电压 U_z　指在稳定范围内，加在稳压二极管两端的反向电压，如图 11-1 曲线中 U_z 到 U_z' 范围。对于某一型号的稳压二极管，它们的稳定电压值并不相同，如 2CW59 的稳压值是 10 ~ 12V，如果把一个 2CW59 接到电路中，它可能稳压在 10.5V；再换一个 2CW59，它可能稳压在 11.8V。

（2）稳定电流 I_z　指维持稳定电压的工作电流，即曲线 C 点处的电流。

（3）最大稳定电流 I_{zm}　指稳压二极管的最大工作电流，见曲线 B 点处的电流。若超过这个电流，稳压二极管的功耗将超过额定值，管子将因发热而损坏。

（4）动态电阻 R_z　在稳压范围内，稳压二极管两端电压的变化量与流过它的电流变化

量之比，即

$$R_z = \frac{\Delta U_z}{\Delta I_z} \tag{11-1}$$

由式（11-1）可知，动态电阻 R_z 越小，表明一定的电流变化所引起的稳压值变化越小，稳压性能越好。

二、稳压电路

用硅稳压二极管组成的简单稳压电路如图 11-2 所示。电路分成两部分，前级是桥式整流电路，后级是稳压电路（如图中点画线部分的电路）。

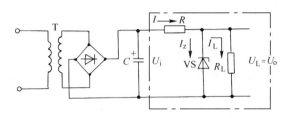

图 11-2 硅稳压二极管稳压电路

在稳压电路中，电阻 R 用来限制电流，R_L 是负载电阻，VS 是硅稳压二极管，稳压二极管 VS 和负载 R_L 并联接在输出端，VS 反向接在直流电源两端，因此管子工作在反向击穿区域。

整流后的直流电压 U_i，经过限流电阻 R 加到稳压二极管和负载上。在稳压二极管上有一个工作电流 I_z 流过，负载也有电流 I_L 流过，根据节点电流定律，流过限流电阻的电流 I 等于 I_z 与 I_L 之和，即

$$I = I_z + I_L \tag{11-2}$$

电路的工作原理是：当输入电压 U_i 增加时，引起输出电压 U_o 增大，稳压二极管 VS 上的电流 I_z 也跟着增加，因而流过 R 的电流 I 也将增加，使 R 上的电压降 U_R 增大，从而抵消 U_i 的增加量，保持输出电压 U_o 的稳定。

反之，当输入电压 U_i 下降时，则 I_z 也下降，U_R 下降，从而亦保持了输出电压 U_o 的稳定。稳压二极管在电路中起着自动调节的作用。

而当输入电压 U_i 不变，如果负载的变动引起负载电流 I_L 的增加，则根据全电路欧姆定律可知，它将使输出电压下降，此时稳压二极管电流 I_z 自动减少，I_L 增加量和 I_z 减小量相抵消，这样就维持了流过 R 的电流保持不变，U_R 也不变，从而稳定了输出电压 U_o。同理，若负载的变动引起负载电流 I_L 的减小，由于稳压二极管的稳定作用，也能保证输出电压的稳定。

硅稳压二极管稳压电路具有电路简单、使用元器件少、在负载变化较小时可达到较高的稳定度等优点，因而在小功率设备中被广泛采用。它的缺点是：输出电流受稳压二极管的限制不能太大，输出电压也不能任意调节。

第二节 串联型晶体管稳压电路

若要求稳压电路的输出电压可以调节、输入电流较大、稳定性能更好，可采用串联型晶

体管稳压电路。

一、串联型稳压电路的工作原理

图 11-3 所示为串联型稳压电路的工作原理。由图可得负载两端的电压为

$$U_o = \frac{R_L}{R_L + r} U_i \tag{11-3}$$

由式（11-3）可知，当输入电压 U_i 增大时，只要调节 r，使其阻值增大，就可使负载电压保持不变；若 U_i 减小，则减小 r 的阻值，也能保持 U_o 不变。这相当于 r 把输入电压变化的部分承担下来，从而保证负载电压不变，这种稳压电路的调节部分 r 与负载 R_L 串联，因此称为串联型稳压电路。

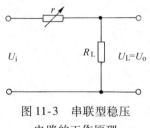

图 11-3　串联型稳压
电路的工作原理

在实际的串联型稳压电路中，上述可变电阻 r 的调压作用，是用晶体管来代替的。我们知道，工作在放大区的晶体管，其集电极与发射极间电压 U_{CE} 是随基极电流变化的，当 I_B 增加时，U_{CE} 就相应地减小；而 I_B 减小时，U_{CE} 就增大。因此可用晶体管作为调整器件来代替图 11-3 中的可变电阻 r，如图 11-4a 所示。此时晶体管的 C、E 两极就相当于 r 的两端；基极 B 就相当于 r 的滑臂。当基极电流 I_B 增大时，管子趋于导通，相当于把 r 调小，使输出电压升高；当基极电流减小时，管子趋于截止，又相当于把 r 调大，使输出电压降低。由于晶体管起到自动调节作用，所以常把它叫做调整管。

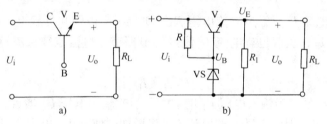

图 11-4　简单的晶体管串联型稳压电路

二、简单的串联型稳压电路

简单的晶体管串联型稳压电路如图 11-4b 所示。图中由 R 和稳压二极管 VS 组成的稳压电路为晶体管提供了一个基本稳定的直流电压，称为基准电压。

1）当负载电阻 R_L 不变，输入电压 U_i 增加时，有使输出电压 U_o 增大的趋势，但由于晶体管 V 发射结正向电压 U_{BE} 减小，从而使它的基极电流 I_B 减小，于是晶体管 V 趋于截止，管压降 U_{CE} 增大，从而使输出电压 U_o 基本不变，起到了稳定输出电压的作用，即

$$U_i \uparrow \rightarrow U_o \uparrow \rightarrow U_{BE} \downarrow \rightarrow I_B \downarrow \rightarrow U_{CE} \uparrow \rceil$$
$$U_o \downarrow \longleftarrow$$

当输入电压减小时，稳压情况则与上述过程相反。

2）当输入电压 U_i 不变，负载 R_L 减小而引起输出电压 U_o 有下降的趋势时，电路将产生下列调整过程：

$$R_L \downarrow \rightarrow U_o \downarrow \rightarrow U_{BE} \uparrow \rightarrow I_B \uparrow \rightarrow U_{CE} \downarrow \rceil$$
$$U_o \uparrow \longleftarrow$$

当负载 R_L 增大时，稳压过程与上述过程相反。

由以上讨论可以看出，晶体管 V 之所以能起到调压作用，关键在于利用了输出电压变动量，反馈给调整管，经调整管的放大作用，使输出电压变化量减小。

三、带有放大环节的串联型稳压电路

在图 11-4b 所示的简单稳压电路中，由于用微小的输出电压变动量直接控制调整管 V 的基极电流，因控制量小，所以稳压效果较差。若把微小的输出电压变动量预先加以放大，然后再去控制调整管，则就能大大提高输出电压的稳定性。

图 11-5 所示为带有放大环节的串联型稳压电路，图中电阻 R_1 与 R_2 组成分压电路，其作用是把输出电压 U_o 的变动量一部分取出来，加到晶体管 V2 上，因此，R_1、R_2 组成的分压电路又称为取样电路。由稳压二极管 VS 和电阻 R_3 组成的稳压电路给 V2 的发射极提供一个基准电压 U_z。取样电压 U_{B2} 和基准电压 U_z 比较后的电压差值（$U_{B2} - U_z$），经 V2 放大后，通过电阻 R_4 加到 V1 上，使 V1 自动调整管压降的大小，以保证输出电压稳定不变，因此 V2 称为放大管，V1 称为调整管。

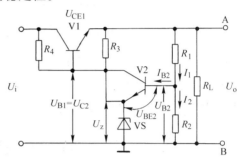

图 11-5 带有放大环节的串联型稳压电路

该电路的稳压工作过程如下：

1）当负载电阻 R_L 不变，由于电网电压变化使输入电压 U_i 升高时，输出电压 U_o 也有升高的趋势。把通过取样电路的这个变化加到 V2 的基极，使 V2 的基极电位升高。由于 V2 的发射极电位 U_z 固定不变，所以 U_{BE2} 将增大，导致 V2 的基极电流和集电极电流增大，R_4 上的压降也增大，因而使 V1 的基极电位下降，调整管的发射结正向电压 U_{BE1} 将减小，于是 V1 的基极电流减小，V1 趋于截止，管压降 U_{CE1} 增大，从而使输出电压 U_o 基本保持不变，即

$$U_i \uparrow \rightarrow U_o \uparrow \rightarrow U_{BE2} \uparrow \rightarrow I_{C2} \uparrow \rightarrow U_{B1} \downarrow \rightarrow U_{BE1} \downarrow \rightarrow U_{CE1} \uparrow$$
$$U_o \downarrow \longleftarrow$$

同样的道理，当 U_i 减小引起 U_o 有下降趋势时，通过反馈作用又会使 U_o 自动上升保持不变。

2）当输入电压 U_i 不变，因负载电阻 R_L 变小而引起输出电压 U_o 有下降趋势时，电路将产生下列调整过程：

$$R_L \downarrow \rightarrow U_o \downarrow \rightarrow U_{BE2} \downarrow \rightarrow I_{C2} \downarrow \rightarrow U_{B1} \uparrow \rightarrow U_{BE1} \uparrow \rightarrow U_{CE1} \downarrow$$
$$U_o \uparrow \longleftarrow$$

具有放大环节的串联型稳压电路实际上是一个电压负反馈电路，反馈电压是 U_{BE2}，它从输出电压 U_o 中取出并与基准电压 U_z 相比较，然后把差值电压进行放大后去控制调整管，调节其管压降 U_{CE1} 使输出电压重新恢复到原来的整定值。

综上所述，串联型稳压电路主要由变压器、整流滤波电路、调整部分、比较放大部分、基准电压及取样电路等六个部分组成，其结构框图如图 11-6 所示。

图 11-7 所示为可调稳压电路。它通过改变电位器 RP 的滑臂，来改变取样电压的大小，

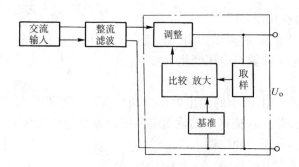

图 11-6　串联型稳压电路结构框图

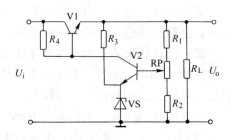

图 11-7　可调压稳压电路

从而调节输出电压的大小。当 RP 的滑臂向上滑动时，取样电压增大，通过反馈可使输出电压下降；反之，当 RP 的滑臂向下滑动时，输出电压将上升。当然可调范围是有限的，因为取样电压等于或低于基准电压后就失去稳压作用了。

实验　串联型稳压电源的安装

（一）目的和要求

通过实际安装串联型稳压电源，加深对整流、滤波以及串联型稳压原理的理解。

（二）实验电路

串联型稳压电源实验电路如图 11-8 所示。

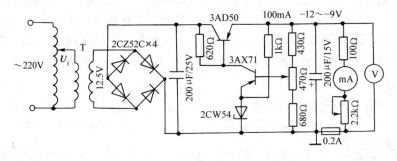

图 11-8　实验电路

（三）实验材料、仪器及工具

1）晶体管：3AX71 一个，3AD50 一个。

2）二极管：2CZ52C 四个，2CW54 一个。

3）电阻：100Ω、430Ω、620Ω、680Ω、1kΩ 各一个。

4）电位器：470Ω、2.2kΩ 各一个。

5）电容器：200μF/25V 及 200μF/15V 电解电容各一个。

6）其他材料：0.2A 熔断器一个，220V/12.5V×1A 电源变压器一个，以及连接导线、底板等。

7）仪器及工具：直流电压表（大于或等于 15V）一个，直流电流表（大于 120mA）一个，1kV·A 单相调压器一台，万用表一个，示波器一台等。

（四）实验步骤

1）用万用表判别晶体管和二极管的好坏以及各电极的名称。

2）按图11-8所示电路进行安装。安装完毕后自行检查有无接错、虚焊、假焊等。当检查无误后，便可通电实验。

3）调节调压器，使电源变压器的输入电压为220V，并使470Ω电位器的中心抽头放在中间位置，然后调节2.2kΩ电位器改变负载电流，观察负载两端电压的变化情况，并作记录：

I_L/mA	10	20	40	60	80	100
U_o/V						

4）保持负载电流为80mA，调节调压器改变输入电压，观察负载两端电压变化情况，并作记录：

U_i/V	190	200	210	220	230	240
U_o						

5）保持输入电压为220V，并将2.2kΩ电位器的中心抽头放在中间位置，调节470Ω电位器，观察两种极端情况下（即中心抽头滑到最上和最下）的负载电压变化情况。

6）用示波器观察变压器二次交流电压、整流、滤波（看整流波形时需先将滤波电容焊开）及稳压后的波形。

7）写出实验报告，并解释该电路能稳压的道理。

复　习　题

1. 硅稳压二极管为什么有稳压作用？试简述其工作原理。

2. 在硅稳压二极管稳压电路中，若限流电阻 $R=0$，能有稳压作用吗？R 在电路中起什么作用？

3. 试述在硅稳压二极管稳压过程中，当输入电压不变、负载电阻增大时的稳压过程。

4. 用一只伏特表去测量一只接在电路中的稳压二极管2CW54的电压，读数只有0.7V左右，这是什么原因？

第十二章　集成运算放大器

第一节　集成运算放大器简介

运算放大器是具有高开环放大倍数并带有深度负反馈的多级直接耦合放大电路。它首先应用于电子模拟计算机上，作为基本运算单元，可以完成加减、积分和微分、乘除等数学运算。早期的运算放大器是用电子管组成的，后来被晶体管分立元件运算放大器取代。随着半导体集成工艺的发展，自从 20 世纪 60 年代初第一个集成运算放大器问世以来，才使运算放大器的应用远远地超出模拟计算机的界限，在信号运算、信号处理、信号测量及波形产生等方面获得了广泛应用。

一、集成运算放大器的组成

集成运算放大器一般可分为输入级、中间级、输出级和偏置电路四部分，如图 12-1 所示。

（1）输入级　它是提高运算放大器质量的关键部分，要求其输入电阻高，能减小零点漂移和抑制干扰信号。输入级都采用差动放大电路，它有同相和反相两个输入端。

（2）中间级　它的主要作用是进行电压放大。要求它的电压放大倍数高，一般由共发射极放大电路构成。

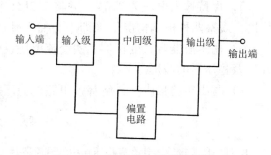

图 12-1　运算放大器组成框图

（3）输出级它与负载相连接。要求其输出电阻低，带负载能力强，能输出足够大的电压和电流，一般由互补对称电路或射极输出器构成。

（4）偏置电路　它的作用是为上述各级电路提供稳定、合适的偏置电流，决定各级的静态工作点，一般由各种恒流源电路构成。

目前常见的运算放大电路有单运算放大器、双运算放大器及四运算放大器。LM741 是单运算放大器，它的外形、引脚和符号如图 12-2 所示。其引脚功能说明如下：

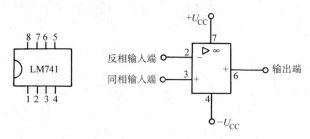

图 12-2　LM741 的外形、引脚和符号

2—反相输入端。由此端接输入信号，则输出信号和输入信号是反相的（或两者极性相反）。

3—同相输入端。由此端接输入信号，则输出信号和输入信号是同相的（或两者极性相同）。

4—负电源端。

6—输出端。

7—正电源端。

二、集成运算放大器的主要参数

运算放大器的性能可用一些参数来表示。为了合理地选用和正确地使用运算放大器，必须了解各主要参数的意义。

（1）最大输出电压 U_{OPP}　能使输出电压和输入电压保持不失真关系的最大输出电压，称为运算放大器的最大输出电压。

（2）开环电压放大倍数 A_{uo}　在没有外接反馈电路时所测出的差模电压放大倍数，称为开环电压放大倍数。A_{uo}越高，所构成的运算电路越稳定，运算精度也越高。A_{uo}一般为 $10^4 \sim 10^7$，即 $80 \sim 140dB$。

（3）输入失调电压 U_{IO}　理想的运算放大器，当输入电压 $u_{i1} = u_{i2} = 0$（即把两输入端同时接地）时，输出电压 $u_o = 0$。但在实际的运算放大器中，由于制造中元器件参数的不对称性等原因，当输入电压为零时，$u_o \neq 0$。反过来说，如果要 $u_o = 0$，必须在输入端加一个很小的补偿电压，它就是输入失调电压。U_{IO}一般为几毫伏，它越小越好。

（4）输入失调电流 I_{IO}　输入失调电流是指输入信号为零时，两个输入端静态基极电流之差，即 $I_{IO} = |I_{B1} - I_{B2}|$。$I_{IO}$一般在零点零几微安级，其值越小越好。

（5）输入偏置电流 I_{IB}　输入信号为零时，两个输入端静态基极电流的平均值，称为输入偏置电流，即 $I_{IB} = (I_{B1} + I_{B2})/2$。它的大小主要和电路中第一级管子的性能有关。这个电流也是越小越好，一般在零点几微安级。

（6）共模输入电压范围 U_{ICM}　运算放大器对共模信号具有抑制的性能，但这个性能是在规定的共模电压范围内才具备。如超出这个电压，运算放大器的共模抑制性能就大为下降，甚至造成器件损坏。

以上介绍了运算放大器的几个主要参数的意义，其他参数（如差模输入电阻、差模输出电阻、温度漂移、共模抑制比、静态功耗等）的意义是可以理解的，就不一一说明了。

总之，集成运算放大器具有开环电压放大倍数高、输入电阻高（约几百千欧）、输出电阻低（约几百欧）、漂移小、可靠性高、体积小等主要特点，所以它已成为一种通用器件，广泛而灵活地应用于各个技术领域中。在选用集成运算放大器时，就像选用其他电路元器件一样，要根据它们的参数说明，确定适用的型号。

三、理想运算放大器及其分析依据

在分析运算放大器时，一般可将它看成是一个理想运算放大器。理想化的条件主要是：

1）开环电压放大倍数 $A_{uo} \to \infty$。

2）差模输入电阻 $r_{id} \to \infty$。

3）开环输出电阻 $r_o \to 0$。

4）共模抑制比 $K_{CMRR} \to \infty$。

由于实际运算放大器的上述技术指标接近理想化的条件，因此在分析时用理想运算放大器代替实际放大器所引起的误差并不严重，在工程上是允许的，而这样就使分析过程大大简化。后面对运算放大器都是根据它的理想化条件来分析的。

图 12-3a 所示为理想运算放大器的图形符号。它有两个输入端和一个输出端。反相输入端标 "−" 号，同相输入端和输出端标 "+" 号。它们对 "地" 的电压（即各端的电位）分别用 u_-、u_+、u_o 表示。"∞" 表示开环电压放大倍数的理想化条件。

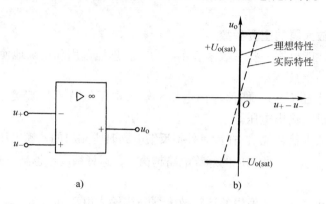

a)　　　　　　　　　　　　b)

图 12-3　运算放大器的图形符号与传输特性
a) 图形符号　b) 传输特性

表示输出电压与输入电压之间关系的特性曲线称为**传输特性**，从运算放大器的传输特性（见图 12-3b）看，可分为线性区和饱和区。运算放大器可工作在线性区，也可工作在饱和区，但分析方法不一样。

当运算放大器工作在线性区时，u_o 和（$u_+ - u_-$）是线性关系，即

$$u_o = A_{uo}(u_+ - u_-) \tag{12-1}$$

运算放大器是一个线性放大元件。由于运算放大器的开环电压放大倍数 A_{uo} 很高，即使输入毫伏级以下的信号，也足以使输出电压饱和，其饱和值 $+U_{o(sat)}$ 或 $-U_{o(sat)}$ 达到接近正电源电压或负电源电压值；另外，由于干扰，使工作难于稳定。所以，要使运算放大器工作在线性区，通常引入深度电压负反馈。

运算放大器工作在线性区时，分析依据有两条：

1）由于运算放大器的差模输入电阻 $r_{id} \to \infty$，故可认为两个输入端的输入电流为零。

2）由于运算放大器的开环电压放大倍数 $A_{uo} \to \infty$，而输出电压是一个有限的数值，故从式（12-1）可得

$$u_+ - u_- = \frac{u_o}{A_{uo}} \approx 0$$

即

$$u_+ \approx u_- \tag{12-2}$$

如果反相端有输入时，同相端接 "地"，即 $u_+ = 0$，由式（12-2）可知，$u_- \approx 0$。这就是说反相输入端的电位接近于 "地" 电位，它是一个不接 "地" 的 "地" 电位端，通常称为 "虚地"。

运算放大器工作在饱和区时，式（12-1）不能满足，这时输出电压 u_o 只有两种可能，或等于 $+U_{o(sat)}$ 或等于 $-U_{o(sat)}$，而 u_+ 与 u_- 不一定相等：

当 $u_+ > u_-$ 时，$u_o = +U_{o(sat)}$。

当 $u_+ < u_-$ 时，$u_o = -U_{o(sat)}$。

此外，运算放大器工作在饱和区时，两个输入端的输入电流也等于零。

例 12-1　运算放大器的正、负电源电压为 $\pm 15V$，开环电压放大倍数 $A_{uo} = 2 \times 10^5$，输出最大电压（即 $\pm U_{o(sat)}$）为 $\pm 13V$。若在图 12-3a 中分别加下列输入电压，试求输出电压及其极性：1）$u_+ = +15\mu V$，$u_- = -10\mu V$；2）$u_+ = -5\mu V$，$u_- = +10\mu V$；3）$u_+ = 0V$，$u_- = +5mV$；4）$u_+ = 5mV$，$u_- = 0V$。

解　由式（12-1）可得

$$u_+ - u_- = \frac{u_o}{A_{uo}} = \frac{\pm 13}{2 \times 10^5}V = \pm 65\mu V$$

可见，只要两个输入端之间的电压绝对值超过 $65\mu V$，输出电压就达到正或负的饱和值。

1）$u_o = 2 \times 10^5 \times (15 + 10) \times 10^{-6}V = +5V$。

2）$u_o = 2 \times 10^5 \times (-5 - 10) \times 10^{-6}V = -3V$。

3）$u_o = -13V$。

4）$u_o = +13V$。

第二节　基本运算电路

运算放大器能完成比例、加减、积分与微分、对数与反对数以及乘除等运算，现将比例运算、加减运算介绍如下。

一、比例运算电路

1. 反相比例运算电路

如果输入信号是从反相输入端引入的运算，便是反相比例运算。

如图 12-4 所示，输入信号 u_i 经输入端电阻 R_1 送到反相输入端，而同相输入端通过电阻 R_2 接"地"。反馈电阻 R_F 跨接在输出端和反相输入端之间。

根据运算放大器工作在线性区时的两条分析依据可知：

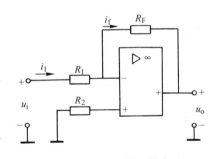

图 12-4　反相比例运算电路

$$i_1 \approx i_f, u_- \approx u_+ = 0$$

由图 12-4 可列出

$$i_1 = \frac{u_i - u_-}{R_1} = \frac{u_i}{R_1}$$

$$i_f = \frac{u_- - u_o}{R_F} = -\frac{u_o}{R_F}$$

由此得出

$$u_o = -\frac{R_F}{R_1}u_i \tag{12-3}$$

闭环电压放大倍数则为

$$A_{uf} = \frac{u_o}{u_i} = -\frac{R_F}{R_1} \tag{12-4}$$

式（12-4）表明，输出电压与输入电压是比例运算关系，或者说是比例放大的关系。如果 R_1 和 R_F 的电阻值足够精确，而且运算放大器的开环电压放大倍数很高，就可以认为 u_o 与 u_i 间的关系只取决于 R_F 与 R_1 的比值，而与运算放大器本身的参数无关。这就保证了比例运算的精度和稳定性。式中的负号表示 u_o 与 u_i 反相。

图 12-4 中的 R_2 是一平衡电阻，$R_2 = R_1 /\!/ R_F$，其作用是消除静态基极电流对输出电压的影响。

在图 12-4 中，当 $R_F = R_1$ 时，则由式（12-3）和式（12-4）可得

$$u_o = -u_i$$

$$A_{uf} = \frac{u_o}{u_i} = -1 \tag{12-5}$$

这就是反相器。

2. 同相比例运算电路

如果输入信号是从同相输入端引入的运算，便是同相比例运算。

图 12-5 所示为同相比例运算电路，根据理想运算放大器工作在线性区时的分析，则

$$u_- \approx u_+ = u_i$$
$$i_1 \approx i_f$$

由图 12-5 可列出

$$i_1 = -\frac{u_-}{R_1} = -\frac{u_i}{R_1}$$

$$i_f = \frac{u_- - u_o}{R_F} = \frac{u_i - u_o}{R_F}$$

由此得出

$$u_o = \left(1 + \frac{R_F}{R_1}\right)u_i \tag{12-6}$$

闭环电压放大倍数则为

$$A_{uf} = \frac{u_o}{u_i} = 1 + \frac{R_F}{R_1} \tag{12-7}$$

可见 u_o 与 u_i 间的比例关系，也可认为与运算放大器本身的参数无关，其精度和稳定性都很高。式中 A_{uf} 为正值，这表示 u_o 与 u_i 同相，并且 A_{uf} 总是大于或等于 1，而不会小于 1，这一点和反相比例运算不同。

当 $R_1 = \infty$（断开）或 $R_F = 0$ 时，则

$$A_{uf} = \frac{u_o}{u_i} = 1 \tag{12-8}$$

这就是电压跟随器。

二、加法运算电路

如果在反相输入端增加若干输入电路，则构成反相加法运算电路，如图 12-6 所示。

由图 12-6 可列出

$$i_{11} = \frac{u_{i1}}{R_{11}}$$

$$i_{12} = \frac{u_{i2}}{R_{12}}$$

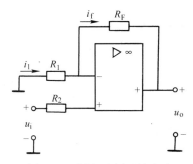

图 12-5　同相比例运算电路

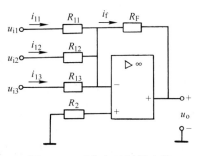

图 12-6　反相加法运算电路

$$i_{13} = \frac{u_{i3}}{R_{13}}$$

$$i_f = i_{11} + i_{12} + i_{13}$$

$$i_f = -\frac{u_o}{R_F}$$

由上列各式可得

$$u_o = -\left(\frac{R_F}{R_{11}}u_{i1} + \frac{R_F}{R_{12}}u_{i2} + \frac{R_F}{R_{13}}u_{i3}\right) \tag{12-9}$$

当 $R_{11} = R_{12} = R_{13} = R_1$ 时，则式（12-9）为

$$u_o = -\frac{R_F}{R_1}(u_{i1} + u_{i2} + u_{i3}) \tag{12-10}$$

当 $R_1 = R_F$ 时，则

$$u_o = -(u_{i1} + u_{i2} + u_{i3}) \tag{12-11}$$

由上列三式可见，加法运算电路也与运算放大器本身的参数无关，只要电阻阻值足够精确，就可保证加法运算的精度和稳定性。

平衡电阻 R_2 为

$$R_2 = R_{11} /\!/ R_{12} /\!/ R_{13} /\!/ R_F$$

例 12-2　一个测量系统的输出电压和某些非电量（经传感器变换为电量）的关系为 $u_o = -(4u_{i1} + 2u_{i2} + 0.5u_{i3})$，试计算图 12-6 中各输入电路的电阻和平衡电阻 R_2。设 $R_F = 100\text{k}\Omega$。

解　由式（12-9）可得

$$R_{11} = \frac{R_F}{4} = \frac{100 \times 10^3}{4}\Omega = 25 \times 10^3\Omega = 25\text{k}\Omega$$

$$R_{12} = \frac{R_F}{2} = \frac{100 \times 10^3}{2}\Omega = 50 \times 10^3\Omega = 50\text{k}\Omega$$

$$R_{13} = \frac{R_F}{0.5} = \frac{100 \times 10^3}{0.5}\Omega = 200 \times 10^3\Omega = 200\text{k}\Omega$$

$$R_2 = R_{11} /\!/ R_{12} /\!/ R_{13} /\!/ R_F \approx 13.3\text{k}\Omega$$

三、减法运算电路

如果两个输入端都有信号输入，则为减法运算电路，如图 12-7 所示。

由图 12-7 可列出

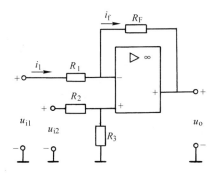

图 12-7　减法运算电路

$$u_- = u_{i1} - R_1 i_1 = u_{i1} - \frac{R_1}{R_1 + R_F}(u_{i1} - u_o)$$

$$u_+ = \frac{R_3}{R_2 + R_3}u_{i2}$$

因为 $u_- \approx u_+$，所以可得出

$$u_o = \left(1 + \frac{R_F}{R_1}\right)\frac{R_3}{R_2 + R_3}u_{i2} - \frac{R_F}{R_1}u_{i1} \tag{12-12}$$

当 $R_1 = R_2$ 和 $R_F = R_3$ 时，则上式为

$$u_o = \frac{R_F}{R_1}(u_{i2} - u_{i1}) \tag{12-13}$$

当 $R_1 = R_2 = R_3 = R_F$ 时，则得

$$u_o = u_{i2} - u_{i1} \tag{12-14}$$

由此可见，输出电压 u_o 与两个输入电压的差值成正比，所以可以进行减法运算。

由式（12-13）可得出电压放大倍数 A_{uf} 为

$$A_{uf} = \frac{u_o}{u_{i2} - u_{i1}} = \frac{R_F}{R_1} \tag{12-15}$$

由于电路存在共模电压，为了保证运算精度，应当选用共模抑制比较高的运算放大器，或选用阻值合适的电阻。

第三节　集成运算放大器的基本应用

一、有源滤波器

所谓滤波器，就是一种选频电路。它能选出所有有用的信号，而抑制无用的信号，使一定频率范围内的信号能顺利通过，衰减很小，而在此频率范围以外的信号不易通过，衰减很大。按此频率范围的不同，滤波器可分为低通、高通、带通及带阻等。因为运算放大器是有源元件，所以这种滤波器称为有源滤波器。与无源滤波器比较，有源滤波器具有体积小、效率高、频率特性好等优点，因而得到了广泛应用。现将有源低通和高通滤波器的电路与频率的特性分述如下。

1. 有源低通滤波器

图 12-8a 所示为有源低通滤波器的电路，图 12-8b 是它的幅频特性。幅频特性中的 ω_0

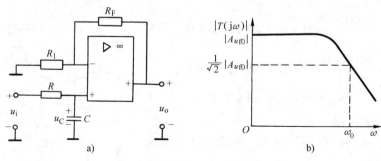

图 12-8　有源低通滤波器
a）电路　b）幅频特性

称为截止角频率。$\omega_0 = 1/RC$。为了改善滤波效果使 $\omega > \omega_0$ 时，信号衰减得快些，常将两节 RC 电路串接起来，如图 12-9a 所示，称为二阶有源低通滤波器。其幅频特性如图 12-9b 所示。

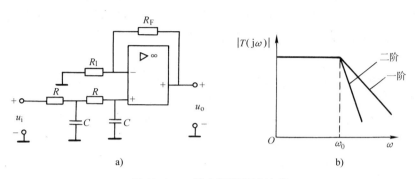

图 12-9 二阶有源低通滤波器

a）电路 b）幅频特性

2. 有源高通滤波器

如果将有源低通滤波器中的 RC 电路的 R 和 C 对调，则成为有源高通滤波器，如图 12-10a所示；图 12-10b 是有源高通滤波器的幅频特性。

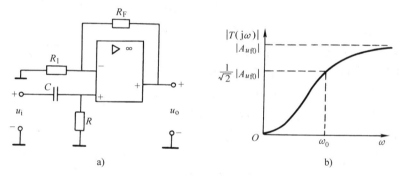

图 12-10 有源高通滤波器

a）电路 b）幅频特性

二、电平比较器

运放非线性应用的典型例子——电平比较器，其电路如图 12-11a 所示。运算放大器是开环使用的，运放的同相输入端接输入信号 u_i，反相输入端接参考电平 U_R，由于运放有极大的电压放大倍数，因此输入电压 u_i 只要略大于参考电压 U_R，那么输出端似乎就应该得到

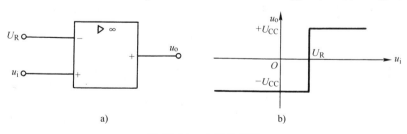

图 12-11 电平比较器

a）电路 b）传输特性

一个极大的正电压，但是由于受到运放电源电压的限幅，因此输出电压 u_o 就接近于正电源电压 $+U_{CC}$；反之，如果输入电压 u_i 略小于参考电压 U_R，那么输出电压 u_o 就接近于负电源电压 $-U_{CC}$。我们可以看到，在开环状态下，运放的输出不是正电源电压就是负电源电压，是不可能得到其他数值的，因此从输出端的电压值就可以很容易地判别输入端究竟是 $u_i > U_R$，还是 $u_i < U_R$，这就是电平比较器的工作原理。电平比较器的输入输出关系称为电路的传输特性，如图 12-11b 所示。

显然，如果把输入信号 u_i 与参考电平 U_R 两者交换一下位置，比较器也是可以工作的，只是它的传输特性颠倒了，在 $u_i > U_R$ 时输出为 $-U_{CC}$，而 $u_i < U_R$ 时输出为 $+U_{CC}$，如图 12-12 所示。如果比较器的参考电平为 0，这个比较器又可以称为"过零比较器"，电路就只判别输入信号是大于零还是小于零。

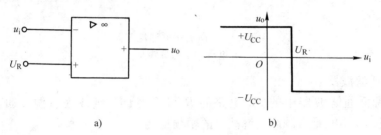

a)   b)

图 12-12 反相端输入时的传输特性
a）电路 b）传输特性

当运算放大器作为比较器使用时，运放的两个输入端之间存在有较大的电压，为了避免损坏运放，可以在两个输入端之间接上两个反并联的二极管以限制输入电压，输出电压的大小也可以用双向稳压二极管来达到限幅的目的。图 12-13 所示为带有输入、输出限幅电路的过零比较器。

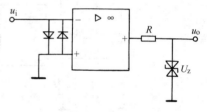

图 12-13 带限幅电路的过零比较器

电平比较器可以用作波形变换，即把输入连续变化的波形变换成矩形波，也可以用来检测某一电压是否超过了规定的数值，与传感器配合则可以用来检测某一物理量（例如度、压力、位移等）是否超过了整定值。

例 12-3 在如图 12-14 所示的电路中，如果取参考电压 U_R 为 4V，输入电压为 10V 峰值的正弦波，请画出输出波形。

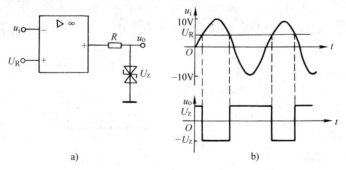

a)   b)

图 12-14 例 12-3 的电路与波形
a）电路 b）波形

　　由于输入电压是从反相输入端输入的，按照电平比较器的特性，在输入电压小于4V时，输出为正电压（电压值约为稳压二极管的稳定电压）；在输入电压大于4V时，输出电压为负电压，因此对应的输出电压的波形如图12-14b所示。

　　从图12-12可见，电平比较器的传输特性在输入电压增大与减小时，对应翻转点的输入电压是相同的，都是比较电平U_R，这样的电路如果用于如例12-3中所示的波形变换电路，会产生这样一个缺点，就是如果输入电压在参考电平附近有微小的波动（例如干扰引起的波动），则输出电压就会不断翻转，电路的抗干扰性能较差。为了解决这一问题，可以采用滞回特性比较器（见图12-15）。

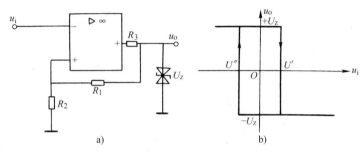

图12-15　滞回特性比较器

a）电路　b）传输特性

　　如图12-15a所示，它是由电平比较器加上正反馈得到的，其传输特性如图12-15b所示，它与电平比较器的传输特性有着明显的区别，当输入电压增大与减小时，翻转点的电平是不一样的。其具体情况分析如下：设双向稳压二极管的稳定电压为U_z，当输入电压为较大的负值时，输出电压应为$+U_z$，对应此时运放同相端的电压（即翻转电压）为

$$U' = U_z \frac{R_2}{R_1 + R_2}$$

　　当输入电压逐渐增大到略大于U'时，输出电压翻转为$-U_z$，由于正反馈的作用，这一翻转的过程是很快的，此时运放同相端的电压也相应改变为负值，即

$$U'' = -U_z \frac{R_2}{R_1 + R_2}$$

　　在输出翻转之后，如果输入电压减小到比原来的翻转电压U'略小一些，由于同相端的翻转电压已经变为负值（U''），因此电路不可能再次翻转。此情况一直要维持到输入电压减小到比U''略小一些之后，才会再次翻转，情况就如图12-15b的传输特性所示。显然，如果用这样的电路来实现波形的变换，输入电压在大于U'使得输出翻转之后，即使有些波动，只要电压不小于U''，电路也不会再次发生翻转，这就大大地提高了电路的抗干扰能力。

　　例12-4　滞回特性比较器如图12-16a所示，输入电压如图12-16b所示，设$U_z = 6V$，$R_1 = 10k\Omega$，$R_2 = 5k\Omega$，$U_R = 0V$，试画出传输特性及输出波形，如果$U_R = 12V$，则传输特性有何变化？

　　解　当$U_R = 0V$时，就是图12-16a的电路，可得

$$U' = U_z \frac{R_2}{R_1 + R_2} = 6 \times \frac{5}{10+5}V = 2V \qquad U'' = -2V$$

由此可得图 12-16b 所示的输出波形及图 12-16c 所示的传输特性，可见，在 2V 附近的干扰脉冲对输出没有产生影响。

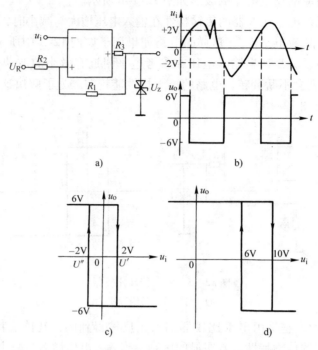

图 12-16　例 12-4 的电路、波形及传输特性

a）电路　b）波形　c）$U_R = 0$ 时的传输特性　d）$U_R = 12V$ 时的传输特性

当取 $U_R = 12V$ 时，由叠加原理可以求得翻转电压为

$$U' = U_z \frac{R_2}{R_1 + R_2} + U_R \frac{R_1}{R_1 + R_2} = 6 \times \frac{5}{10 + 5} V + 12 \times \frac{10}{10 + 5} V = (2 + 8) V = 10V$$

$$U'' = -6 \times \frac{5}{10 + 5} V + 12 \times \frac{10}{10 + 5} V = (-2 + 8) V = 6V$$

由此可得图 12-16d 所示的传输特性。由以上分析可见，参考电压 U_R 的大小对传输特性起到了平移的作用，U_R 大于零时特性右移，U_R 小于零时特性左移，U_R 对特性的回差（即翻转点电压 U' 与 U'' 之差）没有影响。

三、振荡器

1. 矩形波发生器

如图 12-17 所示，矩形波发生器由滞回特性比较器与 RC 充放电电路组成。当比较器输出电压为正值时，输出电压 u_o 通过电阻 R 对电容 C 充电，电容电压 u_C 随指数规律上升，待电容电压上升到翻转电压 U' 时，输出翻转为负值，电容放电；放电完毕后又随之又反向充电，电容电压随指数规律下降，待电压下降到翻转电压 U'' 时，输出电压又翻转为正值，如此周而复始，反复振荡，电容电压 u_C 与输出电压 u_o 的波形如图 12-17b 所示。由于电路充电与放电的时间常数相同，翻转点的电压 U' 与 U'' 的绝对值也相同，因此充放电的时间是相同的，电路输出的波形是正、负半周对称的矩形波，矩形波的幅度为双向稳压二极管的稳定电压 $\pm U_z$，电容充放电波形的幅度为比较器的翻转电压 U' 与 U''。

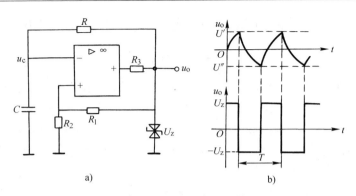

图 12-17　矩形波发生器
a）电路　b）波形

电路振荡的周期显然与电路的 RC 时间常数有关，也和翻转点的电压 U' 与 U'' 的大小有关，也就是说与电阻 R_1、R_2 的比值有关，用 RC 电路的三要素法可以求得，其振荡周期为

$$T = 2RC\ln\left(1 + \frac{2R_2}{R_1}\right)$$

2. 锯齿波发生器

如图 12-18 所示，由运放 N1 组成的电路是滞回特性比较器，输出矩形波，运放 N2 则组成一个积分器，输出锯齿波。电路的工作原理分析如下：

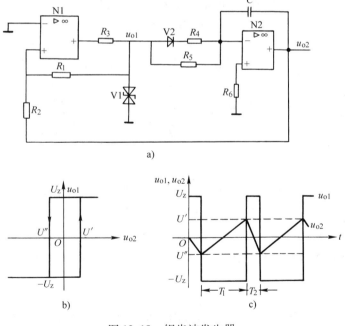

图 12-18　锯齿波发生器
a）电路　b）传输特性　c）波形

由运放 N1 组成的滞回特性比较器输出 u_{o1} 不是 $+U_z$ 就是 $-U_z$，比较器是在运算放大器同相输入端的电压过零时翻转的，同相输入端的电压比零略大就输出 $+U_z$，否则就输出 $-U_z$，比较器的输入电压就是积分器的输出电压 u_{o2}，它的传输特性如图 12-18b 所示。不难

求得当运算放大器同相输入端的电压过零时，电压 u_{o2}（即翻转点的电压）应该为

$$U' = -U'' = \frac{R_2}{R_1}U_z$$

设比较器初始时输出正电压 U_z，积分器在输入的正电压作用下，二极管 V2 导通，积分器通过电阻 R_4 对电容充电，运放 N2 输出线性下降的负电压，待输出电压 u_{o2} 达到翻转电压 U'' 时，比较器输出翻转，u_{o1} 输出负电压 $-U_z$。此时积分器的输出电压 u_{o2} 上升，二极管 V2 截止，积分器只有通过电阻 R_5 才能使电容放电（接着反向充电）。由于电阻 R_5 比 R_4 要大得多，电路的积分时间常数大大增大，输出电压 u_{o2} 的上升速度就大大减慢，待电压上升到了翻转电压 U' 时，比较器输出再次翻转，u_{o1} 输出正电压 $+U_z$，积分器输出电压 u_{o2} 又会以较快的速度下降，当达到 U'' 时，则电路又一次翻转……如此振荡不已。

电路输出的锯齿波上升时的斜率为 U_z/R_5C，电压从 U'' 上升到 U'，其上升的幅度为 $2U'$，由此可得

$$2U' = \frac{U_z}{R_5C}T_1$$

因为 $U = \frac{R_2}{R_1}U_z$，可得上升时间 T_1 为

$$T_1 = 2\frac{R_2}{R_1}R_5C$$

如果忽略二极管的正向压降，可以估算下降时间 T_2 为

$$T_2 = 2\frac{R_2}{R_1} \times \frac{R_4R_5}{R_4+R_5}C$$

整个波形的周期 T 为上升 T_1 与下降时间 T_2 之和，考虑到 R_5 远大于 R_4，即 $T_1 \gg T_2$ 可得：

$$T = T_1 + T_2 \approx T_1$$

输出的矩形波幅度为 $\pm U_z$，锯齿波的幅度为 U' 和 U''，波形如图 12-18c 所示。此电路的缺点是锯齿波的幅度与频率不能分别调节，调节锯齿波的幅度需要改变电阻 R_2 与 R_1 的比值，但此时输出的频率也改变了。

3. 三角波发生器

如果把图 12-18 中的二极管支路去掉，使得积分器充放电的时间常数一致，则上述锯齿波的波形上升时间 T_1 与波形下降时间 T_2 就相等了，锯齿波就可以成为三角波，电路就是一个三角波发生器了。图 12-19 则是一个用三个运算放大器组成的三角波发生器，它的优点是可以做到调节三角波的输出幅度时不影响到频率，调节频率时也不影响到幅度，即幅度与频率可以分别调节。

图 12-19 中运放 N1 是积分器，用来将矩形波转换成三角波，积分器的输入电压的大小由电位器 RP1 调节，起到调节振荡频率的作用。N2 是电平比较器，它的反相输入端通过电阻 R_3、R_4 分别与电压 u_{o1}、u_{o3} 相接，当这两个输入端的电压 u_{o1}、u_{o3} 大小相等，极性相反时，N2 的输出就会翻转，其输出电压受二极管 VD1、VD2 的限幅为 $\pm0.7V$ 的矩形波；N3 也是一个电平比较器，输出矩形波，它的输出端接有限幅电路，可以通过电位器 RP2 调节输出矩形波的正向幅度，通过电位器 RP3 调节输出矩形波的负向幅度，若 RP2、RP3 采用同轴电位器，则输出的电压正、负幅度相等，由一个电位器调节。

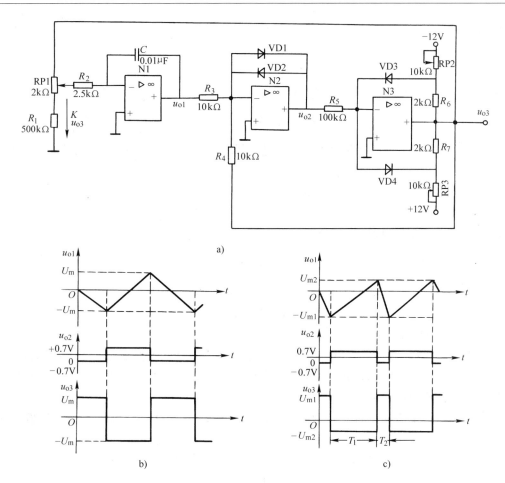

图 12-19　三角波发生器

a）电路　b）波形 1　c）波形 2

　　电路的振荡过程是：设电路输出的 u_{o3} 为正电压，则积分器在输入正电压的作用下输出线性下降的负电压 u_{o1}，当电压 u_{o1} 下降到与 u_{o3} 的幅度相同（极性相反）时，N2 的输出由原来的 $-0.7V$ 翻转为 $+0.7V$，N3 的输出 u_{o3} 也随之翻转为负电压。由于积分器输入电压极性的翻转，积分器输出电压开始上升，直至输出 u_{o1} 上升到与 u_{o3} 幅度相等（极性相反）时，N2、N3 再次翻转……如此振荡不已。

　　图 12-19b 是输出限幅正、负幅度相同时的波形，设 N3 输出波形的幅度为 U_m，经过电位器 RP1 分压后的电压为 KU_m（K 为小于 1 的系数，由电位器调节），则积分器输出的三角波的斜率为 KU_m/R_2C，经过半个周期之后，电压的变化幅度为 $2U_m$，即

$$\frac{KU_m}{R_2C} \times \frac{T}{2} = 2U_m$$

由此可求得振荡周期，则

$$T = \frac{4R_2C}{K}$$

　　图 12-19c 是 N3 输出正、负幅度不同时的波形，设输出正向的幅度为 U_{m1}，负向的幅度为 U_{m2}，则三角波上升时的斜率为 KU_{m2}/R_2C，经过上升时间 T_1 之后，电压的变化幅度为

$U_{m1} + U_{m2}$，即

$$\frac{KU_{m2}}{R_2 C} \times T_1 = U_{m1} + U_{m2}$$

由此可求得上升时间为

$$T_1 = \frac{R_2 C}{K} \times \frac{U_{m1} + U_{m2}}{U_{m2}}$$

三角波下降时的斜率为 $KU_{m1}/R_2 C$，经过下降时间 T_2 之后，电压的变化幅度也是 $U_{m1} + U_{m2}$，即

$$\frac{KU_{m1}}{R_2 C} \times T_2 = U_{m1} + U_{m2}$$

由此可求得下降时间为

$$T_2 = \frac{R_2 C}{K} \times \frac{U_{m1} + U_{m2}}{U_{m1}}$$

整个周期为

$$T = T_1 + T_2$$

4. RC 正弦波振荡电路

如图 12-20 所示，它由选频电路（RC 串并联电路）和同相比例运算电路组成。对 RC 选频电路来说，振荡电路的输出电压 u_o 是它的输入电压；它的输出电压 u_i 送到同相输入端，是运算放大器的输入电压。

只有当 $f = f_0 = 1/2\pi RC$ 时，u_o 和 u_i 同相，并且 $|F| = U_i/U_o = 1/3$，而同相比例运算电路的电压放大倍数 A_u 则为

$$|A_u| = \frac{U_o}{U_i} = 1 + \frac{R_F}{R_1}$$

可见，当 $R_F = 2R_1$ 时，$|A_u| = 3$，$|A_u F| = 1$。

u_o 和 u_i 同相，也就是电路具有正反馈。起振时，使 $|A_u F| > 1$，即 $|A_u| > 3$。随着振荡幅度的增大，$|A_u|$ 能自动减小，直到满足 $|A_u| = 3$ 或 $|A_u F| = 1$ 时，振荡振幅达到稳定，以后并能自动稳幅。

在图 12-20 中，如果反馈电阻 R_F 是一个热敏电阻，利用它的非线性可以自动稳幅。热敏电阻具有负温度系数。在起振时，由于 u_o 很小，流过 R_F 的电流也很小，于是发热少，阻值高，使 $R_F > 2R_1$；即 $|A_u F| > 1$。随后，u_o 的幅度逐渐增大，流过 R_F 的电流随着增大，R_F 因受热而降低其阻值，直到 $R_F = 2R_1$ 时，振荡稳定。

利用二极管正向伏安特性的非线性也可以自动稳幅。在图 12-21 中，R_F 分为 R_{F1} 和 R_{F2} 两部分。在 R_{F1} 上正、反向并联两只二极管，它们在输出电压 u_o 的正负半周内分别导通。在起振之初，由于 u_o 幅度很小，尚不足以使二极管导通，正向二极管近于开路，此时 $R_F > 2R_1$。而后，随着振荡幅度的增大，正向二极管导通，其正向电阻渐渐减小，直到 $R_F = 2R_1$ 时，振荡稳定。

不论利用热敏电阻或二极管，当任何原因使输出电压的幅度发生变化时，都可改变 R_F 的阻值（即改变 $|A_u|$）使振荡幅度稳定。

振荡频率的改变，可通过调节 R 或 C 或同时调节 R 和 C 的数值来实现。由集成运算放大器构成的 RC 振荡电路的振荡频率一般不超过 1MHz。如要产生更高的频率，可采用 LC 振荡器。

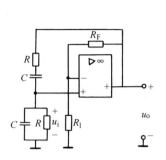

图 12-20　*RC* 正弦波振荡电路

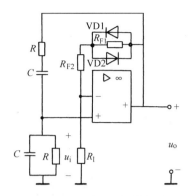

图 12-21　利用二极管自动
稳幅的 *RC* 振荡电路

复 习 题

1. 运算放大器工作在线性区时，分析电路的依据有哪些？

2. 反向输入积分电路与基本微分电路中的电容器是如何接入的？

3. 由运算放大器组成 *RC* 桥式振荡器。当 *C* 为 0.1uF，*R* 用 100kΩ 电位器与 100kΩ 电阻串联起来。试问该振荡器的频率范围在多少 Hz 之间。

4. 计算出图 12-22 中的 u_o 值为多少？

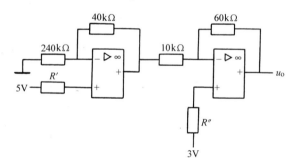

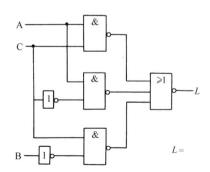

图　12-22

5. 写出图 12-23 的逻辑式。

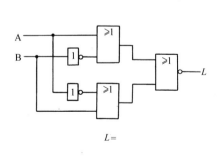

L =

L =

图　12-23

6. 确定图 12-24 中各图输入与输出的关系如何？

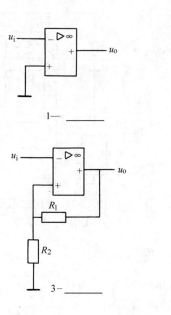

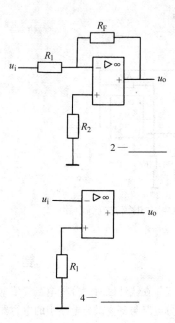

图 12-24

第十三章　集成数字电路

第一节　门　电　路

一、基本逻辑门电路

基本逻辑门电路是数字电路的最基本的单元电路，其功能是用来完成某种最基本的逻辑运算，基本逻辑门电路有三种：与门、或门、非门。

1. 与门

（1）"与"逻辑引例　图 13-1 所示为用两个开关 A、B 串联控制一盏灯 L 的电路，很显然，电路只有在两个开关都合上的情况下灯才会亮，如果有一个开关断开了，灯就不亮了。这实际上就是一个很简单的"与"逻辑问题。我们可以把一件事情是否发生和几个条件是否具备联系起来，显然，灯是否亮（事情是否发生）是取决于 A 与 B 两个开关是否都合上（两个条件是否都具备）。这种逻辑关系称为"与"逻辑。其定义为：只有在一件事情的所有条件都具备时，这件事情才能发生。如果在电路中多串联几个开关 A、B、C、D……，那么只有在所有的开关 A、B、C、D……都合上时，灯 L 才会亮。

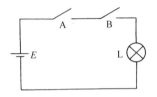

图 13-1　"与"逻辑引例

（2）"与"逻辑的表达方法　在表达一个逻辑问题时，可以用"0"、"1"两个代码来表示两种对立的逻辑状态。例如：用 1 表示具备了某个条件，0 表示不具备某个条件；对于结果，同样可以用 1 表示发生了某种结果，0 则表示不发生某种结果。对于用两个开关控制一盏灯的电路，可以用表 13-1 来表示可能发生的所有情况。

表 13-1　与逻辑真值表

A	B	L
0	0	0
0	1	0
1	0	0
1	1	1

这种表格称为逻辑代数的真值表。在真值表中，通常把 A、B、L 称为"逻辑变量"，其中 A、B 称为"输入量"，L 称为"输出量"，每个逻辑变量只有两种可能的取值，即"1"或"0"，对于输入为两个变量的真值表来讲，可能产生的所有情况就有 $2^2 = 4$ 种。

上述逻辑关系，除了用真值表以外，还可以用逻辑函数式来表示，即

$$L = A \times B = A \cdot B = AB$$

逻辑常量 0、1 的与运算和普通代数的乘法完全相同，即

$$0 \times 0 = 0$$

$$0 \times 1 = 1 \times 0 = 0$$
$$1 \times 1 = 1$$

如果把 A、B 的四种取值情况用逻辑常量 0、1 代入之后，可以很容易地发现，求得的 L 和真值表是完全一致的。由此可见，用逻辑函数式来表示一个逻辑关系，比真值表要简洁得多。如果与逻辑有三个输入量 A、B、C，那么函数式可以简洁地表示为

$$L = ABC$$

输入为三变量的逻辑函数，可能出现的输入变量的组合情况有 $2^3 = 8$ 种，真值表见表 13-2。

表 13-2　输入为三个变量的与逻辑真值表

A	B	C	L
0	0	0	0
0	0	1	0
0	1	0	0
0	1	1	0
1	0	0	0
1	0	1	0
1	1	0	0
1	1	1	1

输入为四变量的逻辑函数，真值表将有 $2^4 = 16$ 种情况，读者可自行分析。与逻辑的输入输出关系可以用一句话来表示：全 1 出 1，有 0 出 0。

（3）二极管与门　在数字电子技术中，逻辑运算是用逻辑门电路来完成的，门电路的输入和输出用电位（习惯上称为"电平"）的高、低分别表示逻辑 0 和逻辑 1，对于目前绝大多数数字集成电路来说，均采用正逻辑体制，即规定高电平为逻辑 1，低电平为逻辑 0。

图 13-2 所示为一个用二极管组成的与门电路，电路的电源电压为 12V、输入的高电平为 6V、低电平为 0V，该电路可以实现与逻辑运算，即可以做到输入全部是高电平时，输出是高电平（全 1 出 1）；输入有低电平时，输出是低电平（有 0 出 0）。其工作原理分析如下：

1）若电路的输入全是低电平，则两个二极管 V1、V2 在正电源 U_{CC} 的作用下全都导通，输出为 0.7V。

2）若电路的输入全是高电平，则两个二极管在正电源 U_{CC} 的作用下也全都导通，但输出为 6V + 0.7V = 6.7V。

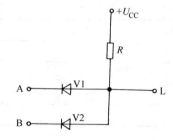

图 13-2　二极管与门

3）若输入 A、B 中有一个为低电平（例如 A 为低电平），另一个为高电平。那么二极管不可能全都导通，只有输入接低电平的那个二极管 V1 在电源电压作用下是导通的，电路的输出为 0.7V，而另一个二极管由于受反向电压而截止（二极管左边为输入的高电平 6V，右边为输出的低电平 0.7V）。

综上所述，电路的工作情况可以用表 13-3 来表示。

表 13-3　二极管与门的工作情况

A	B	L
0V	0V	0.7V
0V	6V	0.7V
6V	0V	0.7V
6V	6V	6.7V

比较表 13-3 与表 13-1 可以发现，只要把高电平作为 1、低电平作为 0，两个表格反映的情况是完全一致的。二极管门电路的缺点是输入与输出的电平数值不同，输出的高电平和低电平都比输入的电平提高了一个二极管压降 0.7V，产生了电平偏移。在实际的数字电路中，门电路已极少使用单一的二极管来组成，几乎都使用电路更加复杂、功能更加完善的集成电路来组成了。

在数字电路中，门电路的内部结构不再画出，与门电路可用图 13-3a 所示的符号来表示。门电路在输入一系列的脉冲波形时，输出波形可以根据输入波形得到。图 13-3b 是与门的波形，输入高电平为 1、低电平为 0，按照"全 1 出 1、有 0 出 0"的原则，只要在输入为全 1 的时间段内先画出输出的高电平段，然后在其余的时间段内画上低电平就可以了。

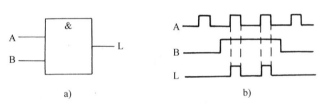

图 13-3　与门的符号和波形

a）符号　b）波形

从与门的波形上还可以看出，如果把与门的一个输入端 B 看成是控制端，另一个输入端 A 看成是信号输入端，那么 A 信号是否能通过与门将受到 B 的控制。当 B = 0 时，门电路被封锁，信号 A 不能输出，输出 L = A × 0 = 0；当 B = 1 时，门电路被打开，信号 A 输出，L = A × 1 = A。

2. 或门

（1）"或"逻辑引例　图 13-4 所示为用两个开关 A、B 并联控制一盏灯 L 的电路，很显然，电路只要有一个开关合上，灯就亮了，只有在所有的开关都断开的情况下，灯才不亮。这种情况从逻辑上来分析，就是一个很简单的"或"逻辑问题。或逻辑定义为：某一件事情只要有一个相关的条件具备时，这件事情就能发生。如果在电路中多并联几个开关 A、B、C、D……，那么只要其中的一个开关 A 或 B 或 C 或 D……合上时，灯 L 就亮。

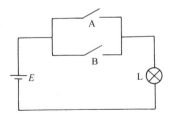

图 13-4　或逻辑引例

（2）"或"逻辑的表达方法　对于输入为两个变量 A、B 和三个变量 A、B、C 的或逻辑来说，可以用表 13-4 的或逻辑真值表来表示。

表 13-4　或逻辑真值表

输入为两个变量			输入为三个变量			
A	B	L	A	B	C	L
0	0	0	0	0	0	0
0	1	1	0	0	1	1
1	0	1	0	1	0	1
1	1	1	0	1	1	1
			1	0	0	1
			1	0	1	1
			1	1	0	1
			1	1	1	1

或逻辑除了用真值表以外，也可以用逻辑函数式来表示，输入为两个变量的或逻辑函数式为

$$L = A + B$$

应该特别注意的是，逻辑常量 0、1 的"或"运算和普通代数的加法既有相同之处，也有着明显的区别：

$$0 + 0 = 0$$
$$0 + 1 = 1 + 0 = 1$$
$$1 + 1 = 1$$

应该再次强调的是，逻辑 0 和逻辑 1 并不代表数量，而是一种逻辑记号，仅仅用来表示一个事物的两种对立的状态。$1 + 1 = 1$ 就表示在或逻辑中，具备一个条件和具备两个条件，其效果是相同的。或逻辑的输入输出关系也可以用一句话来表示：有 1 出 1，全 0 出 0。

（3）二极管或门　图 13-5 所示为一个用二极管组成的或门电路，设电路输入的高电平为 6V、低电平为 0V，这一电路可以实现或逻辑运算，即可以做到输入有高电平时，输出是高电平（有 1 出 1）；输入全是低电平时，输出才是低电平（全 0 出 0）。其工作原理分析如下：

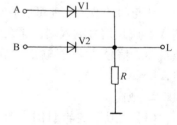

1）若电路的输入全是低电平，则两个二极管全都截止，输出为 0V。

图 13-5　二极管或门

2）若电路的输入全是高电平，则两个二极管在信号电压的作用下全都导通，但输出为 6V – 0.7V = 5.3V。

3）设输入 A、B 中有一个为高电平（例如 A 为高电平），另一个为低电平，那么输入接高电平的那个二极管 V1 在信号电压作用下是导通的，电路的输出为 5.3V，而另一个二极管由于受反向电压而截止（左边为输入的低电平 0V，右边为输出的 5.3V）。

综上所述，电路的工作情况可以用表 13-5 来表示。比较表 13-5 和表 13-4 中的两个变量输入情况，在正逻辑条件下，两个表格反映的情况也是完全一致的。二极管或门电路的缺点也是存在着输出电平偏移的情况，每经过一个或门，高电平就下降了 0.7V。

表 13-5 二极管或门的工作情况

A	B	L
0V	0V	0V
0V	6V	5.3V
6V	0V	5.3V
6V	6V	5.3V

图 13-6 所示为或门的符号和波形，其中"≥1"表示输入有一个及一个以上的 1 就输出 1。

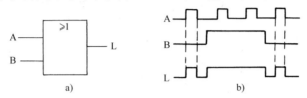

图 13-6　或门的符号和波形

a) 符号　b) 波形

3. 非门

（1）"非"逻辑　逻辑运算中除了与逻辑、或逻辑以外的基本运算就是"非"逻辑了，非逻辑运算只有一个输入量，起到把输入量反相的作用，即把输入的 1 反相输出变为 0；或者把输入的 0 反相输出变为 1。非逻辑函数式表示为

$$L = \overline{A}$$

非逻辑真值表见表 13-6。

表 13-6 非逻辑真值表

A	L
0	1
1	0

非逻辑运算由非门来实现，非门的逻辑符号及输入输出波形图如图 13-7 所示。

（2）晶体管非门　非门的内部电路可以用晶体管来实现，如图 13-8 所示。在模拟电子电路中我们已经知道晶体管放大电路具有倒相的作用，即输出波形与输入波形是反相的，那么在数字电子电路中，只要使晶体管工作在开关状态，就可以实现如图 13-7b 那样把输入的脉冲波形倒相输出的任务，实现非逻辑运算。

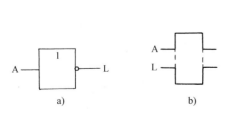

图 13-7　非门的符号和波形

a) 符号　b) 波形

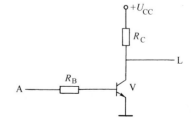

图 13-8　晶体管非门电路

所谓晶体管的开关工作状态，是指在输入电压为高电平时，使得晶体管脱离放大状态而饱和导通，晶体管输出接近为 0（低电平）；当输入电压接近为 0（低电平）时，晶体管工作在截止状态，输出为 + U_{CC}（高电平）。这样，晶体管的 C—E 之间就可以看成是一个开关一样，工作在接通与断开两种状态下。晶体管是否工作在开关状态，取决于电路的参数与输入信号的大小。

设图 13-8 中晶体管的 $\beta = 100$，集电极电阻 $R_C = 1k\Omega$，电源电压为 6V，当输入电压升高使得基极电流 I_B 不断增大时，集电极电流与输出电压的变化情况见表 13-7。

表 13-7　基极电流增大时晶体管工作状态的变化

$I_B/\mu A$	0	10	20	30	40	50	60	70	80
I_C/mA	0	1	2	3	4	5	6	6	6
U_C/V	6	5	4	3	2	1	0	0	0
工作状态	截止	放大					饱和		

由表 13-7 可见，当基极电流 I_B 为 0 时，晶体管工作在截止状态，晶体管 C—E 之间相当于是断开的，集电极输出电压为电源电压 6V。随着基极电流 I_B 的增大，晶体管进入放大状态，集电极电流 I_C 也随着增大，集电极电位 U_C 则不断下降，到基极电流 I_B 增大到某一个数值（60μA）时，集电极电流已经达到了电路所允许的最大值 6mA，晶体管的集电极电压已经降低到了 0V，不可能再降低了，这时晶体管已经工作到了饱和状态，也就是说此时晶体管的 C—E 之间已经相当于是短接了。以后基极电流 I_B 再增大，集电极电流 I_C 受到电源电压 U_{CC} 和集电极电阻 R_C 的限制（$U_{CC}/R_C = 6mA$）已经不可能再增大，晶体管始终工作在饱和状态。由此可得，晶体管工作在饱和状态的条件为

$$I_B \geq \frac{U_{CC}}{\beta R_C}$$

因此，对于如图 13-8 所示的非门电路，只要恰当地选择电路参数，使得电路在输入高电平时工作在饱和状态，输入为低电平时电路工作在截止状态，就能使电路作为非门使用了。

4. 复合门电路

数字电路中的基本门电路只有与门、或门和非门三种，但在实际应用中，经常把这三种基本门电路复合起来，做成各种复合门电路，如与非门、或非门、与或非门、异或门等。其中最常用的是与非门、或非门，其逻辑电路的符号及逻辑函数式如图 13-9 所示，真值表见表 13-8。

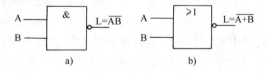

图 13-9　复合门电路
a）与非门　b）或非门

表 13-8　与非门和或非门的真值表

A	B	与非门输出 L	A	B	或非门输出 L
0	0	1	0	0	1
0	1	1	0	1	0
1	0	1	1	0	0
1	1	0	1	1	0

5. 门电路的传输时间

以往在分析晶体管电路的动态过程时，都是把晶体管看成是一个理想的器件，二极管和晶体管的发射结都是在加上正向电压时立即导通，加上反向电压时则立即截止。实际的情况并不是那样简单，由于晶体管内部载流子的运动规律，数字电路中的晶体管从截止状态到饱和状态，以及从饱和状态到截止状态，都是需要一定的时间的。图 13-10 所示为晶体管在输入脉冲电压时，集电极电流的变化情况。由图可见，在输入正向电压的作用下，集电极电流要经过一段时间（称为"开通时间" t_{on}）才会产生并逐渐增大到饱和值；当输入电压减小到 0 时，集电极电流也要经过一段时间（称为"关断时间" t_{off}）才会逐渐减小到 0。尽管开通时间和关断时间都很短，往往是以纳秒（10^{-9} s）来计算，但是当电路的工作频率很高时，晶体管来不及开关，就会影响电路的正常工作。

对于数字集成门电路来讲，由于内部晶体管开关需要时间，电路的输入信号到达以后，也需要一定的时间延时才能使输出产生相应的变化，这段时间称为门电路的"传输时间"。门电路传输时间的长短取决于集成电路的制造工艺，集成电路常有所谓"中速"、"高速"之分，就是指其传输速度的快慢。对于一般的工业控制用的集成电路，因为运算速度不高，可以采用速度不高的元器件，但是对于运算速度不断提高的计算机芯片来讲，电路速度的高低就是一个直接影响计算机性能的一个极其重要的技术指标了。

二、三态门与集电极开路与非门

1. 三态门

三态门是指一个门电路的输出除了高电平、低电平之外，还有输出悬空的状态，称为高阻状态。由于电路输出有高电平、低电平及高阻三种状态，故称为"三态门"。图 13-11 所示为 TTL 电路的三态与非门。

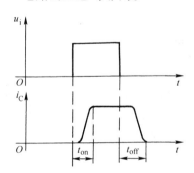

图 13-10　晶体管的开关时间

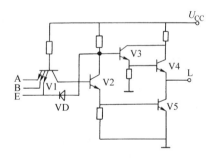

图 13-11　TTL 电路的三态与非门

三态门逻辑电路的符号如图 13-12 所示。图 13-12a 所示为控制端高电平有效的三态门，即当 E = 1 时电路按正常的逻辑工作，E = 0 时输出高阻。如果在图 13-12a 的控制端加上一个非门，就可以得到图 13-12b 所示的控制端低电平有效的三态门，即当 E = 0 时电路按正常的逻辑工作，E = 1 时输出高阻。

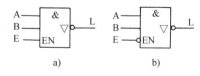

图 13-12　三态门逻辑电路的符号
a）控制端高电平有效　b）控制端低电平有效

三态门通常用于数据传输上，如图 13-13 所示，我们可以把若干个三态门 G_1，G_2，…，

G_n 的输出端接到一条数据总线上，以便每一个三态门的输出数据都有机会上线输出。但是总线上所有的三态门，在任何时刻只能允许其中的一个处于工作状态，使它的输出上线，其余的都必须处于高阻状态，例如令 $E_1 = 1$，其余的控制端 $E_2 \sim E_n$ 均为 0，则总线上的信号就是 G_1 门的输出。只要按一定的顺序控制各个三态门的控制端，就可以使得各个三态门的输出信号按照控制要求轮流上线输出。

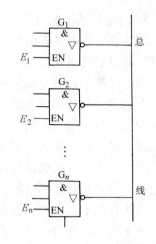

图 13-13　三态门的应用举例

2. 集电极开路与非门（又称为 OC 门，见图 13-14）

集电极开路门使用时总是把若干个 OC 门的输出端连接在一起，外接一个公用的集电极电阻 R_C，如图 13-15 所示，这种接法称为"线与"。之所以称为"线与"，是因为这种接法仅仅用了一根公共连线，就可以实现把所有的 OC 门的输出信号进行"与"逻辑运算。

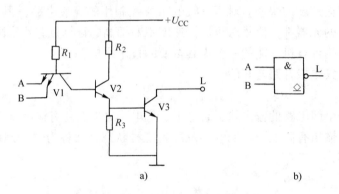

图 13-14　集电极开路与非门

a）电路　b）符号

我们知道，与逻辑是全 1 出 1、有 0 出 0，"线与"连接的所有的 OC 门，其内部的晶体管 V3 的输出端是通过公共线并联的，当输出全部是高电平时，其内部的晶体管 V3 都处于截止状态，因此公共线上的信号也是高电平；当其中的一个 OC 门输出低电平时，对应的晶体管 V3 是导通的，而所有并联着的晶体管 V3 只要有一个导通，输出线上就是低电平，所以说，OC 门的线与接法，可以实现输出端的与逻辑运算。

注意：一般的与非门，是不允许采用"线与"接法的，因为这种接法，将使得输出的高电平与低电平短路，从而损坏集成电路。

另外，OC 门输出端的公共集电极电阻 R_C 的大小必须选择

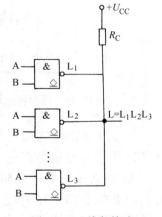

图 13-15　线与接法

恰当，R_C 过大则输出高电平时将在电阻 R_C 上产生较大的压降，使得输出高电平下降。R_C 过小则输出低电平时将会产生较大的电流，容易使得晶体管 V3 脱离饱和，从而使得输出的低电平上升，这对于逻辑电路来讲都是不利的。

第二节 组合逻辑门电路

一、编码器

编码器是一种能够把文字或符号转换为二进制码的组合逻辑电路。现以 8421BCD 编码器和优先编码器为例，介绍其设计过程和工作原理。

1. 8421BCD 编码器

能够将十进制数的十个数字符号 $0 \sim 9$ 编成二进制码的电路，称为"二—十进制编码器"，若采用 8421 码，则编码要求见表 13-9。

表 13-9 8421BCD 编码器的编码要求

十进制数	输　入										输　　出			
	I_0	I_1	I_2	I_3	I_4	I_5	I_6	I_7	I_8	I_9	D	C	B	A
0	1	0	0	0	0	0	0	0	0	0	0	0	0	0
1	0	1	0	0	0	0	0	0	0	0	0	0	0	1
2	0	0	1	0	0	0	0	0	0	0	0	0	1	0
3	0	0	0	1	0	0	0	0	0	0	0	0	1	1
4	0	0	0	0	1	0	0	0	0	0	0	1	0	0
5	0	0	0	0	0	1	0	0	0	0	0	1	0	1
6	0	0	0	0	0	0	1	0	0	0	0	1	1	0
7	0	0	0	0	0	0	0	1	0	0	0	1	1	1
8	0	0	0	0	0	0	0	0	1	0	1	0	0	0
9	0	0	0	0	0	0	0	0	0	1	1	0	0	1

要实现上述编码要求，电路应该有十个输入端 $I_0 \sim I_9$，哪一个端子有信号表示对应的 $0 \sim 9$ 中某一个数字有了输入；有 D、C、B、A 四个输出端，以便把对应的输入转换为四位二进制编码。表 13-9 中尽管有 10 个输入量，但是电路显然不可能有 2^{10} 种输入组合，因为电路每次只可能对一个输入信号进行编码，只允许一个输入端有信号输入，因此电路的输入情况只有表 13-9 所列的 10 种可能，我们称这种情况为"输入信号是互相排斥的"。按照要求，可以列出函数式如下：

$$D = I_8 + I_9 = \overline{\overline{I_8}\,\overline{I_9}}$$

$$C = I_4 + I_5 + I_6 + I_7 = \overline{\overline{I_4}\,\overline{I_5}\,\overline{I_6}\,\overline{I_7}}$$

$$B = I_2 + I_3 + I_6 + I_7 = \overline{\overline{I_2}\,\overline{I_3}\,\overline{I_6}\,\overline{I_7}}$$

$$A = I_1 + I_3 + I_5 + I_7 + I_9 = \overline{\overline{I_1}\,\overline{I_3}\,\overline{I_5}\,\overline{I_7}\,\overline{I_9}}$$

由此可得如图 13-16 所示的逻辑电路，在具体电路中，输入信号一般用键盘输入，当某一个字符键按下时，对应的输入端就为 1（设电路为高电平有效），输出就产生相应的编码。还应该

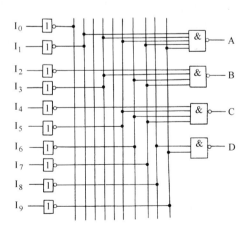

图 13-16 8421BCD 编码器的逻辑电路

指出的是，电路还存在这样一个问题，就是在 I_0 有输入信号时与没有任何输入信号时，输出都是 0000，两者没有什么区别。这通常可以在电路中再增加一个输出端 Y（图中没有画出），当电路中任何一个输入端有信号时，Y 有信号输出，以表示信号有效，电路中没有任何信号输入时，Y 没有信号输出，表示信号无效，这样在按键 I_0 按下时，输出的 0000 就表示有效的信号。

2. 优先编码器

上述编码器使用时规定了输入时只允许一个输入端有信号，如果同时按下了几个键，那么输出就会发生混乱。为了解决这一问题，可以采用优先编码器，其思路是，当输入有几个信号同时产生时，输出将按照事先排好的输入信号的优先级别，只把优先级别高的信号输出。其真值表见表 13-10。

表 13-10　　优先编码器的真值表

输　　入										输　　出			
I_9	I_8	I_7	I_6	I_5	I_4	I_3	I_2	I_1	I_0	D	C	B	A
0	0	0	0	0	0	0	0	0	1	0	0	0	0
0	0	0	0	0	0	0	0	1	×	0	0	0	1
0	0	0	0	0	0	0	1	×	×	0	0	1	0
0	0	0	0	0	0	1	×	×	×	0	0	1	1
0	0	0	0	0	1	×	×	×	×	0	1	0	0
0	0	0	0	1	×	×	×	×	×	0	1	0	1
0	0	0	1	×	×	×	×	×	×	0	1	1	0
0	0	1	×	×	×	×	×	×	×	0	1	1	1
0	1	×	×	×	×	×	×	×	×	1	0	0	0
1	×	×	×	×	×	×	×	×	×	1	0	0	1

表 13-10 所列的 10 个输入信号中，我们规定了优先级别最高的是 I_9，其次是 I_8……，优先级别最低的是 I_0。只要 I_9 为 1（设电路为高电平有效），无论其余的输入处于何种状态（表中用×表示），输出总是 1001；若 I_8 为 1 则 $I_7 \sim I_0$ 无论处于何种状态（注意 I_9 必须为 0），输出总是 1000，依此类推。

优先编码器经常用于微机控制电路，例如在计算机系统中，常常要控制几个对象，当某几个对象需要操作时，会同时向主机发出请求操作的信号，主机则会按照事先编好的优先级别，区别轻重缓急，向其中的一个发出允许操作的信号，这就需要用到优先编码的概念。

二、译码器与数字显示

与编码器功能相反的逻辑电路是译码器，它用来把输入的二进制码的每一种状态，转换成一路输出信号。例如输入 DCBA 为 8421BCD 码，共有 10 种状态，输出就有 10 根线 $Y_0 \sim Y_9$ 与其一一对应，当输入为 0000 时，输出 $Y_0 = 1$（其余均为 0），当输入为 0001 时，则输出 $Y_1 = 1$，依此类推。这样的译码器，因为输入是 4 根线、输出为 10 根线，所以称为

"4/10 译码器"。下面以较为简单的 2/4 译码器为例，说明它的设计过程。

1. 2/4 译码器

2/4 译码器有 2 个输入端 B、A；4 个输出端 $Y_0 \sim Y_3$，其真值表见表 13-11。

表 13-11　2/4 译码器真值表

输　　入		输　　　　出			
B	A	Y_0	Y_1	Y_2	Y_3
0	0	1	0	0	0
0	1	0	1	0	0
1	0	0	0	1	0
1	1	0	0	0	1

2/4 译码器尽管有四个输出量，但是每一个输出都只与一个最小项相对应，因此很容易得出它们的函数式而无需任何化简，即

$$Y_0 = \bar{B}\bar{A}$$
$$Y_1 = \bar{B}A$$
$$Y_2 = B\bar{A}$$
$$Y_3 = BA$$

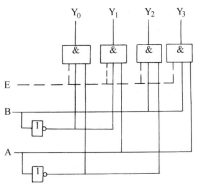

图 13-17　2/4 译码器的逻辑电路

按照函数式，可以得到如图 13-17 所示的逻辑电路。为了使用和扩展的方便，译码器经常带有一个使能端 E，如图中虚线所示，由图可见，当使能端 E = 1 时，电路与没有使能端一样，按正常的逻辑工作。当使能端 E = 0 时，则封锁了所有的与门，使得所有的输出端都为 0。

2. 基本译码器

基本译码器是一种常用的逻辑电路，有许多现成的集成电路可供使用者选择，下面介绍几种。

（1）T1138（74138）　这是一种 TTL 的 3/8 译码器，输入的选择码为 3 位二进制码，输出有 8 根线。其真值表见表 13-12。由表 13-12 可知，3 位选择码输入是 A_2、A_1、A_0，8 根输出为 $Y_0 \sim Y_7$。在此应注意，因为采用的是 TTL 电路，所以输出是低电平有效的。由真值表还可以看到，电路有三个使能端 G_1、G_{2a}、G_{2b}，只有当三个使能端的状态 G_1、G_{2a}、G_{2b}分别为 1、0、0 时，电路才能正常输出，否则无论选择码为多少，输出均为全 1。

（2）CD 4514　它是 CMOS 4000 系列的 4/16 译码器，输入有 4 根线，输出有 16 根线与输入的 16 种状态相对应，输出是高电平有效的。

（3）CD 4028　它也是 CMOS4000 系列的 4/10 译码器，其逻辑功能与 8421BCD 编码器正好相反，输入为 4 位 8421BCD 码，因为输入只有 0000、0001……1001 共 10 种状态，所以输出只需要有 10 根线与输入状态相对应就可以了，输出的信号也是高电平有效的。

3. 数码管和字符译码器

为了将二—十进制码显示出来，可以用 4/10 译码器带上十个发光二极管，在二极管上

编上号码，0 号灯亮了表示输入的 BCD 码为 0000，1 号灯亮了表示输入 0001，……，9 号灯亮了表示输入 1001。为了直观地显示二进制码，通常采用数码管和数码管译码器。

表 13-12　T1138 的真值表

输　　入						输　　出							
使能			选择										
G_1	G_{2a}	G_{2b}	A_2	A_1	A_0	Y_0	Y_1	Y_2	Y_3	Y_4	Y_5	Y_6	Y_7
0	×	×	×	×	×	1	1	1	1	1	1	1	1
×	1	×	×	×	×	1	1	1	1	1	1	1	1
×	×	1	×	×	×	1	1	1	1	1	1	1	1
1	0	0	0	0	0	0	1	1	1	1	1	1	1
1	0	0	0	0	1	1	0	1	1	1	1	1	1
1	0	0	0	1	0	1	1	0	1	1	1	1	1
1	0	0	0	1	1	1	1	1	0	1	1	1	1
1	0	0	1	0	0	1	1	1	1	0	1	1	1
1	0	0	1	0	1	1	1	1	1	1	0	1	1
1	0	0	1	1	0	1	1	1	1	1	1	0	1
1	0	0	1	1	1	1	1	1	1	1	1	1	0

（1）数码管　数码管是用来显示数字、文字及各种符号的器件，广泛应用在各种数字设备的显示系统中。按显示方式的不同，数码管有三种类型：一是字符重叠式，它是把不同的字符重叠在一起，要显示某一个字符，把相应的字符点亮就是了，例如早期的辉光放电管、边光管等。二是分段显示式，它是把字符分成若干个笔画，点亮不同的笔画就可以显示不同的字符，因为数字的笔画比较简单，所以较多应用在数字显示上，如半导体数码管、液晶数码管及荧光数码管等。三是点阵显示式，它是在一个平面上把许多发光点做成一个矩阵，点亮不同的发光点就可以显示不同的字符，通常用于显示较为复杂的字符，例如场致发光屏等。

由于分段显示式数码管目前应用最多，各种分段显示数码管的译码原理也是相同的，因此这里仅介绍分段显示式半导体数码管。这是一种常用的分段显示式数码管，多数是七段显示，它实际上是把七个发光二极管组合在一起（见图 13-18a），当管子全部点亮时显示数字 8，仅仅点亮 b、c 两段时显示数字 1，点亮 a、b、d、e、g 各段时显示数字 2……。半导体数码管又分成两种，一种是把所有发光二极管的阴极接在一起作为公共端，另一端阳极引出用于接数码管译码器，如图 13-18b 所示，称为"共阴极半导体数码管"；另一种如图 13-18c 所示，把所有发光二极管的阳极接在一起作为公共端的数码管，称为"共阳极半导体数码管"。发光二极管的正向压降在 1.4V 左右，电流约为 10mA，使用时应注意在数码管的每一段管脚上都必须串联限流电阻。

（2）七段译码器的工作原理　为了把二—十进制码用数码管显示成十进制数，则必须要在输入的二—十进制码与数码管之间接上一个逻辑电路，这一电路就叫做"数码管译码

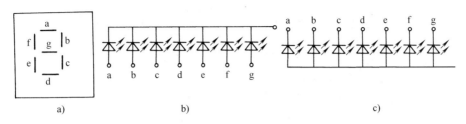

图 13-18　半导体数码管

a）七段数码管　b）共阴极数码管　c）共阳极数码管

器"，它有 D、C、B、A 四个输入端，用来输入四位 BCD 码，有 a、b、c、d、e、f、g 七个输出端，以便连接七段数码管。电路要求按照输入的二—十进制码来点亮数码管的各个相应的分段。其真值表见表 13-13。

表 13-13　七段译码器的真值表

十进制数	输　入				输　出						
	D	C	B	A	a	b	c	d	e	f	g
0	0	0	0	0	1	1	1	1	1	1	0
1	0	0	0	1	0	1	1	0	0	0	0
2	0	0	1	0	1	1	0	1	1	0	1
3	0	0	1	1	1	1	1	1	0	0	1
4	0	1	0	0	0	1	1	0	0	1	1
5	0	1	0	1	1	0	1	1	0	1	1
6	0	1	1	0	0	0	1	1	1	1	1
7	0	1	1	1	1	1	1	0	0	0	0
8	1	0	0	0	1	1	1	1	1	1	1
9	1	0	0	1	1	1	1	1	0	1	1

由表 13-13 中每一行的情况来看，可以看到为了点亮数字 0，要求在输入 0000 时，输出除了 g 以外全部为 1；为了点亮数字 1，要求在输入 0001 时，输出 b、c 为 1；……。由表 13-13 中每一列的情况来看，也可以看到，输出 a 要求在输入二进制码表示 0、2、3、5、7、8、9 时输出为 1；输出 b 要求在输入二进制码表示 0、1、2、3、7、8、9 时输出为 1；……。有了真值表，我们就可以用卡诺图化简之后，得到函数式。例如表 13-13 中 a、b 的卡诺图，如图 13-19 所示；其函数式为

$$a = D + \overline{C}\,\overline{A} + CA + BA$$
$$b = D + \overline{C} + \overline{B}\,\overline{A} + BA$$

图 13-19 中的最小项 $m_{10} \sim m_{15}$，因为输入不可能出现这种情况，所以可以作为无关项处理，就是可以在 $m_{10} \sim m_{15}$ 这 6 个方格上打上 ×，化简时可以视需要把它作为 1，也可以作为 0，因为输出与这些最小项无关，为了把圈划大，这里把 × 都作为 1 处理。用同样的方法，也可以得出其余 c、d、e、f、g 各段的函数式。有了函数式，就可以得到逻辑图，把这七个逻辑电路做在一块集成电路中，就是一个现成的数码管译码器了。

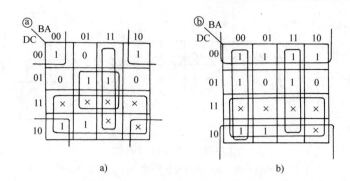

图 13-19　七段译码器卡诺图举例

a) a 段的卡诺图　b) b 段的卡诺图

上述译码器的输出显然是高电平有效的，用来配合共阴极的半导体数码管，如果是共阳极的半导体数码管，则应该使用输出低电平有效的译码器。

数码管译码器按照所配合的数码管类型的不同，也分成多种类型，有专门配半导体数码管的，也有配液晶数码管的以及配荧光数码管的。使用时除了正常的输入输出端子以外，在多位数码管连用时，还有一些辅助的功能端。下面举例说明。

1）T339 七段译码器。这是一个 TTL 电路，用来配合半导体数码管或荧光数码管，输出是低电平有效的。除了有 D、C、B、A 四个输入端和 a、b、c、d、e、f、g 七个输出端以外，还有两个正电源端与三个功能端。其用途主要有：U_{CC1}—接 + 5V 电源；U_{CC2}—在驱动荧光数码管时，接 + 20V 电源，驱动半导体数码管时可以不接；$\overline{LT}$—试灯输入端，$\overline{LT} = 0$ 时 7 段全亮（与 DCBA 状态无关）；$\overline{RBI}$—灭 0 输入端，$\overline{RBI} = 0$ 时，DCBA 即使输入 0000，也不显示 0；$\overline{RBO}$—灭 0 输出端，如 $\overline{RBI} = 0$，且 DCBA 输入 0000，则 $\overline{RBO}$ 输出低电平。

$\overline{RBI}$ 和 $\overline{RBO}$ 的接法如图 13-20 所示。其最高位的译码器 $\overline{RBI}$ 端固定接地，使得最高位的数码管不显示 0，同时把它的 $\overline{RBO}$ 输出接到低一位的译码器 $\overline{RBI}$ 端上。这样连接之后，如果高位数码管显示的不是 0，则高位译码器 $\overline{RBO}$ 输出为 1，低位数码管的 0 要显示；如果高位数码管显示为 0，则高位的译码器 $\overline{RBO}$ 输出为 0，使得低位数码管的 0 也不显示了。多位译码器灭 0 接法的原则就是，最高位的灭 0 应始终有效，同时高位的灭 0 输出应接到低位的灭 0 输入端。最低位的 0 总是要显示的，所以它的灭 0 应始终无效。

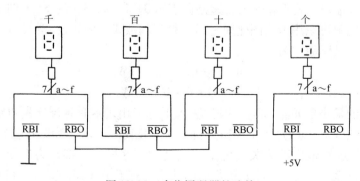

图 13-20　多位译码器的连接

2）CD 4513 七段译码器。它是一种 CMOS 电路，输出是高电平有效的，功能与 T339 相似，同样有 $\overline{\text{RBI}}$、$\overline{\text{RBO}}$ 端子，但是灭 0 输入、输出都是高电平有效的。此外电路还带有灭灯输入端 BI 及锁存输入端 LE 两个功能端，其功能为：$\overline{\text{BI}}$——灭灯输入端，$\overline{\text{BI}} = 0$ 时七段全灭。LE——锁存输入端，LE = 0 时电路正常工作；LE = 1 时电路把原来的输入信号锁存在芯片中，此时即使译码输入变动，数码管还是显示原来的数字不变。

三、数据选择器

1. 工作原理

数据选择器的逻辑功能和数据分配器正好相反，其示意图和真值表如图 13-21a 所示。它有若干个数据输入端 I_0、I_1……，一个输出端 Y，另有若干个选择码输入端 S_0、S_1……。通过选择码的控制，可以选择把某一个输入数据从输出端输出。图 13-21a 所示的真值表是一个四选一数据选择器的真值表，当选择码 S_1S_0 为 00 时，选择 I_0 作为输出，即 $Y = I_0$；当选择码 S_1S_0 为 01 时，选择 I_1 作为输出，即 $Y = I_1$，依此类推。

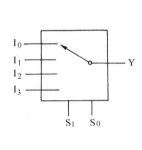

选择		数　　据				输出
S_1	S_0	I_3	I_2	I_1	I_0	Y
0	0	×	×	×	0 1	0 1
0	1	×	×	0 1	×	0 1
1	0	×	0 1	×	×	0 1
1	1	0 1	×	×	×	0 1

a)

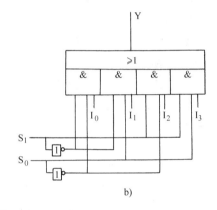

b)

图 13-21　数据选择器
a）示意图及真值表　b）逻辑图

按照以前由真值表直接列出函数式的方法，可以很容易地得到函数式，并由函数式可以得到图 13-21b 所示的逻辑图。其函数式为

$$Y = \overline{S}_1\overline{S}_0I_0 + \overline{S}_1S_0I_1 + S_1\overline{S}_0I_2 + S_1S_0I_3$$

按照同样的道理，我们不难得出八选一（需要三位选择码）、十六选一（需要四位选择码）等数据选择器的函数式。在此不一一列举了，这些都有现成的集成块可供选用。下面介绍八选一数据选择器的实例。

2. 常用数据选择器举例

74151 是一个常用的 TTL 八选一数据选择器，表 13-14 是它的真值表，电路有八个数据输入端 $I_0 \sim I_7$，三个选择码输入端 S_2、S_1、S_0，一个使能端 E 和两个输出端 Y、$\overline{\text{Y}}$。由表 13-14 可知，使能端为低电平有效，Y 端的输出与选中的输入相等，$\overline{\text{Y}}$ 则是反相输出端。当三位选择码 $S_2S_1S_0$ 为 000 时，$Y = I_0$；当 $S_2S_1S_0$ 为 001 时，$Y = I_1$；依此类推，当 $S_2S_1S_0$ 为 111 时，$Y = I_7$。

四、加法器

数字电路经常要对二进制数字作加、减、乘、除数学运算，其基本电路是全加器。现先介绍半加器电路，然后再说明全加器的工作原理。

表 13-14　74151 的真值表

输　　入		输　　出		
$S_2 S_1 S_0$	E	Y	$\overline{Y}$	
× × ×	1	0	I	
000	0	I_0	$\overline{I}_0$	
001	0	I_1	$\overline{I}_1$	
010	0	I_2	$\overline{I}_2$	
011	0	I_3	$\overline{I}_3$	
100	0	I_4	$\overline{I}_4$	
101	0	I_5	$\overline{I}_5$	
110	0	I_6	$\overline{I}_6$	
111	0	I_7	$\overline{I}_7$	

1. 半加器

两个一位二进制数相加的电路称为"半加器"，图 13-22a 所示为半加器的示意图和真值表，它表示两个一位二进制数 A、B 相加，得到的和为 S，考虑到 1 + 1 = 10 的情况，电路的输出端必须要有两位数的输出，即除了和 S 以外，还必须要有一个进位输出端 C，当 A、B 中有 0 时，输出没有进位，即 C = 0；当 A、B 都是 1 时，输出为进位 C = 1，本位的和 S = 0。

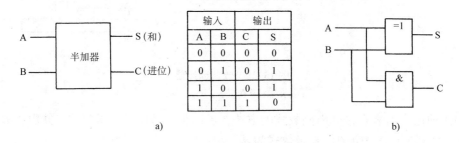

图 13-22　半加器

a）示意图和真值表　b）逻辑图

按照真值表的要求，则半加器的函数式为

$$C = AB$$
$$S = \overline{A}B + A\overline{B} = A \oplus B$$

按照函数式，可以得到图 13-22b 所示的逻辑图，它是用一个与门和一个异或门组成的。也可以用图 13-8 的电路，它是全部用与非门组成的。

2. 全加器

在做多位二进制数相加的时候，必须考虑低位来的进位要与本位数字一起相加，这样才能完成加法运算，二进制数 $A_3 A_2 A_1 A_0$（例如 1110）和 $B_3 B_2 B_1 B_0$（例如 1100）相加，可以用竖式（见图 13-23a）运算如下：

由图 13-23 可知，在第 0 位 A_0、B_0 相加时，和 S_0 是 0，进位 C_0 也是 0；在第 1 位数 A_1、B_1 相加时，就必须考虑到是三个数字 A_1、B_1 和 C_0 相加，其和 S_1 是 1，进位 C_1 是 0；在第 2

位数 A_2、B_2 相加时，应考虑与进位 C_1 相加，其和 S_2 是 0，进位 C_2 是 1；最后是 A_3、B_3 和 C_2 相加，其和 S_3 是 1，进位 C_3 是 1。图 13-23b 是竖式中每一位的符号，图 13-23c 是电路框图，由此可知，电路中每一位都有三个输入端，即两个本位的加数 A_i、B_i 和一个低位来的进位 C_{i-1}，输出有两个，即本位的和 S_i 与进位 C_i。图 13-23 中每一位的运算电路，就叫做"全加器"。为了使电路能实现加法运算，首先要找到一个全加器的逻辑图。

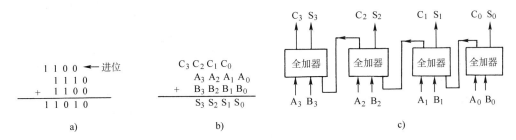

图 13-23 多位数加法的运算

a）加法举例 b）一般竖式 c）电路框图

表 13-15 就是全加器的真值表，它实际上就是三个一位二进制数 A_i、B_i、C_{i-1} 相加的真值表，按照加法的运算法则，可以很快得出输出 S_i 与进位 C_i 的运算结果。然后可以用卡诺图（见图 13-24a）化简得出函数式，由于 S_i 的卡诺图为棋盘状，可以把它化为异或函数，即

$$C_i = A_i B_i + B_i C_{i-1} + C_{i-1} A_i$$

$$S_i = A_i \overline{B_i}\, \overline{C_{i-1}} + \overline{A_i}\, \overline{B_i}\, C_{i-1} + A_i\, B_i C_{i-1} + \overline{A_i} B_i \overline{C_{i-1}}$$

$$= (A_i \overline{B_i} + \overline{A_i} B_i)\overline{C_{i-1}} + (\overline{A_i}\, \overline{B_i} + A_i B_i) C_{i-1}$$

$$= (A_i \oplus B_i)\overline{C_{i-1}} + (\overline{A_i \oplus B_i}) C_{i-} = A_i \oplus B_i \oplus C_{i-1}$$

表 13-15 全加器的真值表

输　　入			输　　出	
A_i	B_i	C_{i-1}	C_i	S_i
0	0	0	0	0
0	0	1	0	1
0	1	0	0	0
0	1	1	1	0
1	0	0	0	1
1	0	1	1	0
1	1	0	1	0
1	1	1	1	1

按照函数式，可以得出图 13-24b 所示的逻辑图。

3. 四位全加器举例

集成全加器通常做成四位，用于两个四位二进制数的相加，考虑到多位数相加时串联的需要，集成全加器通常有 9 个输入端，即 4 位加数 A_3、A_2、A_1、A_0 和 4 位被加数 B_3、B_2、

B_1、B_0，1 个低位来的进位输入端 C_{in}。有 5 个输出端，即 4 位和 S_3、S_2、S_1、S_0 以及 1 位进位输出端 C_{out}，常用的型号有 TTL 电路的 T692，CMOS 电路的 4008 等。图 13-25 所示为两块四位全加器的串联接法，用来作八位二进制数的加法。

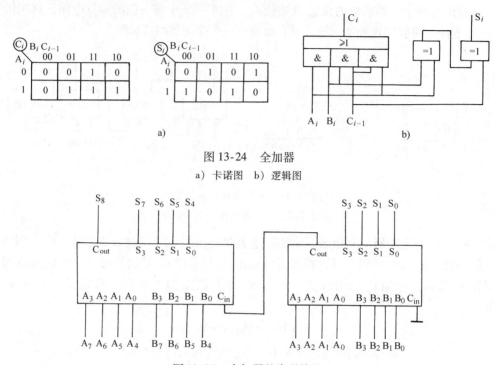

图 13-24　全加器

a）卡诺图　b）逻辑图

图 13-25　全加器的串联接法

全加器的这种接法，高位的运算必须等待低位进位有了结果才能进行下去，因此运算速度较慢。为了提高运算速度，可以采用超前进位的全加器。当数字电路作减法运算时，通常是采用加补码的方法来代替。乘法、除法可以采用移位相加等方法来进行。因此可以说，全加器是数字电路作数学运算的基本单元。

第三节　集成触发器

一、RS 触发器

1. 基本 RS 触发器

基本 RS 触发器是构成各种功能触发器的最基本单元，用两个与非门可构成基本 RS 触发器。其逻辑图、逻辑符号如图 13-26 所示。触发器具有两个输出端 Q 和 $\overline{Q}$，这两个输出端的状态是互补的。我们常用 Q 端的逻辑电平表示触发器所处的状态，若 Q 为高电平即"1"，则 $\overline{Q}$ 必为低电平即"0"，写作 $Q=1$，$\overline{Q}=0$，称触发器处于"1"状态；反之 $Q=0$，$\overline{Q}=1$，称触发器处于"0"状态。R_d、S_d 为触发器的两个输入端，也称为激励端或控制端。当 $S_d=0$ 时，$Q=1$，所以称 S_d 为直接置 1 端或置位端；当 $R_d=0$ 时，$Q=0$，所以称 R_d 为直接置 0 端或复位端。在图 13-26b 中，R_d 和 S_d 端的小圆圈表示低电平有效，即仅当低电平作用于适当的输入端，触发器才会翻转。

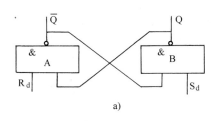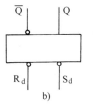

图 13-26　由与非门构成的基本 RS 触发器

a）逻辑图　b）逻辑符号

（1）真值表　用列表的形式来描述基本 RS 触发器的功能，见表 13-16。表中 Q^n 为现态 Q^{n+1} 为次态。

表 13-16　基本 RS 触发器真值表

S_d	R_d	Q^n	Q^{n+1}	功能说明
0	0	0	1	不定状态，工作时必
0	0	1	1	须避免出现
0	1	0	1	置 1
0	1	1	1	$Q^{n+1}=1$
1	0	0	0	置 0
1	0	1	0	$Q^{n+1}=0$
1	1	0	0	保持
1	1	1	1	$Q^{n+1}=Q^n$
S_d		R_d		Q^{n+1}
0		0		×
0		1		1
1		0		0
1		1		Q^n

（2）状态图及特征方程

1）状态图。状态图形象地描述了基本 RS 触发器的操作情况。它共有两个状态："0"态和"1"态。当 $Q^n=0$，输入 $S_d R_d = 11$ 或 10 时，使状态保持为"0"态；只有 $S_d R_d = 01$ 时，才能使状态迁移到"1"态。当 $Q^n=1$ 时，输入 $S_d R_d = 11$（或 01），状态将保持为"1"态；只有当 $S_d R_d = 10$ 时，才能使状态迁移到"0"态。状态图如图 13-27 所示。

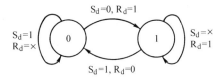

图 13-27　基本 RS 触发器状态图

2）特征方程。基本 RS 触发器的次态与现态及输入量的关系也可用逻辑函数表示，其对应的卡诺图如图 13-28 所示。

$S_d R_d$ / Q^n	00	01	11	10
0	×	1	0	0
1	×	1	1	0

图 13-28　基本 RS 触发器特征方程对应的卡诺图

因而得到特征方程为 $Q^{n+1} = \overline{S_d} + R_d Q^n$，特征方程又称为状态方程或次态方程。由于 S_d 和 R_d 不允许同时为零，因此输入条件必须满足 $\overline{R_d}\,\overline{S_d} = 0$，这个方程为约束方程，该方程规定了 R_d 和 S_d 不能同时为 "0"。

若已知 R_d 和 S_d 的波形和触发器的起始状态，则可画出触发器的波形，如图 13-29 所示。

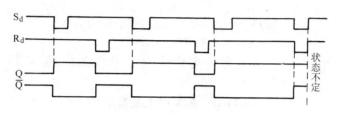

图 13-29　　基本 RS 触发器波形

用或非门、与或非门也可构成基本 RS 触发器，读者可自行分析。

2. 同步 RS 触发器

上述基本 RS 触发器具有直接置 "0"、置 "1" 的功能，当 R_d 和 S_d 的输入信号发生变化时，触发器的状态就会立即改变。在实际使用中，通常要求触发器按一定的时间节拍动作，这就要求触发器的翻转时刻受时钟的控制，而翻转到何种状态由输入信号决定，从而出现了各种时钟控制的触发器。其按功能分为 RS 触发器、D 触发器、T 触发器和 JK 触发器。

在基本 RS 触发器的基础上，加两个与非门即可构成同步 RS 触发器，如图 13-30 所示。

S_d：直接置位端。$S_d = 0$ 时 $Q = 1$，不用时置高电平。

R_d：直接复位端。$R_d = 0$ 时 $Q = 0$，不用时置高电平。

S：置位输入端。

R：复位输入端。

CP：时钟控制脉冲输入端。

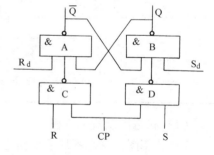

图 13-30　　同步 RS 触发器

（1）真值表　当 CP = 0 时，触发器不工作，此时 C、D 门输出均为 1，基本 RS 触发器处于保持态。此时无论 R、S 如何变化，均不会改变 C、D 门的输出，故对状态无影响。

当 CP = 1 时，触发器工作，其逻辑功能如下：

1）S = 1、R = 0、$Q^{n+1} = 1$，触发器置 "1"。

2）S = 0、R = 1，$Q^{n+1} = 0$，触发器置 "0"。

3）S = R = 0，$Q^{n+1} = Q^n$，触发器状态不变。

4）S = R = 1，触发器失效，工作时不允许。

由上述功能可列出其真值表，见表 13-17。

（2）状态图及特征方程　与基本 RS 触发器一样，可由真值表得到状态图、特征方程，并可画出波形。

其状态图如图 13-31 所示。其特征方程为

表 13-17　同步 RS 触发器真值表

S	R	Q^n	Q^{n+1}	功能说明
0	0	0	0	保持
0	0	1	1	$Q^{n+1} = Q^n$
0	1	0	0	置0
0	1	1	0	$Q^{n+1} = 0$
1	0	0	1	置1
1	0	1	1	$Q^{n+1} = 1$
1	1	0	×	不定
1	1	1	×	

$$\begin{cases} Q^{n+1} = S + \overline{R}Q^n \\ SR = 0 \text{（约束条件）} \end{cases}$$

若已知 CP、S、R 的波形，可画出触发器的状态波形，如图 13-32 所示。

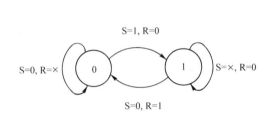

图 13-31　同步 RS 触发器状态图

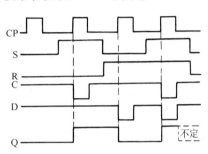

图 13-32　同步 RS 触发器的状态波形

二、JK 触发器

JK 触发器是一种多功能触发器，也是一种双输入端触发器，分别作为 J、K 两个输入端，如图 13-33 所示。

1. 真值表

当 CP = 0 时，C、D 门被封死，J、K 变化对 C、D 门输出无影响，始终为 1，触发器处于保持态。

当 CP = 1 时，其功能由真值表描述，见表 13-18。由表 13-18 可看出，当 J、K 为 00、01 或 10 时，是 RS 触发器功能；当 JK = 11 时，就是 T 触发器功能。

表 13-18　JK 触发器真值表

J	K	Q^n	Q^{n+1}	说明	J	K	Q^n	Q^{n+1}	说明
0	0	0	0	保持	1	0	0	1	置 "1"
0	0	1	1		1	0	1	1	
0	1	0	0	置 "0"	1	1	0	1	翻转
0	1	1	0		1	1	1	0	

2. 状态图及特征方程

JK 触发器状态图如图 13-34 所示。其特征方程为

$$Q^{n+1} = J\overline{Q}^n + \overline{K}Q^n$$

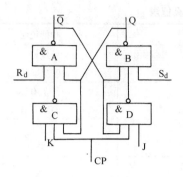

图 13-33　JK 触发器

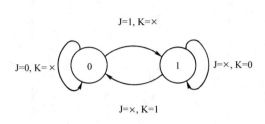

图 13-34　JK 触发器状态图

三、D 触发器

RS 触发器存在禁止条件，即 R、S 不能同时为 1。为此，只要保证 R、S 始终不同时为"1"即可排除禁止条件。将图 13-30 的 R 端接至 D 门输出端，这样就构成 D 触发器，如图 13-35 所示。

1. 真值表

当 CP = 0 时，触发器不工作，触发器处于维持状态。

当 CP = 1 时，触发器功能如下：

D = 0，与非门 D 输出为 1，与非门 C 输出为 0，则 $Q^{n+1} = 0$。

D = 1，D 门输出为 0，C 门输出为 1，则 $Q^{n+1} = 1$。

按上述功能，列出真值表，见表 13-19。

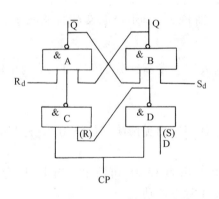

图 13-35　D 触发器

表 13-19　D 触发器真值表

D	Q^n	Q^{n+1}
0	0	0
0	1	0
1	0	1
1	1	1

2. 状态图及特征方程

D 触发器状态图如图 13-36a 所示。其特征方程为

$$Q^{n+1} = D$$

即触发器向何状态翻转，则由当前输入控制端 D 确定。若 D 为 0，则 $Q^{n+1} = 0$；若 D 为 1，则 $Q^{n+1} = 1$。

若已知 CP、D 波形，则 D 触发器状态波形如图 13-36b 所示。

利用 D 触发器，在 CP = 1 的作用下将 D 端输入数据送入触发器，使 $Q^{n+1} = D$；当 CP = 0 时，$Q^{n+1} = Q^n$ 不变，故常用做锁存器，因此 D 触发器又称为 D 锁存器。

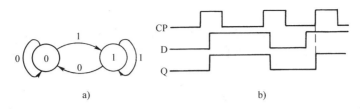

图 13-36　D 触发器状态图及波形

a）状态图　b）波形

四、T 触发器

从上述触发器的功能可看出，当输入条件决定的新状态与原状态一致，CP 信号到来时，触发器状态保持不变。而在某些实际（例如计数器）中常常要求每来一个 CP 信号，触发器必须翻转一次，即原态是"0"则翻为"1"，原态为"1"则翻为"0"。这种触发器称为 T 触发器。

为了保持触发器每来一个 CP 必须翻一次，在电路上应加反馈线，记住原来的状态，并且导致必翻。在 RS 触发器基础上得到的 T 触发器为对称型，它加了反馈线 a、b，由 Q、$\overline{Q}$ 接至 R、S 端。由 D 触发器得来的 T 触发器为非对称型，它加了反馈线 a，由 $\overline{Q}$ 端接至 D 端，如图 13-37 所示。

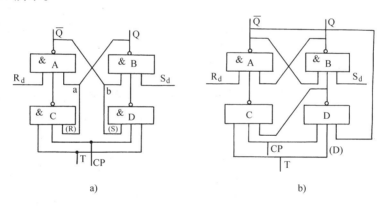

图 13-37　T 触发器

a）对称型　b）非对称型

1. 真值表

以对称型为例，当 CP＝0 时与前各触发器一样，T 触发器处于维持状态。

当 CP＝1 时，其功能如下：设原态 Q^n＝0，经反馈线 a 使 C 门封闭，反馈线 b 使 D 门开启，控制信号 T 加进来（T＝1），D 门输出为 0，C 门输出为 1，则 Q 由"0"翻为 1 态，$\overline{Q}$ 翻为 0，翻转一次。如原态为 1，情况正好相反，反馈线使 C 门开启，D 门关闭，C 门输出为 0，D 门输出为 1。则触发器 Q 端由 1 翻为 0，$\overline{Q}$ 端由 0 翻为 1，翻转一次。其真值表见表 13-20。

表 13-20　T 触发器真值表

T	Q^n	Q^{n+1}
0	0	0
0	1	1
1	0	1
1	1	0

2. 状态图及特征方程

由于对称型和非对称型，其功能均相同，因此，T 触发器具有相同的真值表、状态图和特征方程。其状态图如图 13-38 所示。其特征方程为

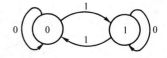

图 13-38　T 触发器状态图

$$Q^{n+1} = T\overline{Q^n} + \overline{T}Q^n$$

当 T = 1 时，每来一个 CP，触发器必翻转一次，我们称此种情况为 T′ 触发器。

上述的几种触发器，能够实现记忆功能，可满足时序电路的需要。但是因为电路非常简单，在实际应用中存在空翻或振荡问题，而使触发器的功能遭受破坏。因此，为了保证触发器可靠地工作，防止出现空翻现象，必须限制输入控制端的信号在 CP 期间不发生变化。所以，基本触发器并无实用价值，我们介绍上述基本触发器的目的，是使读者掌握各种形式的触发器的逻辑功能，能熟练地画出或写出表征这些逻辑功能的状态图、特征方程。因为实用的触发器电路，其逻辑功能与上述一样，故其状态图、特征方程，均与上述一致。

五、集成触发器的结构

为了设计与生产出实用的触发器，必须在电路的结构上解决"空翻"与"振荡"的问题。解决的思路是将 CP 脉冲电平触发改为边沿触发（即仅在 CP 脉冲的上升沿或下降沿触发器按其功能翻转，其余时刻均处于保持状态）。常采用的电路结构为：维持阻塞触发器、边沿触发器和主从触发器。

由于它们的逻辑图及内部工作情况较复杂，对我们应用者而言，只需掌握其外部应用特性即可。

1. 维持阻塞触发器

维持阻塞触发器是利用电路内部的维持阻塞线产生的维持阻塞作用来克服空翻的。

（1）维持　在 CP 期间输入发生变化的情况下，使应该开启的门维持畅通无阻，使其完成预定的操作。

（2）阻塞　在 CP 期间输入发生变化的情况下，使不应开启的门处于关闭状态，以阻止产生不应该的操作。

维持阻塞触发器一般是在 CP 脉冲的上升沿接收输入控制信号，并改变其状态，其他时间均处于保持状态。以 D 维持阻塞触发器为例，其逻辑符号如图 13-39a 所示，若已知 CP 和输入控制信号，设起始状态 Q = 0，则其波形如图 13-39b 所示。

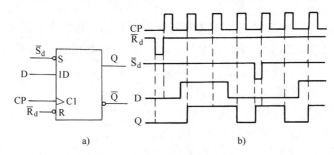

图 13-39　D 维持阻塞触发器
a）逻辑符号　b）波形

2. 边沿触发器

边沿触发器是利用内部门电路的速度差来克服"空翻"的。一般边沿触发器多采用 CP

脉冲的下降沿触发，也有少数采用上升沿触发的方式。

其逻辑符号如图 13-40a 所示，CP 端加有符号 "∧"，则表示边沿触发；不加 "∧"表示电平触发。若 CP 输入端加了 "∧" 和 "。"，则表示下降沿触发；不加 "。"表示上升沿触发。若已知 CP 和输入控制端，设触发器起始状态 Q = 0，则其波形如图 13-40b 所示。

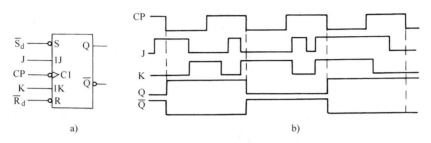

图 13-40　边沿触发器

a）逻辑符号　b）波形

3. 主从触发器

主从触发器具有主从结构，以此来克服空翻。

图 13-41 所示为主从 JK 触发器，它由主触发器、从触发器和非门组成，Q′、$\overline{Q'}$ 为内部输出端；Q、$\overline{Q}$ 是触发器的输出端。

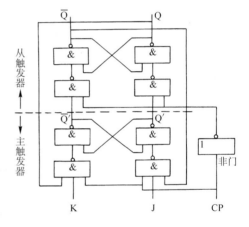

主从触发器是双拍式工作方式，即将一个时钟脉冲分为两个阶段。

1）在 CP 高电平期间，主触发器接收输入控制信号。主触发器根据 J、K 输入端的情况和 JK 触发器的功能，其状态 Q′ 改变一次（这是主从触发器的一次性翻转特性，说明从略），而从触发器被封锁，保持原状态不变。

图 13-41　主从 JK 触发器

2）在 CP 由 1→0 时（即下降沿）主触发器被封锁，保持 CP 高电平所接收的状态不变，而从触发器解除封锁，接受主触发器的状态，即 Q = Q′。

若已知 CP、J、K 波形，则主从 JK 触发器的波形如图 13-42 所示。

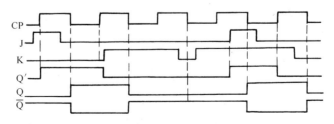

图 13-42　主从 JK 触发器的波形

4. 触发器的直接置位和直接复位

为了给用户提供方便，可以十分方便地设置触发器的状态，绝大多数实际的触发器均设置有两输入端。

（1）直接置位输入端　直接置位端又可称为直接置"1"端，如果是低电平置"1"用 $\overline{S}_d$ 表示，如是高电平置"1"用 S_d 表示。有的器件将直接置位端称为预置端，则用 P_r 表示。

（2）直接复位输入端　直接复位端又称为直接置"0"端，如果是低电平置"0"用 $\overline{R}_d$ 表示，如果是高电平置"0"用 R_d 表示。有的器件将直接复位端称为清除端，则用 Clear 表示。

直接置位端与直接复位端的作用优先于输入控制端，即在 $\overline{R}_d$ 或 $\overline{S}_d$ 起作用时，触发器的功能失效，状态由 $\overline{R}_d$ 和 $\overline{S}_d$ 确定。只有当 $\overline{R}_d$ 和 $\overline{S}_d$ 不起作用时（即均为"1"时），触发器的状态才由 CP 和输入控制端确定。

具有直接置位端和复位端的触发器的逻辑符号，分别如图 13-39、图 13-40 所示。以 D 触发器和 JK 触发器为例，它们的功能分别见表 13-21、表 13-22。

<table>
<tr><td colspan="6" align="center">表 13-21　D 触发器功能表</td></tr>
<tr><td colspan="4" align="center">输　入</td><td colspan="2" align="center">输　出</td></tr>
<tr><td>$\overline{R}_d$</td><td>$\overline{S}_d$</td><td>D</td><td>CP</td><td>Q</td><td>$\overline{Q}$</td></tr>
<tr><td>0</td><td>1</td><td>×</td><td>×</td><td>0</td><td>1</td></tr>
<tr><td>1</td><td>0</td><td>×</td><td>×</td><td>1</td><td>0</td></tr>
<tr><td>1</td><td>1</td><td>1</td><td>↑</td><td>1</td><td>0</td></tr>
<tr><td>1</td><td>1</td><td>0</td><td>↑</td><td>0</td><td>1</td></tr>
<tr><td>0</td><td>0</td><td>×</td><td>×</td><td>1</td><td>1</td></tr>
</table>

<table>
<tr><td colspan="7" align="center">表 13-22　JK 触发器功能表</td></tr>
<tr><td colspan="5" align="center">输　入</td><td colspan="2" align="center">输　出</td></tr>
<tr><td>$\overline{R}_d$</td><td>$\overline{S}_d$</td><td>J</td><td>K</td><td>CP</td><td>Q^{n+1}</td><td>$\overline{Q}^{n+1}$</td></tr>
<tr><td>0</td><td>1</td><td>×</td><td>×</td><td>×</td><td>0</td><td>1</td></tr>
<tr><td>1</td><td>0</td><td>×</td><td>×</td><td>×</td><td>1</td><td>0</td></tr>
<tr><td>1</td><td>1</td><td>0</td><td>0</td><td>↓</td><td>Q^n</td><td></td></tr>
<tr><td>1</td><td>1</td><td>0</td><td>1</td><td>↓</td><td>0</td><td>1</td></tr>
<tr><td>1</td><td>1</td><td>1</td><td>0</td><td>↓</td><td>1</td><td>0</td></tr>
<tr><td>1</td><td>1</td><td>1</td><td>1</td><td>↓</td><td>$\overline{Q}^n$</td><td></td></tr>
<tr><td>0</td><td>0</td><td>×</td><td>×</td><td>×</td><td>1</td><td>1</td></tr>
</table>

第四节　计数器与寄存器

一、计数器

计数器是数字系统中应用最广的一种时序逻辑电路，其基本功能是对时钟脉冲进行累加或累减计数。计数器主要用于数字运算、控制、测量及分频和产生节拍脉冲等。

计数器种类繁多，就数制而言，有二进制、十进制和任意进制计数器；就计数功能（计数方向）而言，有加法、减法和可逆计数器；而就进位方式而言，又有异步（串行）、同步（并行）和串并行计数器。

1. 同步计数器

输入计数脉冲同时作用到各位触发器的 CP 端，各位触发器同时翻转并产生进位信号，由于不存在各级延迟时间的积累问题，故其工作速度快。

（1）同步二进制计数器　由于一位二进制计数单元正好用一个触发器构成，所以如果用 n 个触发器串联起来，就可以组成 n 位二进制计数器。一个 n 位二进制计数器最多可计 2^n 个数。在构成同步二进制计数器时，不管是采用什么逻辑功能的触发器（D、JK 或 RS 等），都应首先接成 T′触发器或 T 触发器，其级间连接规律见表 13-23。

表 13-23　同步二进制计数器级间连接规律

基本计数单元		T 触发器或 T′触发器	
		T 触发器	T′触发器
级间连接规律	加法计数器	$T_0 = 1$ $T_n = \prod\limits_{i=0}^{n-1} Q_i\,(n \neq 0)$	$CP_0 = CP$ $CP_n = CP \prod\limits_{i=0}^{n-1} Q_i\,(n \neq 0)$
	减法计数器	$T_0 = 1$ $T_n = \prod\limits_{i=0}^{n-1} \overline{Q_i}\,(n \neq 0)$	$CP_0 = CP$ $CP_n = CP \prod\limits_{i=0}^{n-1} \overline{Q_i}\,(n \neq 0)$
	可逆计数器	在加法计数器和减法计数器的基础上，一要增设加/减控制线$\overline{U}/D$；二要在级间加"与或"门以形成 T_n 或 CP_n	

　　1）同步二进制加法计数器。二进制只有 0 和 1 两个数码。所谓二进制加法，就是"逢二进一"，即 $0 + 1 = 1$，$1 + 1 = 10$。也就是每当本位是 1，再加 1 时，本位便变为 0，而向高位进位使高位加 1。

　　因此，可以列出四位二进制加法计数器的状态表（见表 13-24），表中还列出了对应的十进制数。要实现表 13-24 所列的四位二进制加法计数，必须使用四个触发器，若采用四个 JK 触发器，根据表 13-23 所列的级间连接规律，先把 JK 触发器接成 T 触发器，即

表 13-24　四位二进制加法计数器的状态表

计数脉冲数	二　进　制　数				十进制数
	Q_3	Q_2	Q_1	Q_0	
0	0	0	0	0	0
1	0	0	0	1	1
2	0	0	1	0	2
3	0	0	1	1	3
4	0	1	0	0	4
5	0	1	0	1	5
6	0	1	1	0	6
7	0	1	1	1	7
8	1	0	0	0	8
9	1	0	0	1	9
10	1	0	1	0	10
11	1	0	1	1	11
12	1	1	0	0	12
13	1	1	0	1	13
14	1	1	1	0	14
15	1	1	1	1	15
16	0	0	0	0	0

$$J_0 = K_0 = 1$$

$$J_1 = K_1 = Q_0$$

$$J_2 = K_2 = Q_1 Q_0$$

$$J_3 = K_3 = Q_2 Q_1 Q_0$$

由上述逻辑关系式可以得出图 13-43 所示的四位同步二进制加法计数器的逻辑图。

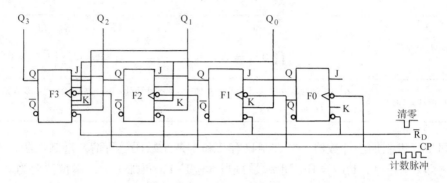

图 13-43　由 JK 触发器组成的四位同步二进制加法计数器

2) 同步二进制减法计数器。根据表 13-23 所列级间连接规律, 即

$$J_0 = K_0 = 1$$

$$J_1 = K_1 = \overline{Q_0}$$

$$J_2 = K_2 = \overline{Q_1}\,\overline{Q_0}$$

$$J_3 = K_3 = \overline{Q_2}\,\overline{Q_1}\,\overline{Q_0}$$

由上述逻辑关系式可知, 只要将加法计数器中 F1 ~ F3 的 J、K 端由原来接低位 Q 端改为接 $\overline{Q}$ 端, 就构成了四位同步二进制减法计数器。

3) 同步二进制可逆计数器。同步二进制加/减可逆计数器可在单向计数器的基础上通过增加级间"与一或"门演变而成, 其基本计数单元同样可用 T 触发器或 T′触发器构成。当采用 T 触发器时, 构成的是单时钟同步加/减计数器; 而当采用 T′触发器时, 构成的是双时钟式同步加/减计数器。较典型的单时钟同步二进制加/减计数是四位计数器 74LS191, 其逻辑符号和功能表分别如图 13-44 所示和见表 13-25。而较典型的双时钟同步二进制加/减计数器有四位计数器 74LS193, 其逻辑符号和功能表分别如图 13-45 所示和见表 13-26。

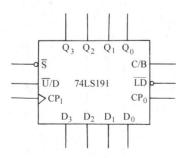

图 13-44　74LS191 的逻辑符号

表 13-25　74LS191 的功能表

CP_1	$\overline{S}$	$\overline{LD}$	$\overline{U}/D$	工作状态
×	1	1	×	保持
×	×	0	×	预置数
↑	0	1	0	加法计数
↑	0	1	1	减法计数

从表 13-26 可以看出，74LS193 不仅具有同步加、减计数功能（分别受 CP_U、CP_D 控制）和异步置零功能（当 $R_D = 1$ 时，将使所有触发器置成 $Q = 0$ 的状态，而不受计数脉冲控制），而且具有异步预置数功能，即当 $\overline{LD} = 0$（同时令 $R_D = 0$）时，将立即把计数器状态置为 $D_0 \sim D_3$ 的状态，而与计数器脉冲无关。

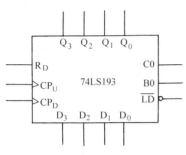

图 13-45　74LS193 逻辑符号

表 13-26　74LS193 的功能表

CP_U	CP_D	R_D	$\overline{LD}$	工作状态
×	×	1	×	置零
×	×	0	0	预置数
⌐	1	0	1	加法计数
1	⌐	0	1	减法计数

（2）同步十进制计数器　由于二进制计数器读数不习惯，所以在有些场合采用十进制计数器较为方便。十进制计数器是在二进制计数器的基础上得出的，用四位二进制数来代表十进制的每一位数，所以也称为二—十进制计数器。

1）同步十进制加法计数器 8421 编码方式，是取四位二进制数前面的"0000" ~ "1001"十个数来表示十进制的 0 ~ 9 十个数码，而去掉后面的"1010" ~ "1111"六个数。也就是计数器计到第九个脉冲时再来一个脉冲，即由"1001"变为"0000"，经过 10 个脉冲循环一次。表 13-27 是 8421 码十进制加法计数器的状态表。

与二进制加法计数器比较，十进制加法计数器来第十个脉冲时不是由"1001"变为"1010"，而是恢复"0000"，即要求第二位触发器 F1 不得翻转，保持"0"状态，第四位触发器 F3 应翻转为"0"。如果十进制加法计数器仍由四个主从 JK 触发器组成，J、K 端的逻辑关系如下：

表 13-27　8421 码十进制加法计数器的状态表

计数脉冲数	二　进　制　数				十进制数
	Q_3	Q_2	Q_1	Q_0	
0	0	0	0	0	0
1	0	0	0	1	1
2	0	0	1	0	2
3	0	0	1	1	3
4	0	1	0	0	4
5	0	1	0	1	5
6	0	1	1	0	6
7	0	1	1	1	7
8	1	0	0	0	8
9	1	0	0	1	9
10	0	0	0	0	进位

① 第一位触发器 F0 每来一个计数脉冲就翻转一次，故 $J_0 = 1$，$K_0 = 1$。

② 第二位触发器 F1 在 $Q_0 = 1$ 时，再来一个脉冲翻转，而在 $Q_3 = 1$ 时不得翻转，故 $J_1 = Q_0 \bar{Q}_3$，$K_1 = Q_0$。

③ 第三位触发器 F2 在 $Q_1 = Q_0 = 1$ 时，再来一个脉冲翻转，故 $J_2 = Q_1 Q_0$，$K_2 = Q_1 Q_0$。

④ 第四位触发器 F3 在 $Q_2 = Q_1 = Q_0 = 1$ 时，再来一个脉冲翻转，并来第十个脉冲时应由 "1" 翻转为 "0"，故 $J_3 = Q_2 Q_1 Q_0$，$K_3 = Q_0$。

由上述逻辑关系式可得出如图 13-46 所示的四位同步十进制加法计数器的逻辑图，图 13-47 所示为逻辑图对应的工作波形。

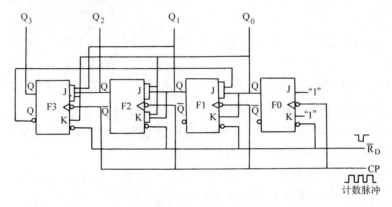

图 13-46　由主从型 JK 触发器组成的四位同步十进制加法计数器

2）同步十进制可逆计数器和二进制计数器一样，也可以在同步十进制加法计数器和同步十进制减法计数器的基础上，通过加设一根加/减控制信号线，来构成同步十进制可逆计数器。而且同步十进制可逆计数器，也有单时钟和双时钟种结构形式，并都有定型的集成电路产品。如中规模芯片 74LS190 就是属于单时钟同步十进制可逆计数器，其功能与前述的 74LS191 相似，不同的是 74LS190 是同步十进制可逆计数器，而 74LS191 是

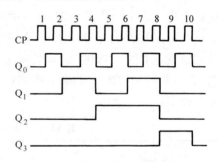

图 13-47　十进制加法计数器的工作波形

同步十六进制可逆计数器。属于单时钟类型的除 74LS190 外，还有 74LS168、CC4510 等，而属于双时钟类型的有 74LS192、CC40192 等。

现介绍一种经常使用的芯片 CC40192。

① 其性能与应用特点如下：

a. 当 U_{DD} 为 10V 时，典型时钟频率可达 8MHz。

b. 在时钟信号上跳变时进行计数。

c. 有分开的加计数时钟输入端和减计数时钟输入端。

d. CC40192 和国外产品 CD40192 可以互换使用。

e. 主要用作加/减计数、多级串行计数、同步分频器和可编程序计数器。

f. 本电路采用 16 条外引线封装。

② 其逻辑图如图 13-48 所示。它是 CC40192 芯片的逻辑图，由 4 个 RS 触发器组成，即可以用作加法计数也可以用作减法计数。$Q_1 \sim Q_4$ 是 4 个二进制码输出端，CP_+ 和 CP_- 分别是加法计数端和减法计数端，$\overline{CO}$ 和 $\overline{BO}$ 分别是加法计数进位端和减法计数借位端。

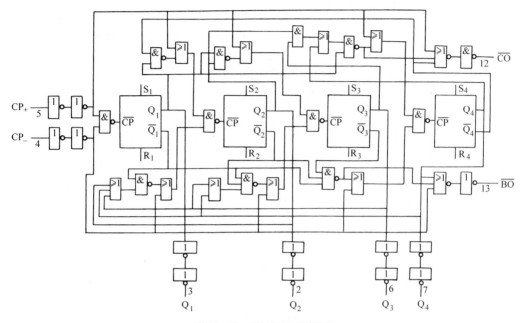

图 13-48　CC40192 逻辑图

表 13-28 和图 13-49 是 CC40192 的真值表和波形。由真值表可以看出，R 是复位端，R 为 "1" 时计数器清零。$\overline{PE}$ 是预置数使能端，当 $\overline{PE}$ 为 "1" 时，CC40192 处于计数状态；$\overline{PE}$ 为 "0" 时，CC40192 处于预置数状态。

表 13-28　CC40192 的真值表

CP_+	CP_-	$\overline{PE}$	R	功能
↑	1	1	0	加计数
↓	1	1	0	不计数
1	↑	1	0	减计数
1	↓	1	0	不计数
×	×	0	0	预置数
×	×	×	1	复位

我们可以用 CC40192 做各种进制的计数器，比如 5 进制计数器，当计数到 5 即 0101 时，只要将 "1" 信号接到复位端 R。

输入计数脉冲只作用于计数器中最低位触发器的 CP 端，各位触发器采用串行进位方式，故其工作速度较低。

2. 异步二进制计数器

在构成异步二进制计数器时，不管是采用什么逻辑功能的触发器（如 D、JK 或 RS 等），都应首先接成 T' 触发器，其级间连接规律见表 13-29。

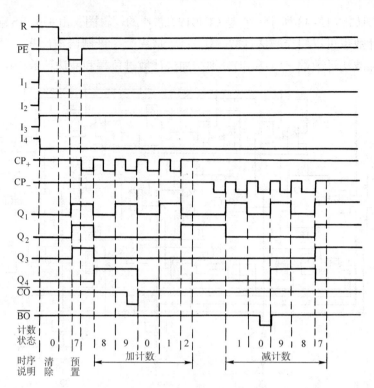

图 13-49　CC40192 的波形

表 13-29　异步二进制计数器级间连接规律

基本计数单元		T′触发器	
		上升沿触发方式 （如维持阻塞 D 触发器）	下降沿触发方式 （如主从 JK 触发器）
级间连接规律	加法计数器	$\begin{cases} CP_0 = CP \\ CP_{n+1} = \overline{Q_n} \end{cases}$	$\begin{cases} CP_0 = CP \\ CP_{n+1} = Q_n \end{cases}$
	减法计数器	$\begin{cases} CP_0 = CP \\ CP_{n+1} = Q_n \end{cases}$	$\begin{cases} CP_0 = CP \\ CP_{n+1} = \overline{Q_n} \end{cases}$
	可逆计数器	在加法计数器和减法计数器的基础上，一要增设加/减控制线 $\overline{U}/D$，二要在级间加"与或"门以形成 CP_{n+1}	

（1）异步二进制加法计数器　若采用四个 JK 触发器来构成四位异步二进制加法计数器，根据表 13-30 的连接规律，首先把 JK 触发器接成 T′触发器，即每个触发器的 J、K 端悬空，相当于"1"，使它具有计数功能，然后把各位触发器串行，其进位脉冲从 Q 端输出送到相邻高位触发器的 CP 端，逻辑图如图 13-50 所示，其工作波形如图 13-51 所示。

（2）异步二进制减法计数器　其是用 D 触发器组成的三位二进制异步减法计数器，它的逻辑电路、状态表、工作波形分别如图 13-52a、b、c 所示。

由工作波形可见：若 CP 脉冲的频率为 f_0，则 Q_0 波形的频率为 $1/2f_0$，Q_1 波形的频率为 $1/4f_0$，即说明计数器具有分频的作用，故也称为分频器。

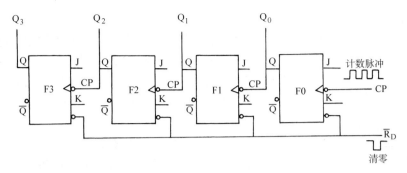

图 13-50　由 JK 触发器组成的四位异步二进制加法计数器

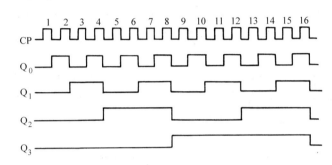

图 13-51　异步二进制加法计数器的工作波形

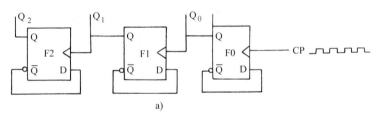

a)

计数顺序	二进制数			等效十进制数
	Q_2	Q_1	Q_0	
0	0	0	0	0
1	1	1	1	7
2	1	1	0	6
3	1	0	1	5
4	1	0	0	4
5	0	1	1	3
6	0	1	0	2
7	0	0	1	1
8	0	0	0	0

b)

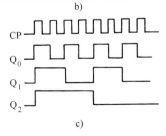

c)

图 13-52　三位二进制异步减法计数器

a）逻辑电路　b）状态表　c）工作波形

二、寄存器

在数字系统和数字计算机中，用于将一组二进制代码暂时存储起来的逻辑电路称为寄存器。一个触发器只能寄存一位二进制数，若要寄存多位数时，就得用多个触发器，所以触发器组是寄存器的核心组成部分。除此之外，通常还应有用门电路组成的控制电路，用于控制寄存器的"接收"、"清零"、"保持"、"输出"等功能。常用的有四位、八位、十六位等寄存器。

寄存器存放数码的方式和从寄存器取出数码的方式，都有并行方式和串行方式两种。输入、输出都为并行方式的寄存器，一般称为数码寄存器，通常这种寄存器中的触发器只要求具有置"1"、置"0"的功能即可，其他三种输入输出形式的寄存器，即串行输入并行输出、并行输入串行输出和串行输入串行输出的寄存器，统称为移位寄存器。所谓移位，就是指寄存器里存储的数码能在移位脉冲（时钟脉冲）的作用下依次左移或右移。

1. 数码寄存器

数码寄存器只有寄存数码和清除原有数码的功能。图 13-53 所示为一种四位数码寄存器，设输入的二进制数 $D_3D_2D_1D_0$ 为"1011"，在"寄存指令"（正脉冲）到来之前，1～4 四个"与非"门的输出全为"1"。由于经过清零（复位），四个由"与非"门构成的基本 RS 触发器 F3～F0 全处于"0"状态。当"寄存指令"到来时，由于 D_3、D_1、D_0 数码输入为 1，"与非"门 G3、G1、G0 的输出均为"0"，即输出置"1"负脉冲，使触发器 F3、F1、F0 置"1"；而由于 D_2 数码输入为 0，"与非"门 G2 的输出仍为"1"，故 F2 的状态不变。这样就把数码存放进去了。若要取出时，可给"与非"门 G7～G4"取出指令"（正脉冲），各位数码就在输出端 Q_0～Q_3 上取出。在未给"取出指令"时，Q_0～Q_3 输出均为"0"。

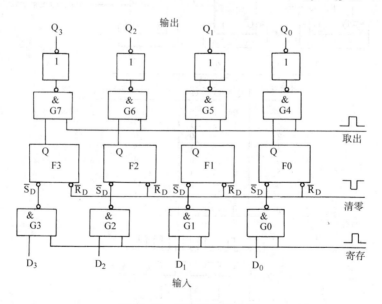

图 13-53　四位数码寄存器

图 13-54 所示为由 D 触发器（上升沿触发器）组成的四位数码寄存器，其工作情况请自行分析。

图 13-53 和图 13-54 都是并行输入/并行输出的寄存器。

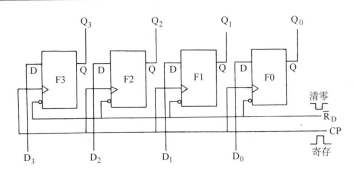

图 13-54　由 D 触发器组成的四位数码寄存器

2. 移位寄存器

移位寄存器不仅能存放数码，而且有移位的功能，它在计算机中的应用广泛。

图 13-55 所示为由 JK 触发器组成的四位移位寄存器。F0 接成 D 触发器，数码由 D 端输入。设寄存的二进制数为 "1011"，按移位脉冲（即时钟脉冲）的工作节拍，从高位到低位依次串行送到 D 端。工作之前先清零，首先 D = 1，第一个移位脉冲的下降沿到来时使触发器 F0 翻转，$Q_0 = 1$，其他仍保持 0。接着 D = 0，第二个移位脉冲的下降沿到来时使 F0 和 F1 同时翻转，由于 F1 的 J 端为 1、F0 的 J 端为 0，所以 $Q_1 = 1$，$Q_0 = 0$，Q_2 和 Q_3 仍为 0。以后的过程见表 13-30，移位一次，存入一个新数码，直到第四个脉冲的下降沿到来时，存数结束。这时，可以从四个触发器的 Q 端得到并行的数码输出。

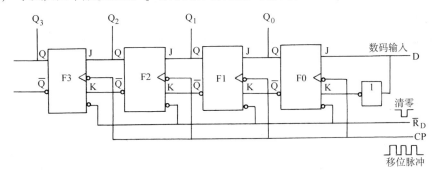

图 13-55　由 JK 触发器组成的四位移位寄存器

如果再经过四个移位脉冲，则所存的 "1011" 逐位从 Q_3 端串行输出。

图 13-56 所示为由维持阻塞型 D 触发器组成的四位移位寄存器。它既可并行输入（输入端为 D_3、D_2、D_1、D_0）/串行输出（输出端为 Q_0），又可串行输入（输入端为 D）/串行输出。

表 13-30　四位移位寄存器的工作过程

移位脉冲数	寄存器中的数码				移位过程
	Q_3	Q_2	Q_1	Q_0	
0	0	0	0	0	清零
1	0	0	0	1	左移一位
2	0	0	1	0	左移二位
3	0	1	0	1	左移三位
4	1	0	1	1	左移四位

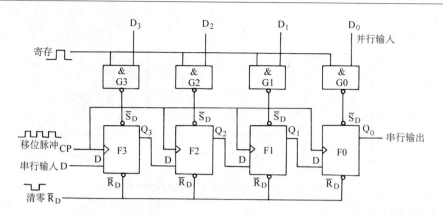

图 13-56 由 D 触发器组成的并行、串行输入/串行输出的四位移位寄存器

当工作于并行输入/串行输出时（串行输入端 D 为 0），首先清零，使四个触发器的输出全为 0。在给"寄存指令"之前，G3 ~ G0 四个"与非"门的输出全为"1"。当加上该指令时，设并行输入的二进制数 D_3、D_2、D_1、D_0 = 1011，于是 G3、G1、G0 输出置"1"负脉冲，使触发器 F3、F1、F0 的输出为"1"，G2 和 F2 的输出未变。这样，就把"1011"输入寄存器。而后输入移位脉冲 CP，使 D_3、D_2、D_1、D_0 依次（从低位到高位）从 Q_0 输出（右移），各个触发器的输出端均恢复为"0"。

当工作于串行输入/串行输出时，请自行分析工作情况。此时寄存端处于"0"状态，G3 ~ G1 均关闭，各触发器的状态与 D_3 ~ D_0 无关。

寄存器的应用极广，图 13-57 所示的是应用于加法器中的一个例子。图中 Ⅰ、Ⅱ、Ⅲ 是三个 n 位的移位寄存器，Ⅰ 和 Ⅱ 是并行输入/串行输出，Ⅲ 是串行输入/并行输出。工作过程如下所述：

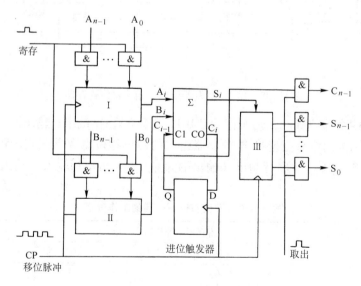

图 13-57 串行加注器

1）在进行运算之前，先将各个寄存器和进位 D 触发器清零。

2）给"寄存指令"（正脉冲），将加数 A_0 ~ A_{n-1} 和被加数 B_0 ~ B_{n-1} 分别送入寄存器 Ⅰ

和Ⅱ中。

　　3）输入移位脉冲CP，两个寄存器中的数据依次逐位右移（从低位到高位），并送入全加器中逐位相加。

　　4）在逐位相加后，将本位和数S_i存入寄存器Ⅲ；将进位数C_{i-1}暂时存放在进位触发器中，以便和本位数A_i、B_i相加。D触发器具有将输入数码延迟一步输出的功能，所以用它作为进位触发器。

　　5）相加完毕后，给"取出指令"（正脉冲），将和数从移位寄存器Ⅲ和进位触发器中取出。最高位C_{n-1}即为进数位，是存放在进位触发器中的。

　　在实际应用上，寄存器Ⅲ可以省去，将全加器输出的本位和数$S_0 \sim S_{n-1}$逐位送回到寄存器Ⅰ存起来。寄存器Ⅰ既能存放加数，又能存放和数，称为累加寄存器。

复　习　题

　　1. 某设备必须由A、B两个开关同时按下，并且油压达到规定值时才能起动电动机。现要两个按钮都按下油压小于规定值则要求报警。请设计一个逻辑电路，要求有开机与报警两个信号输出。

　　2. 数字电路中的基本门电路有哪几种？如何用基本门电路组成复合门电路？

　　3. 什么是编码器？它有何功能？什么是译码器？它有哪些功能？

　　4. 什么是全加器？什么是半加器？

　　5. 简述七段译码器的工作原理。

　　6. 画出用与非门构成的基本RS触发器并叙述其工作原理。

　　7. 简单介绍D型触发器的工作原理。

　　8. 什么叫计数器？它有哪些种类？

附　　录

附录 A　电阻器的型号

顺　序	类　别	名　称	简　称	符　号
第一位	主称	电阻器 电位器	阻 位	R W
第二位	导体材料	碳膜 金属膜 金属氧化膜 线绕	碳 金 氧 线	T J Y X
第三位	形状性能等	大小 精密 测量 高功率	小 精 量 高	X J L G

举例：RT 表示碳膜电阻；RJJ 表示精密级金属膜电阻；RTL 表示测量用的碳膜电阻；WT 表示碳膜电位器。WXX 表示小型线绕电位器。

附录 B　几种常见电阻器的外形

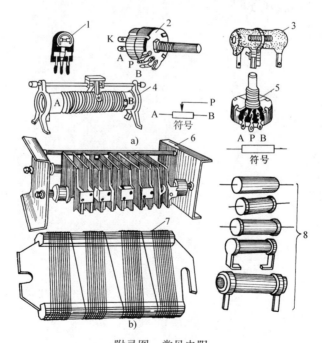

附录图　常见电阻

a）可变电阻　b）固定电阻

1—微调电阻　2—带开关电位器　3—线绕可变电阻　4—线绕滑线电阻

5—电位器　6—生铁固定电阻　7—线绕固定电阻　8—2W 固定电阻

参考文献

［1］ 陈国春. 电工与电子基础［M］. 4 版. 北京：机械工业出版社，2004.

［2］ 王兆晶. 维修电工（中级）［M］. 北京：机械工业出版社，2006.

［3］ 姜平. 维修电工技师鉴定培训教材［M］. 北京：机械工业出版社，2009.

机械工业出版社

教师服务信息表

尊敬的老师：

您好！感谢您多年来对机械工业出版社的支持与厚爱！为了进一步提高我社教材的出版质量，更好地为职业教育的发展服务，欢迎您对我社的教材多提宝贵意见和建议。另外，如果您在教学中选用了《电工与电子基础（第 5 版）（含习题集）》一书，我们将为您免费提供与本书配套的电子课件。

一、基本信息

姓名：_____ 性别：_____ 职称：_____ 职务：_____

学校：_____ 系部：_____

地址：_____ 邮编：_____

任教课程：_____ 电话：_____(O) 手机：_____

电子邮件：_____ qq：_____ msn：_____

二、您对本书的意见及建议

（欢迎您指出本书的疏误之处）

三、您近期的著书计划

请与我们联系：

100037　机械工业出版社·技能教育分社　王振国收

Tel： 010-88379743

Fax： 010-68329397

E-mail：cmpwzg@163.com

技工学校机械类通用教材

电工与电子基础习题集

（第5版教材配套用书）

技工学校机械类通用教材编审委员会　编

机械工业出版社

目　　录

第一章　直流电路 ·· 1

　　一、是非题 ··· 1

　　二、填空题 ··· 1

　　三、选择题 ··· 2

　　四、问答题 ··· 3

　　五、计算题 ··· 3

第二章　磁与电磁的基本知识 ································· 9

　　一、是非题 ··· 9

　　二、填空题 ··· 9

　　三、选择题 ··· 9

　　四、问答题 ·· 11

　　五、计算题 ·· 16

第三章　正弦交流电路 ······································· 18

　　一、是非题 ·· 18

　　二、填空题 ·· 18

　　三、选择题 ·· 20

　　四、问答题 ·· 21

　　五、计算题 ·· 21

　　六、作图题 ·· 24

第四章　电气照明及安全用电 ································ 26

　　一、是非题 ·· 26

　　二、填空题 ·· 26

　　三、问答题 ·· 27

　　四、作图题 ·· 28

第五章　变压器与交流电动机 ································ 29

　　一、是非题 ·· 29

　　二、填空题 ·· 30

　　三、选择题 ·· 31

　　四、问答题 ·· 32

　　五、计算题 ·· 33

六、作图题 …………………………………………………… 33

第六章　电力拖动的基本知识 ………………………………… 36

一、是非题 …………………………………………………… 36

二、填空题 …………………………………………………… 36

三、选择题 …………………………………………………… 39

四、问答题 …………………………………………………… 40

五、作图题 …………………………………………………… 43

第七章　可编程序控制器 ……………………………………… 45

一、是非题 …………………………………………………… 45

二、填空题 …………………………………………………… 45

三、选择题 …………………………………………………… 45

四、问答题 …………………………………………………… 46

第八章　晶体二极管及其基本电路 …………………………… 47

一、是非题 …………………………………………………… 47

二、填空题 …………………………………………………… 47

三、选择题 …………………………………………………… 48

四、问答题 …………………………………………………… 48

五、计算题 …………………………………………………… 48

六、作图题 …………………………………………………… 49

第九章　晶体管及其基本电路 ………………………………… 50

一、是非题 …………………………………………………… 50

二、填空题 …………………………………………………… 50

三、问答题 …………………………………………………… 51

四、计算题 …………………………………………………… 52

第十章　晶闸管与单结晶体管及其基本电路 ………………… 55

一、是非题 …………………………………………………… 55

二、填空题 …………………………………………………… 55

三、问答题 …………………………………………………… 55

第十一章　稳压电路 …………………………………………… 56

一、是非题 …………………………………………………… 56

二、填空题 …………………………………………………… 56

三、问答题 …………………………………………………… 56

第十二章　集成运算放大器 …………………………………… 57

一、是非题 …………………………………………………… 57

二、填空题 …………………………………………………… 57

三、问答题 ……………………………………………………… 58

四、计算题 ……………………………………………………… 58

五、作图题 ……………………………………………………… 58

第十三章　集成数字电路 ……………………………………… 60

一、是非题 ……………………………………………………… 60

二、填空题 ……………………………………………………… 60

三、问答题 ……………………………………………………… 60

四、作图题 ……………………………………………………… 61

第一章 直流电路

一、是非题（对画√，错画×）

1. 40s 内通过导体 A 截面的电荷量为 20C，在 80ms 内通过导体 B 截面的电荷量为 0.04C，A 和 B 上的电流大小是相等的。（　　）

2. 电路中某点的电位数值与所选择的参考点无关，而电路中任意两点的电压数值随所选择的参考点不同而变化。（　　）

3. 用基尔霍夫第一定律列节点电流方程时，如解出的电流为负值，则表示其实际方向与假设方向相反，所以应把原来的假设方向改画。（　　）

4. 用支路电流法解复杂直流电路时，应先列出（$m-1$）个节点电流方程，再列出 $n-(m-1)$ 个回路电压方程（m 为节点数，n 为支路数，且 $n>m$。）
（　　）

5. 电容器的电容量越大，它所带的电荷量就越多。（　　）

二、填空题

1. 电路中的电流 I 与 ＿＿＿＿＿＿＿ 成正比，与 ＿＿＿＿＿＿＿ 成反比。

2. 基尔霍夫第一定律又名 ＿＿＿＿＿＿ 定律，它表明流过任一个节点的 ＿＿＿＿＿＿＿ 为零，其数学表达式为 ＿＿＿＿＿＿。基尔霍夫第二定律又名 ＿＿＿＿＿＿ 定律，它表明在任意回路中，＿＿＿＿＿＿＿ 的代数和恒等于各电阻上 ＿＿＿＿＿＿＿ 的代数和，其数学表达式为 ＿＿＿＿＿＿＿。

3. 电容器的最基本特性是能 ＿＿＿＿＿＿＿，它的主要参数是 ＿＿＿＿＿＿＿、＿＿＿＿＿＿。

4. 几个并联电容器的等效电容所带的电荷量等于 ＿＿＿＿＿＿＿ 之和；几个并联电容器的等效电容量等于 ＿＿＿＿＿＿＿ 之和；并联电容器两端所能承受的最大工作电压由 ＿＿＿＿＿＿＿ 决定。

5. 各串联电容器上所带的电荷量等于 ＿＿＿＿＿＿＿；串联电容器两端的总电压等于 ＿＿＿＿＿＿＿ 之和；串联电容器的等效电容量的倒数等于 ＿＿＿＿＿＿＿ 之和；各串联电容器两端承受的电压与 ＿＿＿＿＿＿＿ 成正比。

6. 当外加电压 U ＿＿＿＿＿ 于电容器两端电压 U_C 时，电容器充电；当 U ＿＿＿＿＿ 于 U_C 时，电容器放电；当 U ＿＿＿＿＿ 于 U_C 时，电容器既不充电，也不放电。

三、选择题（将正确答案的序号填入括号内）

1. 两根铜丝的重量相同，其中甲的长度是乙的 10 倍，则甲的电阻是乙的（   ）。

    A. 10 倍   B. $\dfrac{1}{10}$ C. 100 倍   D. $\dfrac{1}{100}$

2. 将 100 只规格相同、额定电压为 1.5V 的小灯泡（质量均好）串联后，接在电压为 150V 的直流电路中，发现除灯泡 A 不亮外，其余都亮，这是因为（   ）。

    A. 白炽灯 A 与灯座接触不良   B. 白炽灯 A 的灯座断线

    C. 白炽灯 A 的灯脚短路

3. R_1 和 R_2 为两个串联电阻器，已知阻值 $R_1 = 4R_2$，若电阻器 R_1 上消耗的功率为 1W，则电阻器 R_2 上消耗的功率为（   ）。

    A. 5W   B. 20W   C. 0.25W   D. 400W

4. R_1 和 R_2 为两个并联电阻器，已知阻值 $R_1 = 2R_2$，且电阻器 R_2 上消耗的功率为 1W，则电阻器 R_1 上消耗的功率为（   ）。

    A. 2W   B. 1W   C. 4W   D. 0.5W

5. 如图 1-1 所示，已知 $R_1 = R_2 = R_3 = 12\Omega$，则 AB 间的总电阻应为（   ）。

    A. 18Ω   B. 4Ω

    C. 0   D. 36Ω

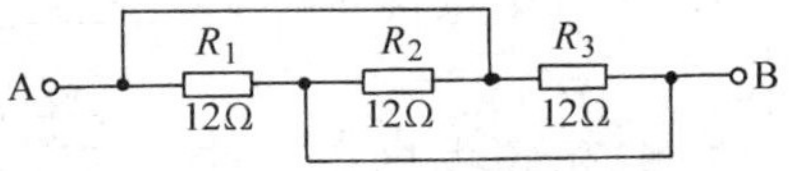

6. 在图 1-2 所示的四个电路中，$R_1 \neq R_2 \neq R_3 \neq R_4$，其中两个相同的电路图是（   ）。

图 1-1

    A. a 和 b   B. a 和 d   C. b 和 d   D. b 和 c

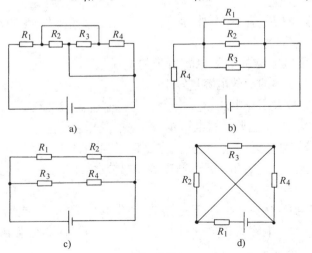

图 1-2

7. 如图 1-3 所示，A、B、C 是具有相同电阻的三个电灯，电源的内阻略去不计。当开关 S 分断和闭合时，在 A 灯上所消耗的功率之比是（　　）。

   A. 1:1　　　　　B. 9:4　　　　　C. 4:9　　　　　D. 9:10

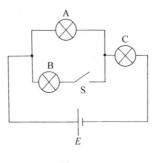

图　1-3

8. 电容器 C_1 和 C_2 串联后接在直流电路中，若电容量 $C_1 = 3C_2$，则 C_1 两端电压是 C_2 两端电压的（　　）。

   A. 3 倍　　　　　B. 9 倍　　　　　C. $\dfrac{1}{9}$　　　　　D. $\dfrac{1}{3}$

9. 将参数为 $25\mu F/400V$ 和 $100\mu F/150V$ 的两个电容器串联后接在直流电路中，则电路的最大安全工作电压为（　　）。

   A. 550V　　　　　B. 750V　　　　　C. 500V

四、问答题

1. 有两个电容器，其中一个电容量大，另一个电容量小，如果它们两端的电压相等，试问哪一个电容器所带的电荷量较多？如果它们所带电荷量相同，试问哪一个电容器电压高？

2. 当电容器带上一定电荷量后，移去直流电源，再把电流表接到电容器两端，指针会偏转吗？为什么？

五、计算题

1. 如图 1-4 所示，已知 $E_1 = 15V$、$E_2 = 20V$、$E_3 = 30V$，求 A、B、C、D、F、G 六点的电位各等于多少？

2. 为修复一仪表，要绕制一个 3Ω 的电阻，如果选用截面积为 $0.22mm^2$ 的锰铜丝，问需要多长？

3. 某继电器线圈的直流电阻是 $2k\Omega$，两端加上 24V 的电源电压，问线圈中的电流为多大？

4. 试求图 1-5 中电阻器 R_3 的阻值。

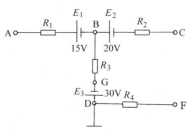

图　1-4

5. 某电源和 3Ω 的电阻连接，测得路端电压为 6V；和 5Ω 电阻连接时，测得路端电压为 8V。试求电源的电动势和内电阻。

6. 如图 1-6 所示，已知 $E = 120V$，$r = 1Ω$，$R = 999Ω$，求 S 在 1、2、3 各位置时电流表和电压表的读数各为多少？

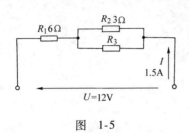

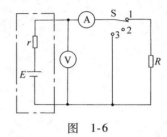

图 1-5   图 1-6

7. 一台发电机向某用电器供电，用电器需要的电压是 220V，取用的电流为 50A，发电机与用电器的距离为 1.5km，线路采用 34mm² 的铜导线。如发电机的内阻为 0.1Ω，试计算发电机输出端的电压 U 及发电机的电动势 E 各为多大？

8. 两个电阻性用电器的额定值分别为 220V、60W 和 110V、40W，问：（1）哪一个用电器的电阻大？（2）把它们并联在 36V 的电源上时，实际消耗的功率各为多少？

9. 一个 1kΩ、10W 的电阻器，允许通过的最大电流是多少？该电阻两端允许加的最大电压又为多少？

10. 某人家中使用 40W 荧光灯、25W 台灯、150W 电冰箱、75W 电视机各 1 台，如每个用电器每天平均使用 4h，问每月应付多少电费（一月按 30 天计，每千瓦小时电费为 0.24 元）？

11. 标有 220V、100W 的白炽灯接在 220V 电源上时的实际功率为 81W，求线路上的功率损耗？

12. 三个电阻器串联后接到电源两端，已知阻值 $R_1 = 2R_2$，$R_2 = 4R_3$，电阻器 R_2 两端的电压为 10V，R_2 消耗的功率为 1W，问电源的电动势为多少？电源提供的总功率又为多大（设电源内阻为零）？

13. 将一只额定电压为 6V、额定电流为 0.2A 的指示灯接到 12V 电源中使用，问应串联一只多大的电阻？

14. 如图 1-7 所示，已知流过电阻器 R_1 的电流 $I_1 = 3A$，试求总电流 I 等于多少？各电阻器消耗的功率等于多少？

15. 5 只 15Ω 的电阻应如何连接才能使总电阻分别为 75、35、30、12.5、3Ω？

16. 设求图 1-8 中的总电阻 R_{AB}。

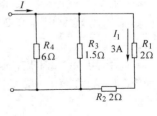

图 1-7

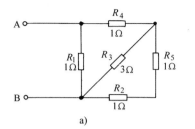 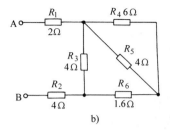

图 1-8

17. 如图 1-9 所示，已知 $E = 20V$、$r = 0.5\Omega$、$R_1 = 7.5\Omega$、$R_2 = 6\Omega$、$R_3 = 3\Omega$，求：（1）S 在 1 和 2 位置时，电压表的读数各为多少？（2）S 在 1 和 2 位置时，电阻器 R_2 上消耗的功率各为多少？

18. 如图 1-10 所示，由电动势 $E = 230V$、内阻 $r = 0.5\Omega$ 的电源向一只额定电压为 220V、额定功率为 600W 的电炉和一组额定电压为 220V、额定功率为 100W 的白炽灯供电。为使这些负载正常工作，问这组灯应并联多少盏？

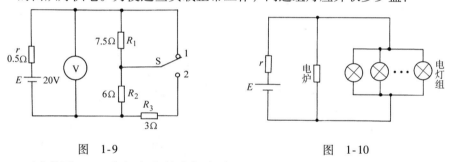

图 1-9　　　　　　　　　　　　　　　　图 1-10

19. 试求图 1-11 中各电路的未知电流。

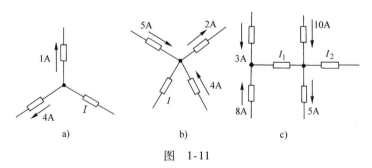

图 1-11

20. 如图 1-12 所示，已知 $I = 20mA$、$I_g = 2mA$、$I_3 = 12mA$，试求流过电阻器 R_1、R_2、R_4 的电流 I_1、I_2、I_4 的数值和方向。

21. 如图 1-13 所示，电流表的读数为 0.2A，试求电动势 E_2 的大小。

22. 如图 1-14 所示，已知 $E_1 = 26V$、$E_2 = 6V$、$R_1 = 20\Omega$、$R_2 = 10\Omega$、$R_4 = 5\Omega$、电压表的读数为 16V，试求电阻 R_3 的阻值。

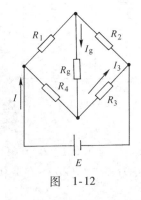

图 1-12

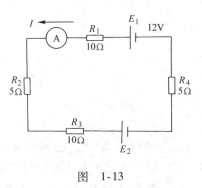

图 1-13

23. 如图 1-15 所示，已知 $E_1 = 3V$、$E_2 = 18V$、$R_1 = 250\Omega$、$R_3 = 400\Omega$、流过 R_1 的电流 $I_1 = 4mA$，求 R_2 的阻值及通过 R_2 的电流的大小和方向。

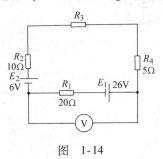

图 1-14

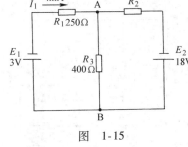

图 1-15

24. 如图 1-16 所示，已知 $E_1 = 200V$、$E_2 = 200V$、$E_3 = 100V$、$R_1 = 60k\Omega$、$R_2 = 20k\Omega$、$R_3 = 30k\Omega$，试用支路电流法求各支路电流的大小和方向。

25. 如图 1-17 所示，已知 $E_1 = 70V$、$E_2 = 6V$、$R_1 = 7\Omega$、$R_2 = 11\Omega$、$R_3 = 7\Omega$，试用支路电流法和回路电流法分别求各支路电流的大小和方向。

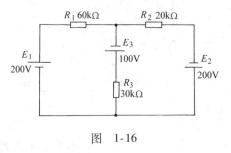

图 1-16

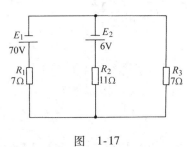

图 1-17

26. 如图 1-18 所示，已知 $E_1 = 300V$、$E_2 = 400V$、$E_3 = 250V$、$R_1 = 20k\Omega$、$R_2 = 20k\Omega$、$R_3 = 10k\Omega$，试用回路电流法求各支路电流的大小和方向。

27. 如图 1-19 所示，试说明该电路有几个节点？几个网孔？几个回路？若已知 $E_1 = 8V$、$E_2 = 16V$、$R_1 = R_2 = R_3 = R_4 = R_5 = 1\Omega$，试用回路电流法求各支路

电流的大小和方向。

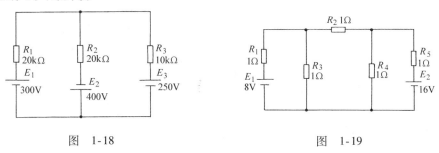

图 1-18

图 1-19

28. 如图 1-20 所示，已知 $R_1 = 10\Omega$、$R_2 = 5\Omega$、$R_3 = 15\Omega$、$E_2 = 30V$、$E_3 = 35V$、流过 R_1 的电流 $I_1 = 3A$，试求 E_1 等于多少？

29. 如图 1-21 所示，已知 $U_1 = 12V$、$U_2 = 18V$、$R_1 = 2\Omega$、$R_2 = 1\Omega$、$R_3 =$

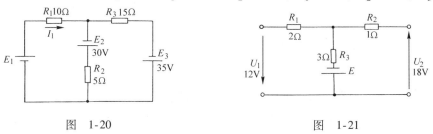

图 1-20

图 1-21

3Ω，求：（1）如果 $E = 20V$，求 R_3 中的电流；（2）欲使 R_3 中的电流为零，E 应为何值？

30. 图 1-22 是一个晶体管静态工作时的等效电路。已知 $E_C = 12V$、$E_B = 3V$、$I_C = 5.1mA$、$I_B = 0.2mA$、$R_C = 1.5k\Omega$、$R_B = 7.5\Omega$，试求电阻 R_{BC} 和 R_{BE} 的大小。

31. 将电容器 C_1（$10\mu F/25V$）和 C_2（$20\mu F/15V$）并联后接在 10V 直流电源上，问哪个电容器储存的电荷量多？此时它们的等效电容量为多大？该并联电路允许加的最大工作电压为多少？

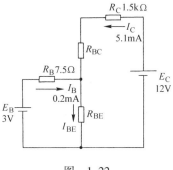

图 1-22

32. 如图 1-23 所示，电容器两端的电压为多少？电容器任一极板上所带的电荷量为多少？

33. 如图 1-24 所示，已知 $C_1 = C_4 = 9\mu F$、$C_2 = C_3 = 4.5\mu F$，试求 A、B 间的等效电容。

34. 如图 1-25 所示，已知 $C_1 = C_4 = 2\mu F$、$C_2 = C_3 = 1\mu F$，求：（1）当开关 S 闭合时，A、B 间的等效电容；（2）当开关 S 分断时，A、B 间的等效电容。

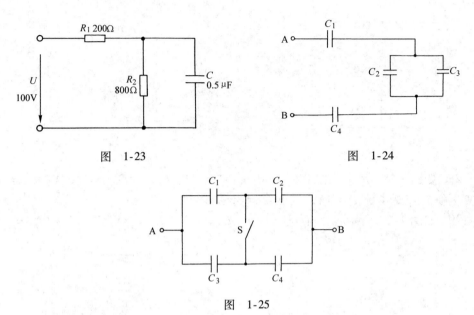

图 1-23

图 1-24

图 1-25

35. 现有两个质量良好的电容器，C_1 的电容量为 $10\mu F$，耐压为 450V；C_2 的电容量为 $50\mu F$，耐压为 300V，现将它们串联后接到 600V 直流电源上使用，问是否安全？

第二章 磁与电磁的基本知识

一、是非题（对画√，错画×）

1. 磁力线总是从 N 极出发，终止于 S 极。 （　　）

2. 在均匀磁场里，穿过某一截面的磁通量 Φ 等于磁感应强度 B 与面积 S 的乘积。 （　　）

3. 通电线圈在磁场中所受到的转矩总是要使它转到与磁力线平行的位置。 （　　）

4. 铁磁物质的相对磁导率 $\mu_r \gg 1$，这是因为在外磁场的作用下它能产生远大于外磁场的附加磁场。 （　　）

5. 当直导体静止不动而磁场相对它作切割运动时，直导体中的感应电动势方向可由右手定则判别。此时，大拇指的方向应与磁场的运动方向相同。 （　　）

6. 自感电流永远和外电流的方向相反。 （　　）

二、填空题

1. 均匀磁场的磁力线是一组＿＿＿＿＿＿＿＿＿＿。

2. 反磁物质的相对磁导率 μ_r ＿＿＿＿＿于 1；顺磁物质的相对磁导率 μ_r ＿＿＿＿＿于 1；铁磁物质的相对磁导率 μ_r ＿＿＿＿＿于 1。

3. 铁磁材料大致可分为三类：＿＿＿＿＿、＿＿＿＿＿、＿＿＿＿＿。

4. 线圈中的感应电动势的大小与线圈中磁通的＿＿＿＿＿成正比。

5. 由于通过线圈本身的＿＿＿＿＿发生变化而引起的电磁感应现象，叫自感。

6. 当外电流增加时，自感电流与外电流的方向＿＿＿＿＿；当外电流减小时，自感电流与外电流的方向＿＿＿＿＿。自感电流总是＿＿＿＿＿外电流的变化。

7. 由于一个线圈中的＿＿＿＿＿＿＿发生变化而使其他线圈产生＿＿＿＿＿＿＿的现象，叫互感。

三、选择题（将正确答案的序号填入括号内）

1. 在图 2-1 中，图（　　）是正确的（即电源的正负极、电流方向、铁心的磁性与磁力线方向不矛盾）。

A. a　　　　　B. b　　　　　C. c　　　　　D. d

2. 在两个结构完全相同的线圈中，一个放铁心，另一个放铜心。当通以相同的电流时，它们内部磁场强度的大小关系是（　　）。

A. 铁心线圈内的磁场强度大　　　　　B. 铜心线圈内的磁场强度大

C. 两者相等

10

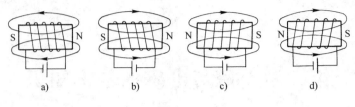

图　2-1

3. 当一通电直导体与磁力线的夹角为（　　）时，它在均匀磁场中受到的磁场力为最大。

A. 0°　　　　B. 30°　　　　C. 45°　　　　D. 60°　　　　E. 90°

4. 一通电线圈在均匀磁场中，当线圈平面与磁力线的夹角为（　　）时，其所受到的转矩为最大。

A. 0°　　　　B. 30°　　　　C. 45°　　　　D. 60°　　　　E. 90°

5. 在图2-2中，A、B、C是软铁，当S闭合后，（　　）。

A. A的右端为N极　　　　　　　　　B. B的左端为N极

C. C的右端为N极　　　　　　　　　D. C的左端为N极

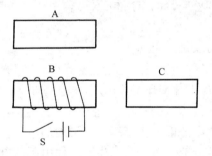

图　2-2

6. 当闭合电路中一段导线切割磁力线时，感应电流方向、磁场方向和导线运动方向三者的关系应如图2-3（　　）所示。

A. a　　　　B. b　　　　C. c　　　　D. d　　　　E. e

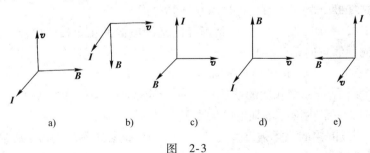

图　2-3

7. 在通电直导体 A 周围放置一根与 A 平行的直导体 B，当 B 以垂直于 A 轴线方向远离 A 作匀速运动时，B 中的感应电动势（　　）。

A. 不变　　　B. 增大　　　C. 减小　　　D. 为零

8. 如图 2-4 所示，均匀磁场 B 垂直于纸面向内，一长为 *l* 的导线 MN 可以无摩擦地在导轨上滑动，除电阻 R 外，其他部分的电阻不计。当 MN 以匀速 *v* 向右运动时，（　　）。

A. MN 中的感应电动势，N 端电位比 M 端高

B. 在 MN 中感应电动势的大小是 *BvlR*

C. 电阻 R 中的电流方向是由 D 向 C

D. 磁场对 MN 的作用力与 *v* 相反

9. 欲使图 2-5 中线圈 B 产生图示方向的感应电流，应使（　　）。

A. 线圈 A 接通电源

B. 线圈 A 接通电源后，减小变阻器 RP 的阻值

C. 线圈 A 接通电源后，A、B 相互远离

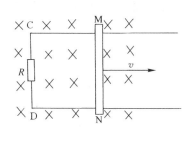

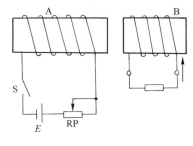

图　2-4　　　　　　　　　　　　　　图　2-5

10. 线圈中产生的感应电动势越大，表示（　　）。

A. 线圈中的磁场越强　　　　　　B. 线圈中的磁通变化量越大

C. 线圈中磁通变化的时间越短　　D. 线圈中磁通的变化速度越快

11. 线圈两端自感电动势的极性和外电源极性的关系是（　　）。

A. 相同　　　B. 相反　　　C. 不肯定

四、问答题

1. 试指出：（1）图 2-6a 中放在通电线圈管两端及线圈管内的小磁针的 N、S 极；（2）图 b 中放在通电直导线正上方和正下方的小磁针 N 极所指的方向。

2. 如图 2-7 所示，试标出由电流产生的磁极极性或电源的正负极性。

3. 图 2-8 为一通电直导体在磁场中的剖面图，试判断：（1）图 a 中载流导体所受的电磁力方向；（2）图 b 中的电流方向；（3）图 c 中磁极的极性。

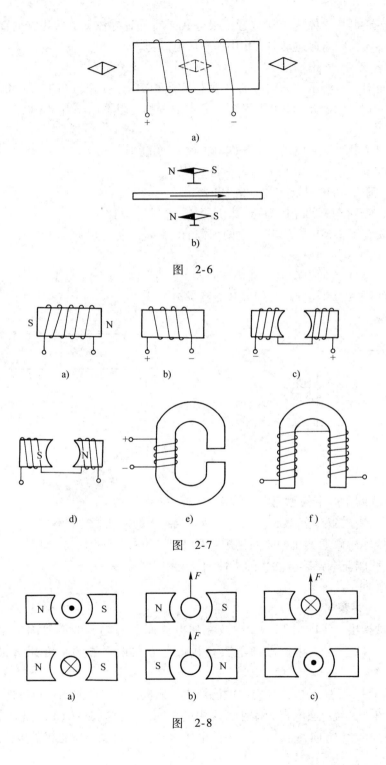

a)

b)

图 2-6

a)　　　　　b)　　　　　c)

d)　　　　　e)　　　　　f)

图 2-7

a)　　　　　b)　　　　　c)

图 2-8

4. 图 2-9 是磁电式电表测量机构的剖面图，图中指针固定在线圈 AB 上。已知线圈的电流方向是由 B 流进、从 A 流出，试判别指针如何偏转？

5. 图 2-10 是最简单的直流电动机的剖面图。定子由软磁材料制成。N_1 和 N_2 是产生定子磁场的励磁绕组，AB 代表转子绕组中的一匝。试根据励磁绕组电源的极性和转子中的电流方向，判别转子的转动方向。

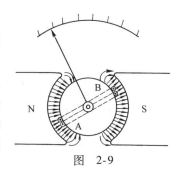

图　2-9

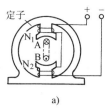
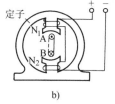
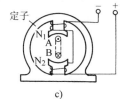

a)　　　　　　　　b)　　　　　　　　c)

图　2-10

6. 在图 2-11 所示的蹄形磁铁两磁极间，放置一个线圈 abcd，当蹄形磁铁绕 O′O 轴逆时针旋转时，线圈将发生什么现象？为什么？

7. 如图 2-12 所示，矩形导电线圈的平面垂直于磁力线。若线圈在图示位置按箭头方向运动的一瞬间，哪些情况能产生感应电流？试分别画出各线圈中感应电流的方向。

8. 如图 2-13 所示，A 和 B 为轻金属环，其中 A 为闭合环，B 为开口环。它们都可在铁心上无摩擦地滑动。问：开关 S 闭合和分断的瞬间，A 和 B 是否运动？若运动，则方向如何？为什么？

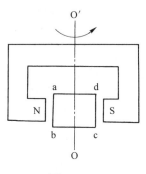

图　2-11

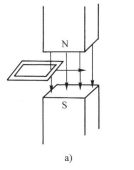
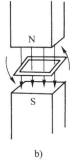
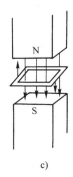

a)　　　　　　　　b)　　　　　　　　c)

图　2-12

9. 图 2-14 所示是一个特殊绕法的线圈，当开关接通瞬间，线圈中是否产生感应电动势？为什么？

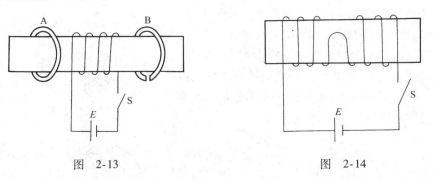

图 2-13   图 2-14

10. 如图 2-15 所示，在线圈 A 通电、电流增强、电流减弱及断电四种情况下，线圈 B 中能否产生感应电流？为什么？

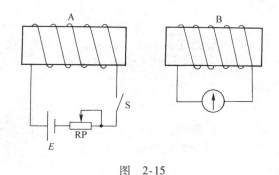

图 2-15

11. 如图 2-16 所示，当条形磁铁插进线圈中时，放在导线下面的小磁针如何偏转（只考虑直导线产生的磁场）？两检流计中电流方向如何？

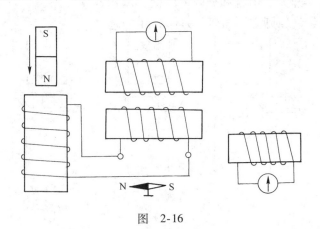

图 2-16

12. 在图 2-17 中，标出各绕组的同名端，并分别标出 S 接通瞬间，绕组 B 和 C 中的感应电动势的极性。

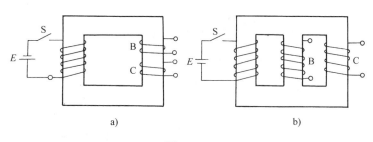

图　2-17

13. 图 2-18 是两种双根导线并绕的线圈，试在图中标出同名端。

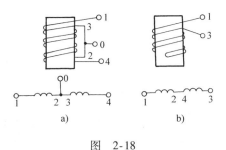

图　2-18

14. 如图 2-19 所示，试判别：（1）L1、L2、L3 的同名端；（2）当 S 闭合瞬间各线圈两端感应电动势的极性；（3）S 闭合瞬间 MN 的运动方向。

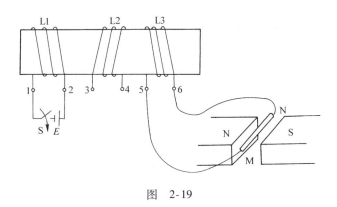

图　2-19

15. 试判别图 2-20 中：（1）各绕组的同名端；（2）各绕组的感应电动势极性；（3）图 c 中小磁针的偏转方向。

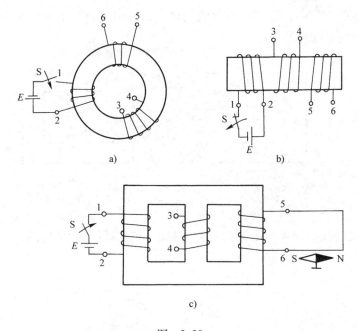

图　2-20

五、计算题

1. 如图 2-21 所示，已知均匀磁场的 $B = 0.4T$，平面面积 $S = 400cm^2$，且平面与 B 的夹角为 30°，求通过面积 S 的磁通。

2. 在磁感应强度 $B = 0.5T$ 的均匀磁场里，有一长 0.2m 的载流直导体，其中通以 3A 的电流。求下列各种情况下该载流导体所受的电磁力大小：

1）电流方向与 B 的方向相同。

2）电流方向与 B 的方向相反。

3）电流方向与 B 的方向垂直。

4）电流方向与 B 的方向成 30°。

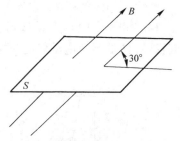

图　2-21

3. 在磁感应强度为 1T 的均匀磁场中，放置一个 10 匝的正方形线圈，每边长为 30cm，线圈中通以 5A 的电流。试求线圈在下列情况下所受到的电磁转矩的大小：（1）线圈平面与磁力线平行；（2）线圈平面与磁力线垂直；（3）线圈平面与磁力线呈 30°角。

4. 在图 2-22 中，一有效长度 $l = 0.3m$ 的直导线，在 $B = 1.25T$ 的均匀磁场中运动，运动的方向与 B 垂直，且速度 $v = 40m/s$，设导线的电阻 $r = 0.1\Omega$，外电路的电阻 $R = 19.9\Omega$，求：（1）导线中感应电动势的方向；（2）通过闭合电路中电流的大小和方向。

5. 如图 2-23 所示，长 0.1m 的直导体 MN 在 Π 形导电框架上以 10m/s 的速度向右作匀速运动，框架平面与磁场垂直。已知 $B = 0.8T$、导体的等效内阻 $r = 1\Omega$，试求：（1）MN 中感应电流的大小和方向；（2）要使 MN 作匀速运动，需加多大的外力？其方向如何？

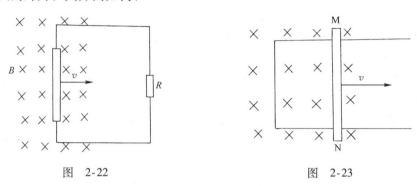

图 2-22   图 2-23

6. 如图 2-24 所示，矩形线圈平面垂直于磁力线，其面积为 $4 \times 10^{-4} m^2$，共有 80 匝。若线圈在 0.025s 内从 $B = 1.25T$ 的均匀磁场中移出，问线圈两端的感应电动势为多大？

7. 如图 2-25 所示，均匀磁场的磁力线平行于地面。有一无限长 Π 形导电框架，其所在平面与磁场垂直，框架宽度 $l = 1m$，电阻可忽略不计，直导体 MN 可沿框架无摩擦地保持水平上下滑动，试求：（1）在图中画出导体滑下时的感应电流方向；（2）当导体质量 $m = 2kg$，等效电阻 $R = 0.2\Omega$，$B = 0.1T$，重力加速度 $g = 10m/s$ 时，导体下落的极限速度。

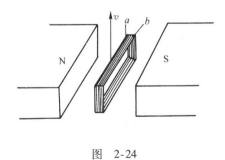

图 2-24   图 2-25

第三章　正弦交流电路

一、是非题（对画√，错画×）

1. 用交流电压表测得交流电压是220V，则此交流电压的最大值是220V。
　　　　　　　　　　　　　　　　　　　　　　　　　（　　）

2. 在交流电路的相量图中，必须按逆时针旋转的方向来观察各有关量的相位关系。　　　　　　　　　　　　　　　　　　　　　　（　　）

3. 在各种纯电路中，电压与电流的瞬时值关系均符合欧姆定律。（　　）

4. 某电器元件两端交流电压的相位超前于流过它的电流，则该元件为感性负载。　　　　　　　　　　　　　　　　　　　　　　　（　　）

5. 电源提供的总功率越大，则表示负载取用的有功功率越大。（　　）

6. 感性负载并联一适当电容器后，可使线路的总电流减小。（　　）

7. 电源的线电压与三相负载的联结方式无关，而线电流却与三相负载的联结方式有关。　　　　　　　　　　　　　　　　　　　　　（　　）

8. 把应作星形联结的电动机接成三角形，电动机不会烧毁。（　　）

9. 涡流发生在与磁通垂直的铁心平面内，为了减小涡流，电机和电器的铁心采用薄硅钢片叠装而成。　　　　　　　　　　　　　　　　（　　）

二、填空题

1. 正弦交流电是_____、_____、_____三者的名称。

2. 已知一正弦交流电流 $i = \sin(314t - \pi/4)$，其最大值为_____，初相角为_____，有效值为_____，频率为_____，角频率为_____周期为_____。

3. 正弦交流电的表示法有_____、_____、_____、_____。

4. 一个电阻可不计，电感为 10mH 的线圈，接在 220V、5kHz 的交流电源上，线圈的感抗是_____ Ω，线圈中的电流为_____ A。

5. 一个电容量为 $(1/314) \times 10^{-3}$F 的电容器，接在频率为 50Hz 的交流电源上，其容抗为_____ Ω。

6. 交流电流表和电压表的刻度及交流电气设备铭牌上电流、电压的数据均是指交流电的_____。

7. P 称为_____，它是电路中_____元件消耗的功率；Q 称为_____，它是电路中_____或_____元件与电源进行能量交换时瞬时功率的最大值；S 称为_____，它是_____提供的总功率。

8. 在交流电路中，电压三角形、阻抗三角形、功率三角形为_____三角形，电路的功率因数 $\cos\varphi =$ _____ = _____ = _____。

9. 纯电阻电路的功率因数为_____，纯电感电路的功率因数为_____，纯电容电路的功率因数为_____。

10. 图 3-1 的各分图分别是纯电阻电路、纯电感电路、纯电容电路及 $R—L$ 串联电路的相量图，其中：图 a 为_____电路；图 b 为_____电路；图 c 为_____电路；图 d 为_____电路。

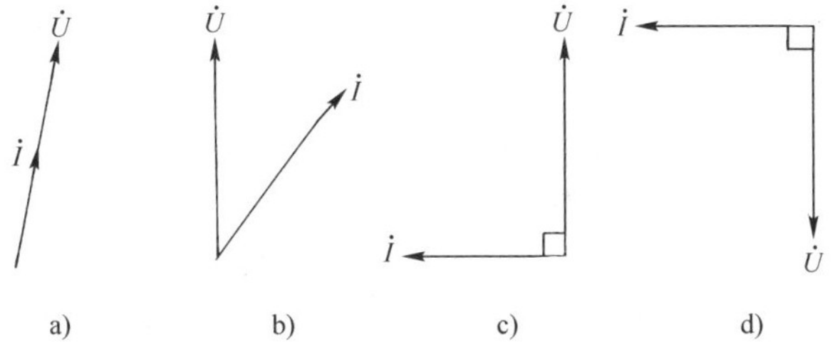

图　3-1

11. 为了使电源输出的总功率得到充分的利用，必须设法提高线路的_____，具体方法是在使用感性负载的线路上_____。

12. 三相四线制是由_____和_____组成的供电体系。其中相电压是指_____与_____之间的电压；线电压是指_____之间的电压，且 $U_L =$ _____ U_ϕ，各 U_L 比相应的 U_ϕ _____度。

13. 三相对称负载作丫联结时，$U_{\phi Y} =$ _____ U_{LY}，且 $I_{\phi Y} =$ _____ I_{LY}。此时，中线电流_____。

14. 如图 3-2 所示，已知三个相同负载电阻 $R_1 = R_2 = R_3 = 10\Omega$，作丫联结后，接到线电压为 380V 的三相对称电源上，则各电表的读数分别为：ⓐ₁ = _____ A；ⓐ₂ = _____ A，ⓥ₁ = _____ V；ⓥ₂ = _____ V。

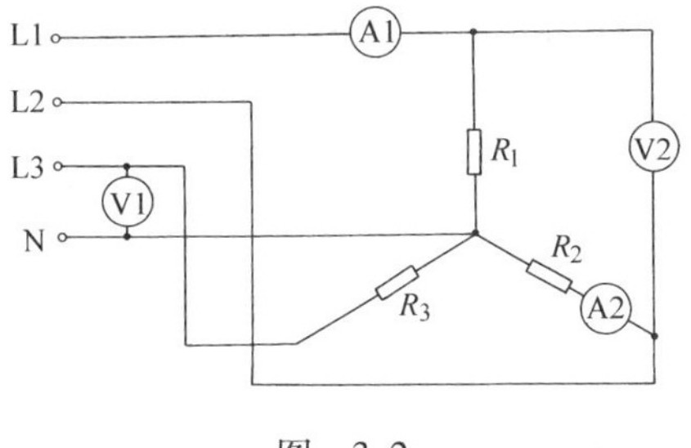

图　3-2

15. 三相对称负载作 △ 联结时，$U_{\phi\triangle} =$ _____ $U_{L\triangle}$，且 $I_{\phi\triangle} =$ _____ $I_{L\triangle}$。

16. 如图 3-3 所示，已知三相对称负载 $R_1 = R_2 = R_3 = 10\Omega$，作△联结后，再接到线电压为 380V 的三相对称电源上，则各电表的读数分别为 Ⓐ1 = _____ A；Ⓐ2 = _____ A；Ⓥ1 = _____ V；Ⓥ2 = _____ V。

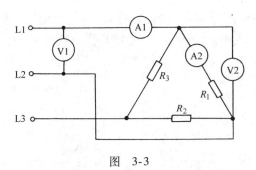

图 3-3

17. 同一个三相对称负载接在同一电网中时，作△联结时的线电流是作丫联结时的_____；作△联结时的三相有功功率是作丫联结时的_____。

三、选择题（将正确答案的序号填入括号内）

1. 已知两个交流电流的瞬时值表达式为 $i_1 = 4\sin(628t - \pi/4)$，$i_2 = 5\sin(628t + \pi/3)$，当 i_1 和 i_2 分别通过 $R = 2\Omega$ 的电阻时，消耗的功率分别是（　　）。

A. 16W，20W　　　B. 16W，25W　　　C. 8W，25W

D. 32W，50W　　　E. 32W，12.5W

2. 用交流电流表测得交流电流是 10A，则此电流的最大值是（　　）A。

A. 10　　　B. 20　　　C. 14.1　　　D. 17.3　　　E. 28.2

3. 在纯电阻电路中，电流、电压及电阻的关系是（　　）。

A. $i = U/R$　　B. $i = U_m R$　　C. $i = u/R$　　D. $I = u/R$

4. 在纯电感电路中，电流、电压及电感的关系是（　　）。

A. $i = u/X_L$　　B. $i = u/\omega L$　　C. $I = U/L$　　D. $I = U/\omega L$　　E. $I = \omega LU$

5. 在纯电容电路中，下列各式正确的是（　　）。

A. $i = u/X_C$　　B. $i = U/\omega C$　　C. $I = U/C$　　D. $I = U/\omega C$　　E. $I = \omega CU$

6. 在图 3-4 中，交流电压表的读数分别是Ⓥ为 10V，Ⓥ1 为 8V，则Ⓥ2 的读数是（　　）。

A. 10V　　　B. 8V　　　C. 6V　　　D. 4V　　　E. 2V

7. 在图 3-5 所示电路中，若电流的频率增加，则（　　）。

A. 电容器的电容量将增加　　　B. 电灯将变暗

C. 电容器的电容量将减小　　　D. 电路阻抗将减小

E. 电路阻抗将增大

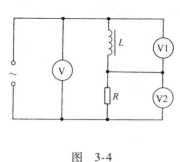

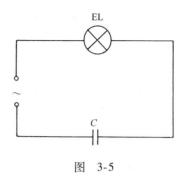

图 3-4   图 3-5

8. 如图 3-6 所示，当交流电源的电压 $U = 220V$、频率 $f = 50Hz$ 时，三只电灯 EL1、EL2、EL3 的亮度相同。现将交流电的频率改为 $f = 1000Hz$，则（　　）。

A. EL1 灯比原来暗

B. EL2 灯比原来亮

C. EL3 灯和原来一样亮

D. EL3 灯比原来亮

图 3-6

9. 图 3-7 中仅有图（　　）属于感性电路。

A. a　　　　　　B. b　　　　　　C. c　　　　　　D. d

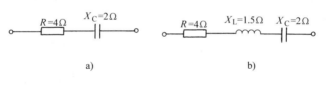

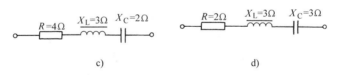

图 3-7

四、问答题

1. 某电容器的耐压为 250V，若把它接到交流 220V 电源上使用，是否安全？

2. 什么是功率因数？为什么要提高功率因数？如何提高感性电路的功率因数？

3. 什么是涡流？它有哪些利弊？试举例说明。

五、计算题

1. 我国第一颗人造地球卫星发出《东方红》乐曲声的信号频率约为 20MHz，

试求相应的周期和角频率。

2. 已知交流电动势 $e = 14.14\sin(2512t + 2\pi/3)$，试求 E_m、E、ω、f、T 和 φ 各为多少？

3. 已知正弦电流 $i_1 = 15\sqrt{2}\sin(314t - \pi/6)$，$i_2 = 20\sqrt{2}\sin(314t + \pi/2)$，试求它们的相位差，并指出哪个超前，哪个滞后？

4. 图 3-8 所示为两个同频率正弦电压的波形，试求它们的相位差为多少？并指出哪个超前，哪个滞后？

5. 已知正弦交流电压的初相角等于 $30°$，$t = 0$ 时的电压为 220V，$t = 1/120$s 时的电压第一次出现零值，求该电压的最大值、角频率和周期。

6. 已知某交流电路两端的电压 $u = 311\sin(314t + \pi/6)$，电流 $i = 1.414\sin(314t - \pi/2)$。试求（1）电压和电流

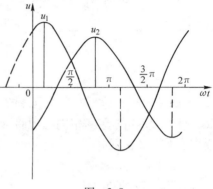

图 3-8

的有效值；（2）电压和电流的相位关系，并作出电压与电流的有效值相量图；（3）$t = 20$ms 时电压和电流的瞬时值各为多少？

7. 一个额定值为 220V、1kW 的电炉接在 220V、50Hz 的交流电源上。求：（1）电炉的电阻；（2）电炉中流过的电流；（3）以电流的初相为零，写出电压与电流的瞬时值表达式并作出相量图。

8. 把一个电感为 $L = 51$mH 的线圈（其电阻可忽略不计）接到 $u = 5\sqrt{2}\sin\left(157t + \dfrac{\pi}{6}\right)$ 的电源上。（1）求流过线圈中的电流并写出该电流的瞬时值表达式；（2）作出电压和电流的相量图；（3）求无功功率 Q_L。

9. 一个电阻可以忽略不计的线圈，接在 220V、50Hz 的电源上，流过的电流为 4A。求：（1）线圈的感抗；（2）线圈的电感量；（3）以电流的初相为零写出电压与电流的瞬时值表达式并作出相量图；（4）无功功率 Q_L。

10. 把电容量为 $C = 30\mu$F 的电容器接到 $u = 106\sqrt{2}\sin\left(628t - \dfrac{\pi}{3}\right)$ 的电源上。（1）求流过电容的电流，并写出该电流的瞬时值表达式；（2）作出电压和电流的相量图；（3）求无功功率 Q_C。

11. 将 CJO – 20 型交流接触器的线圈接于 380V、50Hz 的电源上，实测得线圈电阻为 580Ω，通过线圈的电流为 87mA。求：（1）线圈的电感 L；（2）线圈中电流与电压的相位差。

12. 某交流接触器线圈的电阻为 200Ω，电感为 7.3H，将它接在 380V、50Hz

的电源上。求：（1）通过线圈的电流；（2）电压与电流的相位差；（3）若将此线圈误接在直流 380V 的电源上，将会产生什么后果？为什么？

13. 将一个电阻为 20Ω、电感为 48mH 的线圈接到 $u = 100\sqrt{2}\sin(314t + 45°)$ 的交流电源上。（1）求线圈的感抗；（2）求通过线圈的电流；（3）求该电路的功率因数；（4）写出 i、u_L、u_R 的瞬时值表达式；（5）求电路的 P、Q_L、S；（6）作 $\dot{I}$、$\dot{U}$、$\dot{U}_R$、$\dot{U}_L$ 的相量图。

14. 把某线圈接在电压为 6V 的直流电源上，测得流过线圈的电流为 0.2A；当把它改接到频率为 50Hz、电压有效值为 25V 的正弦交流电源上时，测得流过线圈的电流为 0.5A。试求该线圈的电感 L。

15. 为了求出一个线圈的 R 和 L，在线圈两端加上 $U = 200V$、$f = 50Hz$ 的正弦交流电压，并测出通过线圈的电流 $I = 4A$，又从功率表上测出有功功率 $P = 640W$。求：（1）R 和 L 的值各为多少？（2）功率因数 $\cos\varphi$ 为多少？

16. 把 6Ω 的电阻与 50μF 电容串联后接到 $u = 20\sqrt{2}\sin\left(2500t + \dfrac{\pi}{3}\right)$ 的交流电源上。（1）求流过电容中的电流；（2）求电路的功率因数；（3）写出 i、u_R、u_C 的瞬时值表达式；（4）求电路的 P、Q_C、S；（5）作 $\dot{I}$、$\dot{U}_C$、$\dot{U}_R$、$\dot{U}$ 的相量图；（6）若将此 $R - C$ 串联电路改接在 20V 直流电源上，则电路中的电流又为多少？

17. 已知 R—L—C 串联电路中，$R = 10\sqrt{3}\,\Omega$、$X_L = 10\Omega$、$X_C = 20\Omega$，接在电压为 $u = 40\sqrt{2}\sin314t$ 的电源两端。求：（1）电路的阻抗；（2）写出电流 i 及电压 u_R、u_L、u_C 的瞬时值表达式；（3）计算电路的 P、Q、S 值；（4）画出 $\dot{U}$、$\dot{U}_R$、$\dot{U}_L$、$\dot{U}_C$、$\dot{I}$ 的相量图。

18. 在 R—L—C 串联电路中，已知 $R = 30\Omega$、$L = 318mH$、$C = 53\mu F$；电源电压 $u = 311\sin\left(314t + \dfrac{\pi}{2}\right)$。（1）求电路的感抗、容抗和阻抗，并说明电路的性质；（2）求电路中的电流并写出该电流的瞬时值表达式；（3）求各元件两端电压并写出它们的瞬时值表达式；（4）计算电路的 P、Q、S；（5）作 $\dot{I}$、$\dot{U}$、$\dot{U}_R$、$\dot{U}_L$、$\dot{U}_C$ 的相量图。

19. 一个扼流圈与电容器串联，加上 120V、50Hz 电压后，通过电路的电流为 1A。若已知扼流圈的电阻为 72Ω，电容 C 为 10μF，试求扼流圈的电感。

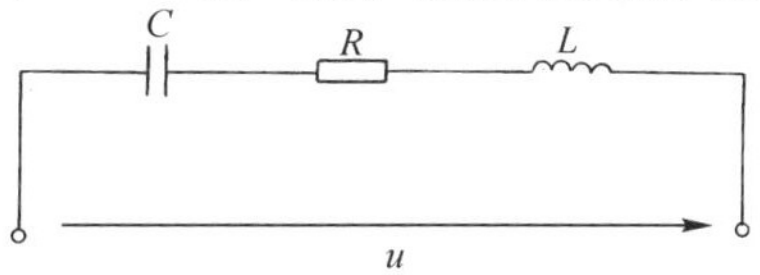

20. 如图 3-9 所示，已知 $R = 40\Omega$、$X_C = 50\Omega$、$U_C = 100V$、电路两端电压 $u =$

图 3-9

$141\sin 100t$，求 L 等于多少？

21. 已知某 R—L—C 串联电路的 $R = 2\Omega$、$L = 338\text{mH}$、$C = 30\mu\text{F}$，试求该电路的谐振频率和品质因数。

22. 一个具有电感为 160mH、电阻为 2Ω 的线圈与一个 $64\mu\text{F}$ 的电容器串联后，接于电压为 220V 的交流电源上。（1）若电源频率为 400Hz，求电路中的电流为多大？（2）改用频率为多大的 220V 交流电源时，电路将发生谐振？谐振时线圈及电容器两端的电压为多大？

23. 已知收音机的中周频率为 465kHz，若与线圈并联的电容为 200pF，试求线圈的电感量。

24. 在三相四线制电网中，测得相电压为 3815V，试求相电压的最大值和线电压的有效值及最大值。

25. 将三个阻值均为 100Ω 的电阻作丫联结后接到线电压为 380V 的三相电源上。试画出电路图，并求各电阻中的电流及各相线中的电流。

26. 如图 3-10 所示，在线电压为 380V 的三相电源上，接有一组作丫联结的电阻性负载，$R_1 = R_2 = R_3 = 500\Omega$。（1）试计算电阻两端的电压和电流；（2）若 W 相熔断器分断，则各电阻两端的电压和电流又为多大？

27. 将三个阻值为 100Ω 的电阻作△形联结后，接到线电压为 380V 的三相电源上。试画出电路图，并求相电流和线电流。

28. 如图 3-11 所示，在线电压为 380V 的三相供电线路上接有一对称电阻性负载，若 $R = 200\Omega$，试计算：（1）流过每个电阻的电流；（2）供电线路中的电流；（3）三相有功功率。

29. 在线电压为 380V 的三相四线制电网中，接有三组电阻各为 4Ω、感抗各为 3Ω 的平衡负载。试分别计算负载作丫联结和△联结时的线电流、相电流及三相有功功率。

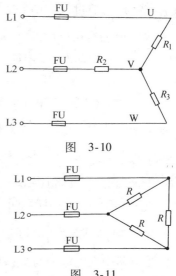

图　3-10

图　3-11

30. 有一台三相电动机，三相绕组作△联结后接在线电压为 380V 的三相四线制电源上，从电源所取用的功率 $P = 5\text{kW}$，其功率因数 $\cos\varphi = 0.76$，求相电流和线电流。如将此电动机改接成丫联结，仍接在上述电源上，那么此时的相电流、线电流和三相有功功率各是多少？

六、作图题

1. 试根据图 3-12 写出 u_1 和 u_2 的解析式，并画出它们的有效值相量图。

2. 已知三个正弦电压 u_1、u_2、u_3 的有效值都为 380V，初相分别为 $\varphi_1 = 0$、

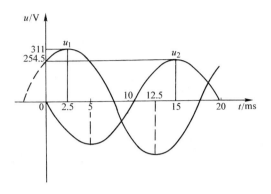

图　3-12

$\varphi_2 = -120°$、$\varphi_3 = 120°$，角频率都为 314rad/s，求：（1）试分别写出 u_1、u_2、u_3 的瞬时值表达式；（2）画出 $\dot{U}_1$、$\dot{U}_2$、$\dot{U}_3$ 的相量图；（3）在同一直角坐标中画出 u_1、u_2、u_3 的波形图。

3. 在具有电阻 11.5Ω 的电路两端加上交流电压 $u = 11.5\sin(100\pi t - 68°)$，试写出电路中电流的瞬时值表达式，并作出相量图。如果用电流表来测量通过电阻的电流，电流表的读数是多少？

4. 将一个 2μF 的电容接到 50Hz、100V 的交流电源上，试问通过电容的电流为多大？如电压的初相为零，画出电压与电流的相量图，并写出电压和电流的瞬时值表达式；再如电流的初相为零，作出电压与电流的相量图，并写出它们的瞬时值表达式。

第四章 电气照明及安全用电

一、是非题（对画√，错画×）

1. 在使用白炽灯时，应使白炽灯的额定电压与线路电压相符。 （ ）

2. 在安装白炽灯时，规定"相线经开关后接至灯头，中性线直接接灯头"的目的是为了使白炽灯能够正常发光。 （ ）

3. 在安装荧光灯电路时，如果相线接灯头，而中性线经开关后接灯头，则在电源未接通时，将出现灯管一端隐隐发光的现象。 （ ）

4. 当荧光灯辉光启动器氖泡中的动、静触头不能分离时，将出现荧光灯两端微微发光，但灯管不能点亮的现象。 （ ）

5. 荧光灯辉光启动器中氖泡两端并联电容器，其作用主要是提高功率因数。 （ ）

6. 判别导体是否带电的方法是：用手握住验电器，使笔尖接触导体。若笔中的氖管发光，则笔尖接触的导体带电，反之不带电。 （ ）

7. TN – C – S 系统因其中有一部分中性线与保护线是合一的，所以可以一部分设备保护接地，而另一部分设备保护接零。 （ ）

8. 只要使用安全电压，就不会造成人身触电事故。 （ ）

9. 选用照明电压的原则是：固定式灯具一般选用 220V，移动式灯具采用安全电压。 （ ）

10. 漏电保护插座可对经常移动的 10A 以下的用电设备提供防触电和漏电保护。 （ ）

11. 剩余电流断路器的接线原则是：不论 TN 还是 TT 系统，凡是导体必须全部通过零序电流互感器的铁心。 （ ）

12. 经剩余电流断路器的 N 线不能与设备的金属外壳相联。 （ ）

13. 对于 TN 系统，在其装设剩余电流断路器后，重复接地只能设在电源侧。 （ ）

14. 电气设备采用保护接零后，当设备中某相损坏而漏电时，短路电流立即将熔丝熔断或使其他保护电器动作，从而切断电源，消除了触电危险。 （ ）

15. 触电者脱离电源后，应立即对其进行人工呼吸和胸外挤压抢救。（ ）

二、填空题

1. 荧光高压汞灯是由灯泡、镇流器和补偿电容器组成。在起动时，限流电阻起_____作用；正常发光时，限流电阻起_____作用，镇流器起_____

作用，补偿电容器起_____作用。

2. 高压钠灯发出的光呈_____色，具有较强的_____性，适用于_____或_____环境中，普遍用作_____照明。

3. 配电系统中，接地可分为两个部分，一是电源侧接地，称为_____接地或_____接地；二是_____侧接地。

4. 电气设备的金属外壳和底座接地，在 IEC 中称它为_____。

5. 根据低压系统接地形式的不同可将其分为_____系统、_____系统和_____系统。

6. 触电时，流过人体的电流值，取决于人体的_____和人体的_____。

7. 触电的类型有_____触电、_____触电、_____触电和_____触电。

8. 设备漏电时出现两种异常现象，一是_____遭到破坏，出现_____；二是某些正常时不带电的金属部分出现_____。

9. 在 TN—C 系统装漏电保护断路器时，设备的_____保护线应接在漏电保护断路器_____侧的 PEN 线上。

10. 根据电气设备绝缘要求规定，固定电气设备的绝缘电阻不能低于_____ MΩ；可移动电气设备的绝缘电阻不能低于_____ MΩ。

11. 触电急救的要点是_____迅速，_____得法。

12. 当触电者出现心脏停跳、无呼吸等假死现象时，应争分夺秒地进行_____和_____，不可盲目给假死者注射_____。

13. 人工呼吸适用于_____触电者，以_____效果最好。

14. 进行电气火灾灭火时，人体与带电体应保持必要的_____距离，灭火人员应站在_____侧，防止中毒，灭火_____要注意通风。

三、问答题

1. 试述荧光灯电路中的镇流器和荧光高压汞灯电路中的镇流器的功能有何不同？

2. 点燃荧光灯后，拔去辉光启动器，荧光灯是否仍然亮？为什么？

3. 低压系统接地形式有哪几种？试用图表示，并指出系统中文字代号的意义。

4. 什么叫保护接地？为什么在同一供电线路中，不允许一部分电气设备采用保护接地，而另一部分电气设备采用保护接零？

5. 触电对人体的伤害程度与哪些因素有关？

6. 试写出我国规定的安全电压系列。

7. 试述直接触电和间接触电的区别。

8. 何谓保护接地、保护接零和重复接地？

9. 简述安全用电的基本规程。

10. 试联系本人实习和日常生活中的情况，谈谈应如何做好安全用电工作。

四、作图题

1. 画出由两只单联开关分别控制两只白炽灯的电路图。

2. 画出由两只双联开关控制一只荧光灯的电路图。

3. 试画出保护接地和保护接零的示意图。

第五章　变压器与交流电动机

一、是非题（对画√，错画×）

1. 变压器不但能把交变的电压升高或降低，而且也能把恒定的电压升高或降低。
（　　）

2. 变压器是一种静止的电气设备，它只能传递电能，而不能产生电能。
（　　）

3. 当变压器一次绕组匝数 N_1 大于二次绕组匝数 N_2 时，变压器用作升压；而 N_1 小于 N_2 时，变压器用作降压。
（　　）

4. 变压器中匝数多而导线细的绕组为高压绕组，匝数少而导线粗的绕组为低压绕组。
（　　）

5. 一只 220V/110V 的变压器，可用来把 440V 的交变电压降到 220V。
（　　）

6. 用变压器进行阻抗变换的目的是，使负载的等效阻抗等于信号源的内阻，从而使负载获得最大输出功率。
（　　）

7. 变压器的效率越高，其传递能量时的损耗越少。
（　　）

8. 定子铁心是电动机的磁路部分，所以定子硅钢片表面涂有绝缘漆是为了增加磁阻。
（　　）

9. 二极、四极三相异步电动机的转速分别为 3000r/min 和 1500r/min。
（　　）

10. 在电动机起动瞬间，转子速度为零，此时 $s=1$；当转子转速接近于同步转速时，则 $s≈0$。故转差率在 0 和 1 之间变化。
（　　）

11. 三相异步电动机的起动电流是额定电流的 4～7 倍，这样大的电流会使电动机烧坏。
（　　）

12. 三相异步电动机的转子旋转，主要是因为转子导体中有电流流过，受电磁转矩的作用；如果要转子反转，只要改变转子导体中的电流方向，也就是将通入转子导体的电源线对调即可。
（　　）

13. 三相异步电动机在起动瞬间，转子尚未转动，此时磁场以最大的速度切割转子导体，使转子导体中产生很大的感应电流，此电流叫做起动电流，为额定电流的 4～7 倍。
（　　）

14. 电容电动机的起动绕组不仅产生起动转矩而且和与其串联的电容器一起参加运行。
（　　）

二、填空题

1. 变压器是将交变的电压_____或_____，而保持其频率_____的电气设备。

2. 变压器除了可以改变电压之外，还可以用来改变_____、变换_____及改变_____。

3. 变压器是根据_____工作的，其基本结构是由_____和_____所组成。

4. 一只变压器的一次电压为 3000V，变压比为 15，则其二次电压为_____ V；当二次电流为 60A 时，则一次电流为_____ A。

5. 为了使用安全，电压互感器的二次绕组和外壳均需_____；同时应特别注意电流互感器在工作时，二次侧绝不允许_____。

6. 三相异步电动机（指感应电动机，下同）由_____和_____组成，它是利用_____原理将_____能转换为_____能而输出_____的原动机。

7. 笼型异步电动机的定子由_____、_____和_____三部分组成。定子铁心的内圆上有均匀分布的槽口，用以嵌放_____。

8. 新国标规定，三相定子绕组六根出线端的标志，其首端为_____、_____、_____，尾端为_____、_____、_____。

9. 转子是由_____、_____和_____三部分组成，转子的_____上有均匀的沟槽，供嵌放_____用。

10. 异步电动机的三相定子绕组作丫联结或△联结，它们彼此按_____的空间角度排列，接上三相对称电源，即形成_____磁场的效应。

11. 有一台六极的三相异步电动机，在电网为 50Hz 的条件下工作，其定子绕组形成的旋转磁场的转速为_____；当转差率为 2% 时，其转速为_____。

12. 指出下列电动机型号中的含义：

Y 162 M Z－8

13. 有一台异步电动机，其铭牌数据如下所示：

型号	Y－160L－6	电压	380V	接法	△
功率	1kW	电流	24.6A	定额	连续
转速	970r/min	功率因数	0.78	温升	75℃
频率	50Hz	绝缘等级	E	出厂年月	×年×月

试写出：（1）电动机的极数为_____极；（2）额定转差率约等于_____%；（3）当电动机作△联结时的额定电流是_____A；（4）当电源电压为 380V 时，电动机的绕组为_____联结；（5）额定转矩 T_N 约为_____N·m；（6）电动机各部分允许的最高温度是_____℃。

14. 单相异步电动机在其_____绕组，通以_____电流，即产生_____磁场。

15. 为了使单相异步电动机能自行起动，必须设法另加一_____磁场，使起动时的气隙磁场也为_____磁场。

16. 单相异步电动机根据起动方法的不同可分为_____式、_____式和_____式。

三、选择题（将正确答案的序号填入括号内）

1. 铁心是变压器的磁路部分，为了减少涡流及磁滞损耗，铁心采用（   ）叠成。

A. 一般厚度的硅钢片　　　　　　B. 0.35～0.5mm 的硅钢片

C. 铁磁材料的成块钢锭

2. 如图 5-1 所示，图（   ）中的灯泡能正常发光。

A. a　　　　　　B. b

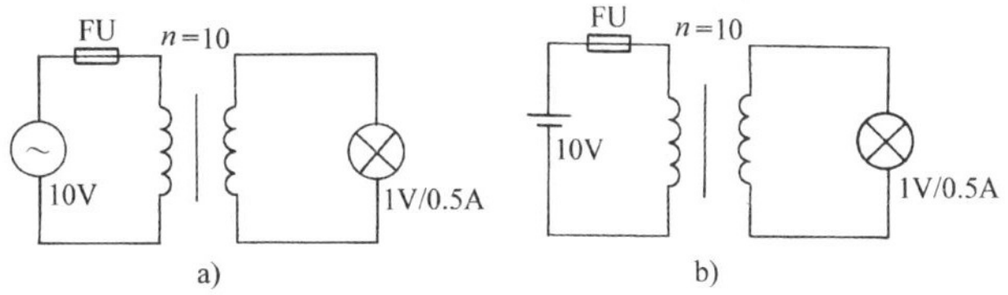

图　5-1

3. 下列（   ）不能作为安全变压器。

A. 照明变压器　　B. 三相变压器　　C. 自耦变压器

4. 已知一台单相照明变压器的额定容量为 10VA，它能接 10W 的灯泡（   ）。

A. 1个　　　　　　B. 5个　　　　　　C. 10个

5. 一台变压器型号为 SJL—560/10，型号的意义表明该变压器为（   ）。

A. 单相油浸式变压器　　　　　　B. 三相风冷式变压器

C. 三相油浸式变压器

6. 变压器在额定运行时，允许超出周围环境温度的数值取决于它所用的绝缘材料等级。绝缘材料 E 所对应的工作温度是（   ）。

A. 90℃　　　　　　B. 105℃　　　　　　C. 120℃

7. 定子硅钢片表面涂有绝缘漆或氧化膜是为了（   ）。

A. 增加磁阻、减小磁通　　　　　　B. 减小磁阻、增加增通

C. 增加电阻、减小涡流　　　　　　D. 减小电阻、增加励磁电流

E. 增加电阻、减小激磁电流

8. 三相定子绕组的丫联结是（   ）。

A. 首端并头、尾端接三相电源　　　B. 尾端并头、首端接三相电源

C. 依次首、尾并头后接三相电源

9. 三相笼型异步电动机的转子绕组应（   ）。

A. 接成星形　　　B. 接成三角形　　　C. 接成星形或三角形

D. 短路　　　　　E. 开路　　　　　　F. 接成笼型

10. 导体切割磁力线运动（   ）。

A. 受到电磁力的作用，其方向用左手定则判别

B. 产生感应电动势，其方向用右手定则判别

C. 产生感应电动势

D. 其方向用左手定则判别

11. 旋转磁场的转速与（   ）。

A. 电源电压成正比　　　　　　　　B. 频率和极对数成正比

C. 频率成正比、与极对数成反比　　D. 频率成反比，与极对数成正比

12. 旋转磁场的转速与磁极对数有关。以四极电机为例，交流电变化一周，其磁场在空间旋转（   ）。

A. 两周　　　　　B. 四周　　　　　C. 1/2 周　　　　D. 1/4 周

13. 三相异步电动机的起动电流是指（   ）。

A. 定子绕组的线电流　　　　　　　B. 定子绕组的相电流

C. 转子电流

四、问答题

1. 什么是变压器的电压比？确定电压比有哪几种方法？

2. 什么叫自耦变压器？它有什么特点？

3. 常用变压器有哪几种？

4. 什么叫互感器？使用互感器的目的是什么？

5. 为什么电压互感器的二次绕组和铁壳均需接地？

6. 何谓旋转磁场？三相异步电动机的旋转磁场是怎样形成的？

7. 旋转磁场的方向由什么决定？怎样才能改变旋转磁场的旋转方向？

8. 何谓异步电动机的转差率？异步电动机的额定转差率一般是多少？

9. 什么是电动机的机械特性曲线？结合图 5-2 异步电动机的机械特性曲线说明起动转矩 T_s、最大转矩 T_m 和额定转矩 T_N 间的关系。

10. 单相异步电动机为什么不能自行起动？一般采用什么方法来起动？

11. 怎样改变电容电动机的旋转方向？

五、计算题

1. 一只单相变压器，若一次电压为 220V，二次电压为 36V，当二次绕组为 324 匝时，求一次绕组的匝数为多少？

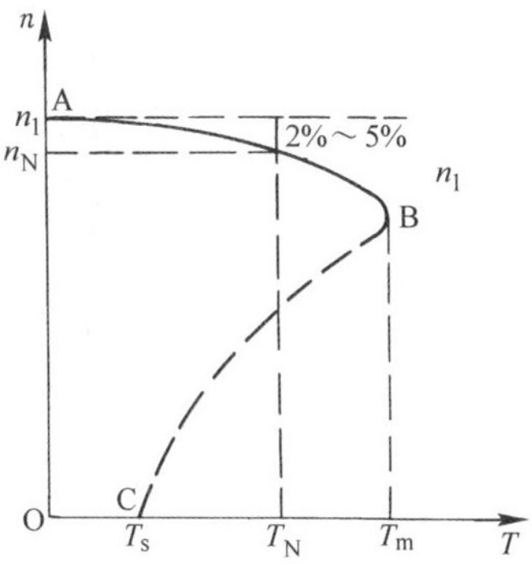

2. 一只理想变压器，一次电压 $U_1 = 1000V$，二次电压 $U_2 = 220V$，如果二次侧接有一只 25kW、220V 的电阻炉，求变压器一、二次电流各为多少？

图 5-2

3. 在图 5-3 所示电路中，变压器的匝伏比是 5 匝/V，已知：$N_1 = 1100$ 匝；$N_{21} = 550$ 匝；$N_{22} = 180$ 匝。试求：U_1、U_{21}、U_{22}。

4. 一只理想变压器的容量为 $1.08kV \cdot A$，额定电压 380V/36V。试求：（1）若在二次侧接一个 20Ω 电阻时，二次电流是多少？（2）二次侧满载时的电阻和电流各为多少？（3）满载时一次电流为多少？

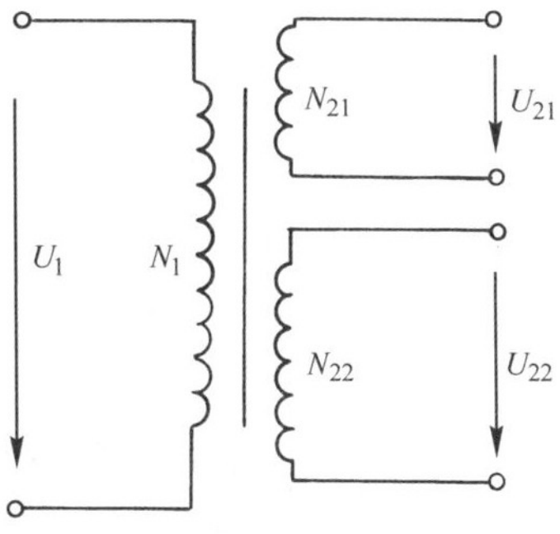

5. 某晶体管收音机输出变压器的一次绕组 $N_1 = 180$ 匝，二次绕组 $N_2 = 30$ 匝，当收音机功放级的输出阻抗为 144Ω 时，问应接多大阻抗的扬声器。

图 5-3

6. 已知某交流信号源的电动势 $E = 16V$。内阻 $r_0 = 1600Ω$，负载电阻 $R_L = 16Ω$，为使负载获得最大功率而用变压器进行阻抗匹配，试求：（1）阻抗匹配时变压器的匝数比是多少？（2）负载获得功率为多大？

7. 有一低压变压器的一次电压 $U_1 = 380V$，二次电压 $U_2 = 36V$，当接有电阻性负载时，实际测得二次电流 $I_2 = 5A$。若变压器的效率为 90%，试求：（1）一、二次侧的功率及其损耗？（2）一次电流 I_1。

8. 某降压变压器需在二次侧接一个电阻性负载，已知在实际工作时，二次电压 $U_2 = 6V$，电流有效值 $I_2 = 4A$，效率 $\eta = 80\%$，一次电压的有效值 $U_1 = 220V$。求一次电流 I_1。

9. 某供电线路中用 10kV/100V 电压互感器测得电压为 33V，用 40A/5A 的电流互感器测得电流为 3A。求该线路上实际的电压和电流值。

六、作图题

1. 填写图 5-4 中定子绕组的出线端符号，并按其联结加上连接线。

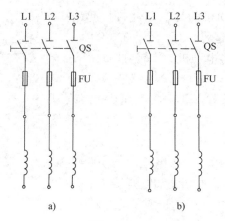

图　5-4

2. 设流过电动机定子绕组的三相交流电流为：$i_U = I_m \sin(\omega t + 120°)$；$i_V = I_m \sin\omega t$；$i_W = I_m \sin(\omega t - 120°)$。试求：（1）作出电流波形图；（2）分析当 ωt 分别为 0、$\pi/2$、π、$3/2\pi$、2π 不同瞬间定子磁场的极性；（3）确定旋转磁场的方向。

3. 如图 5-5 所示，已知旋转磁场的方向，试标出转子导体感应电流的方向及该导体的受力方向和转子的旋转方向。

4. 如图 5-6 所示为单相电容起动式异步电动机原理图，且 $i_Z = I_m \sin\omega t$；$i_U = I_m \sin(\omega t - 90°)$。试求：（1）指出图中哪一个为起动绕组，哪一个为工作绕组；（2）标出 $\omega t = 0$、$\pi/2$、π、$3/2\pi$、2π 各时刻定子磁场的极性；（3）说明其旋转磁场的转向。

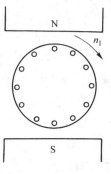

图　5-5

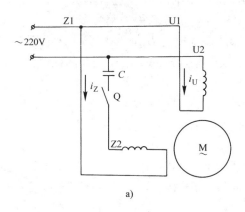

a)

图　5-6

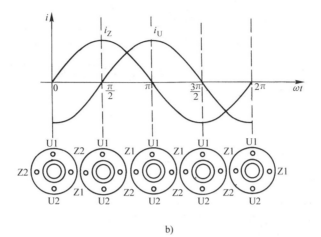

b)

图 5-6（续）

第六章　电力拖动的基本知识

一、是非题（对画√，错画×）

1. 交流接触器的铁心上装有短路环，是为了减少涡流损耗。　　　（　）

2. 热继电器在电路中的接线原则是：热元件串联在主电路中，动合触头串联在控制电路中。　　　（　）

3. 行程开关通常安装在工作机械应限位的地方。当运动机械的挡铁压在行程开关上时，其触头动作；当挡铁离开后，行程开关各部分即自动复位。

　　　（　）

4. 在接触器正、反转控制电路中，若正转接触器和反转接触器同时通电会产生两相电源短路。　　　（　）

5. Ｙ—△减压起动只适用于正常工作时定子绕组△联结的电动机。　（　）

6. 反接制动就是改变输入电动机的电源相序，使电动机反方向旋转。

　　　（　）

7. 在磨床中，电磁吸盘去磁的方法是向吸盘线圈通入一个反向电流以消除其剩磁，故充磁时的电流从电源的正极出发，通过吸盘线圈流到电源负极；去磁时电流是从电源的负极出发，通过吸盘线圈流到电源的正极。　　　（　）

二、填空题

1. 在安装开启式负荷开关时，电源接_____座，用电器接_____座，这样在分闸时_____和_____上不会带电，以保证维修安全。

2. 开启式负荷开关_____灭弧设备。故拉闸、合闸时，动作应_____，它适用于_____电路。一般常用在_____或直接控制功率_____的电动机。

3. 封闭式负荷开关内部装有_____弹簧，使_____迅速动作_____灭弧效果。在安装时，其_____应可靠接地以防意外的漏电引起操作者触电。

4. 组合开关的特点是用动触片的_____旋转来代替刀开关的_____，其文字符号为_____，图形符号为_____。

5. 在安装螺旋式熔断器时，用电设备接_____，电源接_____。

6. 熔断器容量的选用原则，对工作电流稳定的电路，熔体电流应_____负载的工作电流，故可作_____保护。对异步电动机直接起动电路中，熔体电流应取_____倍电机的额定电流，故作_____保护。

7. 按钮是一种_____接通或分断小电流电路的电器，它_____控制主电路的通断，其触头允许的电流不超过_____A。

8. 接触器是用来接通或分断 _____ 状态下 _____ 电路，并具有 _____ 释放保护性能。

9. 交流接触器主要由 _____ 系统、 _____ 系统、 _____ 装置等部分组成。

10. 热继电器是利用电流的 _____ 效应工作的电器，它对 _____ 作保护，用文字符号 _____ 表示。

11. 热继电器长期不动作的最大电流称为热继电器的 _____ 电流，其值一般 _____ 被保护电动机的额定电流。

12. 热继电器只对电动机作 _____ 保护，不作 _____ 保护，对频繁和重载起动的电动机 _____ 保护作用。

13. 有一低压断路器，其型号为 DZ5—20/322。它属于 _____ 式，额定电流为 _____ A，极数为 _____ 极，具有 _____ 保护， _____ 辅助触头。

14. 写出下列电器元件的图形及文字符号：
热继电器的热元件 _____ 、动断触头 _____ ；行程开关的动合触头 _____ 、动断触头 _____ 、复合触头 _____ ；时间继电器线圈 _____ 、延时闭合的动合触头 _____ 、延时闭合的动断触头 _____ 、延时分断的动合触头 _____ 、延时分断的动断触头 _____ 。

15. 电气控制电路原理图，采用电器元件展开的形式来绘制，它包括所有电器元件的 _____ 和 _____ 端头，但并不按电器元件的 _____ 来绘制。

16. 根据电源的容量和电动机的功率，若满足公式 _____ ，电动机能直接起动。一般电动机的功率较小，当其功率不超过电源变压器容量的 _____ 时，允许直接起动。

17. 丫—△减压起动的原则是：在起动时定子绕组接成 _____ 联结，即 _____ 、 _____ 、 _____ 并头，即 _____ 、 _____ 、 _____ 接电源；待起动结束再将它们换接成 _____ 联结，即 _____ 、 _____ 、 _____ 、 _____ 并头后接电源。

18. 用丫—△减压起动时，其电压降为额定值的 _____ ，起动电流仅为原来的 _____ ，转矩为全压起动时的 _____ ，故只适用于 _____ 起动。

19. 电动机起动时，电磁转矩与旋转方向 _____ ；电动机制动时，电磁转矩与旋转方向 _____ 。

20. 反接制动是依靠改变输入电动机的 _____ ，使定子绕组产生的 _____ 反向，从而使 _____ 受到与原来 _____ 方向 _____ 的 _____ 转矩而迅速停转。当 _____ 接近 _____ 值时，应及时切断电源防止电动机 _____ 起动。

21. 图 6-1 所示为 _____ 控制电路，试按规定的电路编号法，在接触器的文字符号下填写编号。

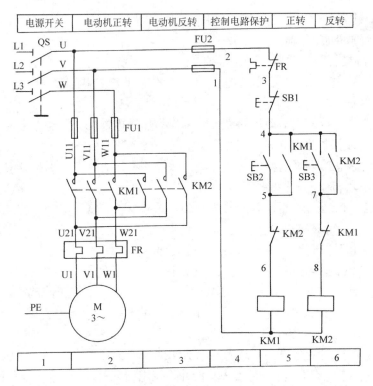

图 6-1

22. 图 6-2 所示为 Y—△ 减压起动控制电路。根据主电路试补齐其他电路。

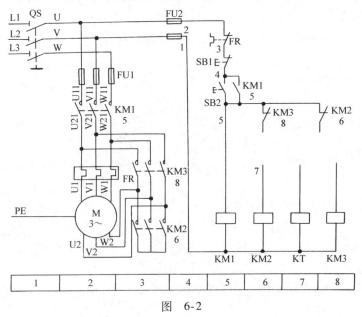

图 6-2

三、选择题（将正确答案的序号填入括号内）

1. 组合开关可用作（　　）。

A. 隔离开关　　　　　　　　　B. 电源引入开关

C. 直接起动电动机

2. 熔断器（　　）用。

A. 只作过载保护　　　　　　　B. 只作短路保护

C. 可作短路或过载保护

3. 交流接触器其（　　）。

A. 线圈通过的电流为交流

B. 触头通过的电流为直流

4. 交流接触器的铁心用相互绝缘的硅钢片叠成，其目的是（　　）。

A. 增加磁阻　　　　　　　　　B. 增加电阻

C. 减少振动

5. 电气控制线路中，能反映电器元件和联接导线实际安装位置的图叫（　　）。

A. 接线图　　　　　　　　　　B. 原理图

6. 电气原理图有三种检索方法，本书采用机床行业中最普遍使用的（　　）。

A. 坐标法　　　　　　　　　　B. 电路编号法

C. 表格法

7. 某机床运行时，突然瞬时断电。当恢复供电后，机床却不再运行，原因是该机床控制线路（　　）。

A. 出现故障　　　　　　　　　B. 设计不够完善

C. 具有失电压保护

8. 接触器联锁正反转控制电路，若同时按下正、反转起动按钮，正、反接触器（　　）。

A. 会同时通电动作　　　　　　B. 不会同时通电动作

9. 某三相笼型异步电动机，功率为 10kW，起动电流是额定电流的 7 倍，由一台 180kV·A 变压器供电，该电动机应采用（　　）起动。

A. 直接　　　　　　　　　　　B. 减压

10. 三相异步电动机串电阻减压起动能减小起动电流，其原因是因为（　　）。

A. 电阻能起到分压作用　　　　B. 电阻能起到分流作用

11. 某三相异步电动机，由铭牌查出电压为 220V/380V，接法为 △—Ｙ。现供电电压为 380V，其定子绕组应作（　　）联结。

A. Ｙ　　　　　　　　　　　　B. △

12. Ⅴ—△减压起动，适用于正常工作时定子绕组为（　　）的电动机。

A. Ⅴ联结　　　　　　　　　　　B. △联结

C. 任何联结都适用

13. 某三相异步电动机已作△联结运行，若再进行Ⅴ联结起动，则可能造成（　　）。

A. 电源相间短路　　　　　　　B. 电动机定子绕组流过短路电流

14. 改变输入三相异步电动机定子绕组的电源相序瞬间，会使电动机（　　）反向。

A. 旋转方向　　　　　　　　　B. 旋转磁场方向

15. 反接制动，制动电流大的原因是（　　）。

A. 通入定子绕组的制动电流大

B. 通入转子绕组的制动电流大

C. 旋转磁场与转子导体的相对速度高

16. 能耗制动是三相异步电动机脱离电源后，在定子绕组（　　）以消耗转子的动能进行制动。

A. 通入直流电流　　　　　　　B. 接入制动电阻

17. 若将教材中图 6-44 行程开关 SQ3 与 SQ1、SQ4 与 SQ2 的安装位置对换，将会出现（　　）。

A. 工作台移动到 SQ3 或 SQ4 处自动停止移动

B. 终端限位不起作用，但工作台仍能自动往复运动

C. 工作台既不能往复运动，也不能自动停止移动

四、问答题

1. 说明 CJ20—100 型接触器型号的含义：

2. 简述交流接触器的工作原理。

3. 中间继电器与接触器有哪些异同处？在什么情况下可用中间继电器代替接触器起动电动机？

4. 简述热继电器的工作原理。

5. 热继电器会不会因电动机起动电流大而动作？为什么？

6. 既然在电动机的主电路中装有热继电器，为什么还要装熔断器？

7. 根据图 6-3，分析低压断路器的动作原理。

8. 试述行程开关的作用，并以 JLXK－111 型行程开关为例叙述其工作原理。

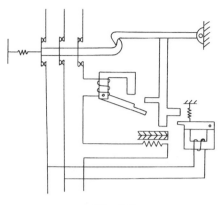

图 6-3

9. 试述绘制电气控制电路原理图应遵循的原则。

10. 为什么说接触器自锁控制电路具有欠电压和失电压保护作用？

11. 画出用倒顺开关控制电动机正反转控制电路，并说明使用该开关的注意事项。

12. 什么是减压起动？减压起动有哪几种方法？说出串电阻和丫—△减压起动的原理。

13. 试述电磁制动器的制动特点及适用场合。

14. 指出图 6-4 所示各控制电路接线是否合理，为什么？

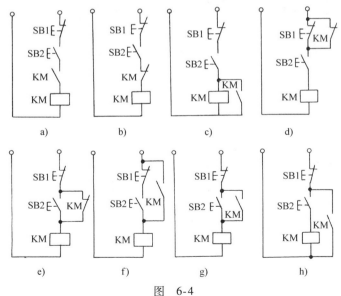

图 6-4

15. 更正图 6-5 所示控制电路中的错误，并按更正后的线路，分析其工作原理。

42

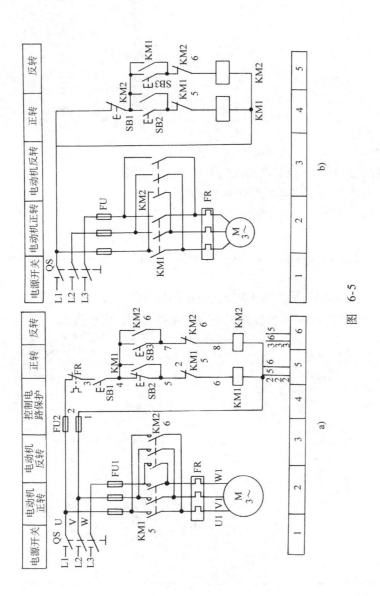

图 6-5

16. 试述复合联锁正反转控制电路的特点。

17. 图 6-6 所示为单向起动半波能耗制动控制电路，试更正图中不妥之处。

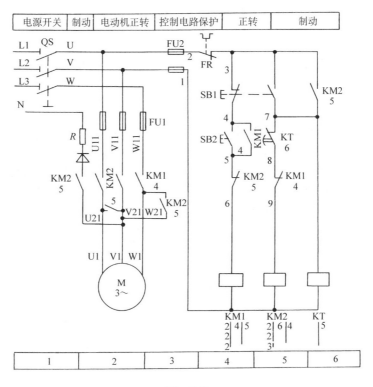

图　6-6

18. 分析交流接触器在运行中产生噪声的原因及操作者处理的方法。

19. 按下起动按钮，接触器不能动作，故障可能出在何处？

20. 按下起动按钮，接触器动作而电动机不能起动的原因可能有哪些？

五、作图题

1. 要求某电动机既能单向运转又可点动控制，并具有必要的短路、过载保护装置。试绘出该电动机的电气控制电路。

2. 设计一能实现电动机正反转并具有能耗制动的控制电路。

3. 有一运动部件，由一台三相笼型异步电动机拖动，试绘制控制线路。要求按起动按钮后，部件从 A 端运动到 B 端，在 B 端停留 t 秒后，自动回到 A 端停车。部件运动方向，如图 6-7 所示。

4. 有两台电动机 M_1 和 M_2，要求：（1）M_1 先起动，经过一定的时间后 M_2 才能起动；（2）M_2 起动后 M_1 立即停转。试画出电气控制线路原理图。

5. 设计用按钮、接触器控制电动机 M_1、M_2 的控制线路，要求：（1）能同

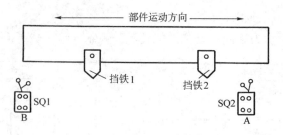

图 6-7

时控制两台电动机的起动和停止；（2）能分别控制电动机 M_1 和 M_2 的起动和停止。

6. 某机床有两台电动机，一台是主轴电动机，要求能用接触器控制正、反转；另一台是润滑泵电动机，只要求正转控制，且油泵开动后主轴才能开动，油泵停止主轴也应停止，主轴还能单独停车；本线路应有必要的短路、欠电压和过载保护。试画出电气控制线路图。

第七章　可编程序控制器

一、是非题（对画√，错画×）

1. 可编程序控制器根据存储的程序，对生产过程进行控制。　　　（　　）

2. 可编程序控制器的系统程序是永久保存在 PLC 中，用户不能改变。

（　　）

3. 梯形图是程序的一种表示方法，也是控制电路。　　　（　　）

4. 在继电接触器控制原理图中，有些继电器的触头可以画在线圈的右边，而在梯形图中是不允许的。　　　（　　）

5. 可编程序控制器只能由外部信号所驱动。　　　（　　）

二、填空题

1. 可编程序控制器的特点：1）可靠性高，_____；2）通用性强，_____；3）操作系统简单，_____；4）结构紧凑，_____；5）维修工作量小，_____。

2. 可编程序控制器主要由 CPU、_____、输入/输出单元、_____和_____组成。

3. 可编程序控制器的等效电路可以分为三个部分，即输入部分、_____和输出部分。

4. 可编程序控制器采用_____的方式工作。

5. 可编程序控制器工作的每一个循环分输入刷新、程序执行和_____三个阶段。

三、选择题（将正确答案的序号填入括号内）

1. 可编程序控制器是在（　　　）的支持下，通过执行用户程序来完成控制任务的。

A. 硬件和软件　　　B. 软件　　　　　C. 元件　　　　　D. 硬件

2. 在梯形图中 X、Y、T、C 等元器件的动合、动断触头可（　　　）。

A. 使用 5 次　　　B. 使用 10 次　　　C. 使用 20 次　　　D. 无限次使用

3. OUT 指令是驱动线圈指令，但它不能驱动（　　　）。

A. 暂存继电器　　B. 内部继电器　　C. 输入继电器　　D. 输出继电器

4. 在可编程序控制器中可以通过编程器修改的程序是（　　　）。

A. 系统程序　　　B. 用户程序　　　C. 工作程序　　　D. 任何程序

5. 编程中将触点较多的串联回路放在梯形图的（　　　）。这种安排，所编制的程序比较简单，语句较少。

A. 左边   B. 右边   C. 上方   D. 下方

四、问答题

1. 绘出下列指令程序的梯形图。

步序	指令	元件号
0	LD	X0
1	AND	X1
2	LDI	X2
3	AND	X3
4	ORB	
5	OR	X4
6	LD	X6
7	OR	X7
8	ANB	
9	OR	X5
10	OUT	Y2

2. 试写出图 7-1 所示梯形图的指令程序。

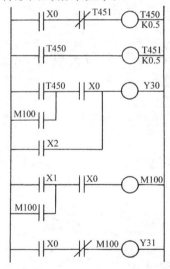

图　7-1

3. 两台电动机，在第一台起动后第二台才能起动；第二台停止后第一台才能停止。试绘出其梯形图。

4. 有两台异步电动机，第一台起动 10s 后，第二台起动，共同运行后一同停止。试绘出梯形图，并写出指令表。

第八章 晶体二极管及其基本电路

一、是非题（对画√，错画×）

1. 半导体的导电能力随外界温度、光照或渗入杂质不同而显著变化。

（　　）

2. 半导体硅和锗呈晶体结构，所以用它们制成的二极管或晶体管。（　　）

3. 简单地把一块 P 型半导体和一块 N 型半导体接触在一起，就形成了 PN 结。

（　　）

4. 只要给 PN 结加上正向电压，PN 结就导通。（　　）

5. 利用二极管的单向导电特性，就能把交流电变换成平稳直流电。（　　）

6. 电容滤波器是利用电容器充放电特性，把交流电变换成平稳直流电的电路。

（　　）

二、填空题

1. 导电能力介于导体与绝缘体之间的物质称为____。

2. N 型半导体，也称为_____半导体，其多数载流子是____，主要靠_____导电。

3. P 型半导体，也称为_____半导体，其多数载流子是_____，主要靠_____导电。

4. PN 结的特性是_____。当它正向偏置时 PN 结_____，电路中就有_____流过；而反向偏置时，PN 结_____，这时电路中_____流过。

5. 晶体二极管是由一个_____组成，它在电路中的图形符号是_____，文字符号用____表示。

6. 二极管的伏安特性曲线可分为_____、_____和_____三部分。

7. 从二极管正向特性曲线可知，二极管加上_____时，二极管导通。导通时的正向压降，硅管约为_____ V，锗管约为_____ V。

8. 二极管的主要参数是_____。

9. 利用万用表欧姆挡判别二极管的极性时，若测得其反向阻值较大，那么红表笔所接的是二极管的_____极，而黑表笔所接的是二极管的_____极。

10. 电感滤波电路是利用电感元件的_____特性，把_____交流电转换成_____直流电的电路。

三、选择题（将正确答案的序号填入括号内）

1. 在图8-1a、b、c所示电路中，图（　　）中的电灯是亮的。

A. a　　　　　　　B. b　　　　　　　C. c

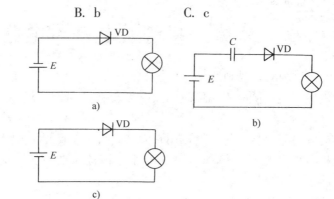

图　8-1

2. 如图8-2所示电路，已知 $U_2 = 20V$，现写出用电压表分别测得电路在以下五种状态时 AB 间的电压。（1）负载开路：U_{AB}（　　）；（2）电路正常工作：U_{AB}（　　）；（3）其中一只二极管开路：U_{AB}（　　）；（4）电容开路：U_{AB}（　　）；（5）电容开路且其中一只二极管开路：U_{AB}（　　）。

A. 28V　　　　B. 24V　　　　C. 20V　　　　D. 18V　　　　E. 9V

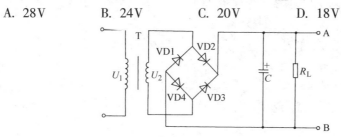

图　8-2

四、问答题

1. 半导体物质有哪些重要特性？

2. 试述晶体二极管的分类及点接触型和面接触型二极管各自的特点和用途。

3. 有人在测试二极管的反向电阻时，为了使测试棒和管子接触良好，用两只手捏紧去测量。发现管子的反向电阻值较小，认为不合格，但用在设备上却能正常工作，这是为什么？

4. 试述下列二极管型号的含义：（1）2AP7；（2）2CZ12；（3）2CP13。

5. 用电容器或电感元件做滤波元件时，应注意哪些问题？

五、计算题

1. 在半波整流电路中，要求输出电压为35V，负载电阻为50Ω，试选择合适的整流二极管。

2. 若在上题中采用桥式整流电路，二极管又该如何选择？

3. 有一电阻性负载 R_L，其阻值为100Ω，工作电流为0.5A，若采用220V交流电路供电，试为该负载设计一个整流电路（电路形式自选）：（1）画出电路图；（2）求变压器的电压比；（3）选择合适的晶体二极管；（4）试说明你所选择电路的优缺点。

六、作图题

试画出桥式整流电路图，并说明其工作原理，再画出其输出电压的波形图。

第九章 晶体管及其基本电路

一、是非题（对画√，错画×）

1. 锗晶体管一定是 PNP 型的，硅晶体管一定是 NPN 型的。　　　　　（　　）

2. 一只晶体管按放大状态接上电源后，测得各极电流的数据是：$I_B = 0.2\text{mA}$，$I_C = 0.4\text{mA}$，$I_E = 0.6\text{mA}$。这个管子已基本失去放大作用。　　（　　）

3. 一只硅晶体管，当 U_{BE} 等于 0.2V 时，其发射结导通。　　　　（　　）

4. 晶体管的输入特性曲线与二极管正向特性曲线基本相同。　　　　（　　）

5. 由于硅晶体管 I_{CEO} 较小，所以其热稳定性较差。　　　　　　（　　）

6. 晶体管只能在极限参数所规定的范围内工作。　　　　　　　　　（　　）

7. 低频电压放大器既要求有足够的电压放大倍数，又要求有足够的功率输出。　　　　　　　　　　　　　　　　　　　　　　　　　　　　（　　）

8. 根据晶体管放大条件，可判断出图 9-1 中的 PNP 管子在共发射极电路中的电源连接是正确的。　　　　　　　　　　　　　　　　　　　　（　　）

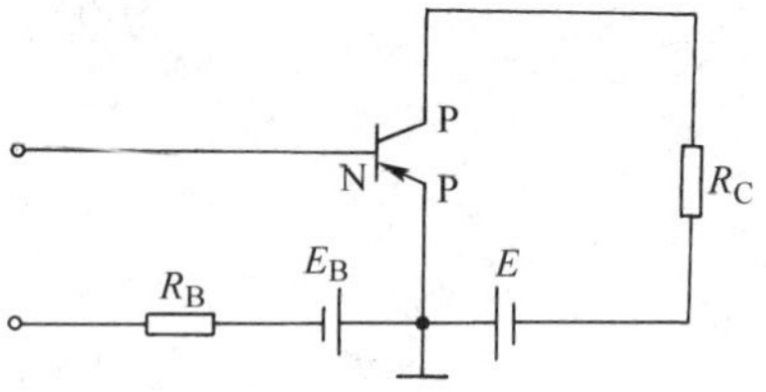

图　9-1

9. 为了使功率放大器输出足够大的功率，必须使其处于大信号工作状态。
　　　　　　　　　　　　　　　　　　　　　　　　　　　　　　（　　）

10. 单管功率放大器又叫甲类放大器，而变压器耦合推挽功率放大器又叫甲乙类放大器。　　　　　　　　　　　　　　　　　　　　　　　　（　　）

11. 振荡器是一种不需外加输入信号的放大器。　　　　　　　　　　（　　）

二、填空题

1. 晶体管由两个＿＿＿＿＿＿＿＿＿组成，按 PN 结组合形式不同分为＿＿＿＿与＿＿＿＿两种类型。

2. 晶体管的发射极用＿＿＿＿表示，基极用＿＿＿＿表示，集电极用＿＿＿＿表示。

3. 晶体管的电流分配关系是＿＿＿＿＿＿＿＿。

4. 晶体管具有电流放大作用的内部条件是，发射区多数载流子的
_____要大。基区尽可能_____；集电区的_____要大。
外部条件是：发射结电压要_____；集电结电压要_____。

5. 晶体管在电路中有三种工作状态即_____状态；_____状态；_____状态。

6. 晶体管在电路中处于截止状态的条件是_____，而处于饱和状态的条件是_____。

7. 晶体管的主要参数有_____、_____、_____、_____和_____。

8. 根据 P_{CM} 的大小来划分晶体管的功率，通常把 $P_{CM} < 1W$ 的管子称为_____，$P_{CM} \geqslant 1W$ 的管子称为_____。

9. 晶体管电流放大作用的实质是_____，所以晶体管是_____器件。

10. 对电压放大器的基本要求是_____、_____、_____。

11. 低频放大器的工作频率范围在_____之间。

12. 放大器的静态工作点，也叫_____点，它由_____和_____的数值来决定。

13. r_{BE} 是晶体管本身的_____点，一般小功率晶体管的 r_{BE} 计算公式为_____。

14. 只有把静态工作点设置在_____中点时，_____、_____和_____才能有最大的动态范围。

15. 集电极电阻 R_C 在交流通道的主要作用是把_____转换成_____。

16. 静态工作点的选择与输入波形有关。当 Q 点太高时，会引起_____失真；当 Q 点太低时，会引起_____失真。

17. 甲类放大器的最大效率约为_____，乙类推挽功率放大器的最大效率约为_____。为避免乙类推挽放大器产生_____失真，应设置_____电路。

18. 振荡电路产生自激振荡的充要条件是_____和_____。

19. LC 振荡器的基本电路有_____、_____和_____。

三、问答题

1. 叙述晶体管的各区、结、极的名称，分别画出 PNP 型和 NPN 型晶体管的图形符号。

2. 试述下列晶体管型号的含义：（1）3AX31；（2）3AG53；（3）3DD30。

3. 根据测得的各电极对地的电位值，判别图 9-2 中各晶体管处于哪种工作状态。

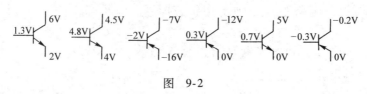

图 9-2

4. 试判别图 9-3 所示各电路能不能放大交流信号？为什么？

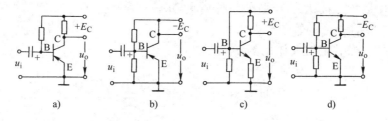

图 9-3

5. 什么叫反馈？什么叫正反馈和负反馈？

6. 应该如何选择单管功率放大器的静态工作点的位置？

7. 试判别图 9-4 所示电路能否起振？若不能起振，试改正图中的错误。

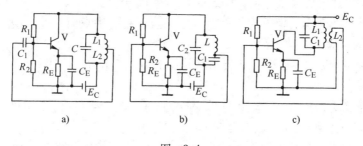

图 9-4

8. 画出分压式电流负反馈偏置电路图，并叙述确定其稳定工作点的过程。

四、计算题

1. 已知某晶体管的发射极电流 $I_E = 3.24\text{mA}$，基极电流 $I_B = 40\mu\text{A}$，求其集电极电流 I_C 的数值。

2. 已知某晶体管的 $I_B = 20\mu\text{A}$ 时 $I_C = 1.4\text{mA}$，而 $I_B = 80\mu\text{A}$ 时 $I_C = 5\text{mA}$，求其 β 值。

3. 在图 9-5 所示电压放大器电路中，若已知 $E_C = 9\text{V}$、$R_B = 300\text{k}\Omega$、$R_C =$

2.5kΩ、晶体管的 $\beta = 70$，求该放大器的静态工作点。

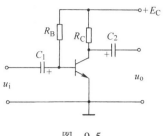

4. 某低频电压放大电路和晶体管的输出特性曲线如图 9-6 所示，已知 $E_C = 15V$、$R_C = 5kΩ$、$R_B = 500kΩ$、$\beta = 50$，试在输出特性曲线上画出该电路的直流负载线与静态工作点，问静态下的晶体管 $U_{CE} = ?$ $I_C = ?$

图 9-5

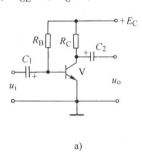

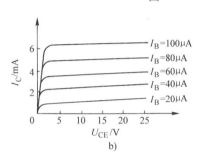

a)

b)

图 9-6

5. 利用计算法求上题静态工作点 I_B、I_C 和 U_{CE} 各为多少？

6. 试绘出固定偏置放大电路，若已知 $E_C = 12V$、$R_B = 400kΩ$、$R_C = 3kΩ$、$\beta = 80$、$U_{CE} \approx 0$（为了可以调整 I_B，可用一个固定电阻 R 和电位器 RP 来代替 R_B。试求：（1）该电路静态工作点；（2）如把 U_{CE} 调整为 2.4V，则 R_B 应为多少；（3）如把集电极电流调整到 1.6mA，则 R_B 应选多大（设 β 值保持不变）。

7. 有一放大电路如图 9-7 所示，已知 3DG6 晶体管的 $\beta = 50$、$U_{BE} = 0.7V$，求：（1）静态工作点；（2）电压放大倍数；（3）如接上 4kΩ 的电阻性负载时，放大器的电压放大倍数下降到多少？

图 9-7

8. 如图 9-8 所示，已知 $E_C = 12V$、$R_C = 300Ω$、$R_B = 240kΩ$、$\beta = 100$，试求：（1）求静态工作点；（2）作直流负载线，标出 Q 点位置；（3）对输入信号进行放大时，将可能造成什么失真？（4）要使 Q 点设在直流负载线中点，则 I_B、R_B、R_C 和 U_{CE} 将各为多少？

9. 在图 9-9 所示电路中，若已知 $I_B = 50\mu A$、$U_{CE} = 4V$、$R_C = 2kΩ$、$R_{B2} = 20kΩ$、$\beta = 40$、$E_C = 12V$，试求 R_E 和 R_{B1} 各为多少？

10. 在图 9-10 所示的放大电路中，已知 $E_C = 12V$、$R_{B1} = 24kΩ$、$R_{B2} = 12kΩ$、$R_C = 3kΩ$、$R_E = 2kΩ$、$R_L = 6kΩ$、$\beta = 59$、$U_{BE} \approx 0$。求：（1）画出该电路

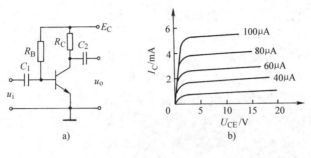

图 9-8

的交流通道；（2）计算 R_i、R_o 及 K_u；（3）写出该电路的名称。

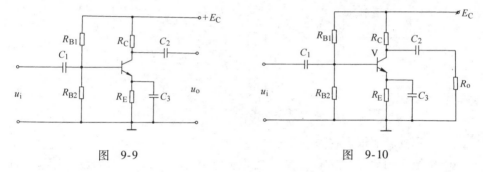

图 9-9　　　　　　　　　　　　图 9-10

11. 某晶体管功率放大器所需的最佳负载阻抗为 144Ω，而扬声器的阻抗为 4Ω，问输出变压器的电压比应为多大时才能达到阻抗匹配。

第十章 晶闸管与单结晶体管及其基本电路

一、是非题（对画√，错画×）

1. 晶闸管是半导体闸流管的简称。 （ ）

2. 只要给晶闸管施加正向电压，晶闸管就能导通。 （ ）

3. 只要给晶闸管施加反向电压，晶闸管就能截止。 （ ）

4. 晶闸管具有正向阻断能力。 （ ）

5. 晶闸管门极施加负电压，其总处于截止状态。 （ ）

6. 只要晶闸管的阳极电流小于维持电流，晶闸管就关断。 （ ）

7. 单结晶体管的分压比一般为 0.3 ~ 0.39。 （ ）

8. 单结晶体管的伏安特性曲线上有一个峰点和一个谷点。 （ ）

二、填空题

1. 晶闸管有_____、_____和_____三种，它们都有三个引出电极，即_____、_____和_____。

2. 要使晶闸管导通，必须具备的两个条件是：第一，_____；第二，_____。

3. 晶闸管实质上是由_____个 PN 结构成的。

4. 单结晶体管又称为_____，它有一个_____极和两个_____极。

5. 单结晶体管的伏安特性曲线大致可以分为三个区域：_____、_____和_____。

三、问答题

1. 简述晶闸管的工作原理。

2. 晶闸管的主要参数有哪些?

3. 简述晶闸管整流电路的工作原理。

4. 简述晶闸管触发电路的工作原理。

5. 举例说明经主管触发可控整流电路的工作过程。

第十一章 稳 压 电 路

一、是非题（对画√，错画×）

1. 稳压管是晶体二极管中的一种，其电源连接方法和一般二极管一样。

    （   ）

2. 所谓稳压电路，就是当电网电压或负载发生变化时，应使其输出电压基本保持不变的电路。   （   ）

3. 同一型号的稳压管，其稳定电压值一定相同。   （   ）

二、填空题

1. 稳压管具有_____的作用，它在电路中的图形符号是_____，文字符号用_____表示。

2. 稳压管工作在_____区域。在正常工作时，稳压管的正极应接电源的_____，而它的负极应接电源的_____。

3. 稳压管的主要参数有_____、_____、_____、_____。

4. 串联型稳压电路由_____、_____、_____、_____四个部分组成。

三、问答题

1. 在硅稳压管稳压电路中，若其限流电阻 $R=0$，能起稳压作用吗？R 在电路中起什么作用？

2. 用电压表测量一只接在电路中的稳压管（2CW54），两端的电压只有0.7V 左右，这是什么原因？

第十二章 集成运算放大器

一、是非题（对画√，错画×）

1. 运算放大器的反相输入端标上"–"号表示只能输入负电压。 （ ）

2. 运算放大器线性应用，必须要有负反馈。 （ ）

3. 线性应用的运算放大器，其输出电压被限幅在正、负电源电压范围内。
 （ ）

4. 运算放大器在应用时，其反相输入端与同相输入端的电位必定相等。
 （ ）

5. 运算放大器的加法运算电路，输出为各输入量之和。 （ ）

6. 运算放大器的差动运算电路，输出为两个输入量之差。 （ ）

7. 由运算放大器组成的积分器，当输入为恒定直流电压时，输出从0V起线性增大。 （ ）

8. 比较器的输出电压可以是电源电压范围内的任意值。 （ ）

9. 由运算放大器组成的三角波发生器，其输出波形的幅值为运算放大器的电源电压。 （ ）

10. 由运算放大器组成的矩形波发生器，其输出矩形波形的幅值可由输出端限幅电路决定。 （ ）

二、填空题

1. 积分器在输入_____时，输出变化越快。

2. 积分器的输入为0时，输出_____。

3. 积分器的电阻为200kΩ、电容为0.1μF，输出的初始值为+1V，当输入–2V电压时，经过60ms后，其输出为_____。

4. 微分器在输入_____时，输出越大。

5. 电平比较器的同相输入端接有参考电平+2V，在反相输入端接输入电平+2.1V时，输出为_____。

6. 滞回特性比较器必定_____。

7. 用运算放大器组成的矩形波发生器由_____两部分组成。

8. 用运算放大器组成的加法电路其输出与_____。

9. 理想运算放大器的开环放大倍数 A_{u0} 为_____。

10. 运算放大器的非线性应用有_____、_____、_____。

三、问答题

1. 如何区分一个运算放大器电路是线性应用还是非线性应用?

2. 运算放大器线性应用时有哪些特点? 运算放大器非线性应用时有哪些特点?

3. 说明图 12-1 中各电路的名称,并列出其输出与输入的运算关系式。

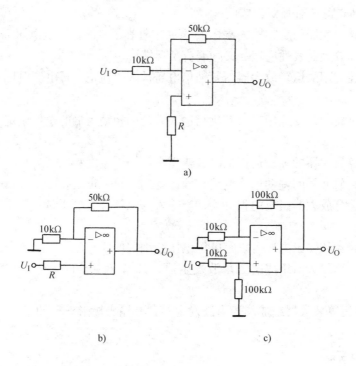

a)

b)   c)

图　12-1

4. 由理想运算放大器构成的线性应用电路,其电压增益与什么有关?

5. 什么是运算放大器的虚短? 什么是运算放大器的虚地?

四、计算题

1. 由运算放大器组成的 *RC* 桥式振荡电路,当 $R = 8.2\text{k}\Omega$、$C = 0.01\mu\text{F}$ 时,振荡频率为多少?

2. 电路如图 12-2 所示,计算输出电压 U_0 为多少?

五、作图题

1. 画出图 12-3 所示电路输出电压 U_0 的波形。

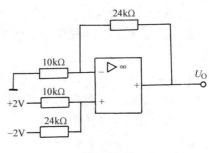

图　12-2

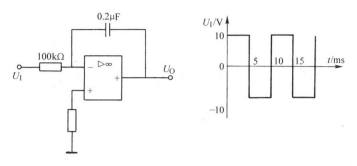

图　12-3

2. 画出图 12-4 所示电路输出电压 U_{o1} 与 U_{o2} 的波形。

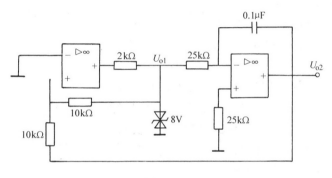

图　12-4

第十三章　集成数字电路

一、是非题（对画√，错画×）

1. 三态门的第三种输出状态是高阻状态。　　　　　　　　　　（　　　）

2. 十进制数 13 化为二进制数是 1011。　　　　　　　　　　（　　　）

3. 任意一个组合逻辑函数都可以用与非门实现，也可以用或非门实现。

　　　　　　　　　　　　　　　　　　　　　　　　　　　（　　　）

4. 触发器具有"记忆功能"。　　　　　　　　　　　　　　　（　　　）

5. JK 触发器都是下降沿触发的，D 触发器都是上升沿触发的。（　　　）

6. RS 触发器的两个输出端，当一个输出为 0 时，另一个输出也为 0。

　　　　　　　　　　　　　　　　　　　　　　　　　　　（　　　）

7. 寄存器的内部电路主要是由触发器构成的。　　　　　　　（　　　）

8. 移位寄存器可以将数码向左移，也可以将数码向右移。　　（　　　）

9. 同步计数器的速度比异步计数器的速度快得多。　　　　　（　　　）

10. 按进位制不同，计数器有二进制计数器和十进制计数器。（　　　）

二、填空题

1. 可以采用"线与"接法得到与运算的门电路为＿＿＿＿＿＿。

2. 把文字、符号转换为二进制码的组合逻辑电路是＿＿＿＿＿＿。

3. 共阴极的导体数码管应该配用输出＿＿＿＿＿＿的数码译码器。

4. 数字电路是由＿＿＿＿＿＿构成的。

5. 有一个两输入端与非逻辑电路，AB 为两个输入端，Y 为输出端，其中＿＿＿＿＿＿是正确的。

6. 根据触发器的＿＿＿＿，触发器可分为 RS 触发器、JK 触发器、D 触发器和 T 触发器等。

7. JK 触发器组成计数器时，JK ＝＿＿＿＿。

8. 下列电路中，不属于时序逻辑电路的是＿＿＿＿。

9. 下列各种类型的触发器中，＿＿＿＿不能用来构成移位寄存器。

10. 规定 RS 触发器的＿＿＿＿状态作为触发器状态。

三、问答题

1. 时序逻辑电路有什么特点？

2. 数据选择器的逻辑功能是什么？

3. 什么是 BCD 码？

4. 什么是计数器？它是如何计数的？

四、作图题

1. 试画出与门、与非门、或门、或非门的逻辑图。

2. 试画出由 D 触发器组成的 4 位数码寄存器。

3. 试画出十进制加法计数器的工作波形图。